普通高等教育"十一五"国家级规划教材

大学物理学

（第四版） 下册

主 编　吴王杰

副主编　王晓　杨华　秦猛

参 编　蒋敏　何曼丽　何苏红　张辉　郭东琴　李霞　王黎

中国教育出版传媒集团

高等教育出版社·北京

内容提要

本书依据教育部高等学校大学物理课程教学指导委员会编制的《理工科类大学物理课程教学基本要求》(2023 年版)和军队颁布的《军队院校大学物理课程教学基本要求》编写而成。全书秉承价值塑造、能力培养、知识传授"三位一体"的教育理念,内容由浅入深,突出基本概念、基本原理和定律、基本思想和方法,注重物理学原理在工程技术和军事领域的最新应用,网络信息化数字资源丰富并且与课程教学深度融合。本书文字叙述详略适当,阐述、解析和推导符合学生的科学认识和思维方式,力求易教易学。

全书分为上、下两册,上册包括力学、热学、电磁学,下册包括振动和波动、波动光学、近代物理学基础。本书可作为高等学校理工科非物理学类专业的大学物理课程教材,也可供社会读者阅读。

图书在版编目(CIP)数据

大学物理学. 下册 / 吴王杰主编;王晓,杨华,秦猛副主编. --4 版. -- 北京 : 高等教育出版社,2024.8

ISBN 978-7-04-061564-7

Ⅰ.①大⋯　Ⅱ.①吴⋯ ②王⋯ ③杨⋯ ④秦⋯　Ⅲ.①物理学-高等学校-教材　Ⅳ.①O4

中国国家版本馆 CIP 数据核字(2024)第 024681 号

DAXUE WULIXUE

| 策划编辑　马天魁 | 责任编辑　张琦玮 | 封面设计　裴一丹 | 版式设计　杜微言 |
| 责任绘图　李沛蓉 | 责任校对　高 歌 | 责任印制　刘弘远 | |

出版发行	高等教育出版社	网　　址	http://www.hep.edu.cn
社　　址	北京市西城区德外大街 4 号		http://www.hep.com.cn
邮政编码	100120	网上订购	http://www.hepmall.com.cn
印　　刷	湖南天闻新华印务有限公司		http://www.hepmall.com
开　　本	787mm×1092mm　1/16		http://www.hepmall.cn
印　　张	20	版　　次	2009 年 12 月第 1 版
字　　数	420 千字		2024 年 8 月第 4 版
购书热线	010-58581118	印　　次	2024 年 8 月第 1 次印刷
咨询电话	400-810-0598	定　　价	43.00 元

本书如有缺页、倒页、脱页等质量问题,请到所购图书销售部门联系调换

版权所有　侵权必究

物 料 号　61564-00

大学物理学
（第四版）
下册

主　编　吴王杰

副主编　王晓　杨华　秦猛

参　编　蒋敏　何曼丽　何苏红

张辉　郭东琴　李霞　王黎

1　计算机访问 https://abooks.hep.com.cn/12452113 或手机微信扫描下方二维码进入新形态教材网。

2　注册并登录后，计算机端进入"个人中心"，点击"绑定防伪码"，输入图书封底防伪码（20位密码，刮开涂层可见），完成课程绑定；或手机端点击"扫码"按钮，使用"扫码绑图书"功能，完成课程绑定。

3　在"个人中心"→"我的学习"或"我的图书"中选择本书，开始学习。

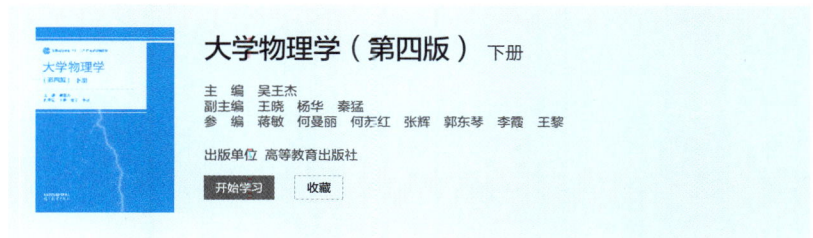

大学物理学（第四版）下册
主　编　吴王杰
副主编　王晓　杨华　秦猛
参　编　蒋敏　何曼丽　何苏红　张辉　郭东琴　李霞　王黎
出版单位　高等教育出版社
开始学习　收藏

　　绑定成功后，课程使用有效期为一年。受硬件限制，部分内容可能无法在手机端显示，请按照提示通过计算机访问学习。

　　如有使用问题，请直接在页面点击答疑图标进行咨询。

https://abooks.hep.com.cn/12452113

目　录

第四篇　振动和波动

第五篇　波动光学

第六篇　近代物理学基础

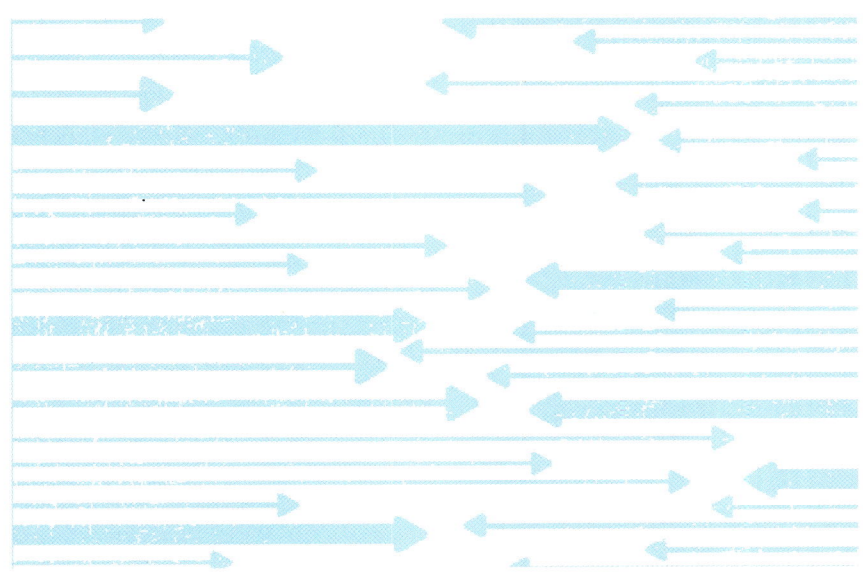

第四篇　振动和波动

振动和波动
单元测验

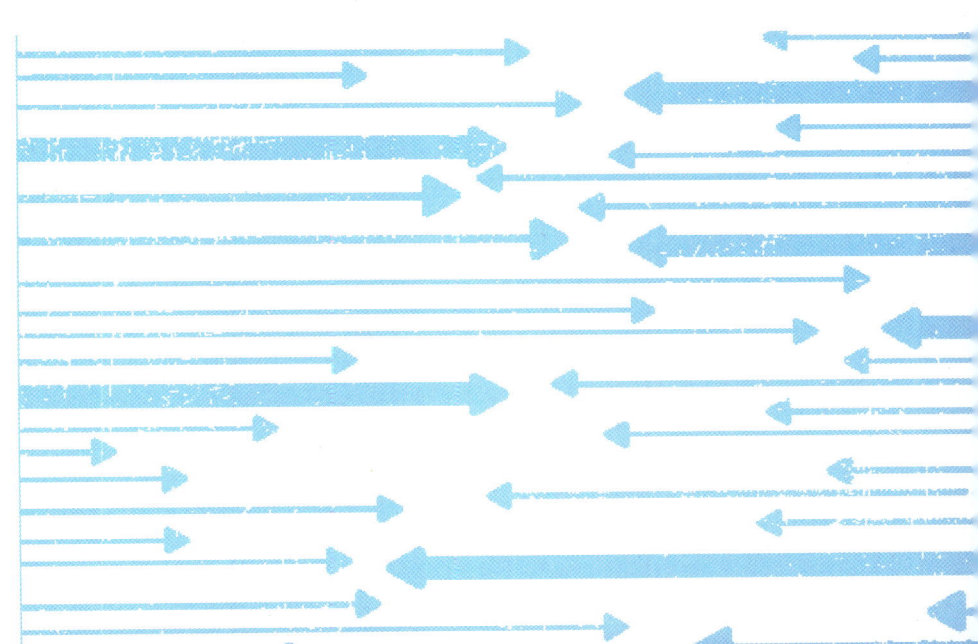

第十五章

··· 机 械 振 动

物体在某一确定位置附近所作的来回往复的运动称为机械振动(mechanical vibration),机械振动现象在自然界中广泛存在,如钟摆的运动、物体发声、地震、机器开动时各部分的微小颤动等都是机械振动.在其他运动中,如分子的热运动、电磁运动、晶体中原子的运动中也都存在振动.广义地讲,振动不仅局限于机械运动中的振动过程,任何一个物理量在某一定值附近的反复变化都可称为振动,该物理量可以是力学量、电学量或其他的物理量.可以说,振动是自然界和工程技术领域中常见的一种运动形式,因此,研究机械振动的规律也是学习和研究其他形式的振动以及波动、无线电技术、波动光学的基础,这些规律在原子物理学、固体物理学以及应用声学、建筑学、地震学及船舶制造业中都得到了广泛的应用.

机械振动有许多不同的分类.按振动规律机械振动可分为简谐振动、非简谐振动、随机振动;按产生振动的原因可分为自由振动、受迫振动、自激振动、参数振动;按自由度可分为单自由度系统振动、多自由度系统振动;按振动位移可分为角振动、线振动;按系统参量特征可分为线性振动、非线性振动.

本章主要研究简谐振动的规律、简谐振动的合成,并简单介绍阻尼振动、受迫振动和共振.

> **你知道吗?**
>
> 对于生活中一些物体的运动如钟表的摆动、手机来电时的振动、昆虫拍打翅膀的运动、心脏的跳动等的研究,都离不开机械振动的基本原理;部队齐步过桥导致大桥倒塌、乐器中常见的共鸣等现象也常常需要我们运用振动的原理加以分析;而在钢琴校准、汽车速度监测、地面卫星跟踪等技术中也有振动原理的运用.在本章中,我们将利用振动学原理对上述的一些问题进行分析.

15.1 简谐振动

物体运动时,如果它离开平衡位置的位移(或角位移)按余弦函数(或正弦函数)的规律随时间变化,这样的运动就称为**简谐振动**(simple harmonic vibration)或**谐振动**.简谐振动是一种最简单最基本的振动,一切复杂振动均可视为多个简谐振动的合成,研究简谐振动是研究振动的基础.

15.1.1 简谐振动的动力学特征

下面以弹簧振子(spring oscillator)为例来研究简谐振动的规律,如图 15.1 所示.

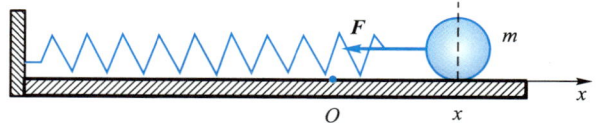

图 15.1 弹簧振子在简谐振动中的受力

一弹性系数为 k 的轻质弹簧一端固定,另一端系一质量为 m 的小球,假设桌面光滑,在弹性限度内小球在无摩擦的水平面上只受到弹簧的弹性力作用,弹簧为原长时小球的位置 O 为平衡位置. 将小球偏离其平衡位置 O,释放后小球将作周期振动. 这样的一个振动系统称为弹簧振子(它也是一个理想化的模型),它的振动就是简谐振动.

取 O 为坐标原点,弹簧伸长方向为 x 轴正向,小球在离开平衡位置的某点 x 处所受到的力 $\boldsymbol{F}$ 为

$$\boldsymbol{F} = -k\boldsymbol{x} \tag{15.1.1}$$

这种力与位移大小成正比而方向相反,具有这种特征的力称为 **线性回复力**(linear restoring force).

弹簧振子作一维运动,根据牛顿第二定律有

$$F = -kx = m\frac{\mathrm{d}^2 x}{\mathrm{d}t^2} \tag{15.1.2}$$

令 $\omega^2 = \dfrac{k}{m}$,取 $\omega = \sqrt{\dfrac{k}{m}}$,得弹簧振子振动的动力学方程为

$$\frac{\mathrm{d}^2 x}{\mathrm{d}t^2} + \omega^2 x = 0 \tag{15.1.3}$$

式(15.1.3)为常见的二阶常系数齐次线性微分方程,解这个方程可求得弹簧振子的位移 x 与时间 t 的函数关系为

$$x = A\cos(\omega t + \varphi) \tag{15.1.4}$$

其中 A、φ 为积分常量,可由初始条件确定,A 是振幅,φ 是初相位,其意义将在后面叙述. 式(15.1.4)就是简谐振动的表达式. 由此可见,**物体只在线性回复力作用下的运动必是简谐振动**,这就是简谐振动的动力学特征.

15.1.2　简谐振动的运动学特征

根据式(15.1.4),不难得到弹簧振子的速度、加速度与时间的函数关系为

$$v = \frac{\mathrm{d}x}{\mathrm{d}t} = -\omega A\sin(\omega t + \varphi) \tag{15.1.5}$$

$$a = \frac{\mathrm{d}^2 x}{\mathrm{d}t^2} = -\omega^2 A\cos(\omega t + \varphi) = -\omega^2 x \tag{15.1.6}$$

因此速度、加速度随时间的变化也是简谐振动,$v_0 = \omega A$ 是速度振幅,$a_{\mathrm{m}} = \omega^2 A$ 是加速度振幅. 由式(15.1.6)可知,简谐振动的加速度与位移成正比且反向,这就是简谐振动的运动学特征. 简谐振动的位移、速度、加速度随时间的变化如图 15.2 所示(图中取 $\varphi = 0$).

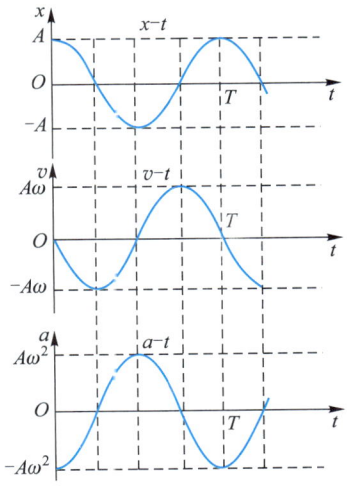

图 15.2　简谐振动的位移、速度和加速度

15.1.3 简谐振动的特征量

1. 振幅

振幅(amplitude)是简谐振子离开平衡位置的最大位移的绝对值,即式(15.1.4)中的常量 A.

2. 频率和周期

简谐振动具有时间周期性,用周期和频率表示. 振动物体完成一次完全振动所需的时间称为简谐振动的周期(period),用 T 表示. 故经过时间 T 后振动状态完全重复,即

$$x = A\cos(\omega t + \varphi) = A\cos[\omega(t+T) + \varphi]$$

由此式得到 $\omega T = 2\pi$,或 $T = \dfrac{2\pi}{\omega} = 2\pi\sqrt{\dfrac{m}{k}}$.

单位时间内物体所作的完全振动的次数称为简谐振动的频率(frequency),用 ν 表示. 因为频率等于周期的倒数,即 $\nu = \dfrac{1}{T}$,所以 $\omega = \dfrac{2\pi}{T} = 2\pi\nu$. 由此可见,$\omega$ 是在 2π 个单位时间内物体所作的完全振动次数. ω 称为振动的角频率(angular frequency),又称圆频率(circular frequency). 简谐振动的周期和频率仅由振动系统本身的物理性质决定,所以又称为固有周期和固有频率.

根据以上关系,简谐振动的余弦表达式(15.1.4)又可写成如下形式:

$$x = A\cos(2\pi\nu t + \varphi) = A\cos\left(\frac{2\pi}{T}t + \varphi\right) \tag{15.1.7}$$

对简谐振动的振幅、周期的描述如图 15.3 所示,图中取 $\varphi = \dfrac{\pi}{2}$.

3. 相位和初相位

在振幅和角频率确定的情况下,简谐振子的运动状态由位移和速度这两个量完全决定,在一次完全振动过程中,作简谐振动物体的运动状态在任何时刻都不相同,即(x, v)各不相同,由式(15.1.4)和式(15.1.5)可知,每一个状态分别与$(\omega t + \varphi)$在 $0 \sim 2\pi$ 范围内的一个值对应. 从表 15.1(取 $\varphi = 0$)可以看出,简谐振动表达式中的$(\omega t + \varphi)$是决定简谐振动状态的重要物理量,我们称之为简谐振动的相位(phase).

演示程序:简谐振动的特征量

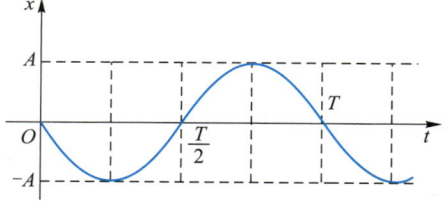

图 15.3 简谐振动的振幅和周期

表 15.1

t	x	v	$\omega t + \varphi$
0	A	0	0
$\dfrac{T}{4}$	0	$-\omega A$	$\dfrac{\pi}{2}$

续表

t	x	v	$\omega t+\varphi$
$\dfrac{T}{2}$	$-A$	0	π
T	A	0	2π

初始时刻 $t=0$ 时的相位称为初相位(initial phase),它决定了开始时刻振子的运动状态,初相位用 φ 表示.考虑两个同频率的简谐振动 x_2 和 x_1,它们的相位差

$$\Delta\varphi=\varphi_2-\varphi_1 \tag{15.1.8}$$

就是它们的初相位之差,它不随时间变化.若 $\Delta\varphi=2k\pi\,(k=0,\pm1,\pm2,\cdots)$,则两个简谐振动同相;若 $\Delta\varphi=(2k+1)\pi\,(k=0,\pm1,\pm2,\cdots)$,则两个简谐振动反相.若 $\Delta\varphi>0$,则到达同一运动状态, x_2 比 x_1 需要的时间少,称振动 2 的相位比振动 1 的相位超前 $\Delta\varphi$;若 $\Delta\varphi<0$,称振动 2 的相位比振动 1 的相位落后 $\Delta\varphi$.

由

$$v=-\omega A\sin(\omega t+\varphi)=\omega A\cos\left(\omega t+\varphi+\frac{\pi}{2}\right)$$

及

$$a=-\omega^2 A\cos(\omega t+\varphi)=\omega^2 A\cos(\omega t+\varphi+\pi)$$

可知,速度 v 的相位超前位移 x 的相位 $\dfrac{\pi}{2}$,加速度 a 的相位超前速度 v 的相位 $\dfrac{\pi}{2}$.因此, a 与 x 的相位相差 π,即 a 与 x 反相.

4. 振幅和初相位的确定

对给定的振动系统,振幅 A 和初相位 φ 由振动的初始条件确定.设 $t=0$ 时,振子的初始位移为 x_0,初始速度为 v_0,将此初始条件分别代入弹簧振子的位移、速度的表达式(15.1.4)和式(15.1.5),得

$$\begin{cases}x_0=A\cos\varphi\\ v_0=-\omega A\sin\varphi\end{cases}$$

由此解得

$$\begin{cases}A=\sqrt{x_0^2+\dfrac{v_0^2}{\omega^2}}\\[3mm] \tan\varphi=-\dfrac{v_0}{\omega x_0}\end{cases} \tag{15.1.9}$$

在有些情况下用旋转矢量表示法来确定 A、φ 将更为方便.这将在 15.2.2 节中分析.

例题 15.1　一个轻弹簧竖直悬挂,下端挂一质量为 $m=0.1\,kg$ 的物体,平衡时可使弹簧伸长 $l=9.8\times10^{-2}\,m$,如图所示.今使物体在平衡位置获得大小为 $v_0=1.0\,m\cdot s^{-1}$、方向向下的初速度,则物体将在竖直方向运动.(1)试证明物体作简谐振动,并写出振动表达式;(2)求速度和加速度及其最大值;(3)求最大回复力.

解 （1）取物体平衡时的位置为坐标原点 O,竖直向下为 x 轴正方向,如题图所示.物体在平衡位置时所受合力为零,即

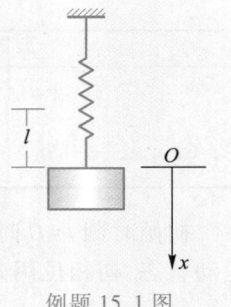

$$mg - kl = 0 \qquad (1)$$

在任一位置 x 处,物体所受合力为

$$F = mg - k(l + x) \qquad (2)$$

其中 mg 为重力,$-k(l+x)$ 为弹性力,k 为弹性系数.联立两式求解得

例题 15.1 图

$$F = -kx$$

即物体所受外力与位移成正比,而方向相反,所以该物体作简谐振动.由牛顿第二定律得

$$m\frac{d^2 x}{dt^2} = -kx$$

或

$$\frac{d^2 x}{dt^2} + \omega^2 x = 0 \qquad (3)$$

式中 $\omega = \sqrt{\dfrac{k}{m}}$,因 $k = \dfrac{mg}{l}$,故得

$$\omega = \sqrt{\frac{g}{l}} = \sqrt{\frac{9.8}{9.8 \times 10^{-2}}}\ \text{s}^{-1} = 10\ \text{s}^{-1}$$

设方程（3）的解为

$$x = A\cos(\omega t + \varphi) \qquad (4)$$

依题意,$t = 0$ 时,有

$$x_0 = A\cos\varphi = 0$$

$$v_0 = -A\omega\sin\varphi = 1.0\ \text{m} \cdot \text{s}^{-1}$$

由此可得

$$A = \frac{v_0}{\omega} = \frac{1.0}{10}\ \text{m} = 0.1\ \text{m}$$

由 $\cos\varphi = 0$,得 $\varphi = \pm\dfrac{\pi}{2}$,但因 $\sin\varphi < 0$,所以只能取 $\varphi = -\dfrac{\pi}{2}$.将 ω、A、φ 代入式（4）即得简谐振动表达式为

$$x = 0.1\cos\left(10t - \frac{\pi}{2}\right) \ (\text{SI 单位})$$

（2）物体的速度和加速度为

$$v = \frac{dx}{dt} = -\omega A\sin(\omega t + \varphi) = -\sin\left(10t - \frac{\pi}{2}\right) \ (\text{SI 单位})$$

$$a = \frac{\mathrm{d}v}{\mathrm{d}t} = -\omega^2 A \cos(\omega t + \varphi) = -10\cos\left(10t - \frac{\pi}{2}\right) \text{（SI 单位）}$$

速度和加速度的最大值为

$$v_{\max} = \omega A = 1 \text{ m} \cdot \text{s}^{-1}$$

$$a_{\max} = \omega^2 A = 10 \text{ m} \cdot \text{s}^{-2}$$

（3）最大回复力与最大位移相对应，即

$$F_{\max} = |kx_{\max}| = m\omega^2 A = 0.1 \times 10 \text{ N} = 1 \text{ N}$$

由本例题可知，当振动系统除本身的回复力之外还有恒力作用时，该系统仍作简谐振动，只要以振子所受合力为零的位置作为坐标原点，就可按一般情形写出简谐振动方程.从数学上看，只是一个原点平移的坐标变换.

例题 15.2　已知某质点作简谐振动，振动曲线如图所示.试根据图中数据写出振动表达式.

解　设振动表达式为

$$x = A\cos(\omega t + \varphi)$$

由图可见，$A = 2$ cm，当 $t = 0$ 时，有

$$x_0 = 2 \text{ cm} \cos\varphi = \sqrt{2} \text{ cm}$$

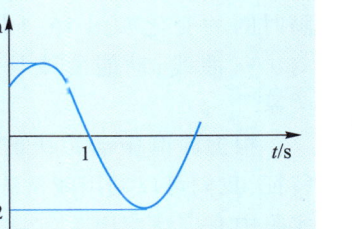

例题 15.2 图

例题 15.2 精讲

这样得到 $\varphi = \pm\dfrac{\pi}{4}$.由振动曲线可以看到，$t = 0$ 时刻的速度大于零，由振动表达式可得

$$v_0 = -2\omega\sin\varphi > 0$$

即 $\sin\varphi < 0$，由此得到初相位 $\varphi = -\dfrac{\pi}{4}$.

类似地，从振动曲线可以看出，当 $t = 1$ s 时有

$$x_1 = 2\cos\left(\omega - \frac{\pi}{4}\right) = 0$$

$$v_1 = -2\omega\sin\left(\omega - \frac{\pi}{4}\right) < 0$$

联立以上两式并考虑到振动周期大于 2 s，解得 $\omega - \dfrac{\pi}{4} = \dfrac{\pi}{2}$，则 $\omega = \dfrac{3}{4}\pi$ rad $\cdot$ s^{-1}，因此得到振动表达式为

$$x = 2\cos\left(\frac{3}{4}\pi t - \frac{\pi}{4}\right)$$

式中 x 以 cm 为单位，t 以 s 为单位.

15.1.4　简谐振动的能量

下面仍以在水平面上作简谐振动的弹簧振子为例，分析简谐振动的能量变化.

由于振子在水平方向上只受到弹性力这一个保守力作用,故系统的能量守恒. 设在任一时刻 t,振子位移为 x,速度为 v,则其弹性势能 E_p、动能 E_k 分别为

$$E_p = \frac{1}{2}kx^2 = \frac{1}{2}kA^2\cos^2(\omega t + \varphi)$$

$$E_k = \frac{1}{2}mv^2 = \frac{1}{2}m\omega^2 A^2\sin^2(\omega t + \varphi) = \frac{1}{2}kA^2\sin^2(\omega t + \varphi)$$

(15.1.10)

式中, $k = m\omega^2$. 式(15.1.10)表明:动能最大时,势能最小;势能最大时,动能最小. 动能与势能在不停地相互转化. 系统的总机械能

$$E = E_p + E_k = \frac{1}{2}kA^2 = \frac{1}{2}m\omega^2 A^2 = C$$

(15.1.11)

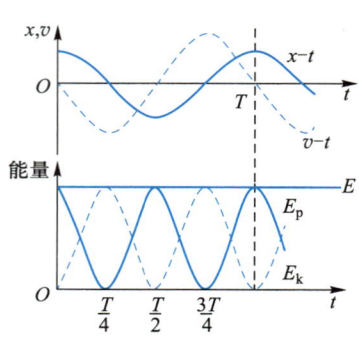

不随时间变化, E 为一常量. 总机械能 E 与振幅的平方成正比,这表明简谐振动的振幅是表征其能量的物理量. 简谐振动的动能、势能及总能量随时间的变化如图 15.4 所示,请注意势能曲线与 $x-t$ 曲线、动能曲线与 $v-t$ 曲线之间的对应关系.

图 15.4 简谐振动的能量

根据简谐振动系统的机械能为一常量这一特征,我们可以利用能量法建立一些较为复杂振动系统的简谐振动方程,这在工程实际中有广泛应用.

拓展阅读:
用能量法建立
简谐振动方程

例题 15.3 质量为 0.10 kg 的物体,以振幅 4.0×10^{-2} m 作简谐振动,其最大加速度为 $a_{max} = 4.0$ m·s^{-2},试求:(1)振动的周期;(2)通过平衡位置的动能;(3)总能量;(4)物体动能和势能相等的位置.

解 (1)因加速度的振幅 $a_{max} = A\omega^2$,故角频率 $\omega = \sqrt{\dfrac{a_{max}}{A}} = 10$ rad·s^{-1},由此得到

$$T = \frac{2\pi}{\omega} = 0.628 \text{ s}$$

(2)因为物体通过平衡位置时的速度为最大,故此时动能也达到最大:

$$E_{k,max} = \frac{1}{2}mv_{max}^2 = \frac{1}{2}mA^2\omega^2$$

将已知数据代入得 $E_{k,max} = 8.0 \times 10^{-3}$ J.

(3)最大动能等于总能量,因此总能量 $E = E_{k,max} = 8.0 \times 10^{-3}$ J.

(4)当 $E_p = E_k$ 时, $E_p = \frac{1}{2}E = 4.0 \times 10^{-3}$ J. 由 $E_p = \frac{1}{2}kx^2 = \frac{1}{2}m\omega^2 x^2$ 得到

$$x^2 = \frac{2E_p}{m\omega^2} = 8.0 \times 10^{-4} \text{ m}^2$$

$$x = \pm 2.83 \times 10^{-2} \text{ m}$$

即物体在与平衡位置的距离为 2.83×10^{-2} m 的两侧时,其动能和势能相等.

15.1.5　其他常见的简谐振动

1. 单摆

如图 15.5 所示,一根质量可以忽略、长度为 l 的细线,一端固定,另一端悬挂一个体积可以忽略、质量为 m 的小球,若把小球稍稍移开平衡位置后放手,小球就可在竖直平面内来回摆动,这种装置就是单摆(simple pendulum).

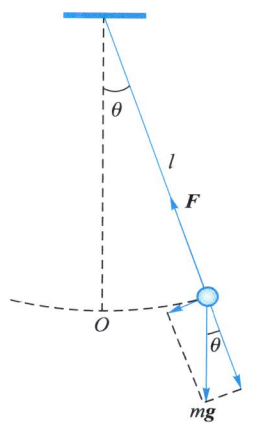

图 15.5　单摆

当摆线与竖直方向(平衡位置)成 θ 角时,小球受到线的拉力 $\boldsymbol{F}$ 和重力 $m\boldsymbol{g}$ 作用. 重力的切向分量 $mg\sin\theta$ 使小球沿圆周的切向运动. 小球的切向加速度为 $a_t = l\dfrac{\mathrm{d}^2\theta}{\mathrm{d}t^2}$,规定角位移沿逆时针方向为正,则重力切向分量的方向与角位移 θ 增大的方向相反,应写成 $-mg\sin\theta$. 根据牛顿第二定律,有

$$-mg\sin\theta = ml\frac{\mathrm{d}^2\theta}{\mathrm{d}t^2}$$

对于小角度摆动,$\sin\theta \approx \theta$,因此上式可写成

$$\frac{\mathrm{d}^2\theta}{\mathrm{d}t^2} + \frac{g}{l}\theta = 0 \qquad (15.1.12)$$

上式说明小球作简谐振动.

类似于简谐振子的振动方程式(15.1.3)和式(15.1.4),可得单摆的运动方程为

$$\theta = \theta_\mathrm{m}\cos(\omega t + \varphi) \qquad (15.1.13)$$

式中 $\omega = \sqrt{\dfrac{g}{l}}$ 为单摆的角频率,角振幅 θ_m 和初相位 φ 由初始条件确定. 在单摆中物体所受的力(或合力)为

$$F \approx -mg\theta$$

它与角位移 θ 成正比且反向,这种力通常称为准弹性力. 注意,对于摆的任意角度运动,准弹性力近似不成立,这种一般的摆动系统叫数学摆.

2. 复摆

一个可绕水平轴摆动的刚体构成了复摆(compound pendulum),又称物理摆(physical pendulum). 例如,船舶在水中颠簸也相当于作复摆运动.

如图 15.6 所示,任意形状的刚体悬挂后绕通过 O 点的一个固定转轴摆动,J_0 为刚体绕 O 轴的转动惯量,h 为刚体重心 C 到 O 点的距离,刚体平衡时重心 C 在轴的正下方. 规定角位移沿逆时针方向为正,当重心与轴的连线与竖直方向成 θ 角时,复摆受到对于 O 轴的力矩 $-mgh\sin\theta$,负号表示力矩的方向与角位移增大的方向相反. 当摆角很小时,$mgh\sin\theta \approx mgh\theta$. 根据刚体定轴转动定律,有

$$J_0 \frac{\mathrm{d}^2 \theta}{\mathrm{d}t^2} = -mgh\theta \qquad (15.1.14)$$

显然,复摆的小角度摆动也是简谐振动,其周期

$$T = 2\pi \sqrt{\frac{J_0}{mgh}} \qquad (15.1.15)$$

根据式(15.1.15),当将一长度为 l 的均匀细长杆的一端悬挂,作小角度摆动时,它绕端点的转动惯量为 $J_0 = \frac{1}{3}ml^2, h = l/2.$ 均匀细长杆的摆动周期为

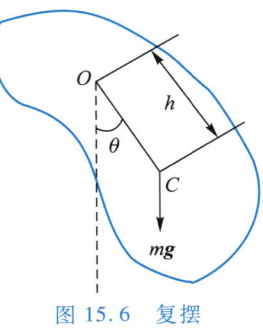

图 15.6　复摆

$$T = 2\pi \sqrt{\frac{2l}{3g}}$$

15.2　简谐振动的旋转矢量表示法

旋转矢量表示法是一种能够形象地描述简谐振动的几何方法,它不仅可以直观地给出简谐振动各物理量的含义及其相互关系,而且便于对简谐振动过程进行分析讨论,同时也为简谐振动的合成提供了一种简洁的研究方法.

15.2.1　简谐振动的旋转矢量表示法

如图 15.7 所示,一个矢量 $\boldsymbol{A}$ 绕其一端点 O 以角速度 ω 逆时针匀角速转动,其矢端 M 作匀速圆周运动,该圆称为参考圆,M 点称为参考点,矢量 $\boldsymbol{A}$ 称为旋转矢量(rotating vector).设 $t = 0$ 时刻,$\boldsymbol{A}$ 与 x 轴夹角为 φ,t 时刻,$\boldsymbol{A}$ 转过 ωt 角,则参考点 M 在 x 轴上投影点坐标为 $x = A\cos(\omega t + \varphi)$,这正是简谐振动的表达式.它表明矢量 $\boldsymbol{A}$ 的矢端 M 在 x 轴上的投影点的运动是简谐振动.即:一个旋转矢量与一个简谐振动相对应,简谐振动的振幅、角频率、初相位与旋转矢量 $\boldsymbol{A}$ 的大小、旋转角速度、初始时刻 $\boldsymbol{A}$ 与 x 轴的夹角一一对应.$\boldsymbol{A}$ 旋转一周,其投影点作一次完全振动,所需时间 $T = \dfrac{2\pi}{\omega}$ 为简谐振动周期,单位时间内 $\boldsymbol{A}$ 转过的周数为简谐振动频率.简谐振动的这种表示法称为旋转矢量表示法或振幅矢量法.

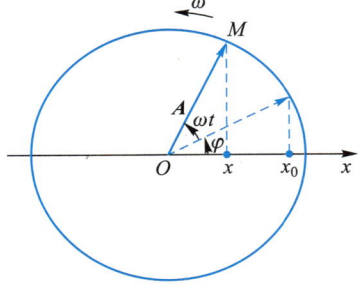

图 15.7　简谐振动的
旋转矢量表示法

演示程序:
旋转矢量表示法

15.2.2　旋转矢量表示法的应用

运用旋转矢量表示法,可以很便捷地研究简谐振动的相位变化、速度和加速度等问题.

1. 求初相位

若已知一个作简谐振动的质点的初始位置及其运动方向,可以利用旋转矢量表示法直观地求解其初相位.

由旋转矢量的定义可知:(1)旋转矢量的端点在 x 轴上的投影点即作简谐振动的质点在 x 轴上的位置;(2)旋转矢量沿逆时针方向旋转,这就相当于说明矢量 $\boldsymbol{A}$ 在各位置的运动方向.如图 15.8 所示,当旋转矢量端点在 x 轴上方时,其投影点都沿 x 轴的负向运动,而当旋转矢量端点在 x 轴下方时,其投影点都沿 x 轴的正向运动.因而当给出质点的初始位置及运动方向时,利用上述性质可以很方便地找出与此相对应的旋转矢量的位置,而旋转矢量与 x 轴的夹角即其初相位.

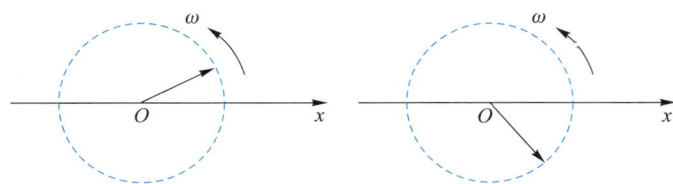

图 15.8　用旋转矢量表示法表示初相位

2. 求速度和加速度

旋转矢量 $\boldsymbol{A}$ 的长度为 A,且以角速度 ω 逆时针匀角速转动,因此其矢量的端点 M 作匀速圆周运动,运动的速率为 $v_m = \omega A$.如图 15.9 所示,t 时刻,其速度矢量 $\boldsymbol{v}$ 在 x 轴上的投影为

$$v = v_m \cos\left(\omega t + \varphi + \frac{\pi}{2}\right) = -\omega A \sin(\omega t + \varphi)$$

这正是投影点沿 x 轴作简谐振动的速度公式. M 点的加速度就是其法向加速度,大小为 $a_m = \omega^2 A$,在 t 时刻,加速度矢量 $\boldsymbol{a}$ 在 x 轴上的投影为

$$a = a_m \cos(\omega t + \varphi + \pi) = -\omega^2 A \cos(\omega t + \varphi)$$

这正是投影点沿 x 轴作简谐振动的加速度表达式.

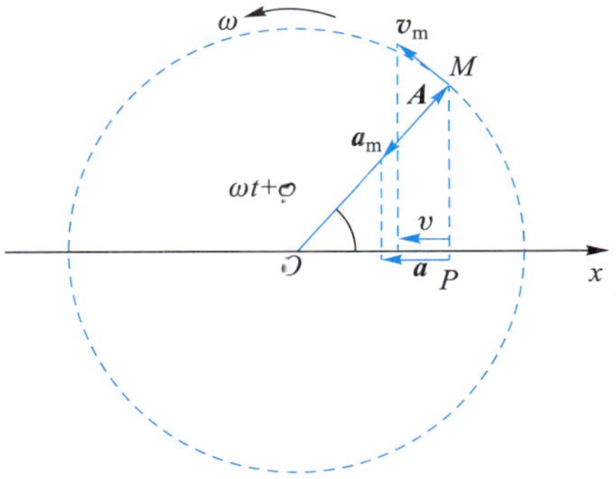

图 15.9　用旋转矢量表示法
表示速度和加速度

3. 求相位差

设有下列两个同频率的简谐振动:

$$x_1(t) = A_1 \cos(\omega t + \varphi_1)$$
$$x_2(t) = A_2 \cos(\omega t + \varphi_2)$$

它们的相位差为

$$\Delta\varphi = (\omega t + \varphi_2) - (\omega t + \varphi_1) = \varphi_2 - \varphi_1$$

可以看出,两个同频率简谐振动在任意时刻的相位差都等于初相位差,这在旋转矢量图上表现为两个旋转矢量 $\boldsymbol{A}_1$ 和 $\boldsymbol{A}_2$ 之间的夹角不随时间变化,如图 15.10 所示.

若 $\Delta\varphi = \varphi_2 - \varphi_1 > 0$,从旋转矢量图可以看出 $\boldsymbol{A}_2$ 与 Ox 轴夹角大于 $\boldsymbol{A}_1$ 与 Ox 轴夹

角,由于旋转矢量的矢端在 Ox 轴上的投影表示与其对应的简谐振动,可以看出 x_2 的振动总是先于 x_1 的振动到达同方向的极端位置,即 x_2 的振动相位比 x_1 超前 $\Delta\varphi$,或者说 x_1 的振动相位比 x_2 落后 $\Delta\varphi$.

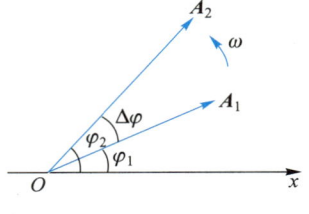

图 15.10　用旋转矢量表示法表示相位差

若 $\Delta\varphi = \varphi_2 - \varphi_1 < 0$,用同样方法分析,可知 x_2 的振动相位比 x_1 落后 $\Delta\varphi$,或者说 x_1 的振动相位比 x_2 超前 $\Delta\varphi$.

若 $\Delta\varphi = 2k\pi, k = 0, \pm1, \pm2, \cdots$,旋转矢量 A_1 与 A_2 夹角始终为零,这表明与它们对应的两振动质点步调将完全相同,即二者同相.

若 $\Delta\varphi = (2k+1)\pi, k = 0, \pm1, \pm2, \cdots$,两振动 x_1、x_2 的步调将完全相反,即二者反相.

4. 求振动时间

对于同一简谐振动,利用旋转矢量作匀速转动这一特点,可以借助于参考圆由角度差求出状态变化所需的时间.如一简谐振动在 t_1 和 t_2 时刻的坐标分别为 x_1 和 x_2,

$$x_1 = A\cos(\omega t_1 + \varphi)$$
$$x_2 = A\cos(\omega t_2 + \varphi)$$

这两个时刻的相位差为

$$\Delta\varphi = (\omega t_2 + \varphi) - (\omega t_1 + \varphi)$$

该相位差对应于旋转矢量在这段时间内转过的角度,即 $\Delta\varphi = \omega\Delta t$,则经历该状态变化所需的时间为

$$\Delta t = t_2 - t_1 = \Delta\varphi / \omega$$

因此,只要确定与初末状态所对应的旋转矢量的位置,就能由二者之间的夹角进一步求出经历该状态变化所需要的时间.

可以看出,用旋转矢量表示法来表示简谐振动非常直观形象,而且有助于简化数学运算.在后面还将看到旋转矢量表示法在分析两个以上简谐振动的合成时非常有用.

例题 15.4　一水平弹簧振子,振幅 $A = 2.0 \times 10^{-2}$ m,周期 $T = 0.5$ s.当 $t = 0$ 时,(1) 质点过 $x = 1.0 \times 10^{-2}$ m 处,向负方向运动;(2) 质点过 $x = -1.0 \times 10^{-2}$ m 处,向正方向运动.分别写出两种情况下简谐振动的运动方程.

解　(1) 根据题意,$t = 0$ 时,$x_0 = \dfrac{A}{2}$,且 $v_0 < 0$,可得旋转矢量的初始位置在(1)处,如图所示.由图可得简谐振动的初相位

$$\varphi = \frac{\pi}{3}$$

由此及 $\omega = \dfrac{2\pi}{T} = 4\pi$ rad·s^{-1},$A = 2.0 \times 10^{-2}$ m,可得简谐振动运动方程为

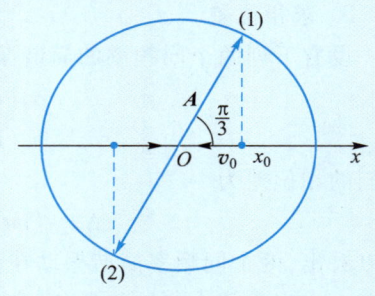

例题 15.4 图

$$x = 2.0 \times 10^{-2} \cos\left(4\pi t + \frac{\pi}{3}\right) \text{（SI 单位）}$$

（2）根据题意，$x_0 = -\dfrac{A}{2}$，且 $v_0 > 0$，可得旋转矢量的初始位置在（2）处，如图所示. 由图可得振动初相位

$$\varphi = \frac{4}{3}\pi \text{ 或 } \varphi = -\frac{2\pi}{3}$$

由此可得简谐振动运动方程为

$$x = 2.0 \times 10^{-2} \cos\left(4\pi t - \frac{2\pi}{3}\right) \text{（SI 单位）}$$

例题 15.5 一质点作简谐振动，周期为 T，求：（1）质点自平衡位置沿正向运动至最大位移处的时间；（2）质点自平衡位置沿正向运动至最大位移的 $\dfrac{1}{2}$ 处的时间；（3）质点自最大位移的 $\dfrac{1}{2}$ 处运动至最大位移处的时间.

解 （1）根据题意，质点处于平衡位置和最大位移处的旋转矢量位置如图（a）所示. 由图可得所求时间

$$t_2 - t_1 = \frac{\Delta\varphi}{\omega} = \frac{\pi}{2\omega} = \frac{T}{4}$$

（2）根据题意，质点处于平衡位置和最大位移的 $\dfrac{1}{2}$ 处的旋转矢量位置如图（b）所示. 由图可得所求时间

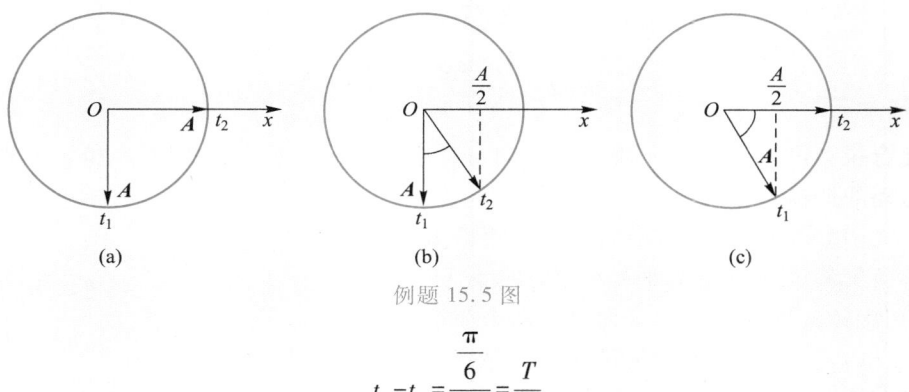

例题 15.5 图

$$t_2 - t_1 = \frac{\dfrac{\pi}{6}}{\omega} = \frac{T}{12}$$

（3）根据题意，质点处于最大位移的 $\dfrac{1}{2}$ 处和最大位移处的旋转矢量位置如图（c）所示. 由图可得所求时间

$$t_2 - t_1 = \frac{\dfrac{\pi}{3}}{\omega} = \frac{T}{6}$$

15.3 简谐振动的合成

一个运动可以看成是由几个独立进行的运动叠加而成的,这称为运动叠加原理或运动独立性原理. 根据运动叠加原理,一个物体同时参与几个运动,可以等效为一个运动;反之,一个物体的运动也可以等效为它同时参与几个运动. 当一个质点同时参与几个振动时,这时质点所作的振动就是这几个振动的合成(synthesis). 例如,当两列声波同时传到某点时,该点处空气的振动就是这两个分振动的合振动. 一般的振动合成比较复杂,本节只研究几种简单的情形.

15.3.1 同方向同频率的简谐振动合成

设有两个在同方向的简谐振动 x_1 和 x_2,它们具有相同频率,但有不同的振幅和初相位:

$$x_1(t) = A_1 \cos(\omega t + \varphi_1)$$
$$x_2(t) = A_2 \cos(\omega t + \varphi_2)$$

其合振动为

$$x(t) = x_1(t) + x_2(t) = A_1 \cos(\omega t + \varphi_1) + A_2 \cos(\omega t + \varphi_2)$$

进行三角函数运算,可将上式写成

$$x = A \cos(\omega t + \varphi) \tag{15.3.1}$$

式中

$$A = \sqrt{A_1^2 + A_2^2 + 2A_1 A_2 \cos(\varphi_2 - \varphi_1)} \tag{15.3.2}$$

$$\tan \varphi = \frac{A_1 \sin \varphi_1 + A_2 \sin \varphi_2}{A_1 \cos \varphi_1 + A_2 \cos \varphi_2} \tag{15.3.3}$$

因此合振动仍为简谐振动,其振动方向与频率仍与原来的振动相同. A 和 φ 分别是合振动的振幅与初相位.

式(15.3.1)的合成振动,也可用简谐振动的旋转矢量表示法直观地表示. 如图 15.11 所示,用旋转矢量 A_1 和 A_2 分别表示两个简谐振动 x_1 和 x_2,A_1 和 A_2 的合矢量 A 按矢量合成的平行四边形法则确定,A 表示与合振动 $x = x_1 + x_2$ 相对应的旋转矢量. 由于 A_1 和 A_2 的长度一定,并且以相同的角速度 ω 绕 O 点作逆时针旋转,所以 A_1 和 A_2 之间的夹角($\varphi_2 - \varphi_1$)在旋转过程中始终保持不变. 由此可见,合矢量 A 的长度不变,且以相同的角速度 ω 绕 O 点作逆时

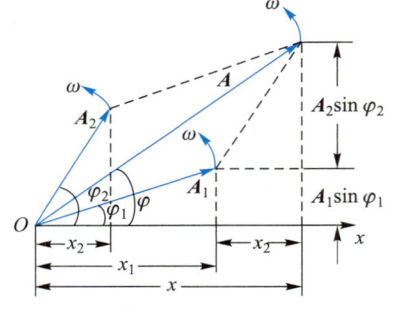

图 15.11 两个同方向同频率简谐振动的合成

针旋转,即 A 表示的合振动 x 也是简谐振动,矢量 A 即合振动的旋转矢量,其大小 A

就是合振动的振幅,初始时刻 A 与 x 轴之间的夹角 φ 即合振动的初相位.从图中几何关系得到的 A 和 φ 值与式(15.3.2)和式(15.3.3)相同.

从式(15.3.2)可以看到,合振动的振幅 A 不仅与原来两个分振动的振幅有关,而且与两分振动的相位差 $(\varphi_2-\varphi_1)$ 有关.

(1)两分振动同相,即当 $\varphi_2-\varphi_1=2k\pi,k=0,\pm1,\pm2,\cdots$ 时,有

$$A=A_1+A_2$$

合振幅最大.

(2)两分振动反相,即当 $\varphi_2-\varphi_1=(2k+1)\pi,k=0,\pm1,\pm2,\cdots$ 时,有

$$A=|A_1-A_2|$$

合振幅最小.

(3)两分振动不同相也不反相,即当 $(\varphi_2-\varphi_1)$ 为其他值时,合振动振幅介于 $A=A_1+A_2$ 和 $A=|A_1-A_2|$ 之间,由式(15.3.2)确定.

以上三种情况下的两个同方向同频率的简谐振动及其合成、相应的旋转矢量如图 15.12 所示.

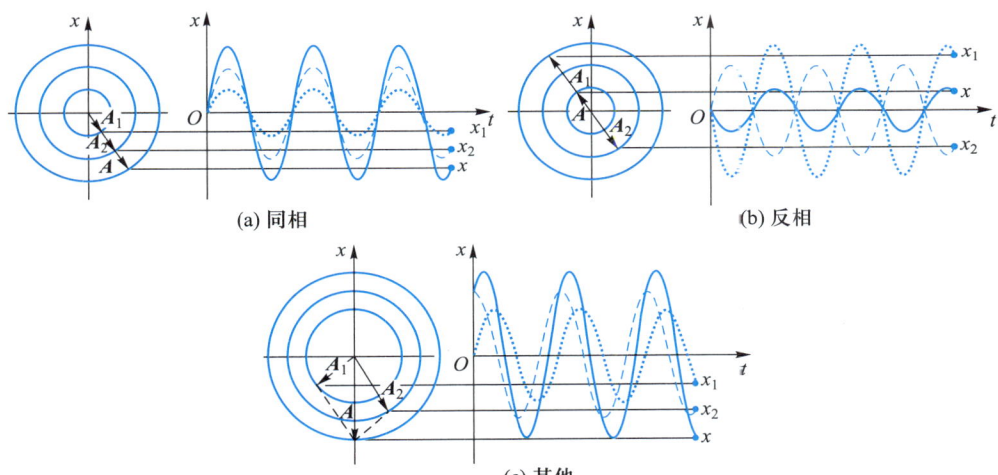

(a) 同相　　　　　　　　(b) 反相

(c) 其他

图 15.12　相位差对简谐振动的合成的影响

合矢量 A 也可以看成将 A_1,A_2 首尾相连后,从 A_1 始端到 A_2 的末端所画出的矢量,即 A_1、A_2 和 A 构成一个三角形,这就是矢量合成的三角形法则,如图 15.13 所示.多个同方向同频率简谐振动的合成,运用矢量合成的多边形法则更为方便,此时各分矢量首尾相连,从第一个矢量的始端到最后一个矢量的末端所画出的矢量即合矢量,如后面的例题 15.7 图和例题 15.8 图所示.

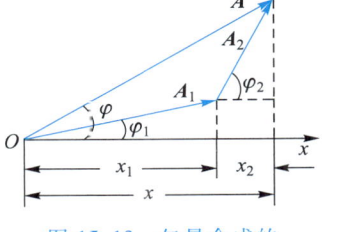

图 15.13　矢量合成的三角形法则

例题 15.6　两个同方向的简谐振动的振动方程分别为

演示程序:两个同方向同频率简谐振动的合成

演示程序:多个同方向同频率简谐振动的合成

$$x_1 = 4 \times 10^{-2} \cos 2\pi \left(t + \frac{1}{8} \right)$$

$$x_2 = 3 \times 10^{-2} \cos 2\pi \left(t + \frac{3}{8} \right)$$

其中 x_1 和 x_2 以 m 为单位, t 以 s 为单位. 求:(1) 合振动的振幅和初相位;(2) 若另有一同方向同频率的简谐振动 $x_3 = 5 \times 10^{-2} \cos(2\pi t + \varphi)$, 其中 x_3 以 m 为单位, t 以 s 为单位,则 φ 为多少时, $(x_1 + x_3)$ 的振幅最大? φ 为多少时, $(x_2 + x_3)$ 的振幅最小?

解 (1) 合振动的振幅由分振动的振幅及相位差决定,即

$$x = x_1 + x_2 = A \cos(2\pi t + \varphi)$$

按合成振动公式代入已知量,可得合振幅及初相位为

$$A = \sqrt{A_1^2 + A_2^2 + 2A_1 A_2 \cos(\varphi_2 - \varphi_1)} = 5 \times 10^{-2} \text{ m}$$

$$\tan \varphi = \frac{A_1 \sin \varphi_1 + A_2 \sin \varphi_2}{A_1 \cos \varphi_1 + A_2 \cos \varphi_2} = 7$$

考虑到 φ 的量值在 φ_1 和 φ_2 之间,所以取

$$\varphi = 1.43 \text{ rad}$$

(2) 当 $\varphi - \varphi_1 = 2k\pi$, 即 $\varphi = 2k\pi + \dfrac{\pi}{4}$, $k = 0, \pm 1, \pm 2, \cdots$ 时, $(x_1 + x_3)$ 的振幅最大.

当 $\varphi - \varphi_2 = (2k+1)\pi$, 即 $\varphi = 2k\pi + \dfrac{7\pi}{4}$, $k = 0, \pm 1, \pm 2, \cdots$ 时, $(x_2 + x_3)$ 的振幅最小.

例题 15.7 三个同方向同频率同振幅的简谐振动分别为

$$x_1 = 0.08 \cos \left(314t + \frac{\pi}{6} \right)$$

$$x_2 = 0.08 \cos \left(314t + \frac{\pi}{2} \right)$$

$$x_3 = 0.08 \cos \left(314t + \frac{5\pi}{6} \right)$$

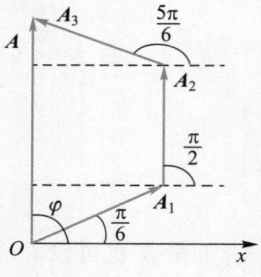

例题 15.7 图

式中, x_1、x_2、x_3 以 m 为单位, t 以 s 为单位. 求:(1) 合振动的角频率、振幅、初相位及振动方程;(2) 设 A 为合振动的振幅,则合振动由初始位置运动到 $x = \dfrac{\sqrt{2}A}{2}$ 处所需的最短时间.

解 (1) 根据题意,合振动的角频率 $\omega = 314 \text{ rad} \cdot \text{s}^{-1}$, 表示三个分振动和合振动的旋转矢量在 $t = 0$ 时刻的位置如图所示, A_1、A_2 和 A_3 的长度均为 0.08 m. 由图可见,合振动的振幅为

$$A = A_1 \sin \frac{\pi}{6} + A_2 + A_3 \sin \frac{\pi}{6}$$

$$= A_1 + 2A_1 \sin \frac{\pi}{6} = 0.16 \text{ m}$$

又由图可见,合振动的初相位 $\varphi = \frac{\pi}{2}$,因此合振动的运动方程为

$$x = 0.16 \cos\left(314t + \frac{\pi}{2}\right)$$

式中,x 以 m 为单位,t 以 s 为单位.

(2)合振动由初始位置$\left(\varphi = \frac{\pi}{2}\right)$运动到 $x = \frac{\sqrt{2}A}{2}$ 的过程中,旋转矢量 **A** 转过的角度为

$$\Delta\varphi = \frac{5\pi}{4}$$

所以,所需时间为

$$\Delta t = \frac{\Delta\varphi}{\omega} = \frac{5\pi}{4 \times 314} \text{ s} = 12.5 \text{ ms}$$

例题 15.8 N 个同方向、同频率的简谐振动,它们的振幅都相等,初相位分别为 $0, \alpha, 2\alpha, \cdots$,依次增加一个常量 α,振动表达式可写成

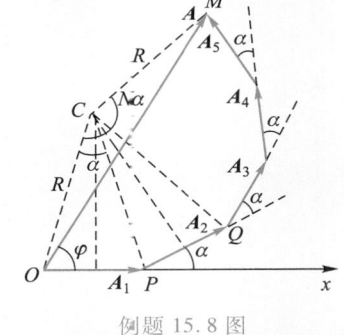

$$x_1 = a\cos\omega t$$
$$x_2 = a\cos(\omega t + \alpha)$$
$$x_3 = a\cos(\omega t + 2\alpha)$$
$$\cdots\cdots\cdots$$
$$x_N = a\cos[\omega t + (N-1)\alpha]$$

求它们的合振动的振幅和初相位.

例题 15.8 图

解 对这种情况,采取旋转矢量表示法和矢量合成的多边形法则,可以避免繁杂的三角函数运算,有极大的简洁性.

按矢量合成法则,将每一个简谐振动在 $t = 0$ 时刻的旋转矢量 $A_1, A_2, A_3, \cdots$,A_N 首尾相接,它们的长度均为 a,而相邻矢量的夹角均为 α(如图所示,取 $N = 5$),它们构成正多边形的一部分,合振动的振幅矢量 **A** 等于各分振动振幅矢量的矢量和.

下面我们采用几何方法较方便地求出合振动振幅矢量的大小和方向. 在图中作 A_1 和 A_2 的垂直平分线,两者相交于 C 点,它们的夹角显然为 α. 而以 A_1 或 A_2 为底边,以 C 为顶点的三角形的顶角也等于 α,所以 $\angle OCM = N\alpha$. 因 $|OC| = |PC| = |QC|$ 并令其等于 R,所以 $|OC| = |CM| = R$,从等腰三角形 $\triangle OCM$ 可以求得边长 $|OM|$,即合振幅矢量 **A** 的大小为

$$A = 2R \sin \frac{N\alpha}{2}$$

在 $\triangle OCP$ 中，$A_1 = a = 2R\sin\dfrac{\alpha}{2}$，于是得到

$$A = a\,\frac{\sin\dfrac{N\alpha}{2}}{\sin\dfrac{\alpha}{2}}$$

又因为

$$\angle COM = \frac{1}{2}(\pi - N\alpha)$$

$$\angle COP = \frac{1}{2}(\pi - \alpha)$$

所以

$$\varphi = \angle COP - \angle COM = \frac{N-1}{2}\alpha$$

式中，φ 为 A 与 x 轴间的夹角，就是合振动的初相位.

最后求得合振动的表达式为

$$x = A\cos(\omega t + \varphi)$$

$$= a\,\frac{\sin\dfrac{N\alpha}{2}}{\sin\dfrac{\alpha}{2}}\cos\left(\omega t + \frac{N-1}{2}\alpha\right)$$

下面讨论两种特例：

（1）如果各分振动的初相位相同，即 $\alpha = 0$ 或 $2k\pi$，$k = \pm 1, \pm 2, \cdots$，于是有

$$A = \lim_{\alpha \to 0} a\,\frac{\sin\dfrac{N\alpha}{2}}{\sin\dfrac{\alpha}{2}} = Na, \quad \varphi = 0$$

这时合振幅为最大值. 其合矢量为一平行直线，如图 15.14 所示（图中 $N = 5$）.

（2）如果 $N\alpha = 2k'\pi$，$k' = \pm 1, \pm 2, \cdots$，但不为 N 的整数倍，此时 N 个矢量首尾相连，形成一闭合的正多边形，合矢量为零，如图 15.15 所示（图中 $N = 6, k' = 1$），若 k' 为 N 的整数倍则与（1）中讨论的情况相同.

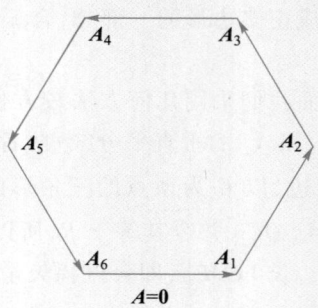

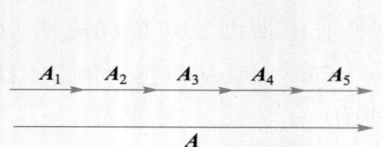

图 15.14　初相位相同的几个振动的合成　　　图 15.15　合矢量为零的情形

15.3.2　同方向不同频率的简谐振动合成(拍现象)

设有两个同方向的简谐振动,但它们的频率不同:

$$x_1(t) = A_1\cos(\omega_1 t + \varphi_1)$$
$$x_2(t) = A_2\cos(\omega_2 t + \varphi_2)$$

它们的合振动是

$$x(t) = x_1(t) + x_2(t) = A_1\cos(\omega_1 t + \varphi_1) + A_2\cos(\omega_2 t + \varphi_2) \qquad (15.3.4)$$

上式表示的合振动与两个分振动的振幅、频率和初相位都有关,如图 15.16 所示,可以看出合振动不再是简谐振动,结果比较复杂.

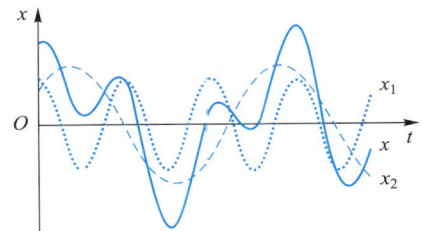

图 15.16　两个同方向不同频率简谐振动的合成

下面考虑一个特例.设两个分振动的振幅均为 A,初相位均为 φ,两分振动的角频率 ω_1、ω_2 都很大,但两者相差甚微.将合振动式 (15.3.4) 写为

$$x = 2A\cos\left(\frac{\omega_2 - \omega_1}{2}t\right)\cos\left(\frac{\omega_2 + \omega_1}{2}t + \varphi\right) \qquad (15.3.5)$$

由于 $|\omega_2 - \omega_1| \ll (\omega_2 + \omega_1)$,故上式中因子 $2A\cos\left(\frac{\omega_2 - \omega_1}{2}t\right)$ 随时间的变化比因子 $\cos\left(\frac{\omega_2 + \omega_1}{2}t + \varphi\right)$ 随时间的变化要缓慢得多.这时合振动可近似看成振幅为 $\left|2A\cos(\omega_2 - \omega_1)\dfrac{t}{2}\right|$、角频率为 $\dfrac{(\omega_2 + \omega_1)}{2}$ 的简谐振动.注意:简谐振动的振幅是不随时间变化的,所以这种振幅随时间缓慢变化的振动并不是真正的简谐振动.

上述合振动的振幅在 $0 \sim 2A$ 范围内变化,时而变大时而变小,即振动忽强忽弱,这种周期性变化的现象称为拍(beat),如图 15.17 所示.

演示程序:
两个同方向不同频率简谐振动的合成

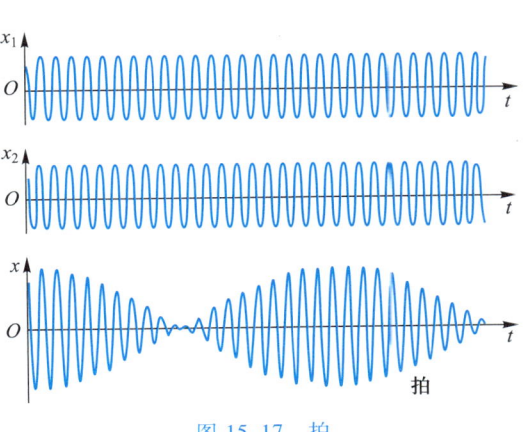

图 15.17　拍

演示程序:
拍

合振动振幅变化的周期称为拍的周期,由于余弦函数的绝对值以 π 为周期,所以拍的周期 $T_{拍}$ 是 $2A\cos\left(\dfrac{\omega_2-\omega_1}{2}t\right)$ 周期的一半,即

$$T_{拍}=\frac{1}{2}\,\frac{2\pi}{\left|\dfrac{\omega_2-\omega_1}{2}\right|}=\frac{2\pi}{|\omega_2-\omega_1|}=\frac{1}{|\nu_2-\nu_1|}$$

合振动振幅变化的频率即合振动振幅在单位时间内加强或减弱的次数称为拍频,即

$$\nu=\frac{1}{T_{拍}}=|\nu_2-\nu_1| \tag{15.3.6}$$

拍频为两个分振动频率之差.

拍现象在声振动、无线电技术中有广泛的应用. 例如校正钢琴,往往把待校的钢琴同标准钢琴作比较,敲击两架钢琴的同一个音键,细听有无拍的现象. 如果听得出有拍的现象,说明尚未校准,需要再校,直到拍音消失才算校准. 还可以利用拍来测量频率,如果已知一个高频振动频率,另一个为未知高频振动频率,使这两个振动叠加,产生拍振动,测量拍频,就可以求出未知频率. 拍现象常用于汽车速度监视器、地面卫星跟踪等. 此外各种电子学仪器中也常常用到拍现象.

*15.3.3 方向垂直同频率的简谐振动合成

如果一个质点同时参与了两个振动方向相互垂直的同频率简谐振动 x 和 y,那么质点的位移是这两个振动的位移 $\boldsymbol{x}$ 和 $\boldsymbol{y}$ 的矢量和,因此质点将在 Oxy 平面内作曲线运动. 设

$$x=A_1\cos(\omega t+\varphi_1)$$
$$y=A_2\cos(\omega t+\varphi_2)$$

此为用参量 t 表示的质点运动的参量方程. 消去 t 即可得到质点运动的轨迹方程. 将上式写成

$$\frac{x}{A_1}=\cos\omega t\cdot\cos\varphi_1-\sin\omega t\cdot\sin\varphi_1$$

$$\frac{y}{A_2}=\cos\omega t\cdot\cos\varphi_2-\sin\omega t\cdot\sin\varphi_2$$

作如下变换:

$$\frac{x}{A_1}\cos\varphi_2-\frac{y}{A_2}\cos\varphi_1=\sin\omega t\cdot\sin(\varphi_2-\varphi_1)$$

$$\frac{x}{A_1}\sin\varphi_2-\frac{y}{A_2}\sin\varphi_1=\cos\omega t\cdot\sin(\varphi_2-\varphi_1)$$

将上述两式平方后相加,得到

$$\frac{x^2}{A_1^2}+\frac{y^2}{A_2^2}-\frac{2xy}{A_1A_2}\cos\Delta\varphi=\sin^2\Delta\varphi \tag{15.3.7}$$

上式中 $\Delta\varphi$ 是两个分振动的初相位差 $(\varphi_2 - \varphi_1)$. 上式是椭圆方程,故合振动的轨迹一般是 Oxy 平面上的一个椭圆,椭圆的具体形状由两个分振动的振幅及初相位差 $\Delta\varphi$ 决定,如图 15.18 所示.

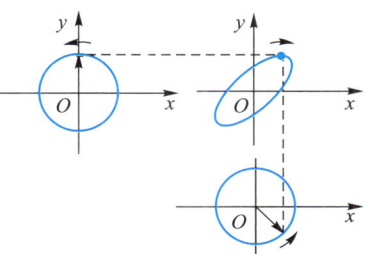

演示程序:
方向垂直同频率的两个简谐振动的合成

图 15.18　垂直方向同频率的两个简谐振动的合成

式(15.3.7)表示的椭圆位于以 $2A_1$ 和 $2A_2$ 为边的矩形内,其形状、方位以及质点在椭圆上的绕行方向都与相位差 $\Delta\varphi$ 有关. 当 $0 < \Delta\varphi < \pi$ 时,质点沿顺时针方向运动;当 $\pi < \Delta\varphi < 2\pi$ 时,质点沿逆时针方向运动,如图 15.19 所示. 下面分析其中几个特殊 $\Delta\varphi$ 值时的椭圆形状.

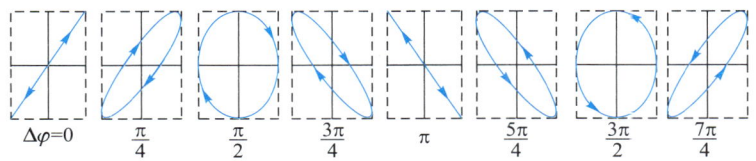

$\Delta\varphi=0 \qquad \dfrac{\pi}{4} \qquad \dfrac{\pi}{2} \qquad \dfrac{3\pi}{4} \qquad \pi \qquad \dfrac{5\pi}{4} \qquad \dfrac{3\pi}{2} \qquad \dfrac{7\pi}{4}$

图 15.19　具有不同相位差的两个同频率相互垂直简谐振动的合成轨迹

（1）$\Delta\varphi = 0$ 或 π 时,两分振动同相或反相,式(15.3.7)变成

$$y = \frac{A_2}{A_1}x \quad \text{或} \quad y = -\frac{A_2}{A_1}x$$

这时质点的轨迹是通过原点的直线(直线是退化了的椭圆),但两种情况下的直线方位不同. 任意时刻质点相对于原点的位移大小为

$$r = \sqrt{x^2 + y^2} = \sqrt{A_1^2 + A_2^2}\cos(\omega t + \varphi_1)$$

即合振动是频率与分振动相同的简谐振动.

（2）当 $\Delta\varphi$ 为 $\pm\dfrac{\pi}{2}$ 时,$\cos(\omega t + \varphi_1) = \pm\sin(\omega t + \varphi_1)$,由 x 和 y 的表达式,得到轨迹方程为

$$\frac{x^2}{A_1^2} + \frac{y^2}{A_2^2} = 1$$

这时质点的轨迹是一个以坐标轴为主轴的正椭圆,当 $A_1 = A_2$ 时变成圆. $\Delta\varphi = \dfrac{\pi}{2}$,说明 y 方向的相位比 x 方向的相位超前 $\dfrac{\pi}{2}$,当 x 方向达最大位移时,y 方向质点正通过原点向负方向运动,因此,质点沿顺时针方向运动;当 $\Delta\varphi = -\dfrac{\pi}{2}$ 时质点沿逆时针方向运动.

以上讨论表明,两个相互垂直的、同频率的简谐振动的合运动轨迹为椭圆、圆或直线. 反之,一个椭圆运动、匀速圆周运动或直线简谐运动都可以分解为两个相互垂直的简谐振动. 这些都是运动叠加原理的表现形式.

*15.3.4 垂直方向不同频率的简谐振动合成

设一个质点同时参与了两个振动方向相互垂直频率不同的简谐振动,即

$$x = A_1 \cos(\omega_1 t + \varphi_1)$$
$$y = A_2 \cos(\omega_2 t + \varphi_2)$$

演示程序:
方向垂直不同
频率的两个简
谐振动的合成

这时合成的运动是复杂的,运动轨迹一般不是封闭曲线,即合成运动不一定是周期性的运动,图 15.20 所示的运动轨迹仅是合运动的一种情形.

如果两个互相垂直的振动频率成整数比,那么合成运动的轨迹仍然是封闭曲线,即合运动仍然具有周期性,这种运动轨迹的图形称为**李萨如图形** (Lissajous figure),图 15.21 所示的是当 $\varphi_1 = 0$,而

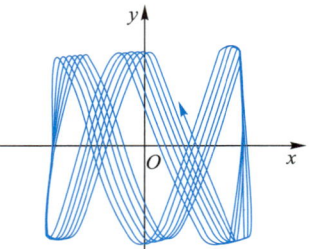

图 15.20 不同频率的两个相互垂直简谐振动的合成

$\varphi_2 = 0$、$\dfrac{\pi}{8}$、$\dfrac{\pi}{4}$、$3\dfrac{\pi}{8}$、$\dfrac{\pi}{2}$ 等值时的三组李萨如图形,这三组李萨如图形中的角频率之比 $\omega_1 : \omega_2$ 分别为 2:1、3:1、3:2.

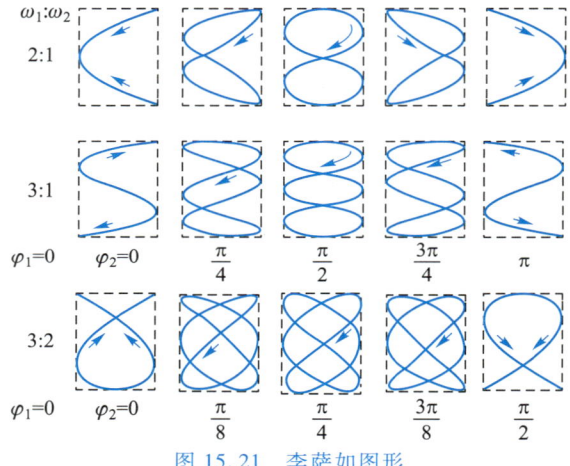

图 15.21 李萨如图形

若一个李萨如图形与一条水平线的交点数最多为 n_x,与一条垂直线的最多交点数为 n_y,则 n_x 与 n_y 之比等于水平方向分振动周期 T_x 与垂直方向分振动周期 T_y 之比,即

$$\frac{n_x}{n_y} = \frac{T_x}{T_y} = \frac{\omega_2}{\omega_1} \tag{15.3.8}$$

若已知 ω_1,就可以利用李萨如图形求出 ω_2. 这是测量未知频率的一种方法.

15.4 阻尼振动

一个物体不受任何阻力影响,只在回复力作用下的运动是无阻尼的自由振动,

简谐振动就是这样的运动. 实际上物体的运动受到各种各样的阻力,如果振动系统受到介质的黏性阻力,在回复力和阻力共同作用下的运动称为 阻尼振动(damped oscillation).

假设物体在 x 轴上作一维运动,阻力的大小与物体速度大小成正比,与速度方向相反,即

$$\boldsymbol{F}_r = -\eta \boldsymbol{v} = -\eta \frac{\mathrm{d}\boldsymbol{x}}{\mathrm{d}t} \tag{15.4.1}$$

式中 η 称为阻力系数. 这样就得到质量为 m 的物体在弹性回复力和上述阻力共同作用下的动力学方程:

$$m\frac{\mathrm{d}^2 x}{\mathrm{d}t^2} = -kx - \eta \frac{\mathrm{d}x}{\mathrm{d}t} \tag{15.4.2}$$

定义常量

$$\omega_0^2 = \frac{k}{m}, \quad \gamma = \frac{\eta}{2m}$$

ω_0 称为振动系统的固有角频率(natural angular frequency),γ 称为阻尼因子(damping factor). 则可将式(15.4.2)写成

$$\frac{\mathrm{d}^2 x}{\mathrm{d}t^2} + 2\gamma \frac{\mathrm{d}x}{\mathrm{d}t} + \omega_0^2 x = 0 \tag{15.4.3}$$

式(15.4.3)就是阻尼振动动力学方程的一般形式,从数学上看这是一个常系数齐次二阶微分方程,其解的特性与 γ 有关,根据 γ 的大小通常将阻尼振动分为欠阻尼、临界阻尼和过阻尼三种情形.

1. 欠阻尼振动($\gamma < \omega_0$)

当阻尼较小,满足条件 $\gamma < \omega_0$ 时,方程(15.4.3)的解具有下列形式:

$$x(t) = Ae^{-\gamma t}\cos\left(\sqrt{\omega_0^2 - \gamma^2}\, t + \varphi\right) \tag{15.4.4}$$

可以看到,阻尼使振动角频率减慢,并且振幅随时间衰减,这种运动不能再说是简谐振动,因为经过一定时间后系统不能回到原来的状态,系统作准周期振动,准周期振动的角频率为 $\omega = \sqrt{\omega_0^2 - \gamma^2}$,由于存在阻尼,振动变慢了. 这种情况称为欠阻尼(underdamping)振动.

式(15.4.4)中常量 A 和初相位 φ 由振动初始条件决定. 对式(15.4.4)关于时间 t 求导得到振动速度 $v(t)$,设 $t = 0$,$x(0) = x_0$,$v(0) = \left.\dfrac{\mathrm{d}x}{\mathrm{d}t}\right|_{t=0} = v_0$,得到

$$A = \sqrt{x_0^2 + \frac{(v_0 + \gamma x_0)^2}{\omega^2}}$$

$$\tan\varphi = -\frac{v_0 + \gamma x_0}{\omega x_0}$$

2. 临界阻尼($\gamma = \omega_0$)

当阻尼满足条件 $\gamma = \omega_0$ 时,方程(15.4.3)的解具有下列形式:

$$x(t) = (C_1 + C_2 t) e^{-\gamma t} \qquad (15.4.5)$$

式中 C_1、C_2 是由初始条件确定的积分常量. 从这个振动方程看, 已经没有时间周期性变化项, 此时振动系统恰好不能往复振动, 而很快回到平衡位置. $\gamma = \omega_0$ 是从有往复的运动到非往复运动的临界点, 这是临界阻尼(critical damping)情况. 在电表及天平调整中, 就应用了临界阻尼的性质, 使仪器很快回到平衡位置, 以节省调整时间.

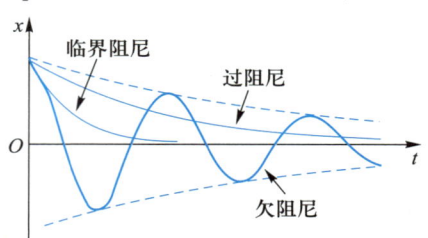

演示程序: 阻尼振动

3. 过阻尼($\gamma > \omega_0$)

当阻尼较大, 满足条件 $\gamma > \omega_0$ 时, 方程(15.4.3)的解具有下列形式:

$$x(t) = C_1 e^{-(\gamma - \sqrt{\gamma^2 - \omega_0^2})t} + C_2 e^{-(\gamma + \sqrt{\gamma^2 - \omega_0^2})t} \qquad (15.4.6)$$

积分常量 C_1、C_2 由初始条件确定. 此时物体以非往复方式, 经很长时间才能回到平衡位置, 这种振动称为过阻尼(overdamping)振动.

将弹簧振子放在阻尼因子 γ 不同的介质中, 就可以实现阻尼振动的三种运动情况, 图 15.22 是不同阻尼下的阻尼振动曲线.

图 15.22 阻尼振动

例题 15.9 一根长为 l 的不可伸长的轻绳, 悬挂一个密度为 ρ、半径为 r 的球, 构成一个单摆, 在黏度为 η 的空气中作小角度摆动. 已知作用于球的黏性力 F 与球的速度 v 的关系为 $F = -6\pi\eta r v$. (1) 写出此摆球的动力学微分方程; (2) 求固有角频率 ω_0、阻尼因子 γ 和准周期 T.

解 (1) 摆球在切线方向所受之力为黏性力 $F = -6\pi\eta r v$ 和重力的切向分力 $-mg\sin\theta \approx -mg\theta$, 式中 θ 是摆线与竖直方向的夹角. 由牛顿第二定律有

$$ma_t = ml\frac{d^2\theta}{dt^2} = -6\pi\eta r v - mg\theta$$

其中小球的质量 $m = \dfrac{4}{3}\pi r^3\rho$, 小球的速度 $v = l\dfrac{d\theta}{dt}$, 将 m 和 v 代入上式, 整理后得

$$\frac{d^2\theta}{dt^2} + \frac{9\eta}{2r^2\rho}\frac{d\theta}{dt} + \frac{g}{l}\theta = 0$$

此式即摆球的动力学微分方程.

(2) 将摆球的动力学微分方程与阻尼振动动力学方程的一般形式

$$\frac{d^2x}{dt^2} + 2\gamma\frac{dx}{dt} + \omega_0^2 x = 0$$

进行比较, 可得固有角频率、阻尼因子和准周期分别为

$$\omega_0 = \sqrt{\frac{g}{l}}$$

$$\gamma = \frac{9\eta}{4r^2\rho}$$

$$T = \frac{2\pi}{\omega} = \frac{2\pi}{\sqrt{\omega_0^2 - \gamma^2}} = \frac{2\pi}{\sqrt{\dfrac{g}{l} - \dfrac{81\eta^2}{16r^4\rho^2}}}$$

*15.5 受迫振动与共振

15.5.1 受迫振动

如果没有能量的补充,物体受阻力作用,运动最终要停止下来,为了获得稳定的振动,通常对物体施加一个周期性的外力,周期性外力也称为**驱动力**(driving force).物体在周期性的外力作用下的振动叫**受迫振动**(forced oscillation).将一个周期性变化的力 $F_0\cos\omega t$ 加到一个阻尼振子上时,阻尼振动动力学方程式(15.4.3)变成

$$\frac{\mathrm{d}^2 x}{\mathrm{d}t^2} + 2\gamma\frac{\mathrm{d}x}{\mathrm{d}t} + \omega_0^2 x = \frac{F_0}{m}\cos\omega t \qquad (15.5.1)$$

从物理上看,物体受到阻力、回复力和驱动力这三个力的共同作用;振动系统有两个特征频率:系统固有频率 ω_0 和驱动频率 ω.

从数学上看,上式是一个常系数非齐次二阶线性微分方程,它的通解由齐次微分方程的解和非齐次的一个特解组成.在 $\gamma < \omega_0$ 时,方程(15.5.1)的解具有下列形式:

$$x(t) = Ae^{-\gamma t}\cos\left(\sqrt{\omega_0^2 - \gamma^2}\,t + \varphi_0\right) + A_p\cos(\omega t + \phi_c) \qquad (15.5.2)$$

上式右边第一项包含一个时间衰减因子,它在足够长的时间后变为零.而第二项(特解)是系统在足够长的时间后的定态解:

$$\begin{aligned} x(t) &= A_p\cos(\omega t + \phi_0) \\ &= \frac{F_0/m}{\sqrt{(\omega_0^2 - \omega^2)^2 + 4\gamma^2\omega^2}}\cos\left(\omega t - \frac{\pi}{2} + \arctan\frac{\omega_0^2 - \omega^2}{2\gamma\omega}\right) \end{aligned} \qquad (15.5.3)$$

定态解作等幅振动,其角频率就是驱动力的频率.因此,受迫振动在长时间后将作稳定的简谐振动,振动的频率就是驱动力的频率.但是,振动的位移与驱动力之间并不同步,它们之间有一个相位差:

$$\phi_0 = -\frac{\pi}{2} + \arctan\frac{\omega_0^2 - \omega^2}{2\gamma\omega} \qquad (15.5.4)$$

受迫振动式(15.5.2)的运动情况如图 15.23 所示.我们看到,开始时运动很复杂,经过一段时间后,系统按定态解式(15.5.3)的方式运动,其频率与驱动力的频

率相同.

演示实验:
共振现象

15.5.2 共振

定态解式(15.5.3)的振幅

$$A_p = \frac{F_0/m}{\sqrt{(\omega_0^2-\omega^2)^2+4\gamma^2\omega^2}} \tag{15.5.5}$$

它与驱动力的频率有关. 求振幅对频率关系的极值, 可得当驱动力频率

$$\omega_r = \sqrt{\omega_0^2-2\gamma^2} \tag{15.5.6}$$

时, 定态解的振幅 A_p 有极大值,

$$A_r = \frac{F_0/m}{2\gamma\sqrt{\omega_0^2-\gamma^2}} \tag{15.5.7}$$

ω_r、A_r 分别称为共振角频率和共振振幅.

当驱动力的频率等于某一值时, 稳定受迫振动的位移振幅出现最大值的现象, 称为位移共振, 简称共振(displacement resonance).

共振现象可用如图 15.24 所示的演示实验来实现. 有长度不等(20~70 cm)的五根细线, 分别使它们的一端悬挂相同的小球, 其中 1 和 4 的线长相等, 然后将它们的另一端悬挂在一根拉直(绷得不太紧)的弦线上. 现使 1 在垂直于纸面的平面内振动, 经过一段时间后, 4 会随 1 作相同周期的振动, 而其他小球仍基本处于静止. 这表明, 固有频率和驱动力频率接近相等的 1 和 4 发生了共振.

演示实验:
共振摆

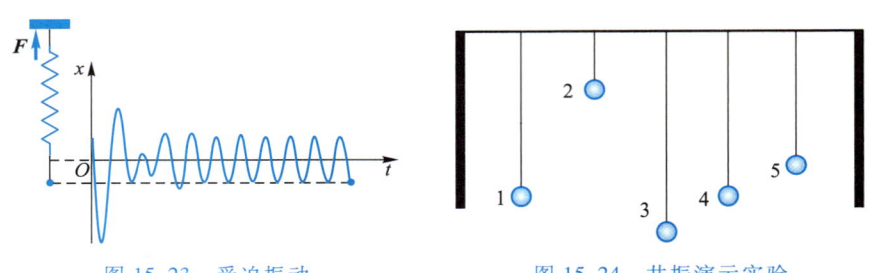

图 15.23 受迫振动　　　　图 15.24 共振演示实验

从式(15.5.6)可知, 当阻尼因子 γ 很小而接近零时, 共振发生在固有频率处, 称为尖锐共振. 尖锐共振会对桥梁等建筑物造成破坏, 当风振动的频率与桥梁的固有频率接近时, 桥梁发生共振, 从而使桥梁倒塌. 1940 年, 塔科马(Tacoma)海峡大桥在建成后的 4 个月就因风引起共振而倒塌. 图 15.25 是该桥因共振而扭曲倒塌的照片. 从能量观点看, 在共振时阻力的功率最后与驱动力的功率相抵, 从而使振幅保持恒定. 在共振中, 外界驱动的能量转化为共振质点的能量, 这也叫共振吸收.

通常将受迫振动时定态解的振幅 A_p 与驱动力角频率 ω 的关系曲线称为位移振幅频率响应曲线, 如图 15.26 所示. 我们可以看出, 随着阻尼的减少, 驱动力的频率在系统的固有频率附近时的振幅逐渐增大.

将式(15.5.3)对时间 t 求导, 得到振动物体在作定态振动时的速度为

图 15.25　风引起桥梁共振而倒塌

$$v(t) = \frac{\dfrac{\omega F_0}{m}}{\sqrt{(\omega_0^2 - \omega^2)^2 + 4\gamma^2\omega^2}}\cos\left(\omega t + \arctan\frac{\omega_0^2 - \omega^2}{2\gamma\omega}\right) \qquad (15.5.8)$$

求速度振幅 A_v（上式余弦函数前的系数）对频率关系的极值，可得当驱动力频率

$$\omega = \omega_0 \qquad (15.5.9)$$

时定态解的速度振幅达到极大值，这是**速度共振**（velocity resonance）. 此时速度

$$v_r(t) = \frac{F_0}{k}\frac{\omega_0^2}{2\gamma}\cos\omega t \qquad (15.5.10)$$

它和驱动力是同相位的. 如图 15.27 所示的是定态振动时速度振幅与驱动力角频率的关系，即速度振幅频率响应曲线，可以看出，当满足速度共振条件 $\omega = \omega_0$ 时，各种阻尼下的速度振幅 A_v 都达到最大值.

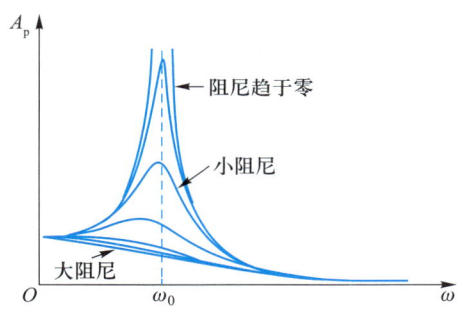

图 15.26　位移振幅频率响应曲线

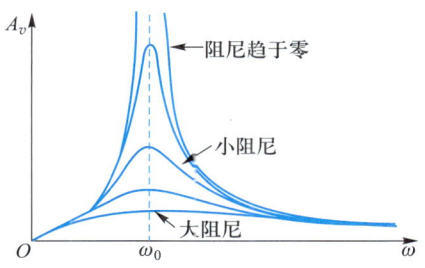

图 15.27　速度振幅频率响应曲线

随着近代科学的发展，共振在实际中有着广泛的应用. 例如，收音机利用电磁共振进行选台，一些乐器利用共振来提高音响的效果，建筑工人用振荡器使混凝土之间变得更紧密、更结实，原子核内的核磁共振被用来进行物质结构的研究以及医疗诊断.

拓展阅读：共振的危害及预防

共振有时也会给人类造成危害,这时我们要采取一些办法避免共振现象的发生.

内容提要

1. 简谐振动

动力学特征:受到线性回复力 $F = -kx$ 作用.

运动学特征:位移随时间作余弦变化 $x = A\cos(\omega t + \varphi)$,位移与加速度成正比且反向,即 $a = -\omega^2 x$.

能量特征:机械能守恒 $E = E_p + E_k = \dfrac{1}{2}kA^2 = \dfrac{1}{2}m\omega^2 A^2 = C$.

速度和加速度:

$$v = -\omega A\sin(\omega t + \varphi)$$

$$a = -\omega^2 A\cos(\omega t + \varphi) = -\omega^2 x$$

简谐振动的特征量:由初始条件确定振幅和初相位,$A = \sqrt{x_0^2 + \dfrac{v_0^2}{\omega^2}}$,$\tan\varphi = -\dfrac{v_0}{\omega x_0}$,

角频率 $\omega = 2\pi\nu = \dfrac{2\pi}{T}$.

表示方法:数学解析法,图形法,旋转矢量表示法.

2. 简谐振动的合成

同方向同频率的两个简谐振动 $x_1(t) = A_1\cos(\omega t + \varphi_1)$ 和 $x_2(t) = A_2\cos(\omega t + \varphi_2)$ 合成后仍为频率不变的简谐振动,合振动为 $x = A\cos(\omega t + \varphi)$.

同方向不同频率的两个简谐振动合成后不再是简谐振动.但当两个分振动频率很大且相差不大时,会产生拍的现象.拍频 $\nu = |\nu_2 - \nu_1|$.

相互垂直的同频率简谐振动合成后一般为椭圆运动.分振动的相位差 $\Delta\varphi$ 决定了椭圆的形状、方位以及质点在椭圆上的绕行方向.

频率比为整数比的两个相互垂直的简谐振动合成后,形成李萨如图形.

3. 阻尼振动

能量不断损失,振幅不断减小,有三种不同阻尼运动状态.

*4. 受迫振动 共振

系统在驱动力作用下的振动叫受迫振动.稳定受迫振动的频率与驱动力的频率相同.当驱动力的频率为 $\omega_r = \sqrt{\omega_0^2 - 2\gamma^2}$ 时,稳定受迫振动的位移振幅出现极大值,即共振.

习题

一、选择题

1. 对一个作简谐振动的物体,下面说法正确的是 ( )

A. 物体位于运动正方向的端点时,速度和加速度都达到最大值

B. 物体位于平衡位置且向负方向运动时,速度和加速度都为零

C. 物体位于平衡位置且向正方向运动时,速度最大,加速度为零

D. 物体位于运动负方向的端点时,速度最大,加速度为零

2. 下列四种运动(忽略阻力)中哪一种不是简谐振动?　　　　　　　(　　)

A. 小球在地面上作完全弹性的上下跳动

B. 竖直悬挂的弹簧振子的运动

C. 放在光滑斜面上弹簧振子的运动

D. 浮在水里的一均匀长方体木块,将它部分按入水中,然后松开,使木块上下浮动

3. 一个轻质弹簧竖直悬挂,当一物体系于弹簧的下端时,弹簧伸长了 l 而平衡.则此系统作简谐振动时振动的角频率为　　　　　　　　　　　　(　　)

A. $\dfrac{g}{l}$ 　　　　　B. $\sqrt{\dfrac{g}{l}}$ 　　　　　C. $\dfrac{l}{g}$ 　　　　　D. $\sqrt{\dfrac{l}{g}}$

4. 一质点作简谐振动(用余弦函数表示),若将振动速度处于正方向最大值的某时刻取作 $t=0$,则振动初相位 φ 为　　　　　　　　　　　　　(　　)

A. $-\dfrac{\pi}{2}$ 　　　　　B. 0 　　　　　C. $\dfrac{\pi}{2}$ 　　　　　D. π

5. 如图所示,质量为 m 的物体由弹性系数为 k_1 和 k_2 的两个轻弹簧连接,在光滑导轨上作微小振动,其振动频率为　　　　　　　　　　　　　(　　)

A. $\nu=2\pi\sqrt{\dfrac{k_1 k_2}{m}}$ 　　　　　　　　　　B. $\nu=2\pi\sqrt{\dfrac{k_1+k_2}{m}}$

C. $\nu=\dfrac{1}{2\pi}\sqrt{\dfrac{k_1+k_2}{mk_1 k_2}}$ 　　　　　　D. $\nu=\dfrac{1}{2\pi}\sqrt{\dfrac{k_1 k_2}{m(k_1+k_2)}}$

 　　　　　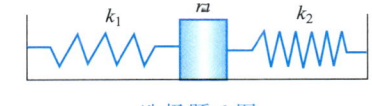

选择题 5 图　　　　　　　　　　选择题 6 图

6. 如图所示,质量为 m 的物体由弹性系数为 k_1 和 k_2 的两个轻弹簧连接,在光滑导轨上作微小振动,则该系统的振动频率为　　　　　　　　　(　　)

A. $\nu=2\pi\sqrt{\dfrac{k_1 k_2}{m}}$ 　　　　　　　　　　B. $\nu=\dfrac{1}{2\pi}\sqrt{\dfrac{k_1+k_2}{m}}$

C. $\nu=\dfrac{1}{2\pi}\sqrt{\dfrac{k_1+k_2}{mk_1 k_2}}$ 　　　　　　D. $\nu=\dfrac{1}{2\pi}\sqrt{\dfrac{k_1 k_2}{m(k_1+k_2)}}$

7. 弹簧振子在光滑水平面上作简谐振动时,弹性力在半个周期内所做的功为　　　　　　　　　　　　　　　　　　　　　　　　　　(　　)

A. kA^2　　　　　　　B. $\dfrac{1}{2}kA^2$　　　　　　　C. $\dfrac{1}{4}kA^2$　　　　　　　D. 0

8. 一弹簧振子作简谐振动,总能量为 E,若振幅增加为原来的 2 倍,振子的质量增加为原来的 4 倍,则它的总能量为　　　　　　　　　　　　（　　）

A. $2E$　　　　　　　B. $4E$　　　　　　　C. E　　　　　　　D. $16E$

9. 已知有同方向的两个简谐振动,它们的振动表达式分别为

$$x_1 = 5\cos\left(10t + \dfrac{3\pi}{4}\right), \quad x_2 = 6\cos\left(10t + \dfrac{\pi}{4}\right)$$

式中 x_1、x_2 的单位是 cm,t 的单位是 s,则合振动的振幅为　　　　　（　　）

A. $\sqrt{61}$ cm　　　B. $\sqrt{11}$ cm　　　C. 11 cm　　　D. 61 cm

10. 一振子的两个分振动方程为 $x_1 = 4\cos 3t$,$x_2 = 2\cos(3t + \pi)$（SI 单位）,则其合振动方程应为　　　　　　　　　　　　　　　　　　　　　　　　（　　）

A. $x = 4\cos(3t + \pi)$　　　　　　　　　B. $x = 4\cos(3t - \pi)$

C. $x = 2\cos(3t - \pi)$　　　　　　　　　D. $x = 2\cos 3t$

11. 为测定某音叉 C 的频率,可选定两个频率已知的音叉 A 和 B;先使频率为 800 Hz 的音叉 A 和音叉 C 同时振动,每秒听到两次强音;再使频率为 797 Hz 的音叉 B 和 C 同时振动,每秒听到一次强音,则音叉 C 的频率应为　　　　　　　（　　）

A. 800 Hz　　　B. 799 Hz　　　C. 798 Hz　　　D. 797 Hz

二、填空题

1. 一质量为 m 的质点在力 $F = -\pi^2 x$ 作用下沿 x 轴运动,其运动的周期为_____.

2. 一水平弹簧简谐振子振动曲线如图所示,振子处在位移为零、速度为 $-\omega A$、加速度为零和弹性力为零的状态,对应曲线上的_____点,振子处在位移的绝对值为 A、速度为零、加速度为 $-\omega^2 A$ 和弹性力为 $-kA$ 的状态,则对于曲线上的_____点.

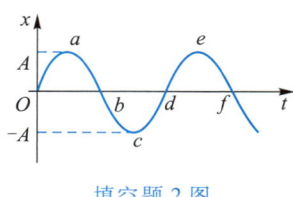

填空题 2 图　　　　　　　　　　填空题 3 图

3. 一简谐振动的振动曲线如图所示,相应的以余弦函数表示的振动方程为 $x = $_____.

4. 一物体作简谐振动,其振动方程为 $x = 0.04\cos\left(\dfrac{5\pi t}{3} - \dfrac{\pi}{2}\right)$,$x$ 以 m 为单位,t 以 s 为单位.

（1）此简谐振动的周期 $T = $_____.

（2）当 $t = 0.6$ s 时,物体的速度 $v = $_____.

5. 一质点沿 x 轴作简谐振动,振动范围的中心点为 x 轴的原点,已知周期为 T,振幅为 A.(1)若 $t=0$ 时刻质点过 $x=0$ 处且向 x 轴正方向运动,则振动方程为 _____;(2)若 $t=0$ 时质点处于 $x=\dfrac{A}{2}$ 处,且向 x 轴负方向运动,则振动方程为 $x=$ _____.

6. 图中用旋转矢量表示法表示了一个简谐振动,旋转矢量的长度为 0.04 m,旋转角速度为 $\omega=4\pi$ rad·s^{-1},此简谐振动以余弦函数表示的振动方程为 $x=$ _____.

7. 质量为 m 的物体和一个弹簧组成的弹簧振子,其固有振动周期为 T,当它作振幅为 A 的简谐振动时,此系统的振动能量 $E=$ _____.

8. 将质量为 0.2 kg 的物体,系于弹性系数 $k=19$ N·m^{-1} 的竖直悬挂的弹簧的下端.假定在弹簧原长处将物体由静止释放,然后物体作简谐振动,则振动频率为 _____,振幅为 _____.

9. 已知一简谐振动曲线如图所示,由图确定:(1)在 _____ s 时速度为零;(2)在 _____ s 时动能最大;(3)在 _____ s 时加速度取正的最大值.

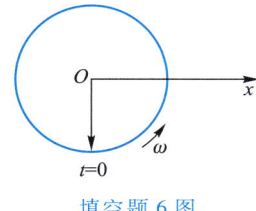

填空题 6 图   填空题 9 图

10. 一质点作简谐振动,振幅为 A,当它离开平衡位置的位移为 $x=\dfrac{A}{2}$ 时,其动能 E_k 和势能 E_p 的比值 $\dfrac{E_k}{E_p}=$ _____.

11. 两个同方向同频率简谐振动的表达式分别为

$$x_1=6.0\times10^{-2}\cos\left(\dfrac{2\pi}{T}t+\dfrac{\pi}{4}\right),\ x_2=4.0\times10^{-2}\cos\left(\dfrac{2\pi}{T}t-\dfrac{\pi}{4}\right)$$

其中 x_1 和 x_2 以 m 为单位,t 以 s 为单位,则其合振动的表达式为 _____.

三、计算题

1. 已知一个简谐振动的振幅 $A=2$ cm,角频率 $\omega=4\pi$ s^{-1},以余弦函数表示运动规律时的初相位 $\varphi=\dfrac{\pi}{2}$.试画出位移和时间的关系曲线(振动曲线).

2. 一质量为 0.02 kg 的质点作简谐振动,其运动方程为 $x=0.60\cos\left(5t-\dfrac{\pi}{2}\right)$,其中 x 的单位是 m,t 的单位是 s.求:(1)质点的初速度;(2)质点在正向最大位移一半处所受的力.

3. 一立方体木块浮于静水中,其浸入部分高度为 a.今用手指沿竖直方向将其慢慢压下,使其浸入水中部分的高度为 b,然后放手让其运动.若不计水对木块的黏性阻力,试证明木块的运动是简谐振动并求出周期及振幅.

4. 在一轻弹簧下悬挂 $m_0 = 100$ g 的物体时,弹簧伸长 8 cm.现在这根弹簧下端悬挂 $m = 250$ g 的物体,构成弹簧振子.将物体从平衡位置向下拉动 4 cm,并给予向上的 21 cm·s^{-1} 的初速度(令这时 $t = 0$).选 x 轴正方向向下,求振动方程.

5. 已知某质点作简谐运动,振动曲线如图所示,试根据图中数据,求:(1) 振动表达式;(2) 与 P 点状态对应的相位;(3) 与 P 点状态相应的时刻.

6. 两个质点在同方向作同频率、同振幅的简谐振动.在振动过程中,每当它们经过振幅一半的地方时相遇,而运动方向相反.求它们的相位差,并画出相遇处的旋转矢量图.

7. 如图所示,有一水平弹簧振子,弹簧的弹性系数 $k = 24$ N·m^{-1},重物的质量 $m = 6$ kg,重物静止在平衡位置上,设以一水平恒力 $F = 10$ N 向左作用于物体(不计摩擦),使之由平衡位置向左运动 0.05 m,此时撤去力 F,当重物运动到左方最远位置时开始计时,求物体的运动方程.

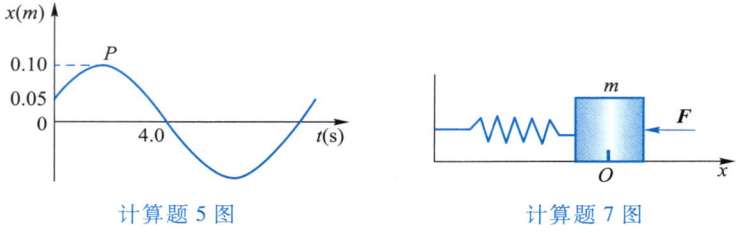

计算题 5 图 　　　　　　　　　　计算题 7 图

8. 一水平放置的弹簧系一小球在光滑的水平面作简谐振动.已知球经平衡位置向右运动时,$v = 100$ cm·s^{-1},周期 $T = 1.0$ s,问:再经过 $\frac{1}{3}$ s 的时间,小球的动能是原来的多少倍?弹簧的质量不计.

9. 一质点作简谐振动,其振动方程为 $x = 6.0 \times 10^{-2} \cos\left(\frac{\pi t}{3} - \frac{\pi}{4}\right)$,其中 x 的单位是 m,t 的单位是 s.(1) 当 x 值为多大时,系统的势能为总能量的一半?(2) 质点从平衡位置移动到此位置所需最短时间为多少?

10. 如图所示,弹性系数为 k,质量为 m_0 的弹簧振子静止地放置在光滑的水平面上,一质量为 m 的子弹以水平速度 v_1 射入物体 m_0 中,与之一起运动.选 m、m_0 开始共同运动的时刻为 $t = 0$,求振动的固有角频率、振幅和初相位.

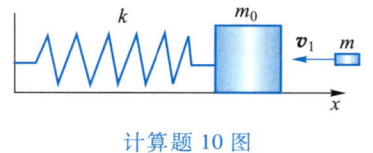

计算题 10 图

11. 一个弹性系数为 k 的弹簧所系物体质量为 m_0,物体在光滑的水平面上作振幅为 A 的简谐振动时,一质量为 m 的黏土从高度 h 处自由下落,正好在(a)物体通过平衡位置时,(b)物体在最大位移处时,落在物体 m_0 上.分析在上述两种情形下:

（1）振动的周期有何变化？

（2）振幅有何变化？

12. 如图所示，一弹性系数为 k 的轻弹簧，一端固定在墙上，另一端连接一质量为 m_1 的物体，放在光滑的水平面上. 将一质量为 m_2 的物体跨过一质量为 m、半径为 R 的定滑轮与 m_1 相连，求其系统的振动角频率.

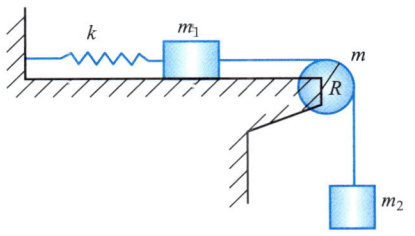

计算题 12 图

13. 一物体同时参与两个同方向的简谐振动：$x_1 = 0.04\cos\left(2\pi t + \dfrac{\pi}{2}\right)$，$x_2 = 0.03\cos(2\pi t + \pi)$，其中 x_1、x_2 的单位是 m，t 的单位是 s. 求此物体的振动方程.

14. 有两个同方向、同频率的简谐振动，其合振动的振幅为 2 m，相位与第一个振动的相位差为 $\dfrac{\pi}{6}$，已知第一个振动的振幅为 1.73 m，求第二个振动的振幅以及两振动之间的相位差.

15. 一质量为 2.5 kg 的物体与一弹性系数为 1 250 N · m^{-1} 的弹簧相连作阻尼振动，阻力系数 η 为 50.0 kg · s^{-1}，求阻尼振动的角频率.

16. 一质量为 1.0 kg 的物体与一弹性系数为 900 N · m^{-1} 的弹簧相连作阻尼振动，阻尼因子 γ 为 10.0 s^{-1}. 为了使振动持续，现给振动系统加上一个周期性的外力 $F = 100\cos 30t$，其中 F 的单位是 N，t 的单位是 s.（1）求振动物体达到稳定状态时的振动角频率；（2）若外力的角频率可以改变，则当其值为多少时系统出现共振现象？（3）共振的振幅有多大？

习题参考答案

>>> 第十六章

··· 机械波和电磁波

　　振动状态在空间的传播形成波动,简称波.激发波动的振动系统称为波源.波是自然界广泛存在的一种运动形式,通常将波动分为两大类:一类是机械振动在介质中的传播,称为机械波(mechanical wave),如水面波、声波等.另一类是变化的电磁场在空间的传播,称为电磁波,如无线电波、光波等.

　　不管是机械波还是电磁波,波动都具有如下共同特征:(1)波动具有一定的传播速度,并伴随着能量的传播.(2)波动具有时空周期性,对空间某一定点,振动随时间的变化具有时间周期性,而固定一个时刻来看,空间各点的振动分布也具有空间周期性.(3)波动具有可叠加性.在空间同一区域可同时经历两个或两个以上的波.干涉和衍射是波所特有的现象,观察干涉、衍射现象是鉴别波动过程最有力的手段.

　　本章首先从介绍机械波入手,介绍它的产生和描述、运动波源产生的波和多普勒效应、波的干涉和衍射现象、驻波的形成和特征,最后介绍电磁波的产生和特性.

你知道吗?

　　古代行军打仗,宿营野外的士兵头枕牛皮箭筒,贴耳而眠,从而随时监听远方的敌情,潜水艇安装声呐系统后在大海深处也能"听见""看见"远处的目标,这些都是声波理论的巧妙应用;用于心脏跳动情况诊断的超声心动仪、用于测速和定位的雷达测速仪等是波动理论的直接应用;电磁侦察与反侦察、电磁脉冲武器等的研究更离不开电磁波的基本理论.在本章中,我们将学习到车速检测、电磁脉冲武器等问题的波动学原理.

16.1　机械波的产生和传播

　　机械振动在弹性介质中传播时形成机械波.机械振动必须依赖于介质质元(把物体无限分割后体积为无穷小、有质量的最小单元)间的弹性力才得以传播,故也称为弹性波.波源的振动借助于弹性力带动邻近质元振动,进而又带动更远一点的质元振动,于是在空间形成波动.波动过程中各介质质元均在各自的平衡位置附近作振动,质元本身并不随波前进,只是振动状态在空间逐点传递.

　　在波动传播过程中,介质中振动相位相同的各点组成的面称为波面或波阵面,有时把最前面的那个波阵面称为波前(wave front).由于波阵面上所有质元振动的相位都相同,所以波阵面又称为同相面.随着波的传播,波阵面在空间不断推进.在各向同性介质中,波的传播方向与波阵面垂直,称为波线或波射线.

　　波阵面为一平面的波称为平面波,平面波的波阵面为一系列平行平面.波阵面为一球面的波称为球面波,例如由点光源发出的光波就是一种球面波.远离球面波源中心的波阵面近似为平面,例如到达地面的太阳光波可看成平面波.

16.1.1　横波和纵波

　　质元振动方向与波的传播方向相互垂直的波称为横波(transverse wave),质元振动方向与波的传播方向相互平行的波称为纵波（longitudinal wave）. 若质元的振动是简谐振动,则相应的波称为简谐波（simple harmonic wave）.

在机械波中,横波是由介质的切变弹性引起的. 因为固体有切变弹性,所以固体可以传播横波,柔软的弦线也能传播横波. 液体和气体没有切变弹性,所以横波不能在液体和气体中传播. 在空气和水的分界面上所形成的常见的表面波中有横波分量,但这是由重力和表面张力引起的,不是切应力引起的.

演示程序:
横波的产生

在机械波中,纵波是由介质的体变弹性或长变弹性引起的,所以固体、液体和气体中都能传播纵波. 例如声音在空气中传播时,气体分子的振动方向与波传播的方向平行,所以它是一种纵波.

将一根长的轻弹簧一端固定,另一端在水平位置附近上下振动. 轻弹簧可视为由一系列通过弹性力联系起来的质元组成,端点的振动在轻弹簧上逐点传播形成横波,如图 16.1 所示. 类似地,抓住一根长的轻弹簧的一端,使之沿长度方向来回振动,可在长度方向形成纵波,如图 16.2 所示.

演示程序:
纵波的产生

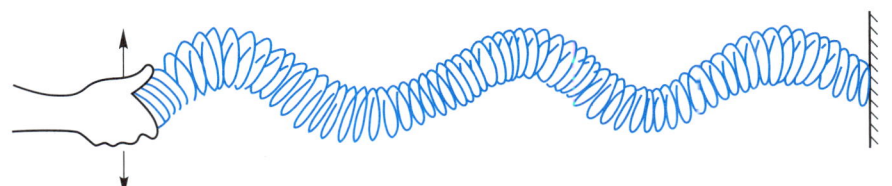

图 16.1 轻弹簧上的横波

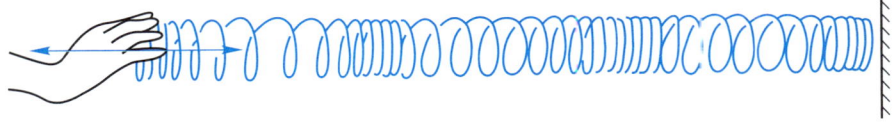

图 16.2 轻弹簧中的纵波

观察上述波动过程,我们发现介质中的质元始终在某一位置附近振动,介质质元本身并不随波前进,波动是波源的振动状态在空间的逐点传递.

16.1.2 波长、周期、频率与波速

描述波动的主要物理量包括波长、周期、频率和波速.

（1）波长

在波传播方向上两个相邻的振动状态相同的介质质元之间的距离称为一个波长（wavelength）,也就是波形曲线上一个完整波形的长度,用 λ 表示.

（2）波的周期和频率

一个完整的波形通过波线上某一固定点所需的时间称为波的周期,用 T 表示,即波传播一个波长的距离所需的时间. 单位时间内通过波线上某一固定点的完整波形的数目称为波的频率,用 ν 表示. 由此可见,周期和频率互为倒数:

$$\nu = \frac{1}{T} \tag{16.1.1}$$

在波源静止的情况下,由它激发的波的周期和频率等于波源的振动周期和频率,但它们的物理意义不同.

(3)波速

波动是波源振动状态(相位)的传播过程,单位时间内某一振动状态传播的距离即某一振动状态在介质中的传播速度称为波速(wave velocity),用 u 表示.波速和波动过程中某一介质质元的振动速度是物理含义完全不同的两个物理量,须注意两者的区别.

波动理论和实验都证明,机械波的波速取决于传播介质的弹性和密度,与波源的振动频率无关.下面给出几种各向同性的均匀介质中的波速公式.

绳或弦上的横波波速

$$u = \sqrt{\frac{F_\text{T}}{\rho_l}} \tag{16.1.2}$$

式中,F_T 为绳或弦中的张力,ρ_l 为绳或弦的质量线密度.

固体中的波速

$$u = \sqrt{\frac{G}{\rho}} \text{(横波)} \tag{16.1.3}$$

$$u = \sqrt{\frac{E}{\rho}} \text{(纵波)} \tag{16.1.4}$$

式中,G 和 E 分别为介质的切变模量(shear modulus)和杨氏模量(Young modulus),ρ 为介质的质量密度.需要指出,式(16.1.4)是近似的,仅当纵波沿细棒长度方向传播时该式才是准确的.

液体和气体中的纵波波速

$$u = \sqrt{\frac{K}{\rho}} \tag{16.1.5}$$

式中,K 为介质的体积模量(bulk modulus).

对于空气(视为理想气体),$K = \gamma p$,因此空气中的声波的速度为

$$u = \sqrt{\frac{\gamma p}{\rho}} = \sqrt{\frac{\gamma RT}{M}} \tag{16.1.6}$$

式中,M 为气体的摩尔质量,γ 为气体的比热容比,R 为摩尔气体常量,T、p 和 ρ 分别为气体的温度、压强和密度.在 0 ℃时,空气的 $M = 2.89 \times 10^{-2}$ kg·mol^{-1},取空气的 $\gamma = 1.4$,由上式求出 0 ℃时空气中的声速约为 332 m·s^{-1}.

(4)波长、频率和波速之间的关系式

根据上述各个物理量的定义,在一个波动周期内,某一振动状态传播的距离就是一个波长,因此波长、频率、周期和波速之间有如下关系:

$$\lambda = uT = \frac{u}{\nu} \tag{16.1.7}$$

16.2　平面简谐波和波动方程

　　波源和波动所传播到的各质元均作简谐振动的波称为简谐波,若简谐波的波阵面为平面,则这样的平面波称为平面简谐波(planar simple harmonic wave).如果波源作简谐振动,那么在均匀介质中所形成的波就是简谐波.简谐波是最简单、最基本的波.

16.2.1　平面简谐波的波动方程

　　下面从简谐振动的振动方程来推导平面简谐波的表达式.设一平面简谐波沿 x 轴正方向在无限大均匀无吸收的介质中传播,设坐标原点 O 处的振动方程为

$$y_0(O,t) = A\cos(\omega t + \varphi_0) \tag{16.2.1}$$

式中,y 是指质元离开其平衡位置的位移,波为横波时 y 与 x 轴方向垂直,为纵波时 y 与 x 轴方向平行,ω 为振动角频率,φ_0 为原点处振动的初相位.则在任一时刻 t,任一位置 x 处质元的位移 $y(x,t)$ 即描述波传播的表达式,称为**波函数**或**波动方程**(wave equation).波是振动状态的传播,若波以波速 u 沿 x 轴正方向传播,则原点处的状态传到 x 处所需的时间是 $\dfrac{x}{u}$,即 x 处的振动状态滞后于原点处的振动状态的时间为 $\dfrac{x}{u}$.因此 t 时刻在与原点距离为 x 处的振动状态,就是 $\left(t-\dfrac{x}{u}\right)$ 时刻原点处的振动状态,即

$$y(x,t) = A\cos\left[\omega\left(t-\frac{x}{u}\right) + \varphi_0\right] \tag{16.2.2}$$

由于 x、t 都是任意的,所以上式反映了介质中各质元在不同时刻的振动,此即平面简谐波的波动方程.

　　若波沿 x 轴负方向传播,则 t 时刻在与原点距离为 x 处的振动状态,就是 $\left(t+\dfrac{x}{u}\right)$ 时刻原点处的振动状态,这样得到沿 x 轴负方向传播的波的波动方程:

$$y(x,t) = A\cos\left[\omega\left(t+\frac{x}{u}\right) + \varphi_0\right] \tag{16.2.3}$$

演示程序:
波是振动状态
的传播

　　定义**角波数**(angular wavenumber)为 $k = 2\pi/\lambda$,利用关系式 $\omega = \dfrac{2\pi}{T} = 2\pi\nu$ 以及 $uT = \lambda$,沿 x 轴正方向传播的平面简谐波的波动方程还可写成以下形式:

$$y(x,t) = A\cos\left[2\pi\left(\frac{t}{T} - \frac{x}{\lambda}\right) + \varphi_0\right] \tag{16.2.4}$$

$$y(x,t) = A\cos\left[2\pi\left(\nu t - \frac{x}{\lambda}\right) + \varphi_0\right] \tag{16.2.5}$$

$$y(x,t) = A\cos(\omega t - kx + \varphi_0) \qquad (16.2.6)$$

同理,可以得出沿 x 轴负方向传播的平面简谐波的其他形式的波动方程.

16.2.2 波动方程的物理意义

从数学上看,平面简谐波的波动方程式(16.2.2)是空间位置 x 和时间 t 两个自变量的函数,下面以沿 x 轴正方向传播的横波为例分析其物理意义.

（1）若 t 为某一定值,即在某一特定时刻（定时）,式(16.2.2)表示的是该时刻介质中各质元的位移 y 随质元位置 x 的变化,就得到波长为 λ 的波形图 $y(x)$,如图 16.3 所示.在任意时刻,波形都是余弦曲线.

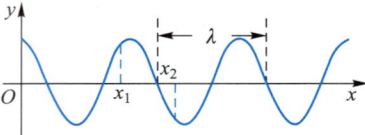

图 16.3 特定时刻各质元的位移

演示程序:
平面简谐波的
波形

由波形图可以看出,在同一时刻,与坐标原点 O 距离分别为 x_1、x_2 的两质元的相位是不同的.由式(16.2.4)可得两质元的相位差为

$$\Delta\varphi = \varphi_1 - \varphi_2 = \left[2\pi\left(\frac{t}{T} - \frac{x_1}{\lambda}\right) + \varphi_0\right] - \left[2\pi\left(\frac{t}{T} - \frac{x_2}{\lambda}\right) + \varphi_0\right]$$

$$= 2\pi\frac{x_2 - x_1}{\lambda} = 2\pi\frac{\Delta x}{\lambda}$$

式中,$\Delta x = x_2 - x_1$ 称为**波程差**,上式即

$$\Delta\varphi = 2\pi\frac{\Delta x}{\lambda} \qquad (16.2.7)$$

演示程序:
平面简谐波的
相位

这表明相位差是波程差的 $\frac{2\pi}{\lambda}$ 倍,或者说波程差是波长的多少倍,其相位差就是 2π 的多少倍.上式就是相位差与波程差的关系式.对于沿 x 轴正方向传播的简谐波,当 x_2 大于 x_1 时,有 $\Delta\varphi = \varphi_1 - \varphi_2 > 0$,即 x_2 处相位落后于 x_1 处相位.

（2）当 x 一定时,即对于波线上的某一定点,式(16.2.2)表示的是该处质元的位移 y 随时间 t 的变化,即该处质元的振动情况,如图 16.4 所示.介质中任一质元都作简谐振动,不同位置处质元振动的周期均为 T,振幅均为 A,但初相位 $\left(\varphi_0 - \dfrac{\omega x}{u}\right)$ 因 x 不同而不同.

（3）当 x 和 t 都变化时,式(16.2.2)表示任一质元在任一时刻的位移 $y(x,t)$.图 16.5 分别画出了 t 时刻和稍后的 $(t+\Delta t)$ 时刻的波形图.

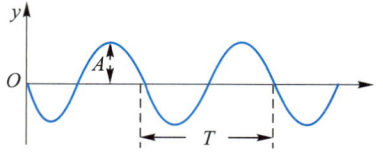

图 16.4 给定质元的位移-时间曲线

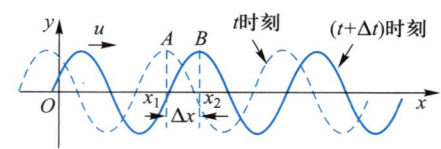

图 16.5 波的传播

考虑这两个波形图上两个相邻的同相点 A 和 B,A 表示 t 时刻 x_1 处质元的某个

振动状态,B 表示$(t+\Delta t)$时刻 x_2 处质元具有同样的振动状态,即 A 和 B 具有相同的相位,应用式(16.2.5)有

$$2\pi\left[\left(\nu t-\frac{x_1}{\lambda}\right)+\varphi_0\right]=2\pi\left\{\left[\nu\left(t+\Delta t\right)-\frac{x_2}{\lambda}\right]+\varphi_0\right\}$$

由上式可得到

$$x_2-x_1=\nu\lambda\,\Delta t=u\Delta t$$

由此可见,在 Δt 时间内整个波形向前传播了一段距离 $\Delta x=x_2-x_1$,而传播的速度就是波速 u. 这表明波的传播是相位的传播,是运动状态的传播,或者是整个波形的传播,所以这种波又叫行波(travelling wave)或前进波,波速 u 又称为相速(phase velocity).

16.2.3　波动的微分方程

将式(16.2.2)分别对 t 和 x 求二阶偏导数,得到

$$\frac{\partial^2 y}{\partial t^2}=-A\omega^2\cos\left[\omega\left(t-\frac{x}{u}\right)-\varphi_0\right]$$

$$\frac{\partial^2 y}{\partial x^2}=-A\frac{\omega^2}{u^2}\cos\left[\omega\left(t-\frac{x}{u}\right)+\varphi_0\right]$$

比较上列两式,得到

$$\frac{\partial^2 y}{\partial x^2}=\frac{1}{u^2}\frac{\partial^2 y}{\partial t^2} \tag{16.2.8}$$

如果从波动方程的其他形式出发,所得的结果完全相同,仍然是式(16.2.8). 对于任一平面波,即使不是简谐波,也可认为是许多不同频率的简谐波的叠加,由于式(16.2.8)是线性的,简谐波叠加后仍能满足式(16.2.8),所以式(16.2.8)反映了一切平面波的特征,式(16.2.8)称为平面波的波动微分方程.

按照偏微分方程理论,上述方程的一般解是

$$y=F\left(t-\frac{x}{u}\right)+G\left(t+\frac{x}{u}\right) \tag{16.2.9}$$

式中,F 和 G 代表两个任意周期性函数,很容易看出,这一解既包括沿 x 轴正方向传播的波,也包括负方向传播的波,而且还不仅限于余弦波.

以上主要是按运动学的观点讨论波动过程的传播规律. 我们还可以进一步从动力学的观点,更深入地分析波动过程. 下面以平面纵波在固体细长棒中的传播为例进行分析,得出波动的微分方程式(16.2.8).

如图 16.6 所示,设有截面积为 S、密度为 ρ 的固体细长棒,假定有平面纵波沿着棒长方向传播,棒中的每一小段将不断地受到拉伸和压缩. 观察一个质元 ab,其原长为 $\mathrm{d}x$,体积为 $\mathrm{d}V=S\mathrm{d}x$. 如果在某一时刻这个质元正在被拉长,左端面处的正应力(即单位横截面积上受到的垂直张力)为 σ(受力方向向左),右端面的正应力将为 $\left(\sigma+\dfrac{\partial\sigma}{\partial x}\mathrm{d}x\right)$(受力方向向右),式中,$\dfrac{\partial\sigma}{\partial x}$ 表示这个时刻正应力随距离的改变率. 因

此质元所受到的合力是

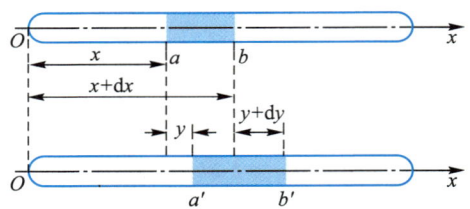

图 16.6 纵波在固体细棒中的传播

$$-\sigma S + \left(\sigma + \frac{\partial \sigma}{\partial x}dx\right)S = \frac{\partial \sigma}{\partial x}Sdx$$

已知质元的质量为 ρSdx,如振动速度为 v,对质元应用牛顿第二定律,即得

$$\frac{\partial \sigma}{\partial x}Sdx = \rho Sdx\frac{\partial v}{\partial t}$$

或

$$\frac{\partial \sigma}{\partial x} = \rho\frac{\partial v}{\partial t}$$

由于质元左端的位移为 y,右端的位移为 $(y+dy)$. 因此质元的长度变化量为 dy,质元的原长为 dx,所以线应变是 $\frac{\partial y}{\partial x}$. 根据胡克定律,弹性棒的正应力正比于线应变,即

$$\sigma = E\frac{\partial y}{\partial x} \tag{16.2.10}$$

式中,E 代表杨氏模量. 又因 $v = \frac{\partial y}{\partial t}$,牛顿第二定律的方程就变为如下的偏微分方程:

$$\frac{\partial^2 y}{\partial x^2} = \frac{1}{E/\rho}\frac{\partial^2 y}{\partial t^2} \tag{16.2.11}$$

上式表示棒中各质元振动的位移所满足的微分方程. 根据式(16.1.4),式中 $\frac{E}{\rho}$ 是一个常量,即波速 u 的平方,因此上式即式(16.2.8).

例题 16.1 一平面简谐波的波动方程为

$$y = 0.1\cos\pi\left(10t - \frac{x}{10}\right)$$

其中 x、y 以 m 为单位,t 以 s 为单位,求:(1)该波的波速、波长、周期和振幅;(2)$x = 10$ m 处质元的振动方程及该质元在 $t = 2$ s 时的振动速度;(3)$x = 20$ m,60 m 两处质元振动的相位差.

解 (1)本题中各量采用 SI 单位. 将波动方程写成标准形式:

$$y = 0.1\cos 2\pi\left(\frac{t}{0.2} - \frac{x}{20}\right)$$

再与式(16.2.4)比较可得振幅 $A = 0.1$ m,波长 $\lambda = 20$ m,周期 $T = 0.2$ s,波速 $u = \dfrac{\lambda}{T} = 100$ m·s^{-1}.

（2）将 $x = 10$ m 代入上式,整理后可得

$$y = 0.1\cos(10\pi t - \pi)$$

这就是距原点 10 m 处质元的振动方程. 可见,该处质元的振动相位比原点处的落后 π,或者说原点处质元的振动状态经过二分之一周期后传到该质元.

将上式对 t 求导,可得距原点 10 m 处质元的振动速度为

$$v = -1.0\pi\sin(10\pi t - \pi)$$

故该处在 $t = 2$ s 时的振动速度为零.

（3）令 $x_1 = 20$ m,$x_2 = 60$ m,则 x_1 处与 x_2 处两质元的振动的相位差为

$$\Delta\varphi = \varphi_1 - \varphi_2 = \pi\left(10t - \frac{x_1}{10}\right) - \pi\left(10t - \frac{x_2}{10}\right) = \frac{\pi}{10}(x_2 - x_1) = 4\pi \text{ rad}$$

这表明这两处质元的振动状态相同.

例题 16.2　某平面简谐波向右传播,在一个周期内的 $t = 0$ 和 $t = 1$ s 时的波形如图所示.（1）试求波的周期、波长和角频率;（2）写出此平面简谐波的波动方程.

解　（1）由图可见振幅和波长分别为 $A = 0.1$ m,$\lambda = 2$ m. 在 $t = 0$ 到 $t = 1$ s 时间内,波形向 x 轴正方向移动了 $\dfrac{\lambda}{4}$,故波的周期和波速为

例题 16.2 精讲

$$T = 4 \text{ s}, \quad u = \frac{\lambda}{T} = \frac{1}{2} \text{ m·s}^{-1}$$

由此可得波的角频率为

$$\omega = \frac{2\pi}{T} = \frac{2\pi}{4} \text{ rad·s}^{-1} = \frac{\pi}{2} \text{ rad·s}^{-1}$$

（2）设原点 O 处质元的振动方程为

$$y_0 = A\cos(\omega t + \varphi_0)$$

由题图可以看出,$t = 0$ 时,O 处质元的位移和速度分别为

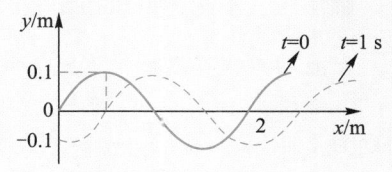

例题 16.2 图

$$y_0 = A\cos\varphi_0 = 0, \quad v_0 = -A\omega\sin\varphi_0 < 0$$

解得

$$\varphi_0 = \frac{\pi}{2}$$

所以,此平面简谐波的波动方程为

$$y = A\cos\left[\omega\left(t - \frac{x}{u}\right) + \varphi_0\right]$$

$$= 0.1\cos\left(\frac{\pi}{2}t - \pi x + \frac{\pi}{2}\right) \text{（SI 单位）}$$

例题 16.3 一列平面波沿 x 轴正方向传播, 波长为 λ, 已知在 $x_0 = \dfrac{\lambda}{4}$ 处的质元的振动方程为 $y_0 = A\cos\omega t$, 试写出波动方程.

解 本题是根据介质中某一质元的简谐振动方程来求平面简谐波波动方程的一类问题, 有多种方法求解.

解法一 因为波动是振动状态的传播, 因此可以利用推导式 (16. 2. 2) 的方法写出波动方程. t 时刻 x 处的振动状态, 就是 $t - \dfrac{x - x_0}{u} = t - \dfrac{x - \dfrac{\lambda}{4}}{u}$ 时刻 x_0 处的振动状态, 因此根据 x_0 处的振动方程, 写出波动方程

$$y = A\cos\left[\omega\left(t - \dfrac{x - \dfrac{\lambda}{4}}{u}\right)\right]$$

$$= A\cos\left(\omega t - \dfrac{\omega}{u}x + \dfrac{\dfrac{\omega\lambda}{4}}{u}\right) = A\cos\left(\omega t - \dfrac{2\pi}{\lambda}x + \dfrac{\pi}{2}\right)$$

解法二 因为在坐标为 x 的 P 点处, 振动相位要比 x_0 处的相位落后

$$\dfrac{2\pi}{\lambda}\left(x - \dfrac{\lambda}{4}\right) = \dfrac{2\pi}{\lambda}x - \dfrac{\pi}{2}$$

因此根据波动方程的定义和 x_0 处的振动方程, 可写出波动方程:

$$y = A\cos\left[\omega t - \left(\dfrac{2\pi}{\lambda}x - \dfrac{\pi}{2}\right)\right] = A\cos\left(\omega t - \dfrac{2\pi}{\lambda}x + \dfrac{\pi}{2}\right)$$

解法三 本题还可以用比较法求解.

设波动方程具有标准形式 $y = A\cos\left[\omega\left(t - \dfrac{x}{u}\right) + \varphi_0\right]$, 故在 $x_0 = \dfrac{\lambda}{4}$ 处质元的振动方程为 $y_0 = A\cos\left(\omega t - \dfrac{\pi}{2} + \varphi_0\right)$, 与 $y_0 = A\cos\omega t$ 比较得 $\varphi_0 = \dfrac{\pi}{2}$. 将 φ_0 代入波动方程标准形式即得 $y = A\cos\left[\omega\left(t - \dfrac{x}{u}\right) + \dfrac{\pi}{2}\right] = A\cos\left(\omega t - \dfrac{2\pi}{\lambda}x + \dfrac{\pi}{2}\right)$.

16.3 波的能量 波的能量密度

机械波在介质中传播时, 波动传到的各质元都在各自的平衡位置附近振动. 由于各质元有振动速度, 因而它们具有振动动能. 同时因介质发生形变, 它们还具有弹性势能. 下面以棒中传播的纵波为例, 分析简谐波的能量.

16.3.1 波的能量

设棒中波动方程为

$$y = A \cos \omega \left(t - \frac{x}{u} \right)$$

参考图 16.6,考虑波动介质中质元 ab 的能量. 质元的自然长度为 $\mathrm{d}x$,质量 $\mathrm{d}m = \rho \mathrm{d}V = \rho S \mathrm{d}x$. 当有波传到该质元时,其振动速度为

$$v = \frac{\partial y}{\partial t} = -A\omega \sin \omega \left(t - \frac{x}{u} \right)$$

这段质元的振动动能为

$$\mathrm{d}E_k = \frac{1}{2} (\mathrm{d}m) v^2$$

将速度 v 代入得

$$\mathrm{d}E_k = \frac{1}{2} (\rho \mathrm{d}V) A^2 \omega^2 \sin^2 \omega \left(t - \frac{x}{u} \right) \tag{16.3.1}$$

设在时刻 t 该质元正在被拉长,两端面 a 和 b 的位移分别为 y 和 $(y+\mathrm{d}y)$,则质元 ab 的实际伸长量为 $\mathrm{d}y$. 由于形变而产生弹性回复力 F,根据式(16.2.10),

$$F = \sigma S = ES \frac{\mathrm{d}y}{\mathrm{d}x} \tag{16.3.2}$$

式中,E 为介质的杨氏模量. 根据胡克定律,应有 $F = k\mathrm{d}y$,两式比较可得 $k = \dfrac{ES}{\mathrm{d}x}$. 因此,该体积元的弹性势能为

$$\mathrm{d}E_p = \frac{1}{2} k (\mathrm{d}y)^2 = \frac{1}{2} \frac{ES}{\mathrm{d}x} (\mathrm{d}y)^2$$

$$= \frac{1}{2} E \mathrm{d}V \left(\frac{\mathrm{d}y}{\mathrm{d}x} \right)^2 = \frac{1}{2} E \mathrm{d}V \left(\frac{\partial y}{\partial x} \right)^2 \tag{16.3.3}$$

由波动方程得到

$$\frac{\partial y}{\partial x} = \frac{A\omega}{u} \sin \omega \left(t - \frac{x}{u} \right)$$

而固体中纵波的速度为 $u = \sqrt{\dfrac{E}{\rho}}$. 因此,式(16.3.3)可写成

$$\mathrm{d}E_p = \frac{1}{2} (\rho \mathrm{d}V) A^2 \omega^2 \sin^2 \omega \left(t - \frac{x}{u} \right) \tag{16.3.4}$$

因此 $\mathrm{d}E_p = \mathrm{d}E_k$,而体积元的总机械能为

$$\mathrm{d}E = \mathrm{d}E_k + \mathrm{d}E_p = \rho A^2 \omega^2 (\mathrm{d}V) \sin^2 \omega \left(t - \frac{x}{u} \right) \tag{16.3.5}$$

由式(16.3.1)和式(16.3.4)可见,在波传播过程中,介质中任一质元的动能和势能同相地随时间变化,它们在任一时刻都有完全相同的值. 在平衡位置时其动能、势能和总机械能均同时达到最大值;在位移最大时,三者又同时为零. 振动动能和弹性势能的这种关系是波动中质元不同于孤立振动系统的一个重要特点. 由式(16.3.5)可见,质元的总能量是不守恒的,而是随时间作周期性变化,其周期是波

动周期的一半.对于给定的时刻,所有质元的总能量又随 x 作周期性变化.这表明,沿着波动传播的方向,每一质元都在不断地从后方介质获得能量,使能量从零逐渐增大到最大值,又不断地把能量传递给前方的介质,使能量从最大变为零.如此周期性地重复,能量就随着波动过程,从介质的这一部分传到另一部分.所以波动是能量传递的一种方式.

上述结论虽然是以棒中纵波为例得出的,但可以证明对于其他纵波以及横波同样适用.

16.3.2　波的能量密度

为了精确地描述波的能量分布,我们引入波的能量密度概念.单位体积介质中的能量就是能量密度(energy density),用 w 表示.由式(16.3.5)可得 t 时刻、x 处介质的能量密度:

$$w = \frac{\mathrm{d}E}{\mathrm{d}V} = \rho A^2 \omega^2 \sin^2 \omega \left(t - \frac{x}{u} \right) \tag{16.3.6}$$

可见介质中各质元的能量密度 w 是随时间作周期性变化的.

能量密度在一个周期 T 内的平均值称为平均能量密度,以 $\overline{w}$ 表示,即

$$\overline{w} = \frac{1}{T} \int_0^T \rho A^2 \omega^2 \sin^2 \omega \left(t - \frac{x}{u} \right) \mathrm{d}t = \frac{1}{2} \rho A^2 \omega^2 \tag{16.3.7}$$

上式表明,平均能量密度和介质的密度、振幅的平方以及角频率的平方成正比.

16.3.3　能流和能流密度

波的能量是随波的行进在介质中传播的,就像能量在介质中流动一样.我们将单位时间内通过介质中某一面积的能量称为通过该面积的能流(energy flow),用 P 表示.如图 16.7 所示,在介质中垂直于波速方向取一面积 S,则在单位时间内通过 S 面积的能量就等于该面后方体积为 uS 的长方体介质中的能量,即

$$P = uSw = uS\rho A^2 \omega^2 \sin^2 \omega \left(t - \frac{x}{u} \right)$$

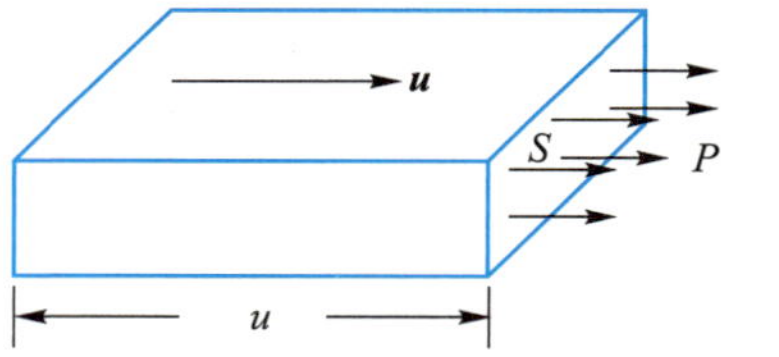

图 16.7　通过面积 S 的能流

显然能流 P 是随时间周期性变化的.通常取其一个周期的平均值,即单位时间内通过介质中某一面积的平均能量为平均能流,用 $\overline{P}$ 表示.利用平均能量密度式(16.3.7)得到

$$\overline{P} = uS\overline{w} = \frac{1}{2} uS\rho A^2 \omega^2 \tag{16.3.8}$$

为了描述能流的空间分布和方向,定义平均能流密度(average energy flux density)矢量,其大小是通过与波的传播方向垂直的单位面积的平均能流,其方向是波速 $\boldsymbol{u}$ 的方向,用 $\boldsymbol{I}$ 表示.$\boldsymbol{I}$ 的大小为

$$I = \frac{\overline{P}}{S} = \overline{w}u = \frac{1}{2}\rho A^2\omega^2 u \tag{16.3.9}$$

由于 I 的方向就是波速 u 的方向,故可将上式写成矢量式

$$\boldsymbol{I} = \overline{w}\boldsymbol{u} = \frac{1}{2}\rho A^2\omega^2 \boldsymbol{u} \tag{16.3.10}$$

平均能流密度与波的振幅的平方、角频率的平方以及介质密度成正比. 平均能流密度越大,单位时间内通过单位面积的能量就越多,波就越强. 因此平均能流密度是波的强弱的一种量度,平均能流密度又称为**波的强度**(intensity of wave). 在国际单位制中,平均能流密度的单位是 $W \cdot m^{-2}$.

例题 16.4 用聚焦超声波的方法,可以在液体中产生平均能流密度为 $120\ kW \cdot cm^{-2}$ 的大功率超声波. 设波源作简谐振动,频率为 $500\ kHz$,液体的密度为 $1\ g \cdot cm^{-3}$,声速为 $1\ 500\ m \cdot s^{-1}$. 求液体质元振动的振幅.

解 由平均能流密度的大小 $I = \frac{1}{2}\rho A^2\omega^2 u$,得到液体质元振动的振幅

$$A = \frac{1}{\omega}\sqrt{\frac{2I}{\rho u}} = \frac{1}{2\pi \times 5 \times 10^5}\sqrt{\frac{2 \times 120 \times 10^7}{1 \times 10^3 \times 1.5 \times 10^3}}\ m$$
$$= 1.27 \times 10^{-5}\ m$$

这样强的超声波,在液体中的振幅实际上是很小的.

例题 16.5 一球面波在均匀无吸收的介质中以波速 u 传播,在距波源 $1\ m$ 处介质质元振动的振幅为 A,设波源振动的角频率为 ω,初相位为 φ_0. 试导出球面简谐波的表达式.

解 以点波源为球心作半径分别为 r_1 和 r_2 的两个球面,由于介质不吸收波的能量,因此在单位时间内通过两球面的总平均能量应该相等,即

$$4\pi r_1^2 I_1 = 4\pi r_2^2 I_2$$

式中,I_1 和 I_2 分别是距波源 r_1 和 r_2 处波的平均能流密度. 将 $I = \frac{1}{2}\rho A^2\omega^2 u$ 代入上式,得到

$$A_1 r_1 = A_2 r_2$$

即波的振幅与到点波源的距离成反比. 设 $r_1 = 1\ m$,$A_1 = A$,那么在距点波源距离为 r 处的振幅就是 A/r,其相位比点波源落后 $\omega r/u$,因此得到球面简谐波的表达式为

$$y = \frac{A}{r}\cos\left[\omega\left(t - \frac{r}{u}\right) + \varphi_0\right]$$

16.3.4 声波的声强及声强级

在弹性介质中传播的机械纵波,一般统称为声波(sound wave). 其中频率在 $20 \sim 20\ 000\ Hz$,能够引起人们听觉的,称为声波或可闻声波,频率低于 $20\ Hz$ 的称为

次声波(infrasonic wave),频率高于 20 000 Hz 的称为超声波(supersonic wave).从波动的基本特征来看,这三种波的本质是一致的.

声波的平均能流密度称为声强(intensity of sound),声强太小,不能引起听觉,声强太大,只能使耳朵产生痛觉,也不能引起听觉.能够引起听觉的声强范围为 $10^{-12} \sim 1\ \mathrm{W \cdot m^{-2}}$,数量级相差很大,实际应用中不是使用声强,而是使用对数标度作为声强级(sound intensity level),用 L_I 表示.人们规定声强 $I_0 = 10^{-12}\ \mathrm{W \cdot m^{-2}}$(频率为 1 000 Hz)为测定声强的标准,某声强为 I 的声音声强级为 L_I,则

$$L_I = \lg \frac{I}{I_0} \qquad (16.3.11)$$

L_I 的单位为 B(贝尔),在实际应用中通常采用 B 的 $\frac{1}{10}$ 为单位,称为分贝(dB).以 dB 为单位时,声强级的定义为

$$L_I = 10 \lg \frac{I}{I_0} \qquad (16.3.12)$$

声强级越高,人耳感觉到的响度越响.为了对声强、声强级与人耳感觉的响度有一个具体的认识,表 16.1 列出了常遇到的一些声音的声强、声强级和响度.

表 16.1 一些声音的声强、声强级和响度

声源	声强/(W·m⁻²)	声强级/dB	响度
引起痛觉的声音	1	120	
炮声	10^{-1}	110	震耳
交通繁忙的街道	10^{-5}	70	响
通常的谈话	10^{-6}	60	正常
耳语	10^{-10}	20	轻

单个频率或由少数几个谐频合成的声波,如果强度不太大,听起来是悦耳的音乐.不同频率和不同强度的声波无规律地组合在一起,听起来便是噪声.噪声现已成为城市、工厂、矿区中的环境污染之一.日常生活中的噪声,如汽车的喇叭声、声强过高的音乐声、物体的撞击声以及各种汽笛和发动机的噪声是严重损伤听力和影响人体健康的原因之一.为此,减轻和消除噪声目前已成为保护环境所必须考虑的重要问题.

利用不同频段的传输特性,声波在工程技术和军事装备中得到了广泛的应用.特别是声呐系统和次声武器等将在现代战场上发挥越来越重要的作用.

16.4 波的干涉

波动的一个重要特征是具有可叠加性,从本节起我们从波的叠加原理出发,来研究波的干涉和衍射等重要特性.

16.4.1　波的叠加原理

几个波源产生的波,如果波强度不太大,它们在传播过程中相遇时,每个波的波长、频率、振动方向、传播方向等都不因其他波的存在而改变.或者说,各个波相互间没有影响,每个波的传播就像其单独存在时一样.这称为**波传播的独立性原理**.

当几列波在介质中某点相遇时,该点的振动是各个波单独存在时在该点引起振动的合振动,即该点的位移是各个波单独存在时在该点引起的位移的矢量和.这种波动传播过程中出现的各分振动独立地参与叠加的事实称为**波的叠加原理**(superposition principle of wave).

波的叠加原理可以通过波动方程加以说明.我们已经知道,各种平面波 $y = y(x,t)$ 满足如下线性偏微分方程:

$$\frac{\partial^2 y}{\partial x^2} = \frac{1}{u^2}\frac{\partial^2 y}{\partial t^2} \tag{16.4.1}$$

演示程序:
波的叠加原理

从数学上可以证明,若 y_1、y_2 分别是上述方程的解,则 (y_1+y_2) 也是它的解,即上述波动方程遵从叠加原理.

波的叠加原理的示意图如图 16.8 所示,两个波列相向传播,在两列波相遇的区域,波形发生合成,两列波分开后,又各自独立传播.一般地,振幅、频率和相位都不相同的几列波在某点的叠加结果是很复杂的,下面只讨论一种最简单并且最重要的情形.

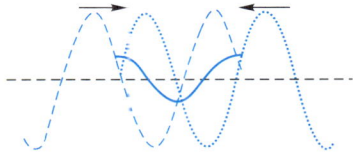

图 16.8　波的独立传播与叠加原理

演示程序:
两列简谐波的
叠加

16.4.2　波的干涉

如果两个波源的振动频率相同、振动方向相同、相位相同或相位差恒定,这样的两个波源称为相干波源,从相干波源发出的波称为相干波(coherent wave).上述三个条件称为波的**相干条件**(coherent condition).

两个相干波在空间某点相遇时,它们在该点引起的两个分振动有恒定的相位差.但是对于空间不同的点,有着不同的恒定相位差.因而在空间某些点处,振动始终加强(干涉最大),而在另一些点处,振动始终减弱或完全抵消(干涉最小).这种现象称为**干涉**(interference).如图 16.9 所示,在水面上用两个同相位的点波源产生圆形水面波,在相遇的区域内,有的地方振动始终很剧烈,有的地方水面只有微小的起伏,甚至不动,呈现明显的干涉现象.

演示程序:
两个同相位波源
相干波的干涉

下面用波的叠加原理来说明波的干涉现象.如图 16.10 所示,设有两个频率相同的波源 S_1 和 S_2,其振动方程分别为

$$y_{10}(S_1,t) = A_{10}\cos(\omega t + \varphi_{10}) \tag{16.4.2a}$$
$$y_{20}(S_2,t) = A_{20}\cos(\omega t + \varphi_{20}) \tag{16.4.2b}$$

两个波源的振动传播到 P 点后,它们的相位均落后于波源的相位,于是它们在该点独立传播引起的振动分别为

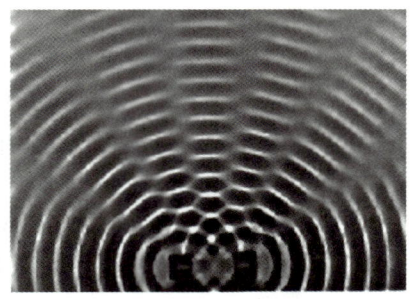

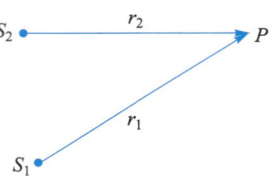

图 16.9 水面波的干涉现象   图 16.10 波的叠加原理

$$y_1(P,t) = A_1 \cos\left(\omega t + \varphi_{10} - \frac{2\pi}{\lambda}r_1\right) \qquad (16.4.3a)$$

$$y_2(P,t) = A_2 \cos\left(\omega t + \varphi_{20} - \frac{2\pi}{\lambda}r_2\right) \qquad (16.4.3b)$$

根据同方向同频率的简谐振动的合成规律,P 点的合振动仍为简谐振动,即

$$y = y_1 + y_2 = A \cos(\omega t + \varphi_0) \qquad (16.4.4)$$

其中 A 由下式确定:

$$A^2 = A_1^2 + A_2^2 + 2A_1 A_2 \cos \Delta\varphi$$

式中,$\Delta\varphi$ 为在相遇点两个振动的相位差.

$$\Delta\varphi = (\varphi_{20} - \varphi_{10}) - \frac{2\pi}{\lambda}(r_2 - r_1) \qquad (16.4.5)$$

由于波的强度正比于振幅的平方,所以合振动的强度为

$$I = I_1 + I_2 + 2\sqrt{I_1 I_2} \cos \Delta\varphi \qquad (16.4.6)$$

由式(16.4.5),两列波在空间各点的振动相位差 $\Delta\varphi$ 不随时间变化,仅随空间点的位置变化,因而合振动的强度将在空间形成稳定的分布,从而在两列波交叠区的不同点形成振动加强或减弱的干涉现象.

如果在两列波交叠区某点的相位差 $\Delta\varphi$ 满足条件:

$$\Delta\varphi = (\varphi_{20} - \varphi_{10}) - \frac{2\pi}{\lambda}(r_2 - r_1)$$

$$= \pm 2k\pi, \quad k = 0, 1, 2, 3, \cdots \qquad (16.4.7)$$

此时,

$$A = A_{\max} = A_1 + A_2$$

$$I = I_{\max} = I_1 + I_2 + 2\sqrt{I_1 I_2}$$

即合振动加强,式(16.4.7)称为干涉相长的条件.

如果在两列波交叠区某点的相位差 $\Delta\varphi$ 满足条件:

$$\Delta\varphi = (\varphi_{20} - \varphi_{10}) - \frac{2\pi}{\lambda}(r_2 - r_1)$$

$$= \pm(2k+1)\pi, \quad k = 0, 1, 2, 3, \cdots \qquad (16.4.8)$$

此时,

$$A = A_{\min} = \left| A_1 - A_2 \right|$$

$$I = I_{\min} = I_1 + I_2 - 2\sqrt{I_1 I_2}$$

即合振动减弱,式(16.4.8)称为干涉相消的条件.

当两相干波源为同相波源时,即 $\varphi_{20} - \varphi_{10} = 0$. 此时干涉相长条件可简化为

$$\delta = r_2 - r_1 = \pm k\lambda, \quad k = 0,1,2,3,\cdots \tag{16.4.9}$$

干涉相消的条件可简化为

$$\delta = r_2 - r_1 = \pm (2k+1) \frac{\lambda}{2}, \quad k = 0,1,2,3,\cdots \tag{16.4.10}$$

以上两式中 $\delta = r_2 - r_1$ 是波程差. $\varphi_{20} - \varphi_{10} = 0$ 时波程差 δ 和相位差 $\Delta\varphi$ 的关系为

$$\delta = \frac{\Delta\varphi}{2\pi}\lambda \tag{16.4.11}$$

例题 16.6　如图所示,相干波源 S_1 和 S_2 相距 $\frac{\lambda}{4}$(λ 为波长),S_1 的相位比 S_2 的相位超前 $\frac{\pi}{2}$,两列波的振幅均为 A,并且在传播过程中保持不变. P、Q 为 S_1 和 S_2 连线两侧的任意点. 求 P、Q 两点的合成波振幅.

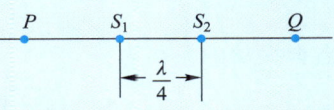

例题 16.6 图

解　波源的振动传到空间任一点引起的两个振动的相位差为

$$\Delta\varphi = \varphi_{20} - \varphi_{10} - \frac{2\pi}{\lambda}(r_2 - r_1)$$

由题意,式中 $\varphi_{20} - \varphi_{10} = -\frac{\pi}{2}$.

对于 P 点,$r_2 - r_1 = \left| S_2 P \right| - \left| S_1 P \right| = \frac{\lambda}{4}$. 因此

$$\Delta\varphi = -\frac{\pi}{2} - \frac{2\pi}{\lambda} \frac{\lambda}{4} = -\pi$$

即 S_1 和 S_2 的振动传到 P 点时,相位相反,所以 P 点的合振幅为

$$A_P = \left| A_1 - A_2 \right| = A - A = 0$$

因此,在 S_1 和 S_2 连线的左侧延长线上各点,均因干涉而静止.

同理,对于 Q 点,$r_2 - r_1 = \left| S_2 Q \right| - \left| S_1 Q \right| = -\frac{\lambda}{4}$. 因此,

$$\Delta\varphi = -\frac{\pi}{2} - \frac{2\pi}{\lambda}\left(-\frac{\lambda}{4}\right) = 0$$

即 S_1 和 S_2 的振动传到 Q 点时,相位相同,所以 Q 点的合振幅为

$$A_Q = \left| A_1 + A_2 \right| = A + A = 2A$$

可见在 S_1 和 S_2 连线的右侧延长线上各点,均因干涉而振动加强.

例题 16.7 如图所示，S_1 和 S_2 为同一介质中的两个相干波源，其振幅均为 5 cm，频率均为 100 Hz，S_1 的振动比 S_2 的振动超前半个周期，波速为 $10\ \mathrm{m \cdot s^{-1}}$，设 S_1 和 S_2 的振动均垂直于纸平面，试求它们发出的两列波传到 P 点时干涉的结果.

解 由题图可知，$|S_1P| = 15$ m，$|S_1S_2| = 20$ m，$|S_2P| = \sqrt{15^2+20^2}$ m $= 25$ m. 由题意知 $\varphi_{10} - \varphi_{20} = \pi$，$A_1 = A_2 = 5$ cm，$\nu_1 = \nu_2 = 100$ Hz，$u = 10\ \mathrm{m \cdot s^{-1}}$. 因此波长为

$$\lambda = \frac{u}{\nu_1} = \frac{10}{100}\ \mathrm{m} = 0.10\ \mathrm{m}$$

例题 16.7 图

P 点合振动的相位差为

$$\Delta\varphi = \varphi_{20} - \varphi_{10} - 2\pi\frac{|S_2P| - |S_1P|}{\lambda}$$

$$= -\pi - 2\pi\frac{25-15}{0.10} = -201\pi$$

P 点合振动的振幅为

$$A = \sqrt{A_1^2 + A_2^2 + 2A_1A_2\cos\Delta\varphi} = |A_1 - A_2| = 0$$

即 P 点因干涉而静止.

声呐（sonar）是利用水中声波来对水下目标进行探测、定位和通信的电子设备. 其原理是：用声源（声呐的换能器）发出声波，声波照射到水中的物体后反射回来，通过不同物体反射声信号的强度和频谱信息来侦测水下目标. 由于探测的目标一般很远，如果采用单一的声源发出声波，向四面八方传播，存在方向性差、能量衰减快的问题. 利用两个或者更多的相干声源同时工作，就可以解决这些问题.

如图 16.11 所示，设声呐的两个声源 S_1、S_2 为同相的相干波源，O 点是 S_1 和 S_2 的中间点，P 点是目标点，目标的方位角为 α. 当目标点 P 远离两个声源，S_2、S_1 到目标点的波程差 $\delta = (r_2 - r_1)$ 近似等于 $|S_2A|$，即 $\delta = |S_2A| = d\sin\alpha$. 要使声源的能量在目标点 P 得到集中，就要求在 P 点满足干涉相长的条件，根据式（16.4.9）得到

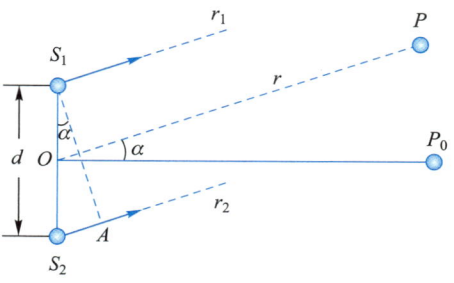

图 16.11 声呐探测中的干涉原理

$$d\sin\alpha = \pm k\lambda, \quad k = 0, 1, 2, \cdots$$

即

$$\frac{d\sin\alpha}{\lambda} = \pm k, \quad k = 0, 1, 2, \cdots \tag{16.4.12}$$

在上式中,声源间距 d 和声波波长 λ 都是可以控制的物理量,而目标方位角 α 的变化范围是 $-\dfrac{\pi}{2} \leqslant \alpha \leqslant \dfrac{\pi}{2}$,即 $-1 \leqslant \sin\alpha \leqslant 1$. 当 $d < \lambda$ 时,$\left|\dfrac{d\sin\alpha}{\lambda}\right| < 1$. 要使该不等式成立,结合式(16.4.12),$k$ 只能取 0,这样 $\sin\alpha = 0$,即 $\alpha = 0$,即在 S_1 和 S_2 的中垂线方向上出现干涉相长,并且只在这一个方向上出现干涉相长,在其他方向上不再出现干涉极大.

以上分析表明,控制声源间距 d 和发射声波波长 λ,使 $d < \lambda$,就能控制只在 S_1 和 S_2 的中垂线方向上得到干涉极大,这样就得到能量集中、方向明确的信号. 假如目标位于 P_0 点,干涉极大信号遇到目标 P_0 反射回来,就能对目标进行定向和定位.

实际上目标不可能总是出现在 S_1 和 S_2 的中垂线方向,为了探测任意方位的目标 P,可以使声源 S_1 和 S_2 绕其连线旋转角度 α 到 S_1A 位置,就可以发现在方位角为 α 的方向上的目标 P. 早期的声呐系统就是按照这样的方式来搜索目标的,但是在搜索过程中必须在每一个方向上都等待回波,从而确定前方是否有目标,故搜索的时间比较长,还无法跟踪多个目标. 现在采取的方法是控制声源的相位差来满足干涉相长的条件,即通过控制 S_1 和 S_2 的初相位差,使得在任意方向上出现唯一的一个干涉极大,这就是现代相控阵雷达的基本原理.

16.5　驻波

16.5.1　驻波的形成

驻波是波的干涉的特例. 如图 16.12 所示,沿 x 轴正、反两方向传播的两列满足相干条件的简谐波,如果它们的振幅也相同,则在交叠区域内任一瞬间,它们的位移相互叠加,叠加后形成驻波(standing wave)(粗曲线),图中 B 点是坐标原点.

设沿 x 轴正、反两方向传播的两列波的表达式分别为

$$y_1 = A\cos\left(\omega t - \frac{2\pi}{\lambda}x\right) \tag{16.5.1}$$

$$y_2 = A\cos\left(\omega t + \frac{2\pi}{\lambda}x\right) \tag{16.5.2}$$

其合成波即驻波,

$$y = y_1 + y_2 = A\cos\left(\omega t - \frac{2\pi}{\lambda}x\right) +$$

演示实验:弦线和圆环上的驻波

演示程序:驻波的形成

$$A\cos\left(\omega t+\frac{2\pi}{\lambda}x\right)$$

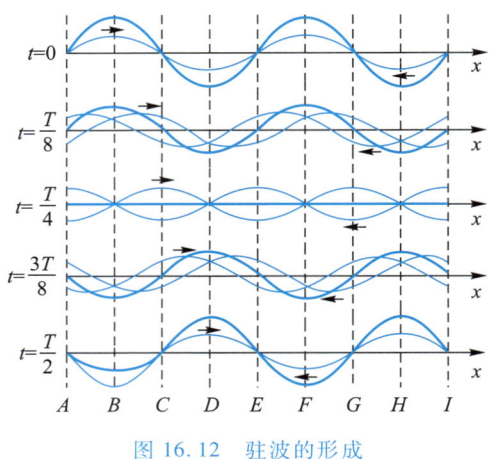

图 16.12 驻波的形成

由此得到驻波方程为

$$y=2A\cos\frac{2\pi}{\lambda}x\cdot\cos\omega t$$

$$(16.5.3)$$

上式表示驻波上各质元都在作简谐振动,各质元振动的频率相同,就是原来两列波的频率. 但各质元振幅随位置的不同而不同,按 $\left|2A\cos\dfrac{2\pi}{\lambda}x\right|$ 的规律随 x 变化.

16.5.2 驻波的特征

驻波不同于行波,在驻波中没有振动状态的传播,也没有能量的传播,而是介质中各质元都作稳定的振动. 下面我们从振幅、相位和能量来讨论驻波的特征.

1. 振幅特征

在驻波中那些振幅最大的点,如图 16.12 中的 B、D、F、H,称为 **波腹**(wave loop),对应于

$$\left|\cos\frac{2\pi}{\lambda}x\right|=1,\quad\text{即}\quad\frac{2\pi}{\lambda}x=k\pi\qquad(16.5.4)$$

根据上式可得波腹的位置:

$$x=k\frac{\lambda}{2},\quad k=0,\pm1,\pm2,\pm3,\cdots$$

驻波中有些质元始终静止,即振幅为零,如图 16.12 中的 A、C、E、G、I,这些点称为 **波节**(wave node),对应于

$$\cos\frac{2\pi}{\lambda}x=0,\quad\text{即}\quad\frac{2\pi}{\lambda}x=(2k+1)\frac{\pi}{2}\qquad(16.5.5)$$

由此可得波节的位置:

$$x=(2k+1)\frac{\lambda}{4},\quad k=0,\pm1,\pm2,\pm3,\cdots$$

显然,相邻两波腹间或相邻两波节间的距离都是 $\Delta x=\Delta k\cdot\dfrac{\lambda}{2}\Big|_{\Delta k=1}=\dfrac{\lambda}{2}$,而波腹与波节间的距离为 $\dfrac{\lambda}{4}$. 因此,可通过测量波节间的距离,来确定波长.

2. 相位特征

从驻波方程式(16.5.3)可以看出,各质元振动的相位与 $\cos\dfrac{2\pi}{\lambda}x$ 的正负有关,

演示程序:
驻波的波腹和波节

凡是使 $\cos\dfrac{2\pi}{\lambda}x>0$ 的各质元,振动的相位均为 ωt,凡是使 $\cos\dfrac{2\pi}{\lambda}x<0$ 的各质元,振动的相位均为 $(\omega t+\pi)$.

因子 $\cos\dfrac{2\pi}{\lambda}x$ 在相邻两波节之间具有相同的符号,而在一个波节两侧的符号相反.因此,在相邻两波节之间,所有质元的振动相位都相同,振动的速度方向相同;在波节两侧,质元的振动反相,振动的速度方向相反.图 16.13 表示某个时刻的一段驻波,此时左半边所有质元的位移都同时到达了负最大值,而右半边所有质元的位移都同时到达了正最大值.

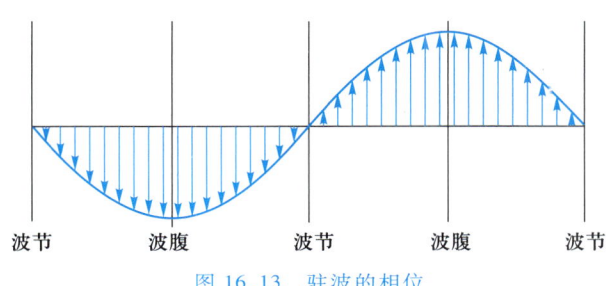

波节　　　波腹　　　波节　　　波腹　　　波节

图 16.13　驻波的相位

演示程序:
驻波的相位

3. 能量特征

根据 16.3 节的讨论,介质中质元 $\mathrm{d}V$ 的振动动能和弹性势能分别为

$$\mathrm{d}E_\mathrm{k}=\frac{1}{2}(\mathrm{d}m)v^2=\frac{1}{2}(\rho\mathrm{d}V)\left(\frac{\partial y}{\partial t}\right)^2$$

$$\mathrm{d}E_\mathrm{p}=\frac{1}{2}E\mathrm{d}V\left(\frac{\partial y}{\partial x}\right)^2=\frac{1}{2}\rho\mathrm{d}Vu^2\left(\frac{\partial y}{\partial x}\right)^2$$

将驻波方程式(16.5.3)代入以上两式,得到

$$\mathrm{d}E_\mathrm{k}=2\mathrm{d}V\rho A^2\omega^2\cos^2\left(\frac{2\pi}{\lambda}x\right)\sin^2\omega t \tag{16.5.6}$$

$$\mathrm{d}E_\mathrm{p}=\frac{1}{2}E\mathrm{d}V\left(\frac{\partial y}{\partial x}\right)^2=2\mathrm{d}V\rho A^2\omega^2\sin^2\frac{2\pi}{\lambda}x\cos^2\omega t \tag{16.5.7}$$

这就是驻波介质中质元的动能和势能.由上面两式可知:

(1)当 $\cos\omega t=\pm1$ 时,由驻波方程式(16.5.3)知各质点的位移达到最大.此时动能 $\mathrm{d}E_\mathrm{k}$ 为零,势能 $\mathrm{d}E_\mathrm{p}$ 不为零,随 x 变化而变化.在波节处势能最大,其原因是这些位置的相对形变最大(波节两侧,位移相反);在波腹处势能最小,其原因是这些位置的相对形变最小,故最大势能集中在波节附近.

(2)当 $\cos\omega t=0$ 时,由驻波方程式(16.5.3)知各质元都回到平衡位置.此时所有质元的势能 $\mathrm{d}E_\mathrm{p}$ 都为零(形变消失),而动能 $\mathrm{d}E_\mathrm{k}$ 达到最大.由于波腹处质元的速度最大,因而动能集中在波腹附近.

综上所述,在驻波中能量从波腹附近传到波节附近,又从波节附近传到波腹附近,往复循环,能量没有向前传播.这是驻波与行波的一个重要区别,严格地说,驻

演示程序:
驻波的能量

波不是波,而是介质的一种特殊的集体振动状态.

16.5.3　半波损失

我们用介质的密度和波速的乘积 $Z = \rho u$ 表示介质的特性阻抗.两种介质比较,Z 值较大的称为波密介质,Z 值较小的称为波疏介质.

研究表明:当波从波疏介质垂直入射到波密介质界面上,发生反射时,反射波和入射波在界面处的振动相位相反,或者说入射波在反射时发生 $\Delta\varphi = \pi$ 的相位突变.因为相距半个波长的两点间相位差为 π,故这种现象又称为**半波损失**(half-wave loss).例如,弹性弦上的横波在固定端反射时,由于反射点固定不动,而该点的振动是入射波和反射波在此引起振动的合振动,故反射波和入射波在反射点的振动相位一定相反,即存在半波损失.反之,当波从波密介质垂直入射到波疏介质界面上,发生反射时,反射波无相位突变或半波损失.

电磁波(包括光波)在反射时也存在相位突变现象,这将在下一章讨论.

16.5.4　弦线上的驻波与简正模式

弹性弦在固定端的反射存在半波损失,如将弦的两端固定拉紧,那么长为 l 的弦上的波经两端反射后在弦上形成驻波,两端点均为波节.因此弦上驻波的波长必须满足下列条件:

$$l = n\frac{\lambda_n}{2}, \quad \lambda_n = \frac{2l}{n}, \quad \nu_n = n\frac{u}{2l}, \quad n = 1,2,3,\cdots \tag{16.5.8}$$

式中 λ_n、ν_n 为弦线上能够形成的驻波的波长、频率,由此可见,弦线上的驻波波长、频率均不连续.这些频率称为弦振动的本征频率,对应的振动方式称为**简正模式**(normal mode).最低频率 $\nu_1 = \dfrac{u}{2l}$ 称为**基频**(fundamental frequency),其他较高的为 ν_1 整数倍的频率称为**谐频**(harmonic frequency).两端固定的弦线上驻波的几种简正模式如图 16.14 所示.

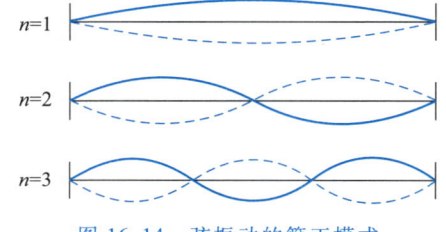

图 16.14　弦振动的简正模式

如果弦的一端固定,另一端自由,波在自由端反射时无半波损失,则自由端为波腹,不难得到此时弦振动的基频为 $\nu_1 = \dfrac{u}{4l}$,而谐频是 ν_1 的奇数倍.

以上的分析同样适用于两端固定(或一端固定一端自由)的弹性棒、一端封闭一端开放的空气管(例如各种管乐器).另外,电磁波和表征微观粒子波动性的概率波也都能形成驻波.

能形成驻波的系统究竟按哪种模式振动,取决于初始条件,一般是各种简正模式的叠加.一个系统的简正模式所对应的简正频率反映了系统的固有频率特性.当周期性驱动力的频率与系统(例如弦)的固有频率之一相同时,就会与该频率发生

演示程序:
弦振动的简正
模式

共振,系统中该频率振动的振幅最大.

　　弦乐器、管乐器和打击乐器等乐器,其音乐形成机理各有不同,但是从物理上看都与以某种方式形成驻波和发生共振有关.基频决定乐器演奏的声调,谐频决定乐器演奏的音色.在一个声音的频率和它的倍频之间,按照一定的规律插入若干个频率的音就形成一种音律和相应的音阶.我国古代对共振以及声乐的研究和运用达到了很高的水平,在公元前7世纪至公元前3世纪就出现了五声音阶并传承至今,五声音阶虽然只用了五个音符,但它具有独特的中华文明魅力.

拓展阅读:
弦线上的音律

　　例题 16.8　如图所示,一平面简谐波 $y_\lambda = A\cos 2\pi\left(\dfrac{t}{T} - \dfrac{x}{\lambda}\right)$ 向右传播,在距坐标原点 O 为 $l = 5\lambda$ 的 B 点被垂直界面反射,设反射有半波损失,反射波的振幅近似等于入射波振幅.试求:(1)反射波的表达式;(2)驻波的表达式;(3)在原点 O 到反射点 B 之间各个波节和波腹的坐标.

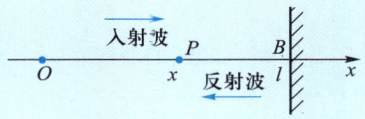

例题 16.8 图

　　解　(1)要写出反射波的表达式,首先要写出反射波在某点的振动方程,这一点就选在反射点 B,依题意入射波在 B 点的振动方程为

$$y_{\lambda B} = A\cos 2\pi\left(\frac{t}{T} - \frac{l}{\lambda}\right)$$

由于在 B 点反射时有半波损失,所以反射波在 B 点的振动方程为

$$y_{\text{反}B} = A\cos\left[2\pi\left(\frac{t}{T} - \frac{l}{\lambda}\right) - \pi\right]$$

　　在反射波行进的方向上任取一点 P,其坐标为 x,P 点的振动比 B 点的振动在相位上落后 $2\pi\dfrac{(l-x)}{\lambda}$,由此可得反射波的表达式为

$$y_{\text{反}} = A\cos\left[2\pi\left(\frac{t}{T} - \frac{l}{\lambda}\right) - \pi - 2\pi\frac{(l-x)}{\lambda}\right]$$

将 $l = 5\lambda$ 代入上式得到

$$y_{\text{反}} = A\cos\left(2\pi\frac{t}{T} - 21\pi + 2\pi\frac{x}{\lambda}\right) = -A\cos 2\pi\left(\frac{t}{T} + \frac{x}{\lambda}\right)$$

　　(2)驻波的表达式为

$$y = y_\lambda + y_{\text{反}} = A\cos 2\pi\left(\frac{t}{T} - \frac{x}{\lambda}\right) - A\cos 2\pi\left(\frac{t}{T} + \frac{x}{\lambda}\right)$$

$$= 2A\sin\frac{2\pi}{\lambda}x \cdot \sin\frac{2\pi}{T}t$$

　　(3)驻波波节的坐标由 $\sin\dfrac{2\pi}{\lambda}x = 0$,即 $\dfrac{2\pi}{\lambda}x = k\pi$,$k = 0,1,2,\cdots,10$(因 $l = 5\lambda$,故 $k \leqslant 10$)确定.故波节坐标为

$$x = \frac{k}{2}\lambda$$

即 O 点到 B 点之间的波节在 $x = 0, \frac{\lambda}{2}, \lambda, \frac{3}{2}\lambda, 2\lambda, \frac{5}{2}\lambda, 3\lambda, \frac{7}{2}\lambda, 4\lambda, \frac{9}{2}\lambda, 5\lambda$ 等处.

驻波波腹的坐标由 $\left| \sin \frac{2\pi}{\lambda} x \right| = 1$ 即由 $\frac{2\pi}{\lambda} x = (2k+1)\frac{\pi}{2}, k = 0, 1, 2, \cdots, 9$ 确定. 波腹的坐标为

$$x = (2k+1)\frac{\lambda}{4}$$

即 O 点到 B 点之间的波腹在 $x = \frac{\lambda}{4}, \frac{3}{4}\lambda, \frac{5}{4}\lambda, \frac{7}{4}\lambda, \frac{9}{4}\lambda, \frac{11}{4}\lambda, \frac{13}{4}\lambda, \frac{15}{4}\lambda, \frac{17}{4}\lambda, \frac{19}{4}\lambda$ 处.

16.6　波的衍射　折射和反射

16.6.1　惠更斯原理

波源的振动引起介质中邻近各质元的振动,因此可以将波动到达的任一点都视为新的波源. 惠更斯(C. Huygens)在 1690 年提出了关于波动传播的惠更斯原理(Huygens principle):波动传到的各点都可以视为发射子波(wavelet)的新波源,其后任意时刻,这些子波的包络面就是新的波阵面,过子波中心向子波和包络面切点所引的射线即新的波线.

对于任何波动过程(机械波或电磁波),不论其介质是否均匀,是各向同性还是各向异性,子波的波面形状可能不同,惠更斯原理总是适用的. 根据惠更斯原理可知,当波在各向同性的均匀介质中传播时,波阵面的几何形状保持不变.

按照惠更斯原理,用作图法就能确定波传播的方向. 只要知道某一时刻的波阵面,就可用几何方法来决定以后任一时刻的波阵面和新的波射线,因而在很广泛的范围内解决了波的传播问题. 平面波和球面波的传播过程如图 16.15 和图 16.16 所示.

应当指出,惠更斯原理不能说明波的强度分布和子波为什么只向前传播等问题,后来菲涅耳(A. Fresnel)对惠更斯原理进行了补充,这些内容将在光学部分介绍.

16.6.2　波的衍射

衍射是波动的另一个重要特征. 波在传播过程中遇到障碍物时,能绕过障碍物的边缘,在障碍物的阴影区内继续传播,这就是波的衍射(diffraction)现象. 在衍射过程中,波阵面的几何形状和波的传播方向均发生改变,衍射现象明显与否,和障

碍物的尺寸有关.

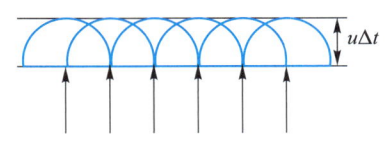
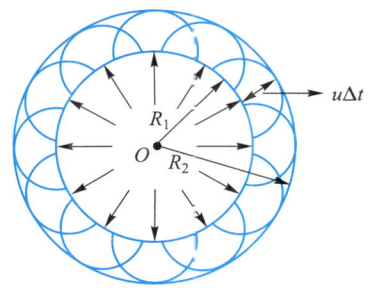

图 16.15　平面波的传播过程　　图 16.16　球面波的传播过程

例如,当平面波通过一狭缝时,若缝的宽度远大于波的汲长,波表现为直线传播;若缝的宽度略大于波长,在缝的中部,波的传播仍保持原来的方向,在缝的边缘处,波阵面弯曲,波的传播方向改变,波绕过障碍物向前传播;若缝的宽度小于波长,衍射现象更加明显,波阵面由平面变成柱面.平面波通过一个很窄的狭缝衍射时的波阵面变化如图 16.17 所示.

声波的波长通常与所遇到的障碍物尺寸相当,因此声波的衍射现象较明显,在室内能听到室外的声音,就是声波能够通过门窗缝隙发生衍射的缘故.

16.6.3　折射和反射

波入射到两种介质分界面上时,传播方向发生改变,发生反射、折射现象.实验发现,反射和折射现象分别满足反射定律和折射定律,如图 16.18 所示.

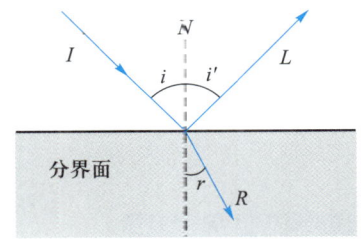

演示程序:
波的衍射

图 16.17　平面波的狭缝衍射　　图 16.18　波的反射和折射

(1) 波的**反射定律**(reflection law)

入射线 I、反射线 L 和法线 N 在同一平面内,入射角 i 等于反射角 i',即

$$i = i' \tag{16.6.1}$$

(2) 波的**折射定律**(refraction law)

入射线 I、折射线 R 和法线 N 在同一平面内,且满足关系:

$$\frac{\sin i}{\sin r} = \frac{u_1}{u_2} = n_{21} \tag{16.6.2}$$

上式中 r 为折射角,u_1、u_2 分别是入射波和折射波的波速,n_{21} 是介质 2 相对于介质 1 的相对折射率.

波的反射和折射现象可以根据惠更斯原理用作图法加以说明. 如图 16.19 所示,设有一平面波传到两种介质的分界面,t 时刻入射波的波阵面传到 AC 位置,在 A 点先与分界面相遇,然后依次在 E 点、B 点相遇,设 C 点到达 B 点的时刻为 $(t+\Delta t)$. 在 $(t+\Delta t)$ 时刻,从 A 点发出的子波半径为 $u_1 \Delta t$,从 AB 的中点 E 点发出的子波半径为 $\dfrac{u_1 \Delta t}{2}$,这些子波的包络面就是 BD 所表示的平面,即 $(t+\Delta t)$ 时刻的波阵面,与 BD 垂直的方向就是反射波的方向. 从图中可以看出,$\triangle ADB$ 与 $\triangle BCA$ 全等,因此 $\angle ABC = \angle BAD$,进而得到 $i = i'$,这就是反射定律.

如图 16.20 所示,设有一平面波传到两种介质的分界面,t 时刻入射波的波阵面传到 AC 位置,在 A 点先与分界面相遇并进入第二种介质,然后依次从 E 点、B 点进入第二种介质,设 C 点到达 B 点的时刻为 $(t+\Delta t)$. 在 $(t+\Delta t)$ 时刻,在第二种介质中,从 A 点发出的子波到达 D 点,半径为 $u_2 \Delta t$,从 AB 的中点 E 点发出的子波半径为 $u_2 \Delta t/2$,这些子波的包络面就是 BD 表示的平面,与 BD 垂直的方向就是折射波的方向. 因为 $|CB| = u_1 \Delta t = |AB| \sin i$,$|AD| = u_2 \Delta t = |AB| \sin r$,由此得到 $\dfrac{\sin i}{\sin r} = \dfrac{u_1}{u_2}$,这就是折射定律.

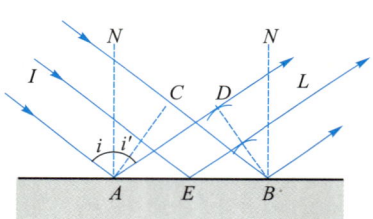

图 16.19 波的反射过程

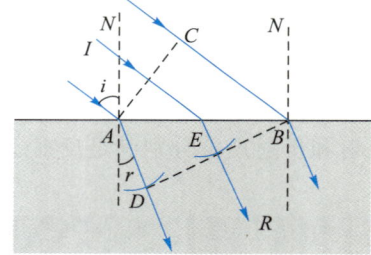

图 16.20 波的折射过程

16.7 多普勒效应

如前所述,当波源与观察者都相对于介质静止时,波源的频率等于波的频率,也等于观察者接收到的频率;如果波源与观察者之间有相对运动,观察者接收到的波的频率将不再等于波源的频率. 如在鸣笛的火车驶向站台的过程中,站台上的观察者听到的笛声逐渐变尖,即声调(频率)升高;相反,在火车驶离站台的过程中,听到的笛声的声调(频率)逐渐降低. 这种观察者接收到的频率不同于波源频率的现象称为**多普勒效应**(Doppler effect).

波源的运动速度影响波的传播,若波源速度小于波速,将产生多普勒效应. 若波源速度大于波速,相应的物理现象有声学中的冲击波和电磁学中的切连科夫辐射等.

16.7.1　运动波源产生的波

一个在垂直方向作周期性振动的振子,当其下端与水面相遇时,就会在水面上产生水面波.若振子在水平方向匀速平移,则在水面上出现运动波源产生的波.上述实验可分四种情形:波源静止,波源速度小于波速,波源速度等于波速,波源速度大于波速.图 16.21 所示的是波源运动速度 v_S 等于波速 u 的波阵面情形.

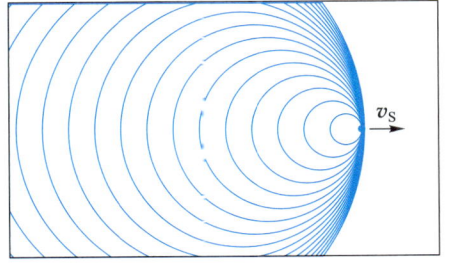

图 16.21　运动波源产生的波

演示程序:
运动波源产生
的波

演示程序:
冲击波

16.7.2　机械波的多普勒效应

波源与观察者之间有相对运动时,观察者接收到的波的频率 ν_R 与波源的振动频率 ν_S 不同,这是多普勒效应的结果.机械波的多普勒效应称为经典多普勒效应,这是奥地利物理学家多普勒首先提出的.

下面分三种情况讨论观察者接收到的波的频率 ν_R 与波源的振动频率 ν_S 之间的关系.

（1）波源相对于介质不动,观察者以速率 v_R 向着波源运动

如图 16.22 所示,此时观察者在单位时间内接收到的完全波的数目比他静止时要多,这是因为在单位时间内原来处于观察者位置的波阵面向右传播了 u 的距离,同时观察者自己向左运动了 v_R 的距离,这相当于单位时间内波通过观察者的总距离为 $(u+v_R)$,因此在单位时间内观察者所接收到的完全波数目即观察者接收到的波的频率,为

$$\nu_R = \frac{u+v_R}{\lambda} = \frac{u+v_R}{u/\nu_S} = \frac{u+v_R}{u}\nu_S \tag{16.7.1}$$

从上式可以看出,当观察者向着波源运动时,在介质中接收到的频率大于波源的频率;当观察者远离静止波源运动时,相当于在上式中用 $-v_R$ 替代 v_R,因此接收到的频率小于波源的频率.

（2）波源相对于介质运动,观察者不动,波源以速率 v_S 向着观察者运动

在均匀介质中,一个静止点波源发出的波阵面是一系列同心圆,球心即波源所在位置.如果波源运动,则波阵面是一系列非同心球面,它们是波源在不同时刻、不同位置发出的.

如图 16.23 所示,波源在运动时仍按自己的频率发射波.在一个周期 T_S 内,一个波阵面在介质中传播的距离（即波长）是 uT_S,而在这段时间内波源向着观察者移动了 $v_S T_S$,若波源速度小于波速,将使得依次发出的波阵面都向右压缩了.由于波源的运动,通过观察者所在处的波长比原来缩短了 $v_S T_S$,即实际接收到的波长应为

$$\lambda = uT_S - v_S T_S = \frac{u-v_S}{\nu_S} \tag{16.7.2}$$

现在介质中波的频率（即相对于介质静止的观察者接收的频率）为

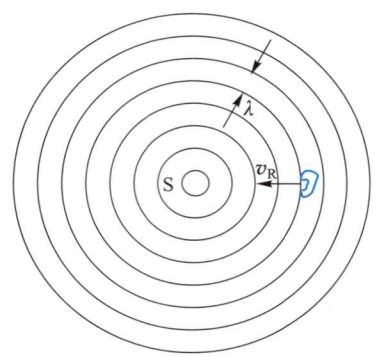 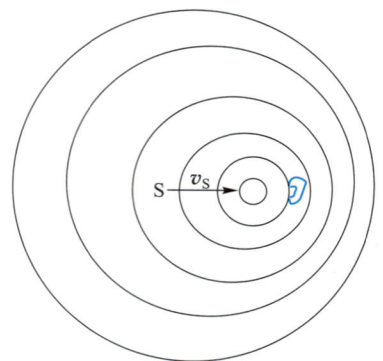

图 16.22 波源不动时的多普勒效应　　图 16.23 波源运动时的多普勒效应

$$\nu_R = \frac{u}{\lambda} = \frac{u}{u-v_S} \nu_S \qquad (16.7.3)$$

因此波源向着观察者运动时,观察者接收到的频率大于波源的频率;当波源远离观察者运动时,相当于在上式中用$-v_S$替代v_S,观察者接收到的频率小于波源的频率.

（3）相对于介质,观察者和波源同时在二者的连线上运动

按照式(16.7.3),由于波源的运动,介质中波的频率变为

$$\nu'_S = \frac{u}{u-v_S} \nu_S$$

按照式(16.7.1),由于观察者的运动,观察者接收到的频率为

$$\nu_R = \frac{u+v_R}{u} \nu'_S$$

综合上述两式,可得当波源和观察者相向运动时,观察者接收到的频率为

$$\nu_R = \frac{u+v_R}{u-v_S} \nu_S \qquad (16.7.4)$$

当波源和观察者彼此离开时,观察者接收到的频率为

$$\nu_R = \frac{u-v_R}{u+v_S} \nu_S \qquad (16.7.5)$$

如果运动不是发生在波源和观察者连线的方向上,那么只需将上述公式中的v_R和v_S理解为观察者和波源的速度在两者连线方向的分量即可.

演示程序:
多普勒效应演示

在如图 16.24 所示的演示中,小圆点表示自左向右运动的波源.波源右边的观察者接收到的频率大于波源的振动频率;波源左边的观察者接收到的频率小于波源的振动频率.

利用声波的多普勒效应可以测定流体的流速、潜艇的速度,还可以用来报警和监测车速.在医学上,利用超声波的多普勒效应制成的超

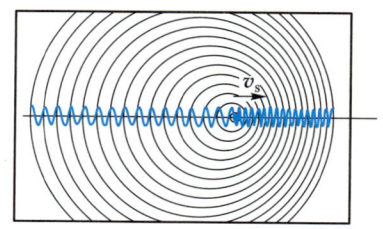

图 16.24 多普勒效应演示

声心动仪、多普勒血流仪等仪器,可对心脏跳动情况进行诊断.

例题 16.9　车上一警笛发射频率为 1 500 Hz 的声波,该车正以 20 m · s^{-1} 的速度向某方向运动,某人以 5 m · s^{-1} 的速度跟踪其后,已知空气中的声速为 330 m · s^{-1},求此人听到的警笛发声频率以及在警笛后方空气中声波的波长.

解　假设没有风.已知 $\nu_S = 1\ 500$ Hz,$u = 330$ m · s^{-1},观察者向着警笛运动,应取 $v_R = 5$ m · s^{-1},而警笛背着观察者运动,应取 $v_S = -20$ m · s^{-1}.将这些数据代入式(16.7.4),即得该人听到的警笛发声频率为

$$\nu_R = \frac{u + v_R}{u - v_S}\nu_S = \frac{330 + 5}{330 + 20} \times 1\ 500\ \text{Hz} = 1\ 436\ \text{Hz}$$

警笛后方的空气并不随波前进,相当于 $v_R = 0$,因此其后方空气中声波的频率为

$$\nu' = \frac{u}{u - v_S}\nu_S = \frac{330}{330 + 20} \times 1\ 500\ \text{Hz} = 1\ 414\ \text{Hz}$$

相应的波长为

$$\lambda' = \frac{u}{\nu'} = \frac{330}{1\ 414}\ \text{m} = 0.233\ \text{m}$$

例题 16.10　利用多普勒效应监测车速.一固定波源可以发出频率为 100 kHz 的超声波,一装甲车迎面驶来,与波源安装在一起的接收器接收到从车反射回来的超声波频率为 110 kHz,已知空气中声速为 330 m · s^{-1},求装甲车车速.

解　已知 $\nu_S = 100$ kHz,$u = 330$ m · s^{-1},如图所示,假设车速为 v.

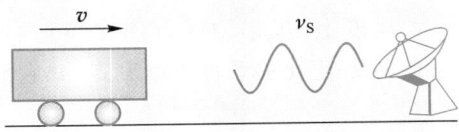

例题 16.10 图

第一步　波向车传播的过程中,波源静止,车作为观察者以速度 v 迎着波源运动.则车接收到的频率为

$$\nu' = \frac{u + v}{u}\nu_S$$

第二步　波从车上反射回来,车作为波源以速度 v 向着接收器运动,车发出的波的频率为 ν'.因此接收器接收到的频率为

$$\nu'' = \frac{u}{u - v}\nu' = \frac{u + v}{u - v}\nu_S$$

因此,车速为

$$v = \frac{\nu'' - \nu_S}{\nu'' + \nu_S}u = \frac{110 - 100}{110 + 100} \times 330\ \text{m} \cdot \text{s}^{-1} = 15.7\ \text{m} \cdot \text{s}^{-1}$$

*16.7.3 电磁波的多普勒效应

电磁波也有多普勒效应,利用相对论的基本原理可以证明:当电磁波源和接收器在同一直线上、以相对运动速度 v 运动时,观察者所接收到的频率为

$$\nu_{R} = \sqrt{\frac{1+\dfrac{v}{c}}{1-\dfrac{v}{c}}}\,\nu_{S} \tag{16.7.6}$$

在上式中,当波源和接收器相互接近时,v 取正值;当波源和接收器相互远离时,v 取负值.

在电磁波的多普勒效应中,当光源远离接收器运动时,接收到的频率降低,因而波长变长,这种现象叫红移(red shift).天文学家将来自星球的光谱与地球上相同元素的光谱比较,发现我们观察到的天体光谱都有红移,这表示观察到的所有天体都在离我们而去.而且离我们越远的天体,红移越大,背离我们的速度越大,这表明宇宙是在膨胀之中的,这是支持大爆炸宇宙学理论的证据之一.

拓展阅读:
宇宙大爆炸理
论简介

关于我们的宇宙究竟是怎样形成的,目前为大多数科学家接受的理论是大爆炸宇宙学.它认为,我们的宇宙起源于一个温度极高、体积极小的原始火球,在距今约 130 亿年前,由于我们还不知道的物理原因,这个火球发生大爆炸,我们的宇宙在大爆炸中诞生,随着时间而膨胀,温度降低,物质的密度也逐渐减小,在这个过程中形成的质子、中子等"基本粒子"结合成氢、氦、锂等元素,以后又形成星系、星系团,并逐渐形成恒星.目前我们的宇宙仍在膨胀.

1929 年,哈勃(N. Hubble)把他所测得的各星系的距离和它们各自的退行速度画到一张图上,他发现在大尺度上,星系的退行速度与它们离开我们的距离成正比,越远的星系退行得越快,这一正比关系称为哈勃定律,它的数学表达式为

$$v = H_{0}R \tag{16.7.7}$$

式中,比例系数 H_{0} 叫哈勃常量.

如果距离 R 以 l. y. (光年)为单位,则目前对 H_{0} 的最好估计值为

$$H_{0} = \frac{2.1 \times 10^{4}\ \mathrm{m \cdot s^{-1}}}{10^{6}\mathrm{l. y.}}$$

我们的银河系在约 10^{11} 个星系中并没有占据任何特殊地位,其他星系也并非只是离开我们而去,而是彼此相互离去.

电磁波的多普勒效应为跟踪人造地球卫星提供了一种简单的方法.如图 16.25 所示,卫星从位置 1 运动到位置 2 的过程中,向着跟踪站的速度分量在减小.在从位置 2 到位置 3 的过程中,离开跟踪站的速度分量在增加.如果卫星不断发射恒定频率的无线电信号,则根据式(16.7.6),在

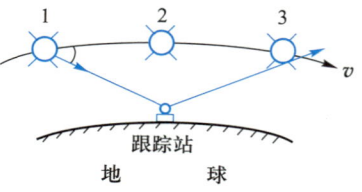

图 16.25 卫星跟踪示意图

卫星接近跟踪站上空的过程中,地面接收的信号频率是逐渐减小的,如果把接收到

的信号与跟踪站另外产生的恒定信号合成拍,则拍频可以产生一个听得见的声音. 卫星经过上空时,这种声音的声调将降低. 目前卫星跟踪站在确定远在 10^8 m 处的 卫星位置变化时,可以精确到 $10^{-3} \sim 10^{-2}$ m.

16.8　电磁振荡和电磁波

以麦克斯韦方程组为核心的电磁场理论预言了电磁波的存在,并揭示了光的 电磁本质.1888 年赫兹(H. R. Hertz)用实验证实了这个预言.赫兹的发现促成了无 线电的诞生,开辟了电子技术的新纪元.

16.8.1　电磁波的波动方程

设在真空中无电荷与电流,则麦克斯韦方程组有如下形式:

$$\begin{cases} \nabla \cdot \boldsymbol{D} = 0 \\ \nabla \cdot \boldsymbol{B} = 0 \\ \nabla \times \boldsymbol{E} = -\dfrac{\partial \boldsymbol{B}}{\partial t} \\ \nabla \times \boldsymbol{H} = \dfrac{\partial \boldsymbol{D}}{\partial t} \end{cases} \tag{16.8.1}$$

对第三式两边取旋度:

$$\nabla \times (\nabla \times \boldsymbol{E}) = -\frac{\partial}{\partial t}(\nabla \times \boldsymbol{B})$$

利用矢量公式 $\nabla \times (\nabla \times \boldsymbol{E}) = \nabla(\nabla \cdot \boldsymbol{E}) - \nabla^2 \boldsymbol{E}$ 和式(16.8.1)中的第一式,有

$$\nabla \times (\nabla \times \boldsymbol{E}) = \nabla(\nabla \cdot \boldsymbol{E}) - \nabla^2 \boldsymbol{E} = -\nabla^2 \boldsymbol{E}$$

而

$$-\frac{\partial}{\partial t}(\nabla \times \boldsymbol{B}) = -\mu_0 \frac{\partial^2 \boldsymbol{D}}{\partial t^2} = -\mu_0 \varepsilon_0 \frac{\partial^2 \boldsymbol{E}}{\partial t^2}$$

令

$$c = \frac{1}{\sqrt{\mu_0 \varepsilon_0}} = 2.997\ 924\ 58 \times 10^8 \text{ m} \cdot \text{s}^{-1} \tag{16.8.2}$$

因此得到电场强度满足的微分方程:

$$\nabla^2 \boldsymbol{E} = \frac{1}{c^2} \frac{\partial^2 \boldsymbol{E}}{\partial t^2} \tag{16.8.3}$$

同样地求出磁场强度满足的微分方程:

$$\nabla^2 \boldsymbol{H} = \frac{1}{c^2} \frac{\partial^2 \boldsymbol{H}}{\partial t^2} \tag{16.8.4}$$

这就是电磁场的场量所满足的波动方程,c 是真空中电磁波的速度,其大小正好等 于真空中的光速,由此麦克斯韦从理论上预言了电磁波的存在,并揭示了光的电磁 本质.1888 年赫兹用实验证实了这个预言.

16.8.2 *LC* 振荡电路

获得变化的电磁场的最简单方法,就是利用 *LC* 振荡电路. 如图 16.26 所示,设电路中既有电容器又有电感线圈,先将 S_1 接通给电容器 *C* 充电,然后断开开关 S_1 同时接通开关 S_2,若忽略电路的电阻,即称为由电容器和电感组成的 *LC* 电路.

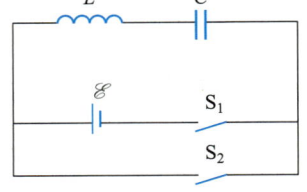

图 16.26　*LC* 振荡电路

设某时刻电路中的电流为 *I*,电容器极板上的电荷量为 *q*,由欧姆定律,

$$L\frac{\mathrm{d}I}{\mathrm{d}t} + \frac{q}{C} = L\frac{\mathrm{d}^2 q}{\mathrm{d}t^2} + \frac{q}{C} = 0$$

即

$$\frac{\mathrm{d}^2 q}{\mathrm{d}t^2} + \frac{1}{LC}q = 0$$

上述方程为标准的简谐振动方程,其解为

$$q = q_0\cos(\omega t + \varphi) \tag{16.8.5}$$

$$I = -q_0\omega\sin(\omega t + \varphi) \tag{16.8.6}$$

式中,q_0、φ 是由初始条件决定的常量. ω 是 *LC* 电路的振荡角频率:

$$\omega = \frac{1}{\sqrt{LC}} \tag{16.8.7}$$

LC 电路中的电流在自感线圈中产生磁场,电容器上的电荷在电容器两极板间产生电场. 由式(16.8.5)和式(16.8.6)可以看出,电流和电荷相互交替地周期性变化,因此 *LC* 电路是一种能产生电磁振荡的简单电路. 图 16.27 从(a)到(h)表示了 *LC* 电路中电磁场的一个周期变化过程.

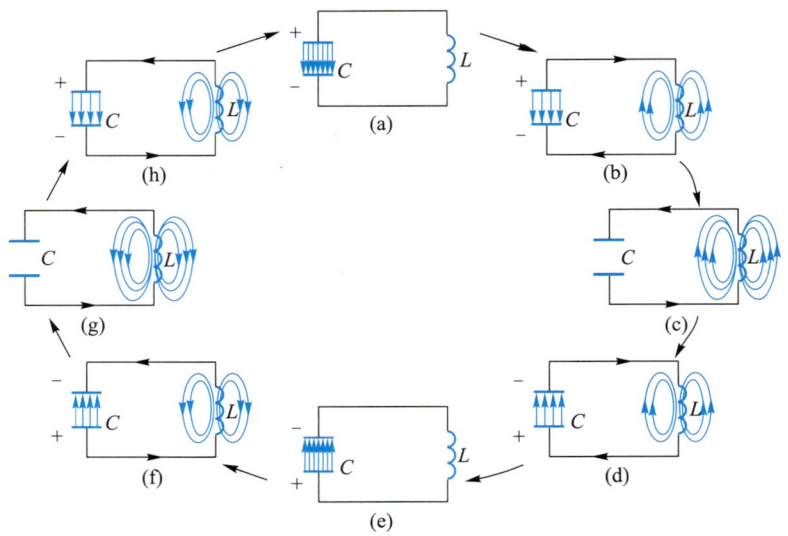

图 16.27　*LC* 电路中的电磁场转换

实际上,电路中不可避免地存在电阻,振荡电流会因此发生衰减,这时产生的振荡为阻尼电磁振荡.上述不考虑阻尼的振荡是自由电磁振荡.

16.8.3　振荡电偶极子的辐射

静止的电荷产生静电场,不能发射电磁波.作匀速直线运动的电荷尽管改变了空间的电场和磁场,但根据运动相对性原理,可选择一个相对于该运动电荷静止的参考系,在这个参考系中不会观察到电磁波,因此作匀速直线运动的电荷也不会发射电磁波.理论和实验都证明:只有作加速运动的电荷才能辐射电磁波.

在上一小节中讨论的 LC 电路能产生振荡电流,电荷在电路中作加速运动,因此能发射电磁波.理论分析表明,LC 电路辐射电磁波的功率与振荡频率的四次方成正比.但普通的 LC 电路的振荡频率很低,而且电磁场又被封闭在电容器和线圈内部,所以辐射功率很小.

1. 开放的 LC 电路与振荡电偶极子

要让 LC 振荡电路向外辐射足够强的电磁波,必须提高振荡频率.从式(16.8.7)可知,可以通过降低电路中的电容值和电感值来提高振荡频率.对于平行板电容器和长直载流螺线管:

$$C=\frac{\varepsilon S}{d}, \quad L=\mu n^2 V$$

因此可以采用增加电容器极板间距 d、缩小极板面积 S、减少单位线圈匝数 n 等方法,来减小电容和电感.如图 16.28 所示的过程就是一个不断增加 d、缩小 S、减少 n 的过程,这样就将一个 LC 电路变成了一根开放的天线.在直线形电路两端出现交替的等量异号电荷,形成振荡电偶极子.振荡电偶极子可以作为发射电磁波的天线.

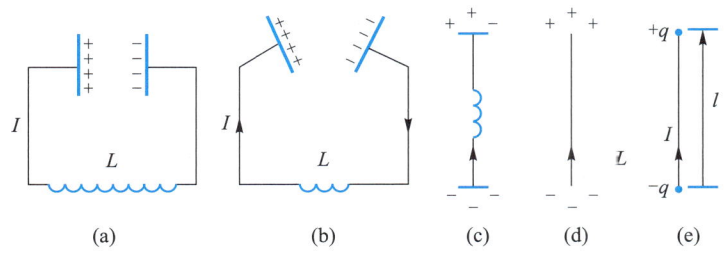

图 16.28　开放 LC 电路的方法

设振荡电偶极子的电偶极矩的大小 p 可用下式表示:

$$p=p_0\cos \omega t \qquad (16.8.8)$$

式中,p_0 为电偶极矩的振幅,ω 为角频率.如果设想振荡电偶极子的正、负电荷量不变,而间距在不断作周期性变化,那么正、负电荷的运动就简化为相对于它们的公共中心的简谐振动,则其附近电场线的变化如图 16.29 所示.图中(c)是电荷位移最大时的电场线;(e)是正、负电荷经过半个周期后,重新回到公共中心,形成一条闭合的电场线的情况.在后半个周期的过程中,则形成了一条与前半个周期回转方

▶ 演示动画：
振荡电偶极子
激发的电场

向相反的闭合电场线.

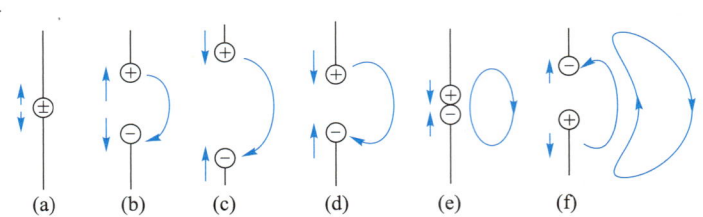

图 16.29 不同时刻振荡电偶极子附近的电场线

当振荡电偶极子以简谐方式振荡时,它向外辐射电磁波的情形如图 16.30 所示,振荡电偶极子所激发的是涡旋电场,用图中曲线表示,而磁感线则是环绕电偶极子并与纸面垂直的圆,图中 ⊙ 和 ⊗ 分别表示穿出和穿入纸面的磁感线.

从麦克斯韦方程组可求出振荡电偶极子所激发的电场和磁场的波函数,下面直接给出其结果.如果以电偶极子为球心,则在距电偶极子较远处,E 和 H 的数值分别为

$$E(r,\theta,t) = \frac{p_0\omega^2\sin\theta}{4\pi\varepsilon_0 c^2 r}\cos\omega\left(t-\frac{r}{c}\right) \tag{16.8.9}$$

$$H(r,\theta,t) = \frac{p_0\omega^2\sin\theta}{4\pi cr}\cos\omega\left(t-\frac{r}{c}\right) \tag{16.8.10}$$

式中,c 为电磁波的传播速度,式(16.8.9)和式(16.8.10)就是电偶极子发射的球面电磁波的波函数.如图 16.31 所示,电场 E 均沿球面的经线,磁场 H 均沿球面的纬线,电场强度 E、磁场强度 H 和径矢 r(传播方向)互相垂直,并呈右手螺旋关系.参照图 16.30 可以看到,当 r 很大时上述球面波可以看成平面波.

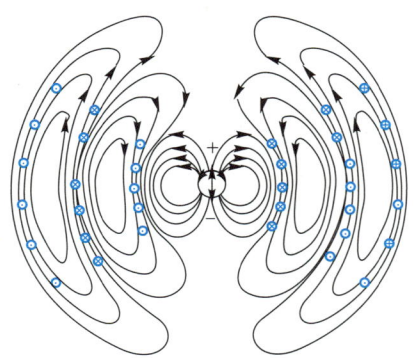

图 16.30 振荡电偶极子激发的电场线和磁感线

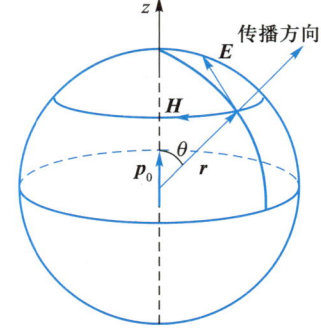

图 16.31 远离振荡电偶极子处的电场和磁场方向

2. 赫兹实验

1868 年麦克斯韦从理论上预言了电磁波的存在,1888 年赫兹通过振荡电偶极子的一系列实验,实现了电磁波的发射和接收,证实了电磁波的存在.

下面简单介绍赫兹实验.如图 16.32 所示,将两段铜杆沿同一直线架设,在其相

邻的两端点上均焊有一个光滑的铜球.两球间留有小的空隙(约 0.1 mm),两铜杆分别用导线连接到高压感应圈的两极上.感应圈周期地在两铜球之间产生很高的电势差,当铜球间隙的空气被击穿时,电流往复振荡通过间隙产生电火花,这种赫兹振子就相当于一个振荡电偶极子.

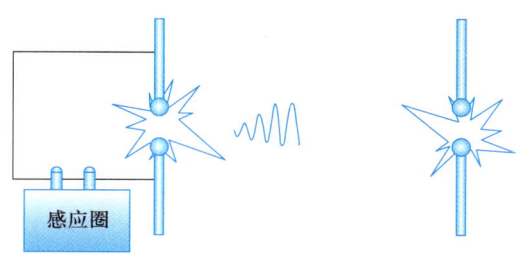

▶ 演示动画:
赫兹实验原理

图 16.32　赫兹实验示意图

因为电路的电容和自感均很小,所以振荡频率可高达 10^8 Hz,从而强烈地发射出电磁波.因为铜杆有电阻且在空气中产生电火花,所以其上的振荡电流是衰减的,发出的电磁波也是减幅的.但感应圈不断地为空隙充电,振荡电偶极子就间歇地发射出减幅振荡电磁波.

接收电磁波可利用电偶极子共振吸收的原理来实现.用另一个同样的赫兹振子作为接收振子,但不接感应圈,将它放在距发射振子适当距离处,可以使它的两铜球空隙间出现放电火花.

16.8.4　电磁波的性质

参照图 16.30 可以看到,在远离波源的自由空间中传播的电磁波可近似地看成平面波.平面电磁波的传播方式如图 16.33 所示.

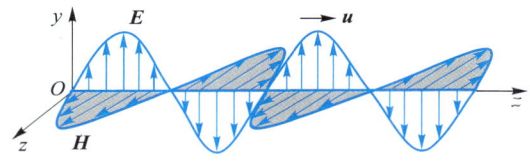

图 16.33　平面电磁波

◆ 演示程序:
平面电磁波的
场矢量

平面电磁波具有以下显著特点:

(1)电矢量 E、磁矢量 H 都与波的传播方向 k 垂直,因此电磁波是横波.E 和 H 分别在各自的平面内振动,这一特性称为偏振(polarization).

(2)从式(16.8.9)和式(16.8.10)可以看出,E 和 H 始终同相位,且 E 和 H 的幅值成比例:$\sqrt{\varepsilon}\,E = \sqrt{\mu}\,H$.

(3)电磁波的传播速度 u 的大小为 $u = \dfrac{1}{\sqrt{\mu\varepsilon}}$,真空中电磁波的波速等于真空中的光速 $c = \dfrac{1}{\sqrt{\mu_0\varepsilon_0}}$.

（4）能流密度

电磁波在空间的传播也是能量的传播,电磁波的能流密度即单位时间内通过与传播方向垂直的单位面积的能量,用 S 表示:

$$S = wu$$

利用电磁场总能量密度式(14.6.7),

$$w = \frac{1}{2}(\boldsymbol{E} \cdot \boldsymbol{D} + \boldsymbol{B} \cdot \boldsymbol{H}) = \frac{1}{2}(\varepsilon E^2 + \mu H^2)$$

以及 $\sqrt{\varepsilon}\,E = \sqrt{\mu}\,H$ 和 $u = \dfrac{1}{\sqrt{\mu\varepsilon}}$,得到

$$S = wu = \frac{u}{2}(\varepsilon E^2 + \mu H^2)$$

$$= \frac{1}{2\sqrt{\varepsilon\mu}}(\sqrt{\varepsilon}\,E\sqrt{\mu}\,H + \sqrt{\mu}\,H\sqrt{\varepsilon}\,E) = EH$$

考虑到电磁波的横波等性质,上式可写成矢量形式:

$$\boldsymbol{S} = \boldsymbol{E} \times \boldsymbol{H} \qquad\qquad (16.8.11)$$

上式说明,电磁波能流密度矢量的方向就是电磁波的传播方向. S、E、H 三者的方向服从右手螺旋关系,如图 16.33 所示. S 称为**坡印廷**(Poynting)**矢量**.电磁波平均能流密度又称为辐射强度,用 I 表示:

$$I = \overline{S} = \overline{EH} = \frac{1}{2}E_0 H_0 \qquad\qquad (16.8.12)$$

式中,E_0、H_0 分别是电场强度和磁场强度的振幅.

16.8.5 电磁波谱

电磁波具有各种频率,无线电波、红外线、紫外线、X 射线等均是不同频率范围内的电磁波.将电磁波按频率或波长的顺序排列起来就构成电磁波谱(electromagnetic wave spectrum),如图 16.34 所示.电磁波谱被分为不同波段,按频率从小到大的顺序可分为无线电波、红外线、可见光、紫外线、X 射线、γ 射线等,产生各个波段电磁波的方法不同,不同波段的波特性不同,应用也不同.

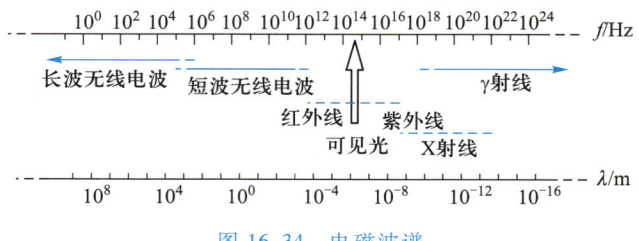

图 16.34 电磁波谱

在电磁波谱中,波长最长的是无线电波,其范围从几千米到几毫米,又分为长波、中波、短波、超短波和微波等,长波在介质中传播时损耗很小,故常用于远距离通信和导航;中波多用于航海和航空定向及无线电广播;短波多用于无线电广播、

电报、通信等;超短波、微波多用于电视、雷达、无线电导航以及其他专门用途.无线电波由电子线路中电磁振荡所激发的电磁辐射所产生.

红外线的波长范围为 $0.76\sim600\ \mu m$($1\ \mu m=10^{-6}\ m$),它可用于红外雷达、红外照相和夜视仪上.因为红外线有显著的热效应,故可用来对物体加热.波长在 $400\sim760\ nm$($1\ nm=10^{-9}\ m$)之间的波,能为人眼所感知,叫可见光(一般简称为光波).波长在 $5\sim400\ nm$ 之间的叫紫外线,太阳光中含有大量的紫外线,紫外线能引起化学反应和荧光效应,医学上常用紫外线杀菌,农业上可用紫外线诱杀害虫.红外线、可见光和紫外线这三部分电磁波合称为光辐射,它们是由炽热物体、气体放电或其他光源激发分子或原子等微观客体所产生的电磁辐射.

X 射线(亦称伦琴射线)的波长范围为 $0.04\sim5\ nm$,它的能量很大,具有很强的穿透能力,是医疗透视、金属探伤和晶体结构分析的有力工具.X 射线是用高速电子流轰击原子中的内层电子产生的电磁辐射.

波长最短的是 γ 射线,波长在 $0.04\ nm$ 以下.γ 射线的能量和穿透能力比 X 射线还大,可用来进行放射性、高能粒子、天体等研究.γ 射线是放射性原子核衰变时发出的电磁辐射或高能粒子与原子核碰撞所产生的电磁辐射.

电磁场作为现代战争的无形战场,其作用日益显著,而作为新概念武器的电磁脉冲武器则更加引人注目,电磁脉冲武器利用电磁场的能量或生物效应杀伤破坏目标或使目标丧失作战效能.

内容提要

1. 机械波

产生机械波需要波源和弹性介质.描述波动的特征量是波速 u、波长 λ、波的周期 T(或频率 ν),其关系式为 $\lambda=uT$.

2. 平面简谐波

沿 x 轴正(负)方向传播的波动方程:

$$y(x,t)=A\cos\left[\omega\left(t\mp\frac{x}{u}\right)+\varphi_0\right]$$

波动的微分方程:

$$\frac{\partial^2 y}{\partial x^2}=\frac{1}{u^2}\frac{\partial^2 y}{\partial t^2}$$

能量:波动是能量传递的一种方式.简谐波中任一体积元的动能和势能相等,体积元的总能量是不守恒的,而是随时间作周期性变化.

平均能流密度(波的强度):

$$I=\overline{w}u=\frac{1}{2}\rho A^2\omega^2 u$$

3. 声波和声强级

声波按频率可分为可闻声波、次声波和超声波.声强级

$$L_I=10\lg\frac{I}{I_0}$$

4. 波的干涉

波的独立性原理和叠加原理.

相干条件:频率相同、振动方向相同、相位相同或相位差恒定.

干涉相长的条件:

$$\Delta\varphi = (\varphi_{20} - \varphi_{10}) - \frac{2\pi}{\lambda}(r_2 - r_1) = \pm 2k\pi, \quad k = 0, 1, 2, 3, \cdots.$$

干涉相消的条件:

$$\Delta\varphi = (\varphi_{20} - \varphi_{10}) - \frac{2\pi}{\lambda}(r_2 - r_1) = \pm(2k+1)\pi, \quad k = 0, 1, 2, 3, \cdots.$$

5. 驻波

驻波的产生:沿 x 轴正、反两方向传播的两列简谐波,如果它们的振动频率、振动方向和振幅都相同,相位差恒定,就会叠加形成驻波.

驻波的特征:有波腹和波节,相邻波腹和相邻波节之间间隔均为半个波长;相邻波节之间质元相位相同,波节两侧质元相位相反;没有能量的定向传播.

6. 惠更斯原理和波的叠加原理

惠更斯原理:子波的观点,新的波阵面和新的波线作图法.

7. 机械波的多普勒效应

当波源和观察者相向运动时,观察者接收到的频率为

$$\nu_R = \frac{u + v_R}{u - v_S} \nu_S$$

8. 电磁振荡与电磁波

振荡电偶极子辐射的电磁波.

电磁波的特性:(1) 电磁波是横波,$\boldsymbol{E}$ 和 $\boldsymbol{H}$ 分别在各自的平面内振动,具有偏振性;(2) $\boldsymbol{E}$ 和 $\boldsymbol{H}$ 始终同相位、成比例,$\sqrt{\varepsilon}\,\boldsymbol{E} = \sqrt{\mu}\,\boldsymbol{H}$;(3) 电磁波的传播速度 $u = \dfrac{1}{\sqrt{\mu\varepsilon}}$;(4) 坡印廷矢量 $\boldsymbol{S} = \boldsymbol{E} \times \boldsymbol{H}$.

不同谱段的电磁波产生的方法不同、性质不同、用途不同.

习题

一、选择题

1. 当一平面简谐波通过两种不同的均匀介质时,不会改变的物理量是（　　　）

A. 波长和频率　　　　　　　　　　　　B. 波速和频率

C. 波长和波速　　　　　　　　　　　　D. 频率和周期

2. 已知一平面简谐波方程为 $y = A\cos(at - bx)$ （a、b 为正值）,则（　　　）

A. 波的频率为 a　　　　　　　　　　B. 波的传播速度为 $\dfrac{b}{a}$

C. 波长为 $\dfrac{\pi}{b}$

D. 波的周期为 $\dfrac{2\pi}{a}$

3. 如图所示,一平面简谐波沿 x 轴正方向传播,坐标原点 O 的振动规律为 $y=A\cos(\omega t+\varphi_0)$,则 B 点的振动方程为　　　　　　　　　(　　)

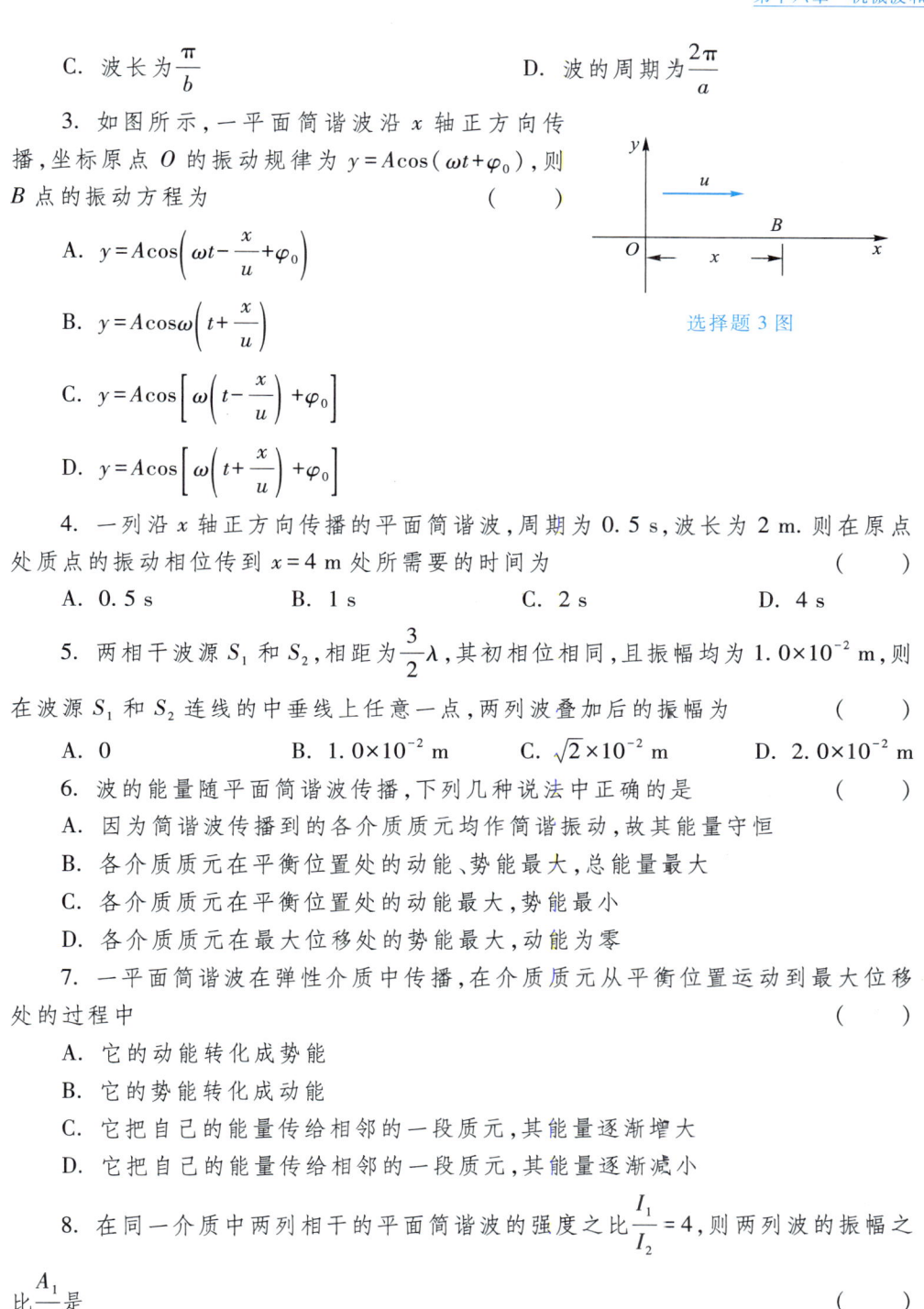

选择题 3 图

A. $y=A\cos\left(\omega t-\dfrac{x}{u}+\varphi_0\right)$

B. $y=A\cos\omega\left(t+\dfrac{x}{u}\right)$

C. $y=A\cos\left[\omega\left(t-\dfrac{x}{u}\right)+\varphi_0\right]$

D. $y=A\cos\left[\omega\left(t+\dfrac{x}{u}\right)+\varphi_0\right]$

4. 一列沿 x 轴正方向传播的平面简谐波,周期为 0.5 s,波长为 2 m. 则在原点处质点的振动相位传到 $x=4$ m 处所需的时间为　　　　(　　)

A. 0.5 s   B. 1 s   C. 2 s   D. 4 s

5. 两相干波源 S_1 和 S_2,相距为 $\dfrac{3}{2}\lambda$,其初相位相同,且振幅均为 1.0×10^{-2} m,则在波源 S_1 和 S_2 连线的中垂线上任意一点,两列波叠加后的振幅为　　　(　　)

A. 0 B. 1.0×10^{-2} m   C. $\sqrt{2}\times10^{-2}$ m   D. 2.0×10^{-2} m

6. 波的能量随平面简谐波传播,下列几种说法中正确的是　　　　(　　)

A. 因为简谐波传播到的各介质质元均作简谐振动,故其能量守恒

B. 各介质质元在平衡位置处的动能、势能最大,总能量最大

C. 各介质质元在平衡位置处的动能最大,势能最小

D. 各介质质元在最大位移处的势能最大,动能为零

7. 一平面简谐波在弹性介质中传播,在介质质元从平衡位置运动到最大位移处的过程中　　　　　　　　　　　　　　　(　　)

A. 它的动能转化成势能

B. 它的势能转化成动能

C. 它把自己的能量传给相邻的一段质元,其能量逐渐增大

D. 它把自己的能量传给相邻的一段质元,其能量逐渐减小

8. 在同一介质中两列相干的平面简谐波的强度之比 $\dfrac{I_1}{I_2}=4$,则两列波的振幅之比 $\dfrac{A_1}{A_2}$ 是　　　　　　　　　　　　　(　　)

A. 4 B. 2 C. 16 D. $\dfrac{1}{4}$

9. 某时刻驻波波形曲线如图所示,则 a、b 两点处振动的相位差是　(　　)

A. π B. $\dfrac{\pi}{2}$

C. 0   D. 无法确定

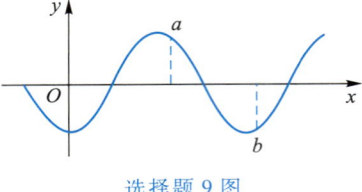

选择题 9 图

10. 在驻波中,两个相邻波节间各质元的振动 ( )

A. 振幅相同,相位相同

B. 振幅不同,相位相同

C. 振幅相同,相位不同

D. 振幅不同,相位不同

11. 设声波在介质中的传播速度为 u,声源的频率为 ν_S,若声源 S 不动,而接收器 R 相对于介质以速度 v_R 沿着 S、R 连线向着声源 S 运动,则在 S、R 连线上各介质质元的振动频率为 ( )

A. ν_S B. $\dfrac{u+v_R}{u}\nu_S$ C. $\dfrac{u-v_R}{u}\nu_S$ D. $\dfrac{u}{u-v_R}\nu_S$

12. 电磁波在自由空间传播时,电场强度 $\boldsymbol{E}$ 与磁场强度 $\boldsymbol{H}$ ( )

A. 在垂直于传播方向上的同一条直线上   B. 朝互相垂直的两个方向传播

C. 互相垂直,且都垂直于传播方向   D. 有相位差 $\dfrac{\pi}{2}$

二、填空题

1. 一平面简谐波沿 x 轴正方向传播,已知 $x=0$ 处的振动规律为 $y=\cos(\omega t+\varphi_0)$,波速为 u,则坐标为 x_1 和 x_2 两点的振动相位差是 _____.

2. 一平面简谐波沿 x 轴正方向传播,波动方程为 $y=0.2\cos\left(\pi t-\dfrac{\pi x}{2}\right)$,其中 x、y 以 m 为单位,t 以 s 为单位,则 $x=-3$ m 处介质质元的振动加速度 a 的表达式为 _____.

3. 一个余弦横波以速度 u 沿 x 轴正方向传播,t 时刻波形曲线如图所示.试分别指出图中 A、B、C 各点处介质质元在该时刻的运动方向:A _____;B _____;C _____.(填:向上、向下.)

填空题 3 图

4. 一平面简谐波在介质中传播时,若一介质质元在 t 时刻的能量是 10 J,则在 $(t+T)$(T 是波的周期)时刻该介质质元的振动动能是 _____.

5. 强度为 I 的平面简谐波沿着波速 $\boldsymbol{u}$ 的方向通过一面积为 S 的平面,波速 $\boldsymbol{u}$ 与该平面的法向 $\boldsymbol{e}_n$ 的夹角为 θ,则通过该平面的平均能流是 _____.

6. 一平面简谐波在截面面积为 3.00×10^{-2} m^2 的空气管中传播,设空气中波速为 330 m·s^{-1}.若在 10 s 内通过截面的能量为 2.70×10^{-2} J,则波的平均能流密度为 _____,波的平均能量密度为 _____.

7. 能够引起听觉的声强级范围为 _____.

8. 如图所示，P 点距波源 S_1 和 S_2 的距离分别为 3λ 和 $\dfrac{10\lambda}{3}$，λ 为两列波在介质中的波长，若 P 点的合振幅总是极大值，则两波源应满足的条件是 ＿＿＿＿＿＿＿＿＿＿＿＿．

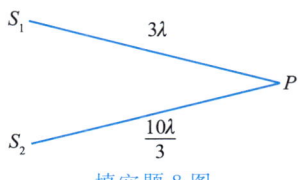

填空题 8 图

9. 设反射波的表达式是 $y_2 = 0.15\cos\left[100\pi\left(t - \dfrac{x}{200}\right) + \dfrac{\pi}{2}\right]$，其中 y_2、x 的单位是 m，t 的单位是 s，波在 $x = 0$ 处发生反射，反射点为自由端，则形成的驻波的表达式为 ＿＿＿＿＿＿＿＿＿＿＿＿．

10. 一驻波表达式为 $y = 4.00 \times 10^{-2}(\cos 2\pi x)\cos 400t$（SI 单位）．在 $x = \dfrac{1}{6}$ m 处的质元的振幅为＿＿＿＿＿，振动速度的表达式为＿＿＿＿＿．

11. 设空气中声速为 $330\ \mathrm{m \cdot s^{-1}}$．一列火车以 $30\ \mathrm{m \cdot s^{-1}}$ 的速度行驶，火车上汽笛的频率为 600 Hz．一静止的观察者在火车的正前方听到的声音的频率是＿＿＿＿＿，在火车驶过其身边后所听到的声音的频率是＿＿＿＿＿．

三、计算题

1. 如图为一平面简谐波在 $t = 0$ 时刻的波形图，试写出 P 处质元与 Q 处质元的振动方程，并画出 P 处质元与 Q 处质元的振动曲线，其中波速 $u = 20\ \mathrm{m \cdot s^{-1}}$．

2. 如图所示，一平面简谐波沿 Ox 轴正方向传播，波速大小为 u，若 P 处质元振动方程为 $y_P = A\cos(\omega t + \varphi)$．求：（1）$O$ 处质元的振动方程；（2）该波的波动方程．

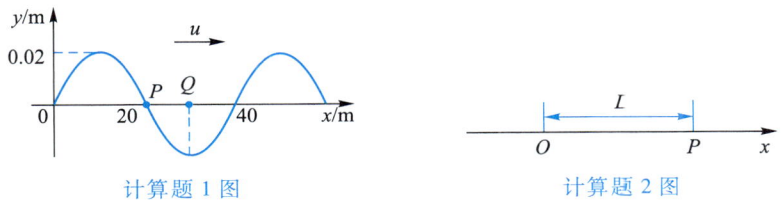

计算题 1 图　　　　　　　计算题 2 图

3. 一平面简谐波沿 x 轴正方向传播，其振幅和角频率分别为 A 和 ω，波速为 u，设 $t = 0$ 时的波形曲线如图所示．（1）写出此波的波动方程；（2）求距 O 点分别为 $\dfrac{\lambda}{8}$ 和 $\dfrac{3\lambda}{8}$ 两处质元的振动方程；（3）求距 O 点分别为 $\dfrac{\lambda}{8}$ 和 $\dfrac{3\lambda}{8}$ 两处的质元在 $t = 0$ 时的振动速度．

4. 沿 x 轴负方向传播的平面简谐波在 $t = 2$ s 时刻的波形曲线如图所示，设波速 $u = 0.5\ \mathrm{m \cdot s^{-1}}$，求原点处的振动方程．

5. 一弹性波在介质中传播的速度为 $u = 10^3\ \mathrm{m \cdot s^{-1}}$，振幅为 $A = 1.0 \times 10^{-4}$ m，频率为 $\nu = 10^3$ Hz，介质的密度为 $\rho = 800\ \mathrm{kg \cdot m^{-3}}$．求：（1）波的平均能流密度；（2）1 min 内垂直通过面积 $S = 4.0 \times 10^{-4}\ \mathrm{m^2}$ 的总能量．

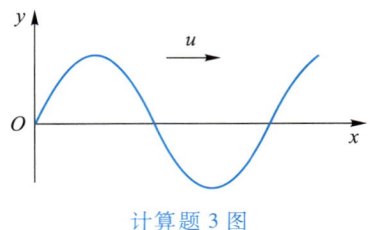

计算题 3 图

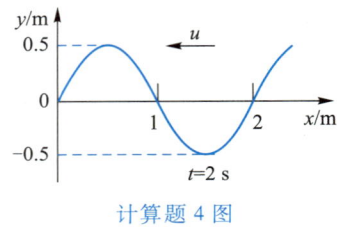

计算题 4 图

6. 一线波源发射柱面波,设介质为不吸收能量的各向同性的均匀介质,试问波的平均能流密度以及振幅与离开波源的距离有何关系?

7. 有一个面向街道打开的面积为 $4\ m^2$ 的窗户,若窗口处噪声的声强级为 70 dB,试求进入窗户的噪声功率.

8. 如图所示,两相干波源 S_1 和 S_2 相距 $\dfrac{3\lambda}{4}$,λ 为波长,设两波在 S_1、S_2 连线上传播时,它们的振幅都是 A,并且不随距离变化.已知在该直线上 S_1 左侧各点的合成波强度为其中一个波强度的 4 倍,问两波源的初相位差是多少?

9. 如图所示,三列同频率、振动方向相同(垂直纸面)的简谐波,在传播过程中在 O 点相遇.若三列简谐波各自单独在 S_1、S_2 和 S_3 等处的振动方程分别为 $y_1 = A\cos\left(\omega t + \dfrac{\pi}{2}\right)$、$y_2 = A\cos\omega t$ 和 $y_3 = 2A\cos\left(\omega t - \dfrac{\pi}{2}\right)$,且 $|S_2O| = 4\lambda$,$|S_1O| = |S_3O| = 5\lambda$($\lambda$ 为波长),求 O 点的合振动方程.(设传播过程中各波振幅不变.)

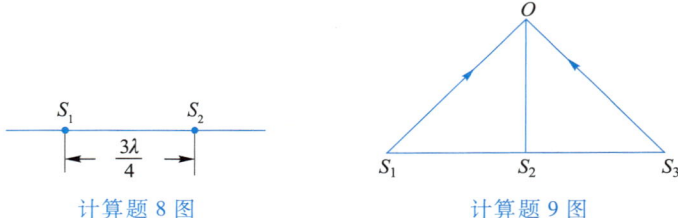

计算题 8 图   计算题 9 图

10. 两列波在一根很长的细绳上传播,它们的方程分别为 $y_1 = 0.06\cos\pi(x - 4t)$ 和 $y_2 = 0.06\cos\pi(x + 4t)$($x$、$y$ 以 m 为单位,t 以 s 为单位).(1) 求各波的频率、波长、波速和传播方向;(2) 证明这根细绳实际上是作驻波式振动,求波节位置和波腹位置;(3) 波腹处的振幅多大? 在 $x = 1.2\ m$ 处振幅多大?

11. 设入射波的方程式为 $y_1 = A\cos 2\pi\left(\dfrac{x}{\lambda} + \dfrac{t}{T}\right)$,在 $x = 0$ 处发生反射,反射点为一固定端,设反射时无能量损失,求:(1) 反射波的方程;(2) 合成的驻波的方程;(3) 波腹和波节位置.

12. 一弦上的驻波方程为 $y = 3.00 \times 10^{-2}(\cos 1.6\pi x)\cos(550\pi t)$,其中 x、y 的单位是 m,t 的单位是 s.(1) 若将此驻波视为由传播方向相反的两列波叠加而成,求两波的振幅和波速;(2) 求相邻波节间的距离;(3) 求 $t = 3.00 \times 10^{-3}$ s 时,位于 $x = 0.625\ m$ 处质元的振动速度.

13. 一声源的频率为 1 080 Hz,相对地面以 30 m · s^{-1} 的速率向右运动.设空气中声速为 331 m · s^{-1}.求在声源运动的前方和后方,地面上的观察者接收到的声波波长.

14. 设有一平面电磁波在真空中传播,电磁波通过某点时,该点的 $E = 50$ V · m^{-1}.试求该时刻该点的 $\boldsymbol{B}$ 和 $\boldsymbol{H}$ 的大小以及电磁场能量密度 w 和能流密度 $\boldsymbol{S}$ 的大小.

15. 用于打孔的激光束截面直径为 60 μm,功率为 300 kW.求此激光束的坡印廷矢量的大小以及激光束中电场强度和磁感应强度的振幅.

习题参考答案

16. 一均匀平面电磁波在真空中传播,其电场强度 $\boldsymbol{E} = 100\cos(\omega t - az)\boldsymbol{i}$.求:(1) 波的传播方向;(2) 磁场强度的表达式.

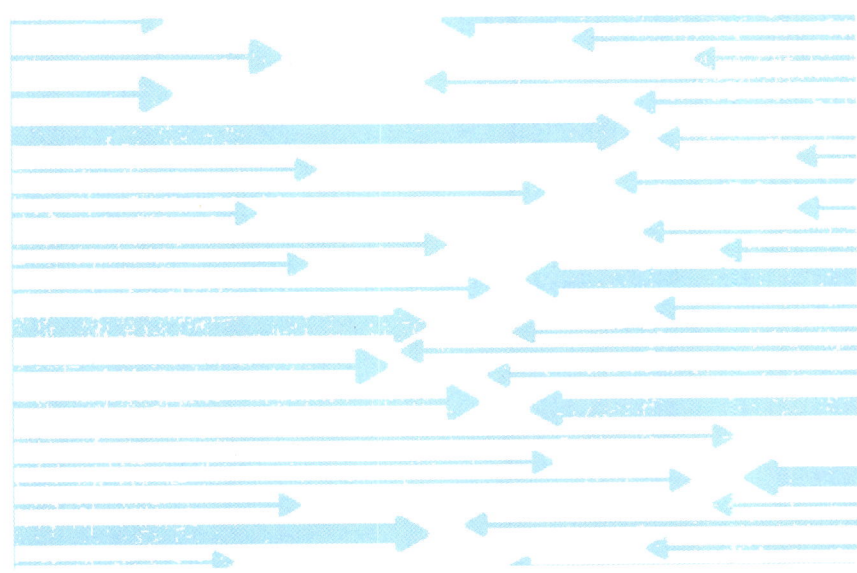

第五篇　波动光学

波动光学
单元测验

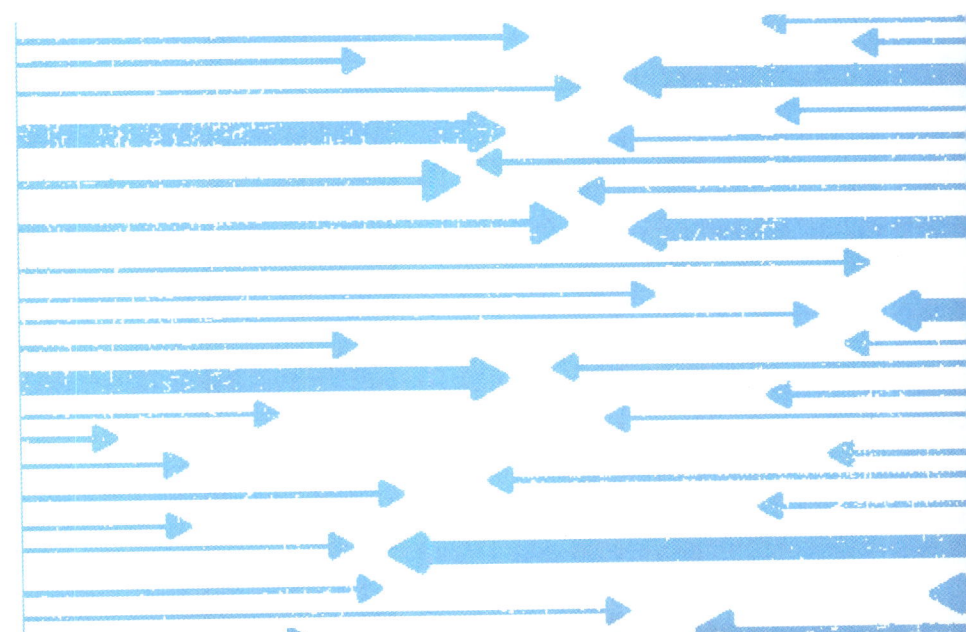

第十七章

光 的 干 涉

从前一章我们已经知道光是一种电磁波,但是历史上人们对光的本性的认识有两种不同的学说,这就是以惠更斯为代表的波动说和以牛顿为代表的微粒说.波动说认为光是一种机械波,靠所谓"以太"这种特殊介质来传播;微粒说认为光是由微粒组成,这些微粒可在真空中或透明介质中以巨大的速度直线运动,也可以在不透明介质的表面发生反射.波动说和微粒说都能解释光的反射和折射现象,但是在解释光从空气进入水中的折射现象时两种观点得出的结论不同.波动说认为水中的光速小于空气中的光速,微粒说却认为水中的光速大于空气中的光速.在当时由于光速还无法精确测量,所以难以判断是非.从 17 世纪到 18 世纪末,牛顿的微粒说占据了统治地位,直到 19 世纪初,由于光的偏振、光的干涉、光的衍射等现象的发现,以及水中的光速小于空气中的光速的实验测量结果,光的波动说才进入它的辉煌时期.

19 世纪 60 年代麦克斯韦建立了光的电磁理论,随后赫兹用实验证实了光是电磁波,而不是惠更斯认为的机械波.但是麦克斯韦认为光的传播仍需要一种名叫"以太"的介质.在 19 世纪末物理学家设计了很多精密的实验来证实"以太"的存在,但结果都没有成功.后来人们认识到电磁波的传播不需要什么介质,"以太"是不存在的.到了 19 世纪末 20 世纪初,人们开始深入研究光和物质的相互作用,发现一些现象(如光电效应)不能用光的波动理论来解释,为解释这些现象,1905 年爱因斯坦对光的本质提出新的观点,即认为光是具有一定能量和动量的粒子流,这种粒子称为光子,形成了具有崭新内涵的光的微粒说.

光的波动性和粒子性都有大量的坚实实验基础,一方面在光的干涉、衍射和偏振现象中光表现出波动性;另一方面,在光电效应和康普顿效应等现象中光表现出粒子性.因此,光同时具有波动和粒子双重性质,这就是今天我们对光的本性的认识.

光学是物理学的一门分支学科,它主要研究光的本性,光的发射、传播和吸收的规律,光与其他物质的相互作用,以及光的应用.光学通常分为几何光学和物理光学,物理光学又分为波动光学和量子光学两个分支.从 20 世纪 60 年代起,由于激光光源的出现,使光学得到了极大的发展.从本章开始的三章中我们将介绍光的干涉、光的衍射和光的偏振,这是波动光学的基本内容.关于光的量子性,我们将在第二十一章专门研究.本章的主要内容包括光的相干概念、双缝干涉、薄膜的等倾和等厚干涉、迈克耳孙干涉等.

> **你知道吗?**
>
> 大自然缤纷美丽的色彩令人赏心悦目,光现象是令人类最着迷的现象之一,光的干涉将带领我们进入奇妙的波动光学世界.你想过用光的波长作为尺子来测量长度吗?你知道孔雀的尾翎和蝉翼为什么在阳光下呈现绚丽的颜色吗?在本章中,我们将运用波动光学知识分析各种巧妙的干涉装置产生的干涉条纹及其特征,介绍光纤水听器和光纤陀螺仪这类高科技装备所依据的基本光学原理.

17.1　光源　光程　相干光

17.1.1　光源　普通光源的发光机理

光源就是发光的物体. 近代物理理论和实验都表明, 原子或分子的能量具有不连续的一系列分立值, 这些分立值称为能级. 原子或分子通常总是趋于处在能量最低的基态, 如果原子和分子受到外界的某种激励, 就会吸收一定的能量从基态跃迁到能量较高的激发态. 处在激发态的原子或分子是不稳定的 它们会自发地跃迁回到基态或能量较低的激发态. 在这个过程中每个分子或原子将向外辐射电磁波, 或者说辐射出光子, 发出光.

一般来说, 原子在高能级上滞留的平均时间是非常短的 约为 10^{-8} s, 这可以视为一个原子一次发光所持续的时间. 一个原子一次发光只能发出一段长度有限、频率一定、振动方向一定的光波, 这一段在时间上很短、在空间上也是有限长的光波称为一个**波列**(wave train), 图 17.1 是原子光波列的示意图. 由于每个原子或分子发光都是断断续续的, 具有间歇性, 因此上述任意一列光波的发射都是偶然的, 无相互联系, 其频率、相位、振动方向也各不相同, 因此普通光源的发光具有随机性. 所以, 由两个独立光源或同一光源上的不同部分所发出的光是不相干的, 甚至同一原子前后两次发出的光也不会产生干涉.

图 17.1　原子一次跃迁发出的光波列

综上所述, 原子或分子是物质发光的基元, 它们每次发出一个有限长的波列, 这些波列是不相干的, 这就是普通光源的发光机理.

激光是 20 世纪 60 年代初期发展起来的一种新型人造光源. 激光是受激辐射放大的光, 具有单色性好、方向性好、亮度高、相干性好的特点 受激辐射光放大是激光产生的基本机制, 有关受激辐射光放大的详细内容请参阅 24.4.1 节.

17.1.2　光程

设频率为 ν 的单色光在折射率为 n 的介质中的传播速率为 u, 波长为 λ', 在真空中的传播速率为 c, 波长为 λ. 因为 $n = c/u = \lambda\nu/(\lambda'\nu) = \lambda/\lambda'$, 所以有

$$\lambda' = \frac{\lambda}{n} \tag{17.1.1}$$

由于 $n>1$, 光在介质中的波长要比光在真空中的波长短. 图 17.2 所示的是光从真空入射到折射率为 1.5 的介质后的波长变化.

设光在介质中传播几何路程 r 所需时间为 t, 则 $r = ut = ct/n$, 即 $nr = ct$. 定义光程(optical path)

$$L = nr \tag{17.1.2}$$

演示程序:
光在不同介质
中的波长

由上述讨论可知:光程在数值上等于在相同的时间内光在真空中所通过的路程.因此,光程是将光在介质中传播的距离换算成在真空中传播的距离.

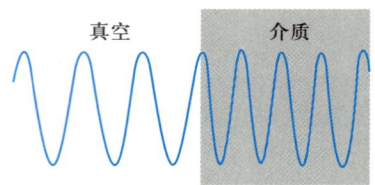

图 17.2 光在不同介质中的波长

设两束光分别在折射率为 n_1 和 n_2 的介质中传播了几何路程 r_1 和 r_2 后相遇,则它们之间的光程差(optical path difference)

$$\delta = n_2 r_2 - n_1 r_1 \qquad (17.1.3)$$

若两束光的初相位相同,则它们在相遇时的相位差

$$\Delta\varphi = 2\pi\left(\frac{r_2}{\lambda_2} - \frac{r_1}{\lambda_1}\right) = \frac{2\pi}{\lambda}(n_2 r_2 - n_1 r_1)$$

利用式(17.1.3),得到相位差与相应的光程差之间的关系为

$$\Delta\varphi = \frac{2\pi}{\lambda}\delta \qquad (17.1.4)$$

拓展阅读:
处理干涉问题
的基本方法

通过计算光程差研究光的干涉现象是处理干涉问题的基本方法.

作为一个例子,我们来说明薄透镜的等光程性.如图 17.3 所示,平行光束通过透镜后,会聚于焦平面上,相互加强成为一个亮点 P,这是由于在垂直于平行光的某一波阵面 GH 上的各点相位相同,这些光线到达焦平面后相位仍然相同,因而互相加强.由此可见,从同相面 GH 上的 A、B、C、D、E 各点经透镜到达 P 点的各光线,虽然它们的几何路程长度不同,但几何路程较长的在透镜内的路程较短,而几何路程较短的在透镜内的路程较长.这样就使得从同相面 GH 上各点到达会聚点的各光线的光程总是相等的.因此,使用透镜只能改变光波的传播路径,但不引起附加的光程差.

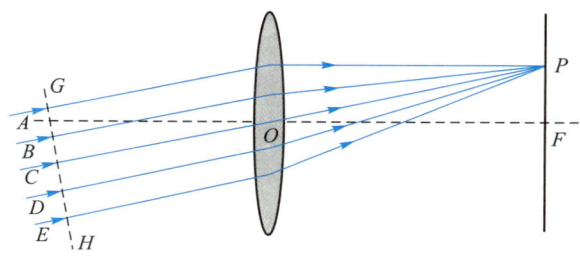

图 17.3 光通过透镜时的光程

17.1.3 光的单色性和相干性

1. 光的单色性

光的颜色由光的频率决定,而频率一般仅由光源决定,与介质无关,但波长和波速在不同的介质中一般要改变.因而常用真空中的波长来反映光的颜色.光的波长常用 nm(纳米)作为单位(1 nm = 10^{-9} m).

只有单一波长的光称为**单色光**（homogeneous light）. 由各种频率的单色光复合而成的光称为复色光, 白光是复色光. 太阳光中的可见光就是波长连续分布的白光, 波长范围为 400~760 nm, 相应的频率范围为 $4.3 \times 10^{14} \sim 7.5 \times 10^{14}$ Hz. 白光通过三棱镜时发生色散, 形成一个连续光谱, 如图 17.4 所示. 有些物质的光谱是分立的线光谱, 图 17.5 所示为氦（He）原子的线光谱.

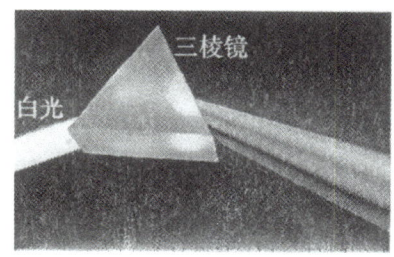

图 17.4 白光的色散

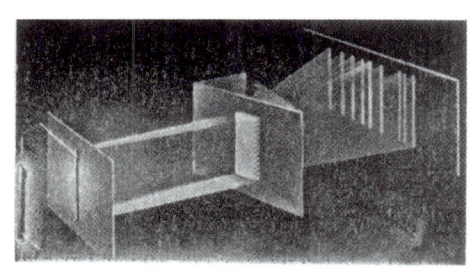

图 17.5 氦原子的线光谱

严格的单色光是不存在的, 任何光源发出的光都有一定的频率范围, 且每种频率的光所对应的强度是不同的. 以波长 λ（或频率）为横坐标、光的谱线强度 i（单位波长间隔的光波强度）为纵坐标画出的如图 17.6 所示的曲线称为光谱曲线（谱线）. 谱线所对应的波长范围越窄, 谱线就越尖锐, 光的单色性就越好.

设最大谱强度 i_0 对应的波长为 λ_0, 将谱强度下降到 $i_0/2$ 的两点之间的波长范围 $\Delta\lambda$ 称为**谱线宽度**（line width）. 钠灯、汞灯等普通光源谱线宽度的数量级为 $10^{-3} \sim 0.1$ nm, 激光谱线宽度的数量级为 10^{-9} nm.

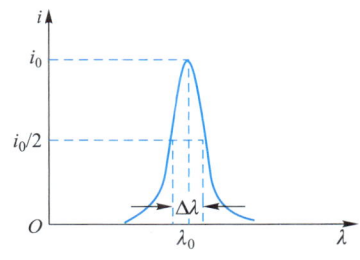

图 17.6 光谱曲线

2. 光的相干性

干涉现象是波动过程的基本特征之一, 与机械波的干涉相似, 光的干涉现象表现为在相遇区域形成稳定的、有强有弱（明暗不同）的光强分布. 在光波的两个场量 E 和 H 中, 对人眼和感光仪器起主要作用的是电矢量 E, 因比将 E 称为光矢量. 光波的相干条件是: **光矢量的振动方向相同、频率相同、相位差恒定**. 我们将满足相干条件的光称为**相干光**（coherent light）, 产生相干光的光源称为相干光源. 当两束以上的相干光相遇时, 就会产生干涉.

对于机械波, 其波源连续地振动, 发出连续不断的简谐波, 因此两列振动方向相同的同频率的简谐波在相遇时是相干的, 观察机械波的干涉现象较为容易. 但是由于光源发光的特点, 用两个独立的同频率的单色光源却不一定能获得光的干涉图样.

考虑两束同频率单色光在空间某点的光矢量, 其大小分别为

$$E_1 = E_{10}\cos(\omega t + \varphi_1)$$

$$E_2 = E_{20}\cos(\omega t + \varphi_2)$$

若 E_1、E_2 同方向，则合成后的 E 的大小为

$$E = E_0\cos(\omega t + \varphi)$$

式中

$$E_0 = \sqrt{E_{10}^2 + E_{20}^2 + 2E_{10}E_{20}\cos(\varphi_2 - \varphi_1)}$$

$$\tan\varphi = \frac{E_{10}\sin\varphi_1 + E_{20}\sin\varphi_2}{E_{10}\cos\varphi_1 + E_{20}\cos\varphi_2}$$

在观察的时间间隔 τ 内，平均光强 I 为

$$I \propto \overline{E_0^2} = \frac{1}{\tau}\int_0^\tau E_0^2 \mathrm{d}t$$

$$= \frac{1}{\tau}\int_0^\tau \left[E_{10}^2 + E_{20}^2 + 2E_{10}E_{20}\cos(\varphi_2 - \varphi_1)\right]\mathrm{d}t$$

$$= E_{10}^2 + E_{20}^2 + 2E_{10}E_{20}\int_0^\tau \frac{1}{\tau}\cos(\varphi_2 - \varphi_1)\mathrm{d}t$$

由于分子或原子发光的随机性和间歇性，$(\varphi_2 - \varphi_1)$ 无规则地变化，故有

$$\frac{1}{\tau}\int_0^\tau \cos(\varphi_2 - \varphi_1)\mathrm{d}t = 0$$

所以

$$\overline{E_0^2} = E_{10}^2 + E_{20}^2$$
$$I = I_1 + I_2 \tag{17.1.5}$$

上式表明两束光简单地叠加后的光强是两光束的光强之和，这是光的**非相干叠加**。例如暗室中两个发光频率相同的钠灯，在它们所发出的光都能照射到的地方，观察不到有明暗变化，它们的光强就是非相干叠加。

若两束光来自同一光源，且 $\Delta\varphi = \varphi_2 - \varphi_1$ 恒定，则

$$I = I_1 + I_2 + 2\sqrt{I_1 I_2}\cos(\varphi_2 - \varphi_1) \tag{17.1.6}$$

上式右边的第三项是干涉项，这是光的**相干叠加**。图 17.7 所示的是两束不同强度的光的相干叠加。

演示程序：
两束光的强度
叠加

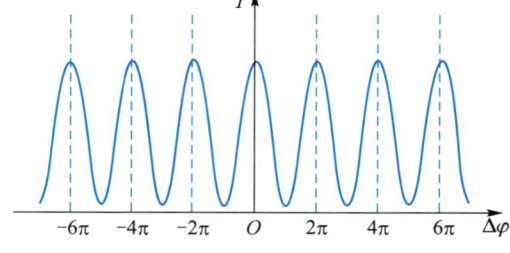

图 17.7　两束光的相干叠加

特别地，若 $I_1 = I_2$，则

$$I = 2I_1\left[1 + \cos(\varphi_2 - \varphi_1)\right] = 4I_1\cos^2\frac{\varphi_2 - \varphi_1}{2} \tag{17.1.7}$$

当 $\Delta\varphi=\varphi_2-\varphi_1=\pm 2k\pi,k=0,1,2,3,\cdots$ 时，$I=I_{\max}=4I_1$，称为 干涉相长.

当 $\Delta\varphi=\varphi_2-\varphi_1=\pm(2k-1)\pi,k=1,2,3,\cdots$ 时，$I=I_{\min}=0$，称为 干涉相消.

对两束相干光波，根据式(17.1.4)得到用光程差表示的干涉相长和干涉相消的条件. 干涉相长的条件是

$$\delta=\pm k\lambda,\quad k=0,1,2,3,\cdots \qquad (17.1.8)$$

干涉相消的条件是

$$\delta=\pm\left(k-\frac{1}{2}\right)\lambda,\quad k=1,2,3,\cdots \qquad (17.1.9)$$

3. 相干光的获得

从普通光源的发光机制可知，来自两个独立光源的光是非相干光，而来自同一光源的两个不同部分的光也不是相干光. 利用普通光源获得相干光的方法的基本原理是：把由光源上某一点发出的同一个光波列设法分成两部分，并沿两条不同的路径传播，然后再使它们相遇. 由于这两部分光实际上来自点光源发出的同一波列，所以它们满足相干条件，因而是相干光.

从普通光源获得相干光的方法有两种：一种方法是在从一点光源发出的光波波阵面上放置并列的几个小孔或单缝，这些小孔或单缝可视为同相位的发射子波的波源，通过小孔或单缝分离出的光束始终是同相的，因此它们是相干光，这种方法称为分割波阵面法，例如杨氏双缝干涉就采用了这种方法. 另一种方法是通过部分反射和部分透射，将一束光分为若干部分相干光，这种方法称为分割振幅法，例如薄膜干涉就是利用这种方法得到相干光的.

*4. 相干长度

获得了两束相干光波，并不意味着就一定能产生干涉现象，要产生干涉现象，对光源的发光还有一定要求. 光是由大量彼此无关的波列组成的，为获得两束相干光，无论是采用分割波阵面法还是采用分割振幅法都是将一个个波列分割成两部分，两束光经过不同光路到达会合点能否发生干涉，取决于到达会合点的两束光波是否仍然属于从同一波列分出来的两部分. 否则由于两束光不能会合，或者会合的两束光是从不相干的不同原子波列分出来的，这样就不可能产生干涉现象.

假设从某个原子相继发出了三个波列，并且这三个波列均被分割为两个相干的部分，这两部分的光经过不同的路径在 P 点相遇. 当两部分光的光程差不太大时，L_1 和 L_1'、L_2 和 L_2'、L_3 和 L_3' 分别相遇，在 P 点可以观察到干涉现象，如图 17.8(a)所示. 当两部分光的光程差较大时，L_1 和 L_1'、L_2 和 L_2'、L_3 和 L_3' 均不能相遇，在 P 点就观察不到干涉现象，如图 17.8(b)所示.

很明显，要保证同一波列被分割的两部分能重新会合产生干涉现象，两光路的光程差必须小于波列在真空中的长度 L，L 就是两束光的最大光程差 δ_m，这是产生干涉现象所应具有的前提条件. L 称为相干长度(coherent length).

设原子每次发光产生一个波列所持续的时间为 Δt，真空中的光速为 c，则每一波列在真空中的长度 $L=c\Delta t$. Δt 称为相干时间. 因此，相干长度与原子发光的持续时间有关，Δt 越长，相干长度 L 越大，表明光波的相干性越好，更易于实现干涉. 光

的相干性受到相干时间的制约,这一性质称为光波的时间相干性.

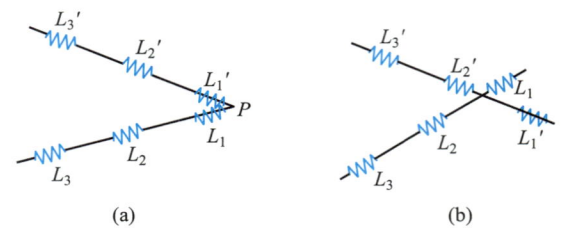

图 17.8 相干长度和光程差对干涉的影响

如图 17.6 所示,光的单色性用谱线宽度 $\Delta\lambda$ 来衡量. $\Delta\lambda$ 越小,表示波列的单色性越好.可以证明,一个波列的长度即相干长度 L 和它的谱线宽度 $\Delta\lambda$ 之间有下列关系:

$$L = \delta_m = \frac{\lambda^2}{\Delta\lambda}$$
(17.1.10)

因此单色性越好,即 $\Delta\lambda$ 越小,其相干性也越好.

17.2 双缝干涉

17.2.1 杨氏双缝实验

托马斯·杨(Thomas Young)所做的演示光的干涉效应的实验,第一次把光的波动学说建立在坚实的实验基础上,杨根据他的实验推算出光的波长,第一次测定了这个重要的物理量.

托马斯·杨(1773—1829)是英国的物理学家,光的波动说的奠基人之一.他进行了著名的杨氏双孔及双缝干涉实验,首次引入干涉概念,论证了光的波动说,又利用波动说解释了牛顿环的成因及薄膜的彩色.杨对人眼感知颜色问题进行了研究,提出了三原色理论.他首先使用运动物体的"能量"一词来代替"活力",描述材料弹性的杨氏模量也是以他的姓氏命名的.

杨氏双缝实验为光的波动说提供了直接有力的证据,这对长期与牛顿的名字连在一起的微粒说是严重的挑战.托马斯·杨关于波动说的理论和实验研究受到了当时一些学术权威的激烈批评,甚至被攻击"没有任何价值"、"荒唐、不合逻辑".他对此回应道:"尽管我仰慕牛顿的大名,但我并不因此非得认为他是万无一失的.我……遗憾地看到他也会弄错,而他的权威也许有时甚至阻碍了科学的进步."杨氏双缝实验曾入选物理学史上最经典的 5 个实验,它不仅对波动光学的建立起着重要作用,而且在量子力学中意义深远.

1. 实验介绍

如图 17.9(a)所示,在单色点光源前放一狭缝 S,S 前对称地放置有与 S 平行的两条平行狭缝(slit)S_1 和 S_2,S_1 和 S_2 之间的距离很小(约为 0.2 mm),S_1 和 S_2 位于从 S 发出的子波的同一波阵面上,因此 S_1 和 S_2 构成一对相干光源.这里采用分割波阵面法来获得相干光.在与狭缝之间的距离约为 1 m 的观察屏上出现一系列稳定的明暗相同的条纹,即干涉条纹(interference fringe),如图 17.9(b)所示.条纹间的距离彼此相等,且都与狭缝平行,O 处的中央条纹是明条纹.

在实验中还发现:增大双缝间距,中央明条纹位置不变,其他各级条纹相应向中央明条纹靠近,条纹变密;反之,条纹变稀疏.改变入射光波长,波长增大,条纹变稀疏;反之,条纹变密.

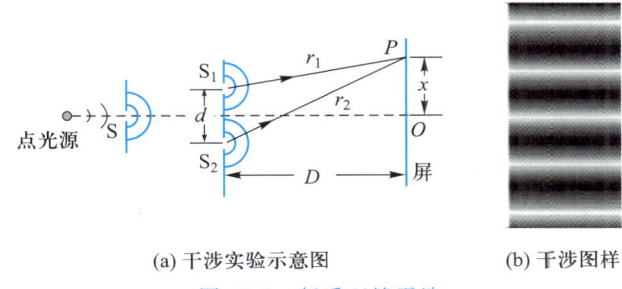

(a) 干涉实验示意图　　　(b) 干涉图样

图 17.9　杨氏双缝干涉

改变双缝与屏幕的间距也会引起条纹的变化.D 减小,中央明条纹中心位置不变,其他各级条纹相应向中央明条纹靠近,条纹变密.反之,条纹变稀疏.

演示程序:
杨氏双缝干涉

2. 定量分析

如图 17.9(a)所示,双缝的间距为 d,双缝到屏的距离为 D,O 为屏幕中心,双缝到屏上 P 点的距离分别为 r_1 和 r_2,P 点到 O 点的距离为 x.从同相波源 S_1 和 S_2 发出的两束光到达 P 点处的光程差仅由两束光的几何路程差决定.故光程差

$$\delta = r_2 - r_1$$

由几何关系可得

$$r_1^2 = D^2 + \left(x - \frac{d}{2}\right)^2, \quad r_2^2 = D^2 + \left(x + \frac{d}{2}\right)^2$$

上面两式相减,得到

$$r_2^2 - r_1^2 = (r_2 + r_1)(r_2 - r_1) = 2xd$$

由于 $D \gg d$,且在实验中只能在 O 点两侧很有限的范围内观测到干涉条纹,亦即 $D \gg x$,故近似有 $r_2 + r_1 \approx 2D$.将此关系代入上式得

$$\delta = r_2 - r_1 = \frac{d}{D}x \tag{17.2.1}$$

因此,由干涉相长条件式(17.1.8)得到干涉明条纹(light fringe)所在的位置:

$$x = \pm k \frac{D\lambda}{d}, \quad k = 0,1,2,\cdots \tag{17.2.2}$$

满足上述条件的点在屏上形成一条条平行于狭缝的直线,因此在屏上出现直线明条纹.$k = 0,1,2,\cdots$,分别对应于第 0(中央),$1,2,\cdots$级明条纹.

由干涉相消条件式(17.1.9)得到干涉暗条纹(dark fringe)所在的位置:

$$x = \pm \left(k - \frac{1}{2}\right)\frac{D\lambda}{d}, \quad k = 1,2,3,\cdots \tag{17.2.3}$$

满足上述条件的点在屏上形成一条条平行于狭缝的直线,因此在屏上出现平行的暗条纹. $k=1,2,3,\cdots$,分别对应于第 $1,2,3,\cdots$ 级暗条纹.

从式(17.2.2)、式(17.2.3)看到,相邻明条纹之间、相邻暗条纹之间的距离都是

$$\Delta x = \frac{D\lambda}{d} \qquad\qquad (17.2.4)$$

因此干涉条纹是**等距离分布的直条纹**. 从上式还可以看到,D、λ 一定时,条纹间距 Δx 与 d 成反比,所以双缝间距要小,否则条纹间距会因条纹过密而无法分辨. 例如,当 $\lambda = 500$ nm,$D = 1$ m 时,若希望 $\Delta x > 0.5$ mm,就必须要求 $d < 1$ mm.

如果用白光照射,从式(17.2.2)可知,各单色光的中央明条纹位置都在屏幕中央,各色光合成后仍为白光,而其他各级明条纹的位置和条纹间距都与波长成正比. 因此,除中央明条纹仍为白光外,其两侧因各色光的波长不同而呈现彩色条纹,同一级各色明条纹形成一个内紫外红的彩色光谱.

例题 17.1　以单色光照射到相距为 0.2 mm 的双缝上,双缝与屏幕的垂直距离为 1 m. (1)从第 1 级明条纹到同侧的第 4 级明条纹的距离为 7.5 mm,求单色光的波长;(2)若入射光的波长为 600 nm,求相邻两明条纹间的距离.

解　(1)根据杨氏双缝干涉明条纹的条件

$$x = \pm k \frac{D\lambda}{d}, \quad k = 0,1,2,\cdots$$

将 $k=1$ 和 $k=4$ 代入上式,得

$$\Delta x_{14} = x_4 - x_1 = \frac{D\lambda}{d}(4-1) = \frac{3D\lambda}{d}$$

由此可算出单色光的波长为

$$\lambda = \frac{\Delta x_{14} d}{3D} = \frac{7.5 \times 0.2}{3 \times 1 \times 10^3} \text{ mm} = 5 \times 10^{-4} \text{ mm} = 500 \text{ nm}$$

(2)根据杨氏双缝干涉条纹间距公式 $\Delta x = \frac{D\lambda}{d}$,将已知数值代入,算得入射光的波长为 600 nm 时相邻两明条纹的间距为

$$\Delta x = \frac{1 \times 10^3 \times 600}{0.2} \text{ nm} = 3 \times 10^6 \text{ nm} = 3 \text{ mm}$$

例题 17.2　当双缝干涉装置的一条狭缝后面盖上折射率为 $n = 1.58$ 的云母片时,观察到屏幕上干涉条纹移动了 9 个条纹间距. 已知 $\lambda = 550$ nm,求云母片的厚度 b.

解　如图所示,未盖云母片时,中央明条纹在 O 点. 当 S_1 缝盖上云母片后,光线 1 的光程增大. 由于中央明条纹所对应的光程差为零,所以

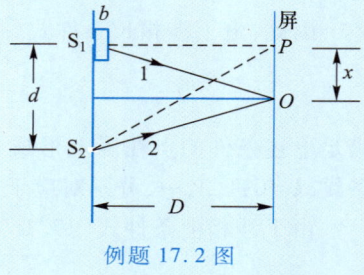

例题 17.2 图

例题 17.2 精讲

这时中央明条纹只有移到 O 点上方才有可能使光线 1 和 2 的光程差为零. 依题意, 上缝 S_1 盖上云母片后, 中央明条纹由 O 点向上移到了原来第 9 级明条纹所在的 P 点.

由于 $D \gg d$, 且屏幕上一般只能在 O 点两侧有限的范围为才呈现清晰可辨的干涉条纹, 即 x 值较小, 所以由 S_1 发出的光可近似视为垂直通过云母片, 因而其光程增大值为 $(n-1)b$, 从而有

$$(n-1)b = k\lambda, \quad k = 9$$

$$b = \frac{9\lambda}{n-1} = \frac{9 \times 550 \times 10^{-9}}{1.58 - 1} \text{ m} = 8.53 \times 10^{-6} \text{ m}$$

当两束光的光程差改变时, 屏上的明暗分布将发生改变. 在光程差改变一个真空波长的过程中, 原来亮的地方要由亮变暗后再变亮, 原来暗的地方则由暗变亮后再变暗, 看起来好像是干涉条纹移动了一个条纹间距. 因此, 随着光程差的不断改变, 屏上将形成此亮彼暗、此暗彼亮的交替过程. 由此可见, 上例中所说的条纹移动, 只是光程差改变的外在表现.

17.2.2 菲涅耳双棱镜和劳埃德镜的干涉实验

杨氏双缝实验为观察光的干涉现象提供了十分巧妙的方法, 从此光的波动理论开始被人们所接受. 后来人们又做了很多精巧的干涉实验, 主要的有 1818 年菲涅耳 (A. J. Fresnel) 做的双棱镜实验和 1834 年劳埃德 (H. Lloyc) 做的劳埃德镜实验. 它们与双缝干涉实验相类似, 下面予以简要介绍.

1. 菲涅耳双棱镜实验

菲涅耳双棱镜实验如图 17.10 所示, 菲涅耳双棱镜由两个顶角很小 (约 1°) 的三棱镜组合而成. 由光源 S 发出的波阵面经双棱镜折射后分成两部分, 它们相当于从两个相位相同的相干虚光源 S_1、S_2 所发出的光, 因此它们在重叠区内产生干涉.

菲涅耳双棱镜实验中对干涉条纹的分析和计算与杨氏双缝实验完全相同.

2. 劳埃德镜实验

在劳埃德镜实验中, 只有一个平面镜 M, 由光源 S 发出的波阵面一部分直接射到屏上, 另一部分以接近于 90° 的入射角射向平面镜后被反射到屏上, 它们相当于从光源 S 和它的虚像光源 S_1 发出的光, 因此在重叠区域内产生干涉, 从而在屏上出现干涉条纹, 如图 17.11 所示.

劳埃德镜实验对干涉条纹的计算也基本与杨氏双缝实验相同, 但是有一点差别. 在劳埃德镜实验中, 若将观察屏 E 移至与平面镜接触 (图中 E′ 位置), 在接触点入射光和反射光的几何光程相等, 因此这里本来应该出现明条纹, 而实验中却观察到暗条纹, 这说明在该处入射光和反射光相位相反, 两者相消. 由于入射光是直射光, 到达接触点时其相位不会改变, 因此对此现象的解释只能是: 光从空气射向玻璃平板发生反射时, 反射光的相位跃变了 π.

我们将折射率较大的介质称为光密介质 (optically denser medium), 将折射率较

演示程序:
菲涅耳双棱镜
实验

演示程序:
劳埃德镜实验

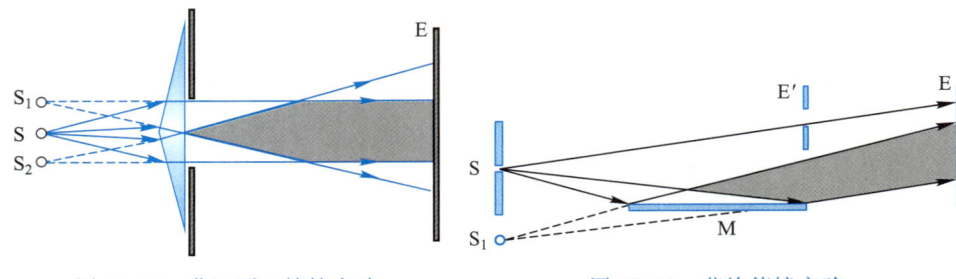

图 17.10 菲涅耳双棱镜实验　　　　图 17.11 劳埃德镜实验

小的介质称为光疏介质(optically thinner medium). 电磁理论表明:当光从光疏介质正入射(入射角 $i \approx 0°$)或掠射($i \approx 90°$)到光密介质界面发生反射时,反射光较入射光有 π 的相位突变,或者说产生**半波损失**. 这一点与前一章 16.6.3 节所述的机械波从波疏介质垂直入射到波密介质界面发生反射时的情形类似. 劳埃德镜实验是半波损失的一个实验验证.

所以在计算光程差时,应考虑在介质表面处是否有半波损失. 如果有,则应计入与相位突变 π 相应的光程差 $\dfrac{\lambda}{2}$.

例题 17.3 如图(a)所示,湖面上方 $h = 0.50$ m 处,放置一电磁波接收器 B,当某恒星 A 从地平面渐渐升起时,接收器可测到一系列信号极大值. 已知恒星 A 所发射的特征电磁波的波长 $\lambda = 20$ cm,求出现第一个极大值时,恒星 A 的射线与竖直方向的夹角 α.

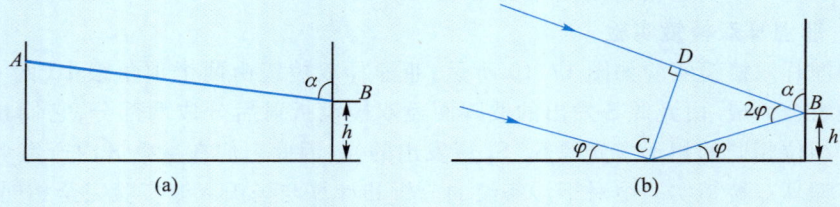

例题 17.3 图

解 如图(b)所示,接收器所接收信号的极大值是由恒星直接射入的电磁波和由湖面反射的电磁波相干的结果,这与光波的劳埃德镜干涉相似,但在波程差计算上不同. 由于恒星 A 与接收器 B 相距非常远,因此直接入射信号和在湖面上反射信号的波线可视为平行,即视为平面波,CD 为同相面. 因此两信号到达 B 时的波程差为

$$\delta = \left(|CB| + \frac{\lambda}{2} \right) - |DB| = \frac{h}{\sin\varphi}(1 - \cos 2\varphi) + \frac{\lambda}{2} = 2h\sin\varphi + \frac{\lambda}{2}$$

式中,$\dfrac{\lambda}{2}$ 即信号在湖面上反射时的"半波损失",φ 表示入射信号波线与湖面的夹角. 当波程差正好等于一个波长时,出现第一个极大值,即

$$2h\sin\varphi + \frac{\lambda}{2} = \lambda$$

因此

$$\sin\varphi = \frac{\lambda}{4h}$$

代入数据可得

$$\varphi = 5.74°$$

所以

$$\alpha = 90° - \varphi = 84.26°$$

17.3　薄膜的等倾干涉

如图 17.12 所示,在一均匀透明折射率为 n_1 的介质中(例如空气),放入上、下表面平行、厚度为 e、折射率为 n_2 的均匀介质,设 $n_2 > n_1$,这就是一个厚度均匀的薄膜(film).考虑以入射角 i 入射的一束光线 1,它经过薄膜上下两表面的不断反射和折射,形成一系列平行的反射光和平行的透射光.

由于光线 4,5,… 经过了多次反射和折射,与光线 2 和 3 相比,其强度已变得很小,因此我们只需考虑前两条出射光线 2 和 3 之间的干涉.光线 2 和光线 3 的强

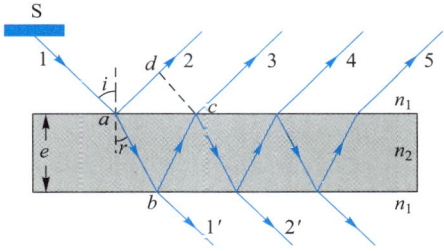

图 17.12　光线的折射和反射

度都小于光线 1 的强度,而光的强度与光矢量振幅的平方成正比,这相当于入射光的振幅被"分割"了,这种获得相干光的方法就是分割振幅法

光线 2 和光线 3 是同一条入射光线 1 在 a 点分出来的两部分,其频率相同,光矢量振动方向基本平行,而且相位差保持不变,故它们是相干光,它们在无限远处形成等倾干涉(equal inclination interference)条纹.如果用透镜来观察,在透镜的焦平面上会出现干涉条纹.

在太阳光下,肥皂泡或水面上的油膜上都呈现出彩色;孔雀的尾翎、蜂鸟的颈部羽毛、蝉翼的表面还有甲壳虫的角质层透明膜,都闪着漂亮的彩色光泽,这些都是阳光的薄膜干涉实例.

17.3.1　光程差分析

这里我们需要分析在薄膜的不同表面反射的两束光的相位问题.在前面所述的劳埃德镜实验中已经指出,当光从光疏介质正入射或掠射到光密介质界面发生反射时,反射光较入射光有 π 的相位突变.然而理论和实验表明,在一般斜入射的

演示动画:
薄膜的等倾干涉

情况下,入射光和反射光的光矢量振动方向并不共线,此时讨论一束光在反射前后的相位突变或半波损失就变得没有意义.

对于从薄膜上下表面反射出的两束光,如果其中的一束光经过了从光疏介质到光密介质界面的反射,另一束光经过了从光密介质到光疏介质界面的反射,则这两束反射光之间有附加的相位差 π,或者说有附加的光程差 $\dfrac{\lambda}{2}$. 如果上述两束光都是从光疏介质到光密介质界面反射,或者都是从光密介质到光疏介质界面反射,则在这两束光之间不会由反射引起附加的相位差.

对于折射光,在任何情况下都没有半波损失.

用扩展单色光源 S 照射如图 17.12 所示的薄膜,λ 为光在真空中的波长. 反射光 2 在 a 点的反射是从光疏介质到光密介质,光线 3 在 b 点经历的反射是从光密介质到光疏介质,因此光线 2 和光线 3 之间存在半波损失,故在它们之间的光程差中应计入半波损失 $\dfrac{\lambda}{2}$. 图中 cd 垂直于反射光束,因此从 c 点和 d 点以后不再产生另外的光程差,这样反射光线中光线 2 与光线 3 的光程差为

$$\delta = n_2(\,|\,ab\,|\,+\,|\,bc\,|\,) - n_1\,|\,ad\,| + \frac{\lambda}{2}$$

由几何关系可得出

$$|\,ab\,| = |\,bc\,| = e\,\frac{1}{\cos r}$$

$$|\,ad\,| = |\,ac\,|\sin i = 2e\tan r\sin i$$

$$\delta = \frac{2e}{\cos r}(n_2 - n_1\sin r\sin i) + \frac{\lambda}{2}$$

由折射定律 $n_1\sin i = n_2\sin r$,有

$$\delta = 2n_2\,\frac{e}{\cos r} - 2n_1 e\tan r\sin i + \frac{\lambda}{2}$$

$$= \frac{2n_2 e}{\cos r}(1 - \sin^2 r) + \frac{\lambda}{2}$$

$$= 2n_2 e\cos r + \frac{\lambda}{2} = 2n_2 e\sqrt{1 - \sin^2 r} + \frac{\lambda}{2}$$

即

$$\delta = 2e\sqrt{n_2^2 - n_1^2\sin^2 i} + \frac{\lambda}{2} \qquad\qquad (17.3.1)$$

因此干涉形成明条纹的条件是

$$2e\sqrt{n_2^2 - n_1^2\sin^2 i} + \frac{\lambda}{2} = k\lambda, \quad k = 1,2,\cdots \qquad (17.3.2)$$

而干涉形成暗条纹的条件是

$$2e\sqrt{n_2^2 - n_1^2\sin^2 i} + \frac{\lambda}{2} = (2k+1)\frac{\lambda}{2}, \quad k = 1,2,\cdots \qquad (17.3.3)$$

由于薄膜厚度均匀,对某一波长来说光程差只取决于倾角 i. 因此,以同一倾角入射的所有光线,其反射相干光具有相同的光程差,形成同一条干涉条纹. 或者说,同一条干涉条纹都是由来自同一倾角的入射光形成的,故这样的条纹称为**等倾干涉条纹**.

同样可以看出图 17.12 中透射光线 1′ 和光线 2′ 也是两页相干光. 由于光线 1′ 是由光线 1 直接折射出来的,光线 2′ 在薄膜内 b 点和 c 点经历了两次从光密介质到光疏介质的反射,所以不用计入附加光程差. 因此透射光线 1′ 和光线 2′ 的光程差为

$$\delta = 2e\sqrt{n_2^2 - n_1^2\sin^2 i} \tag{17.3.4}$$

注意:在计算透射光的光程差时,并无半波损失.

因此,若对于某一入射倾角 i 反射光相互加强形成明条纹,那么透射光相互减弱形成暗条纹;若对于某一入射倾角 i 反射光相互减弱形成暗条纹,那么透射光相互加强形成明条纹. 反射光的干涉条纹和透射光的干涉条纹总是互补的.

17.3.2 干涉图样

观察等倾干涉条纹的实验装置,如图 17.13 所示,从面光源 S 上某点发出的任意一条光线入射到能半透半反射的平面镜 M 上,被 M 反射的部分光射向薄膜,再经薄膜上下表面反射形成两条相干光线,它们透过 M 和会聚透镜 L,在观察屏 P 上形成一个干涉点.

如图 17.14 所示,从面光源 S 上某点沿一个圆锥面发出的光线,被 M 反射后将以同一倾角向薄膜,因此它们经薄膜上下表面反射后在观察屏上形成一条圆形的干涉条纹,条纹的亮度与锥面的顶角大小有关.

演示动画:
单条光线的等
倾干涉光路

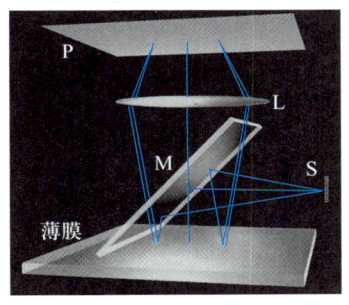

图 17.13 从点光源发出的
单条光线的光路

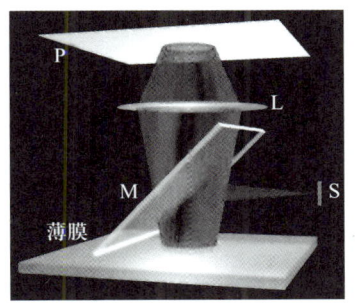

图 17.14 从点光源发出的
锥面上光线的光路

演示动画:
圆锥面光线的
等倾干涉光路

演示动画:
从点光源发出
光线的等倾干
涉光路

可以想到,从面光源 S 上某点沿一个圆锥体发出的所有光线,其干涉的结果是在观察屏上形成一系列明暗相间的同心圆环干涉条纹. 面光源上每一点发出的光线都要产生一组干涉条纹,在入射倾角相同的情况下,其反射光经透镜会聚后都落在同一级干涉条纹上. 也就是说,面光源上各点发出的光线,凡是倾角相等的,它们形成的干涉条纹都相互重叠在一起,其结果是使明条纹更亮,可以在较明亮的环境下观察条纹,这就是常用扩展光源观察等倾干涉条纹的原因. 这里需要注意的是,

来自普通面光源上各点的光不是相干光,因此它们在相遇时不能产生干涉,只是简单的光强叠加.实验上观测到的薄膜的等倾干涉条纹如图17.15所示,它们是一系列明暗相间的同心圆环.

如果使用复色光源,则每一级干涉明条纹都是一个内红外紫的彩色圆环.

从式(17.3.2)或式(17.3.3)可知,当入射角由小变大时,条纹对应的级数 k 值减小,而入射角越小,相应的干涉圆环条纹半径越小,这表明半径

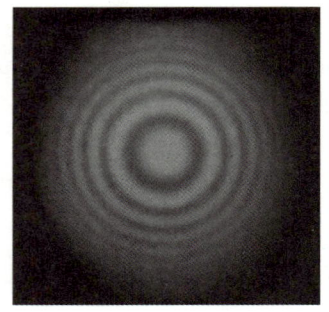

图17.15 等倾干涉条纹

小的条纹的 k 值大,中央环心的级数最大,而半径大的条纹的 k 值小.此外,干涉条纹中间疏、边缘密.因此,等倾干涉条纹是**一组内疏外密的同心圆环,越向内,级数越高**.

另外,薄膜的厚度会对观察干涉条纹产生影响.如果在实验中能使薄膜渐渐变厚,则随着 e 增大,环心条纹的级数 k 也增大,即环心处会不断产生新的条纹.于是将在环心处观察到不断有新的条纹冒出来,所有的干涉圆环都在扩大,因此条纹增多、变密.如果厚度增大到使从薄膜上下表面反射出来的光之间的光程差大于光的相干长度,则干涉条纹将消失.相反的情况是使薄膜的厚度不断减小,则观察到相反的情形,即所有的干涉圆环都在收缩,并不断在环心处消失,因此条纹减少、变疏.在用普通光源观察等倾干涉条纹时,为了获得清晰的干涉条纹,都要求薄膜的厚度很小.

例题17.4 在白光下,观察一层折射率为1.30的薄油膜,观察方向与油膜表面法线成30°角时,可看到油膜呈蓝色(波长为480 nm),试求油膜的最小厚度.如果从法向观察,反射光什么颜色?

解 根据明条纹条件式(17.3.2),反射光第 k 级干涉条纹的光程差为

$$\delta = 2e\sqrt{n_2^2 - n_1^2\sin^2 i} + \frac{\lambda}{2} = k\lambda$$

由此解得油膜的厚度为

$$e = \frac{(2k-1)\lambda}{4\sqrt{n_2^2 - \sin^2 i}} = \frac{(2k-1)\times 4.8\times 10^{-7}}{4\sqrt{1.3^2 - 0.5^2}}\ \text{m} = (2k-1)\times 1.0\times 10^{-7}\ \text{m}$$

当 $k=1$ 时,油膜的厚度最小,由上式有

$$e_{\min} = 1.0\times 10^{-7}\ \text{m}$$

从法向观察时,光线的入射倾角 $i=0$,因此有

$$2n_2 e + \frac{\lambda}{2} = k\lambda$$

由此解得波长

$$\lambda = \frac{4n_2 e}{2k-1} = \frac{4\times 1.30\times 1.0\times 10^{-7}}{2k-1}\ \text{m} = \frac{5.20\times 10^{-7}}{2k-1}\ \text{m}$$

当 $k=1$ 时,$\lambda=5.20\times10^{-7}$ m(绿光);当 $k=2$ 时,$\lambda=1.733\times10^{-7}$ m(紫外线,不可见).故从法向观察,反射光呈绿色.

17.3.3 增透膜和增反膜

在现代光学仪器中,为减少入射光能量在透镜等光学器件的玻璃表面上反射所引起的损失,常在镜面上镀一层厚度均匀的透明薄膜,如氟化镁(MgF_2),其折射率介于空气和玻璃之间.膜的厚度适当时,可使某种波长 λ 的反射光因干涉而减弱,以提高光学器件的透射率,增加透射率的薄膜叫增透膜.

照相机、摄像机的镜头常呈现紫红色,是因为镜片表面镀上了使黄绿光增透的增透膜,以提高感光度.这样反射光中黄绿光的成分减少了,给人以紫红色的视觉,"紫镜头"就是由此得名的.

通过在镜面上依次镀上高折射率和低折射率的薄膜,使之形成多层增透膜,使某一特定波长的单色光能透过滤色片,而其他波长的透射光因干涉而被抵消,这样就制成了透射式的干涉滤色片.

与增透膜相反,如果在镜面上镀的透明薄膜可使某种波长 λ 的反射光因干涉而加强,以提高光学器件对该波长的反射率,这样的薄膜叫增反膜.类似地,也常通过多层镀膜制成增强某一特定波长反射光的高反射膜.

例题 17.5 如图所示,在折射率为 1.50 的平板玻璃表面有一层厚度为 300 nm、折射率为 1.22 的均匀透明油膜.用白光垂直射向油膜.问:(1)哪些波长的可见光在反射光中产生相长干涉?(2)哪些波长的可见光在透射光中产生相长干涉?(3)若要使反射光中 $\lambda=550$ nm 的光产生相消干涉,油膜的最小厚度为多少?

解 利用薄膜干涉条纹式(17.3.2),可以测定薄膜的厚度 e 或光波波长 λ.

(1)因光在油膜上下表面的反射都是从光疏介质向光密介质($n_1<n_2<n_3$)的反射,故在计算光程差时不计半波损失.因垂直入射时 $i=0$,得反射光相长干涉(干涉加强)的条件为

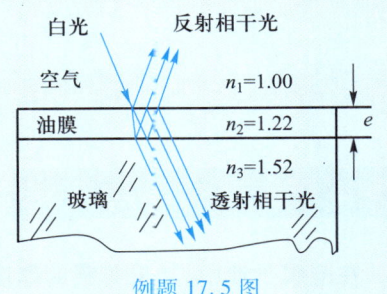

例题 17.5 图

$$\delta=2n_2e=k\lambda$$

若取 $k=0$,则对应于厚度 $e=0$,这是没有意义的,故只能取 $k=1,2,\cdots$.由上式可得

$$\lambda=\frac{2n_2e}{k}$$

$k=1$ 时,$\lambda_1=2\times1.22\times300$ nm$=732$ nm,是红光;$k=2$ 时,$\lambda_2=1.22\times300$ nm$=366$ nm,是不可见光.故反射光中只有 $\lambda_1=732$ nm 的红光产生相长干涉.

(2)第一束透射光没有经历反射,而第二束透射光经历了从光疏介质到光

密介质、再从光密介质到光疏介质的两次反射,故在计算它们之间的光程差时应计入半波损失.透射光的相长干涉条件为

$$\delta = 2n_2 e + \frac{\lambda}{2} = k\lambda$$

即

$$\lambda = \frac{4n_2 e}{2k-1}, \quad k = 1, 2, 3, \cdots$$

$k = 1$ 时,$\lambda_1 = 4n_2 e = 4 \times 1.22 \times 300 \text{ nm} = 1\ 464 \text{ nm}$ 是不可见光;$k = 2$ 时,$\lambda_2 = \frac{\lambda_1}{3} =$ 488 nm 是青光;$k = 3$ 时,$\lambda_3 = \frac{\lambda_1}{5} = 293 \text{ nm}$ 是不可见光.故透射光中只有 $\lambda_2 =$ 488 nm 的青光产生相长干涉.

（3）由反射光相消干涉(干涉减弱)条件

$$\delta = 2n_2 e = (2k+1)\frac{\lambda}{2}$$

即

$$e = \frac{2k+1}{4n_2}\lambda, \quad k = 0, 1, 2, \cdots$$

显而易见,$k = 0$ 时所对应的厚度最小,故使反射光中 $\lambda = 550$ nm 的光产生相消干涉的最小厚度为

$$e_{\min} = \frac{\lambda}{4n_2} = \frac{550}{4 \times 1.22} \text{ nm} = 113 \text{ nm}$$

17.4　薄膜的等厚干涉

在薄膜干涉中,如果薄膜的厚度 e 不均匀,从垂直于膜面的方向观察,且视场角范围很小(即入射倾角 i 几乎都相同且接近于零),从膜上厚度相同的位置反射的光有相同的光程差,它们形成同一级条纹,或者说,一条干涉条纹是由薄膜上厚度相同处所产生的反射光形成的,故称为薄膜等厚干涉(equal thickness interference).等厚干涉的形状由膜的等厚点轨迹所决定.

由于经薄膜上下表面反射的相干光束相交在薄膜附近,因此干涉条纹定域在薄膜附近,实际上它们极靠近薄膜表面,观测系统要调焦至薄膜附近.若用眼直接观察,等厚干涉条纹好像位于薄膜表面上.

将金属丝框在肥皂液中蘸一下,使金属丝框上布满一层肥皂液薄膜,将肥皂液薄膜竖立,由于重力作用形成了上薄下厚的薄膜.当一束单色光照射到肥皂液薄膜

上时,从薄膜的不同厚度处的前后两个表面反射出来的两束反射光发生干涉,从而产生出一系列的等厚干涉条纹.在白光下,则呈现出彩色条纹.图 17.16 是在一个厚度不均匀的薄膜上产生的等厚干涉条纹.每一条纹对应薄膜的一条等厚线,即同一条干涉条纹下的薄膜厚度相等.

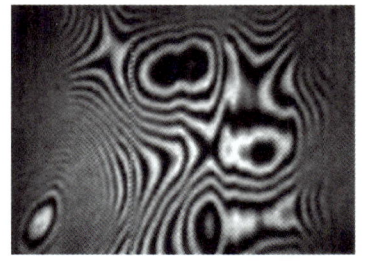

图 17.16　厚度不均匀薄膜的干涉条纹

17.4.1　劈尖干涉

劈尖是指薄膜两表面互不平行,且成很小角度的劈形膜.有两块平板玻璃,其中一块以很小夹角垫起,其间的空气膜就形成空气劈尖(splitter),如图 17.17 所示.

1. 光程差分析

单色平行光垂直照射空气劈尖,光线 a 经劈尖上、下表面反射,形成两条反射光 b 和 c,光线 b 和 c 在表面附近相遇而产生干涉.由于劈尖顶角很小,实际上光线 a,b,c 几乎都垂直于空气劈尖表面,如图 17.18 所示.

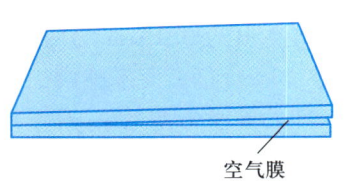

图 17.17　两块玻璃之间的空气劈尖

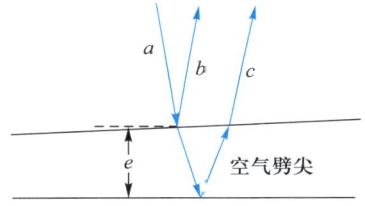

图 17.18　单色平行光的干涉

设空气的折射率为 n(近似为 1),玻璃的折射率大于 1,故从空气劈尖上下表面反射的光 b、c 间存在半波损失,在空气劈尖厚度为 e 的地方,b 和 c 的光程差为

$$\delta = 2ne + \frac{\lambda}{2} \approx 2e + \frac{\lambda}{2}$$

因此空气劈尖干涉明、暗条纹的条件是

$$\delta = 2e + \frac{\lambda}{2} = \begin{cases} k\lambda & ,k=1,2,3,\cdots, \quad 明条纹 \\ (2k+1)\dfrac{\lambda}{2} & ,k=0,1,2,\cdots, \quad 暗条纹 \end{cases} \tag{17.4.1}$$

2. 干涉图样

劈尖干涉条纹产生在劈尖表面附近,同一条干涉条纹对应的空气劈尖厚度 e 都相等,因此劈尖干涉条纹是一系列平行于劈尖棱边的明暗相间的直条纹,即等厚干涉条纹,如图 17.19 所示.

如图 17.20 所示,设劈尖顶角为 θ,由式(17.4.1)易得,相邻明条纹(或暗条纹)对应的空气层厚度差为 $\lambda/2n \approx \lambda/2$.在劈尖表面上任意两相邻明条纹(或暗条纹)之间的距离 l 与相应的空气层厚度差 Δe 满足几何关系:

$$\Delta e = l\sin\theta = \frac{\lambda}{2n} \approx \frac{\lambda}{2}.$$

$$l = \frac{\lambda}{2n\sin\theta} \approx \frac{\lambda}{2\sin\theta}.$$

(17.4.2)

▶ 演示动画:
劈尖干涉

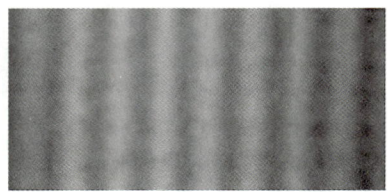

图 17.19 等厚干涉条纹

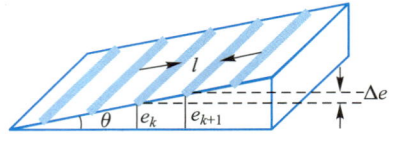

图 17.20 等厚干涉条纹的间距

这就是劈尖干涉条纹的间距与劈尖顶角 θ 的关系. 显然, θ 越小, l 越大, 条纹越疏. θ 越大, l 越小, 条纹越密. θ 大到一定限度, 条纹就不能区分了, 观察不到干涉条纹. 通常要求 $\theta \ll 1$. 特别地, 在劈尖相交的棱边即 $e = 0$ 处, 由于光程差 $\delta = \frac{\lambda}{2}$, 所以实际上观察到的是暗条纹.

3. 劈尖干涉的应用

利用劈尖干涉可以检验光学表面的平整度, 能查出约 $0.1\ \mu m$ 的凹凸缺陷, 还能测量微小角度、细丝的直径或薄片的厚度. 图 17.21(a) 是表面平整的工件的等厚干涉条纹, 图 17.21(b) 是存在极小凹凸不平的工件的等厚干涉条纹. 观测干涉条纹弯曲的情况, 还可判断工件表面是凹痕还是凸痕, 以及痕的深浅.

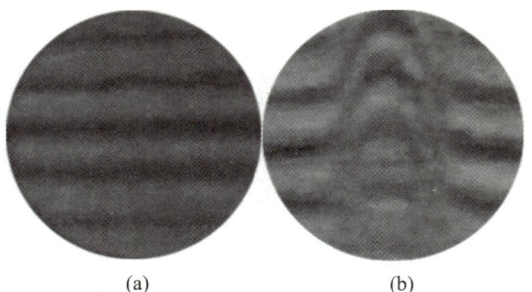

(a)   (b)

图 17.21 用等厚干涉条纹检验表面质量

例题 17.6 在折射率为 2.35 的介质板上涂有一层均匀的透明保护膜, 其折射率为 1.76. 为测出保护膜的厚度, 将其磨成劈尖状, 如图所示. 当用波长为 589 nm 的钠光垂直照射保护膜时, 观察到膜层劈尖部分的全部范围内共有 6 条等厚干涉暗条纹, 其中 A 点处为暗条纹, B 点处为明条纹. 求保护膜的厚度 e_A.

解 膜层劈尖上面的各级干涉条纹对应于不同的厚度, 这里我们利用暗条纹来进行计算. 由 $n_1 < n_2 < n_3$ 知, 从保护膜两表面反射的两束光间不存在相位突变, 因此在计算反射相干光的光程差时不计半波损失. 由于是垂直照射, 故各级暗条纹的光程差为

$$\delta = 2n_2 e = (2k+1)\frac{\lambda}{2}, \quad k = 0,1,2,3,4,5$$

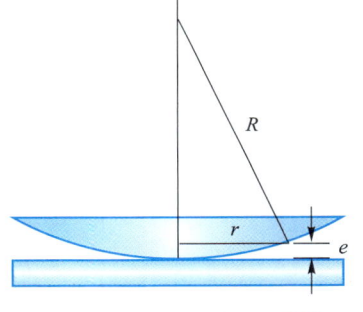

例题 17.6 图

式中，$\lambda = 589$ nm，$n_2 = 1.76$。$k = 0$ 时为第 1 条暗条纹，A 点处的第 6 条暗条纹对应于 $k = 5$，故膜的厚度为

$$e_A = \frac{2k+1}{4n_2}\lambda = \frac{11\lambda}{4n_2} = 920 \text{ nm}$$

或者我们可以直接从图中数出劈尖上有 5.5 个条纹间距，因相邻两条纹间对应的保护膜的厚度差为 $\Delta e = \dfrac{\lambda}{2n_2}$，所以 $e_A = 5.5\Delta e = \dfrac{11\lambda}{4n_2} = 920$ nm.

17.4.2 牛顿环

在一块平板玻璃上放一曲率较小的平凸透镜，在两者之间形成一层平凹球面形的空气薄层，如图 17.22 所示。用平行光垂直入射，平凸透镜凸球面所反射的光和平板玻璃上表面所反射的光发生等厚干涉，干涉条纹是以平板玻璃与平凸透镜的接触点为圆心的一组同心圆环。这就是牛顿环（Newton ring）。

牛顿在 1675 年首先观察到牛顿环并进行了精确的测量，然而他在《光学》中却是用微粒说对其加以解释的。牛顿环本应成为光的波动说的有力证据之一，事实上牛顿在解释牛顿环时已经使用了"等间隔地复原的瞬态结构或状态"这样的周期波动概念，然而由于他偏向微粒说，始终没能正确解释这个现象。

牛顿环干涉条纹的光程差同样用式（17.4.1）分析。在实际观察中常常测量的是牛顿环的半径 r，它与该处空气膜厚度 e 以及凸球面的半径 R 的关系为

$$r^2 = R^2 - (R-e)^2 = 2eR - e^2$$

略去二阶小量 e^2 得

$$e = \frac{r^2}{2R}$$

图 17.22 牛顿环装置的结构

▶ 演示动画：
牛顿环

则在空气薄层厚度为 e 处的反射光间的光程差为

$$\delta = 2e + \frac{\lambda}{2} = \frac{r^2}{R} + \frac{\lambda}{2}$$

由此和式（17.4.1）得到牛顿环的半径为

$$r = \begin{cases} \sqrt{\left(k-\dfrac{1}{2}\right)R\lambda} & ,k = 1,2,3,\cdots, \quad \text{明条纹} \\ \sqrt{kR\lambda} & ,k = 0,1,2,\cdots, \quad \text{暗条纹} \end{cases} \qquad (17.4.3)$$

牛顿环中心($r=0$)是暗环,k越大,暗环的半径越大,即级数高的条纹在外.因暗条纹的半径正比于$\sqrt{k}$,因此k越大,相邻暗环的半径之差越小,所以牛顿环是内疏外密的一系列同心圆环.

由于存在半波损失,牛顿环中心为暗环.图17.23是实际拍摄的牛顿环照片.

在牛顿环实验装置中,从平板玻璃透射出来的光也有干涉,其条纹与反射光的干涉条纹明暗互补.

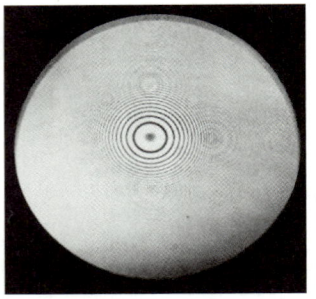

图 17.23 牛顿环照片

例题 17.7 观察牛顿环的装置如图所示.波长 $\lambda=589$ nm 的钠光平行光束,经部分反射部分透射的平面镜 M 反射后,垂直入射到牛顿环装置上.今用读数显微镜 T 观察牛顿环,测得第 k 级暗环半径 $r_k=4.00$ mm,第 $(k+5)$ 级暗环半径 $r_{k+5}=6.00$ mm.求平凸透镜 A 的球面曲率半径 R 及暗环的 k 值.

解 按题意,这是空气薄膜牛顿环,薄膜的折射率 $n=1$,暗环半径为

$$r_k=\sqrt{kR\lambda}, \qquad r_{k+5}=\sqrt{(k+5)R\lambda}$$

消去 k 得

$$R=\frac{r_{k+5}^2-r_k^2}{5\lambda}$$

$$=\frac{(6.00^2-4.00^2)\times10^{-6}}{5\times589\times10^{-9}} \text{ m}=6.79 \text{ m}$$

将此结果代入 $r_k=\sqrt{kR\lambda}$,得

$$k=\frac{r_k^2}{R\lambda}=4$$

即半径为 4.00 mm 的暗环为第 4 级暗环.

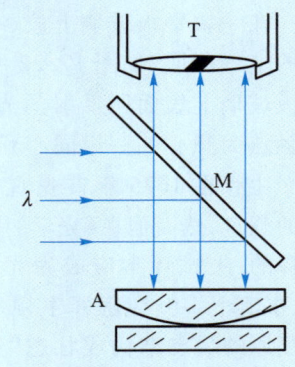

例题 17.7 图

在实验室中,常用牛顿环来测定光波的波长或平凸透镜的曲率半径.在工业上常用牛顿环来检查透镜的加工质量,根据牛顿环的疏密来判断工件与样品的差异.

17.5 迈克耳孙干涉仪

干涉仪(interferometer)是根据光的干涉原理制成的精密仪器,在科学技术中有着广泛的应用.迈克耳孙(A. A. Michelson)干涉仪是应用薄膜干涉原理产生双光束干涉的仪器.

迈克耳孙(1852—1931),美国物理学家,主要从事光学和光谱学方面的研究,

他发明了一种用于测定微小长度、折射率和光波波长的干涉仪（迈克耳孙干涉仪），在研究光谱线方面起着重要的作用.1887年他与美国物理学家莫雷合作,进行了著名的迈克耳孙-莫雷实验,这是一个意义重大的否定性实验,否定了"以太"的存在,为狭义相对论的建立提供了实验佐证.由于发明了精密的光学仪器和利用这些仪器所完成的光谱学和基本度量学研究,迈克耳孙于1907年获诺贝尔物理学奖.

17.5.1　迈克耳孙干涉仪

　　如图17.24所示,（a）是迈克耳孙干涉仪照片,（b）是它的光路图.在迈克耳孙干涉仪中,有两片精密磨光的平面反射镜 M_1 和 M_2.M_1 固定,M_2 可通过精密丝杆前后移动,G_1、G_2 是两块相同的平行玻璃板,但是 G_1 的后表面镀有半透明的薄层银膜,呈半透明,该银膜的作用是将入射光束分成振幅近似相等的透射光和反射光,因此 G_1 称为分光板.G_2 不镀膜,这使从银膜处分开的光束1①同光束2一样两次通过玻璃板,这样光束1和光束2的光程差就和它们在玻璃板中的光程无关了,因此 G_2 称为补偿板①.G_1、G_2 与 M_1、M_2 成45°放置,M_1' 为 M_1 经薄层银面成的像,若 M_1、M_2 严格垂直,则 M_1'、M_2 严格平行.

▶ 演示动画：
迈克耳孙干涉
仪光路

▶ 演示动画：
迈克耳孙等倾
干涉

▶ 演示动画：
迈克耳孙等厚
干涉

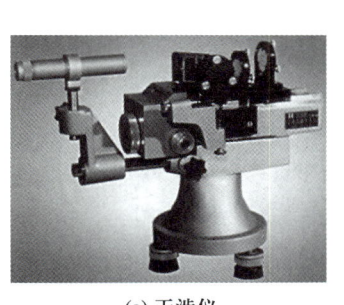 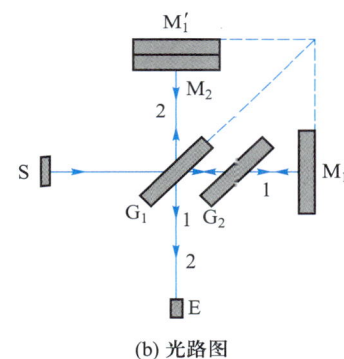
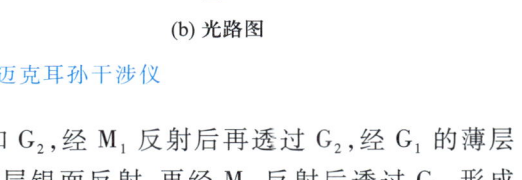

（a）干涉仪　　　　　　　（b）光路图

图 17.24　迈克耳孙干涉仪

　　从光源S发出的光,一路透过 G_1 和 G_2,经 M_1 反射后再透过 G_2,经 G_1 的薄层银面反射形成光束1;另一路经 G_1 的薄层银面反射,再经 M_2 反射后透过 G_1,形成光束2.两束光1、2是相干的,在E处可观察到干涉条纹.

　　当 M_1 与 M_2 严格垂直时,M_1' 与 M_2 严格平行,相当于在 M_1' 和 M_2 之间形成厚度均匀的空气膜,因此可观察到等倾干涉条纹.当 M_1 与 M_2 不严格垂直时,M_1' 与 M_2 不严格平行,相当于在 M_1' 和 M_2 之间形成厚度不均匀的劈形空气膜,因此可观察到等厚干涉条纹.

---

　　①　如果光源发出单色光时,可以不用 G_2,而光束1和光束2因为由 G_1 次数不同引起的光程差可通过移动 M_2 的位置来补偿.但光源发出白光时,玻璃对不同波长的光的折射率不同,不可能通过移动 M_2 来补偿多色光波的光程差,而必须使用补偿板 G_2.

17.5.2 迈克耳孙干涉条纹

下面仅考虑迈克耳孙等倾干涉产生的干涉条纹.M'_1 和 M_2 形成一等厚的空气层,来自 M_2 与 M'_1 的光线 2 和 1 与在空气层两表面上反射的光线相类似.在观察镜 E 处的视场中,可看到同心圆环等倾干涉条纹,如图 17.25 所示.

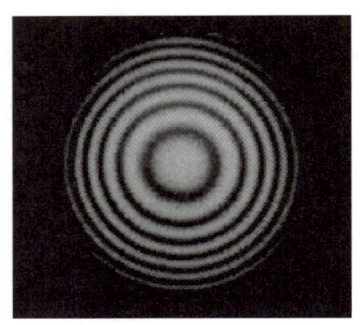

图 17.25 迈克耳孙干涉仪的干涉条纹

▶ 演示动画:
迈克耳孙等倾干涉条纹

移动反射镜 M_2,就能看到干涉条纹不断地从圆环中心生长出来或湮没,当 M'_1 和 M_2 之间的距离变大时,圆环从中心一个个长出,并向外扩张,干涉条纹变密;当 M'_1 和 M_2 之间的距离变小时,圆环一个个向中心缩进,干涉条纹变稀.显然,当 M_2 平移 $\dfrac{\lambda}{2}$ 距离时,光线 1、2 之间的光程差就增加或减小 λ,在观察镜中可看到一条条纹移过视场.

数出视场中条纹移动的数目 N,就可以计算出 M_2 所移动的距离:

$$\Delta d = N \cdot \frac{\lambda}{2} \tag{17.5.1}$$

注意,在迈克耳孙干涉仪中 M_2 所能移动的距离与实验使用的光源有关.普通光源的相干长度只有厘米数量级,例如钠光相干长度为几厘米.因此在用普通光源观察干涉条纹时,两光路的光程差必须小于相干长度,因此如果 M'_1 和 M_2 之间的距离超过这个长度就会观察不到干涉条纹.激光的谱线宽度特别窄,单色性特别好,它的相干长度就特别长,激光相干长度可达几十千米,因此对 M_2 移动的距离没有限制,用普通激光器作为光源就能很容易地观察干涉现象.

例题 17.8 在迈克耳孙干涉仪中,平面反射镜 M_2 移动 0.233 4 mm 的距离时,在视场中可以数出移动了 792 条条纹.求所用的光波波长.

解 平面反射镜 M_2 每移动 $\dfrac{\lambda}{2}$ 的距离,相当于使 M'_1 和 M_2 之间空气膜的厚度改变了 $\dfrac{\lambda}{2}$,相应的光程差改变 λ,视场中就有一条条纹移过.利用式(17.5.1),可算出所用光波的波长为

$$\lambda = \frac{2\Delta d}{N} = \frac{2 \times 0.233\ 4 \times 10^{-3}}{792}\ \text{m} = 5.894 \times 10^{-7}\ \text{m}$$

17.5.3 迈克耳孙干涉仪的应用

当光程差的变化为光波波长的十分之一时,通过肉眼在迈克耳孙干涉仪的观察镜中就能分辨出干涉条纹的移动,因此迈克耳孙干涉仪是一种十分精密的测量仪器.在迈克耳孙干涉仪的两臂中容易插放待测样品,根据插放待测样品前后条纹

的变化,就可高精度地测量样品的厚度、折射率等有关参量.

如果将迈克耳孙干涉仪的光路介质换成光纤,就成为光纤迈克耳孙干涉仪,利用它可以研制干涉型光纤水听器.干涉型光纤水听器是通过探测两路光信号的相位差来得到光纤特性(如折射率)因为压力而发生的变化,进而得到外界声波的信息.如图 17.26 所示,由激光器发出的激光经光纤耦合器分为两路,一路构成光纤干涉仪的信号臂,接受声波的调制,另一路则构成参考臂,不接受声波的调制,接受声波调制的光信号经后端反射膜反射后返回光纤耦合器发生干涉,干涉后的光信号经光电探测器转换为电信号,由信号处理就可以获取作用于光纤的声波信息.在军事上,光纤水听器又称为光纤声呐,它作为一种重要的光纤压力传感器,具有低噪声、灵敏度高、抗电磁干扰能力强、适于远距离传输与组阵等优异特性,具有非常好的军事应用前景.光纤水听器主要用于海洋声学环境中的声传播、噪声、海底声学特性、目标声学特性等探测,是现代海军反潜作战、水下兵器试验、海洋石油勘探和海洋地质调查的先进探测仪器.

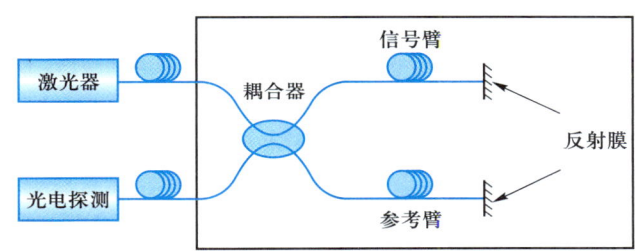

图 17.26 干涉型光纤水听器原理图

在机动载体和军事领域应用十分广泛的光纤陀螺仪,利用的也是激光在两路光纤中产生相位差发生干涉,从而检测飞机、导弹等飞行体相对惯性空间的旋转角速度.

在光谱学中,应用精确度极高的近代干涉仪可以精确地测定光谱线的波长及其精细结构;在天文学中,利用特种天体干涉仪还可测定远距离星体的直径以及检查透镜和棱镜的光学质量等.

迈克耳孙用他的干涉仪测量过保存在巴黎的米原器的长度,他测得

$$1 \text{ m} = 1\ 553\ 163.5\lambda_{镉红光}$$

后来发现 ^{86}Kr(氪)的橙色谱线比镉(Cd)的红色谱线更为精细.1960 年 10 月在巴黎召开的第 11 届国际计量大会决定:$1 \text{ m} = 1\ 650\ 763.73\lambda_{氪橙光}$.

当真空中光速 c 以单位 m·s^{-1} 表示时,将其固定数值取为 299 792 458 来定义米,其中秒用 $\Delta\nu_{Cs}$ 定义.

引力波是爱因斯坦广义相对论预言的一种时空波动,目前还没有证明引力波存在的直接证据.激光干涉引力波天文台(LIGO)是利用迈克耳孙干涉仪原理来检测超新星爆发、致密星的合并等天体物理过程中产生的引力波的超级精密装置.2015 年 LIGO 捕捉到来自 13 亿光年之外的两个黑洞剧烈合并产生的引力波信号,

这是人类首次探测到的引力波信号,它引起的时空扰动,仅为一个原子核大小的上千分之一.

内容提要

1. 光程　光的相干性

光程:在数值上等于在相同的时间内光在真空中所通过的路程.

光波的相干条件:光矢量的振动方向相同,频率相同,相位差恒定.满足相干条件的光是相干光.

从普通光源获得相干光的方法有分割波阵面法和分割振幅法.

2. 杨氏双缝干涉

干涉明条纹:

$$x = \pm k \frac{D\lambda}{d}, \quad k = 0, 1, 2, \cdots$$

干涉暗条纹:

$$x = \pm \left(k - \frac{1}{2} \right) \frac{D\lambda}{d}, \quad k = 1, 2, 3, \cdots$$

杨氏双缝干涉条纹是等距离分布的平行于狭缝的明暗相间的直线.

3. 薄膜的等倾干涉

入射光经过薄膜上下两表面的不断反射和折射,形成一系列平行的反射光和平行的透射光,它们都是相干光.

反射光的干涉明条纹:$2e\sqrt{n_2^2 - n_1^2 \sin^2 i} + \dfrac{\lambda}{2} = k\lambda, \quad k = 1, 2, 3, \cdots$

对于厚度均匀的薄膜,同一倾角的入射光形成等倾干涉条纹,它们是一系列明暗相间的同心圆环.

增透膜和增反膜:在镜面上镀一层厚度均匀的透明薄膜,使某种波长的透射光因干涉而加强的薄膜是增透膜;使某种波长的反射光因干涉而加强的薄膜是增反膜.

4. 薄膜的等厚干涉

薄膜的厚度不均匀,膜的等厚点轨迹决定等厚干涉条纹的形状.

劈尖干涉明、暗条纹的条件:

$$\delta = 2ne + \frac{\lambda}{2} = \begin{cases} k\lambda, & k = 1, 2, 3, \cdots, \quad 明条纹 \\ (2k+1)\dfrac{\lambda}{2}, & k = 0, 1, 2, \cdots, \quad 暗条纹 \end{cases}$$

劈尖干涉条纹是一系列平行于劈尖棱边的明暗相间的直条纹.

牛顿环的半径:

$$r = \begin{cases} \sqrt{\left(k - \dfrac{1}{2} \right) R\lambda}, & k = 1, 2, 3, \cdots, \quad 明条纹 \\ \sqrt{kR\lambda}, & k = 0, 1, 2, \cdots, \quad 暗条纹 \end{cases}$$

牛顿环是内疏外密的一系列同心圆环,中心为暗环,级数高的条纹半径大.

5. 迈克耳孙干涉仪

条纹移动的数目 N 与可移动反射镜所移动的距离的关系：$\Delta d = N \dfrac{\lambda}{2}$.

习题

一、选择题

1. 在真空中波长为 λ 的单色光，在折射率为 n 的均匀透明介质中从 A 点沿某一路径传播到 B 点，若 A、B 两点的相位差为 3π，则路径 AB 的长度为　　　　（　　）

A. 1.5λ　　　　B. $1.5n\lambda$　　　　C. 3λ　　　　D. $\dfrac{1.5\lambda}{n}$

2. 在杨氏双缝实验中，若两缝之间的距离稍微加大，其他条件不变，则干涉条纹将　　　　　　　　　　　　　　　　　　　　　　　　　　　　（　　）

A. 变密　　　　B. 变稀　　　　C. 不变　　　　D. 消失

3. 在空气中做双缝干涉实验，屏幕 E 上的 P 点处是明条纹. 若将缝 S_2 盖住，并在 S_1、S_2 连线的垂直平分面上放一平面反射镜 M，其他条件不变，如图所示，则此时　　　　　　　　　　　　　　　　　　　　　　　　　　　　（　　）

A. P 处仍为明条纹

B. P 处为暗条纹

C. P 处位于明、暗条纹之间

D. 屏幕 E 上无干涉条纹

选择题 3 图

4. 在薄膜干涉实验中，观察到反射光的等倾干涉条纹的中心是亮斑，则此时透射光的等倾干涉条纹中心是　　　　　　　　　　　　　　　　　　　　　　　　　　　　（　　）

A. 亮斑　　　　　　　　　　　　B. 暗斑

C. 可能是亮斑，也可能是暗斑　　　D. 无法确定

5. 一束波长为 λ 的单色光由空气垂直入射到折射率为 n 的透明薄膜上，透明薄膜放在空气中，要使反射光得到干涉加强，则薄膜最小的厚度为　　　（　　）

A. $\dfrac{\lambda}{4}$　　　　B. $\dfrac{\lambda}{4n}$　　　　C. $\dfrac{\lambda}{2}$　　　　D. $\dfrac{\lambda}{2n}$

6. 在折射率为 $n' = 1.60$ 的玻璃表面上涂以折射率 $n = 1.38$ 的 MgF_2 透明薄膜，可以减少光的反射. 当波长为 500.0 nm 的单色光垂直入射时，为了实现最小反射，此透明薄膜的最小厚度为　　　　　　　　　　　　　　　　　　　　　　（　　）

A. 5.0 nm　　　　B. 30.0 nm　　　　C. 90.6 nm　　　　D. 250.0 nm

7. 用波长为 λ 的单色光垂直照射空气劈尖，观察等厚干涉条纹. 当劈尖角增大时，观察到的干涉条纹的间距将　　　　　　　　　　　　　　　　　（　　）

A. 增大　　　　B. 减小　　　　C. 不变　　　　D. 无法确定

8. 在牛顿环装置中,将平凸透镜慢慢地向上平移,由反射光形成的牛顿环将

A. 向外扩张,环心呈明暗交替变化　　　B. 向外扩张,条纹间隔变大 （　　）

C. 向中心收缩,环心呈明暗交替变化　　D. 向中心收缩,条纹间隔变小

9. 用波长为 λ 的单色平行光垂直照射牛顿环装置,观察从空气膜上下两表面反射的光形成的牛顿环. 第 4 级暗条纹对应的空气膜厚度为 （　　）

A. 4λ　　　　　　B. 2λ　　　　　　C. 4.5λ　　　　　　D. 2.25λ

10. 在迈克耳孙干涉仪的一支光路中,放入一片折射率为 n 的透明薄膜后,测出两束光的光程差的改变量为一个波长 λ,则薄膜的厚度是 （　　）

A. $\dfrac{\lambda}{2}$　　　　B. $\dfrac{\lambda}{2n}$　　　　C. $\dfrac{\lambda}{n}$　　　　D. $\dfrac{\lambda}{2(n-1)}$

二、填空题

1. 在双缝干涉实验中,若使两缝之间的距离增大,则屏幕上干涉条纹间距_____,若使单色光波长减小,则干涉条纹间距_____.

2. 如图所示,在双缝干涉实验中若把一厚度为 e、折射率为 n 的薄云母片,覆盖在 S_1 缝上,中央明条纹将向_____移动. 覆盖云母片后,两束相干光到达原中央明条纹 O 处的光程差为_____.

3. 在双缝干涉实验中,中央明条纹的光强度为 I_0,若遮住一条缝,则原中央明条纹处的光强度变为_____.

4. 如图所示,在双缝干涉实验中,光源 S 到双缝 S_1 和 S_2 的距离相等,用波长为 λ 的光照射双缝 S_1 和 S_2,通过空气后在屏幕 E 上形成干涉条纹,已知 P 点处为第 3 级明条纹,则 S_1 和 S_2 到 P 点的光程差为_____;若将整个装置放于某种透明液体中,P 点为第 4 级明条纹,则该液体的折射率 n =_____.

填空题 2 图　　　　　　　　填空题 4 图

5. 如图所示,当单色光垂直入射薄膜时,经上下两表面反射的两束光发生干涉. 当 $n_1 < n_2 < n_3$ 时,其光程差为_____;当 $n_1 = n_3 < n_2$ 时,其光程差为_____.

6. 用波长为 λ 的单色光垂直照射如图所示的劈尖膜($n_1 > n_2 > n_3$),观察反射光的干涉,劈尖膜尖顶处为_____条纹,从劈尖膜尖顶算起,第 2 条明条纹中心所对应的厚度为_____.

7. 单色光垂直照射在劈尖上,产生等厚干涉条纹,为了使条纹的间距变小,可采用的方法是:使劈尖角_____,或改用波长较_____的光源.

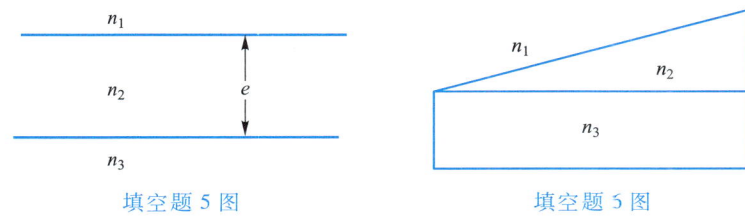

填空题 5 图　　　　　　　　填空题 5 图

8. 某一牛顿环装置都是用折射率为 1.52 的玻璃制成的,若把它从空气中搬入水中,用同一单色光做实验,则干涉条纹的间距_____,其中心是_____斑.

9. 用迈克耳孙干涉仪测反射镜的位移,若入射光波长 $\lambda = 628.9$ nm,当移动活动反射镜时,干涉条纹移动了 2 048 条,反射镜移动的距离为_____.

三、计算题

1. 在双缝干涉实验中,若缝间距为所用光波波长的 1 000 倍,观察屏与双缝相距 50 cm,求相邻明条纹的间距.

2. 在图示的双缝干涉实验中,若用折射率为 $n_1 = 1.4$ 的薄玻璃片覆盖缝 S_1,用同样厚度但折射率为 $n_2 = 1.7$ 的玻璃片覆盖缝 S_2,将使屏上原中央明条纹所在处 O 变为第 5 级明条纹,设单色光波长 $\lambda = 480.0$ nm,求玻璃片厚度 d(可认为光线垂直穿过玻璃片).

3. 在双缝干涉实验中,两缝之间的距离 $d = 0.5$ mm,缝到屏的距离 $D = 25$ cm,若先后用波长为 400 nm 和 600 nm 两种单色光入射,问:(1)两种单色光产生的干涉条纹间距各是多少?(2)两种单色光的干涉条纹第一次重叠处与屏中心的距离为多少? 各是第几级条纹?

4. 如图所示,用白光垂直照射厚度 $e = 400$ nm 的薄膜,若薄膜折射率 $n_2 = 1.4$,且 $n_1 > n_2 > n_3$,则反射光中哪些波长的可见光得到加强?

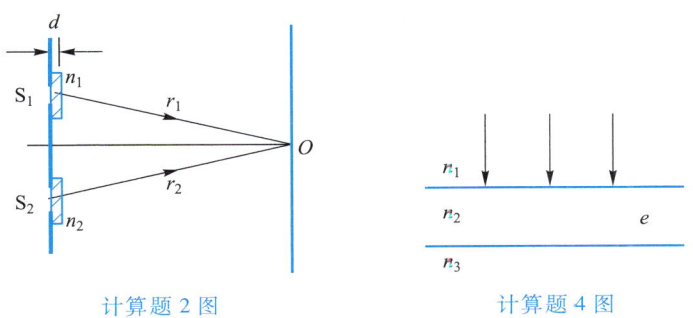

计算题 2 图　　　　　　　　计算题 4 图

5. 一片玻璃($n = 1.5$)表面附有一层油膜($n = 1.32$),今用一波长连续可调的单色光束垂直照射油面.当波长为 485 nm 时,反射光干涉相消.当波长增大为 679 nm 时,反射光再次干涉相消.求油膜的厚度.

6. 在折射率 $n = 1.52$ 的镜头表面涂一层折射率 $n_2 = 1.38$ 的 MgF_2 增透膜.如果此膜适用于波长 $\lambda = 550$ nm 的光,那么膜的最小厚度应是多少?

7. 用波长为 λ_1 的单色光照射空气劈尖,从反射光干涉条纹中观察到劈尖装置

的 A 点处为暗条纹,若连续改变入射光波长,直到波长变为 $\lambda_2(\lambda_2>\lambda_1)$ 时,A 点再次变为暗条纹,求 A 点处的空气薄膜厚度.

8. 如图所示,利用空气劈尖测细丝直径,观察到劈尖表面上 30 条明条纹间的距离为 4.295 mm,已知单色光的波长 $\lambda = 589.3$ nm,$L = 28.88\times10^{-3}$ m,求细丝直径 d.

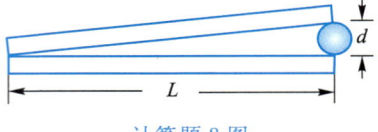

计算题 8 图

9. 用单色光观察牛顿环,测得某一明环直径为 3.00 mm,它外面第 5 个明环的直径为 4.60 mm,平凸透镜的曲率半径为 1.03 m,求此单色光的波长.

10. 在牛顿环实验中,当透镜和玻璃之间充以某种液体时,第 10 个明环的直径由 1.40×10^{-2} m 变为 1.27×10^{-2} m.试求这种液体的折射率.

11. 折射率为 n、厚度为 d 的薄玻璃片放在迈克耳孙干涉仪的一臂上,问两光路光程差的改变量是多少?

习题参考答案

第十八章

··· 光 的 衍 射

衍射和干涉一样,也是波动的重要特征.从理论上分析,干涉和衍射都是光波发生相干叠加的结果,通常在实验中既有干涉现象又有衍射现象,它们之间并没有严格的区别,只是衍射的理论计算较为复杂一些.本章以惠更斯-菲涅耳原理为基础,介绍光的衍射,重点介绍单缝衍射和光栅衍射的特点和规律,并简要介绍圆孔衍射、光学仪器的分辨本领和 X 射线衍射.

> **你知道吗?**
>
> 当你眯着眼睛看远处一盏发光的灯时,可以看到光源周围有辐射形光芒;在晚间距离汽车较远时你看到汽车只亮了一盏前灯,当汽车逐渐靠近时你才能分辨出是亮了两盏前灯;如果将一张光盘举到离眼睛较近的地方,从侧面看它常常会看到一些美丽的彩色花纹.哈勃空间望远镜为什么能拍摄到宇宙最纵深景观的高清晰照片?决定侦察卫星的地面分辨率的主要因素是什么?壮观的雷达阵列为什么可以大大提高观测精度?相控阵雷达所依据的基本光学原理是什么?在本章你将找到这些与衍射有关的问题的答案.

18.1 光的衍射现象 惠更斯-菲涅耳原理

18.1.1 光的衍射现象

与机械波的衍射现象类似,光波在传播过程中遇到障碍物,会偏离直线传播而进入阴影区域,光强重新分布,这种现象称为光的**衍射**(diffraction)现象.衍射现象是否显著,取决于障碍物的线度与光的波长的相对比值,只有当障碍物的线度减小到与光的波长可比拟时,衍射现象才明显.

图 18.1 是平行光入射到狭窄的单缝(左)和小圆孔(右)时产生的衍射图样照片.

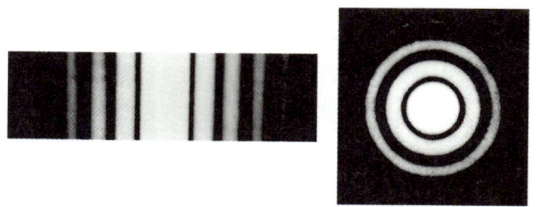

图 18.1 单缝和圆孔的衍射图样

18.1.2 惠更斯-菲涅耳原理

惠更斯原理指出,波阵面上各点都可视为子波波源.利用惠更斯原理,可以定性地从某时刻的已知波阵面位置求出下一时刻的波阵面位置.但惠更斯原理的子波假设不涉及子波的强度和相位,因而无法解释衍射图样中的光强分布.

菲涅耳(A. J. Fresnel)在惠更斯的子波假设基础上,提出了子波相干叠加的思想,从而建立了反映光的衍射规律的惠更斯–菲涅耳原理.这个原理指出:波阵面前方空间某点处的光振动取决于到达该点的所有子波的相干叠加.

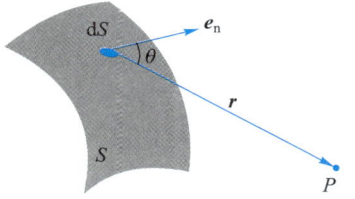

图 18.2　惠更斯–菲涅耳原理

如图 18.2 所示,某时刻的波阵面 S 可分割为无限多个面元,每个面元 $\mathrm{d}S$ 都是一个子波波源,各子波波源发射的子波传播到 P 点时,在 P 点产生光振动 $\mathrm{d}E(P)$,光振动的振幅正比于面元的面积 $\mathrm{d}S$,反比于距离 r,且与 r 和 $\mathrm{d}S$ 的法线方向 e_n 之间的夹角 θ 有关,θ 越大,P 处振幅越小,当 $\theta \geqslant \dfrac{\pi}{2}$ 时,振幅为零,这表明子波不能向后传播.至于子波传播到 P 点处的光振动的相位,则由从 $\mathrm{d}S$ 到 P 点的光程决定.面元 $\mathrm{d}S$ 在 P 点产生的光振动可表示为

$$\mathrm{d}E(P) = C \cdot F(\theta) \cos\left[\omega t - \frac{2\pi r}{\lambda} + \varphi_0(\mathrm{d}S)\right]\frac{\mathrm{d}S}{r}$$

式中,C 是比例常量,$F(\theta)$ 是随 θ 增大而缓慢减小的倾斜因子.S 面上所有面元发出的子波在该点的相干叠加可由菲涅耳积分公式得到:

$$
\begin{aligned}
E(P) &= \int_S \mathrm{d}E(P) \\
&= C \int_S F(\theta) \cos\left[\omega t - \frac{2\pi r}{\lambda} + \varphi_0(\mathrm{d}S)\right]\frac{\mathrm{d}S}{r}
\end{aligned}
$$

(18.1.1)

利用菲涅耳积分,原则上能计算不同形状波阵面的衍射问题,但计算较为复杂.对单缝衍射等情形,可以在对上式进行适当简化后计算衍射的光强分布.

尽管双缝干涉实验是光的波动说的重要里程碑,然而却受到了猛烈压制.菲涅耳开始并不知道十多年前托马斯·杨已经取得的成就,他于 1814 年独立发现了干涉原理,随后用子波相干叠加思想把惠更斯原理发展为惠更斯–菲涅耳原理.惠更斯–菲涅耳原理是波动光学的基本原理,它能圆满解释光的反射、折射、干涉和衍射等现象.泊松曾把菲涅耳衍射理论应用到圆盘衍射中,计算发现在圆盘影子中心会出现一个"十分荒谬"的亮斑("泊松亮斑"),然而阿拉戈通过实验证实在影子中心的确出现了一个亮斑."泊松亮斑"并不荒谬,从此光的波动说得到初步确立.

拓展阅读:
泊松亮斑

18.1.3　衍射的分类

根据光源和观察屏与障碍物的距离,可将光的衍射分为菲涅耳衍射和夫琅禾费衍射两类.

(1)菲涅耳衍射

当障碍物(衍射孔)与光源、障碍物与观察屏之间的距离其中之一为有限远时,所发生的衍射称为菲涅耳衍射(Fresnel diffraction),如图 18.3 所示.

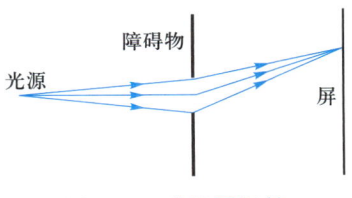

图 18.3　菲涅耳衍射

（2）夫琅禾费衍射

当障碍物（衍射孔）与光源、障碍物与观察屏之间的距离均为无限远时,所发生的衍射称为夫琅禾费衍射(Fraunhofer diffraction),这类衍射的特点是使用平行光,如图 18.4(a)所示,为压缩空间距离可以使用透镜,将入射到衍射孔以及从衍射孔出射的光线变成平行光并会聚到屏上,以实现夫琅禾费衍射,如图 18.4(b)所示.

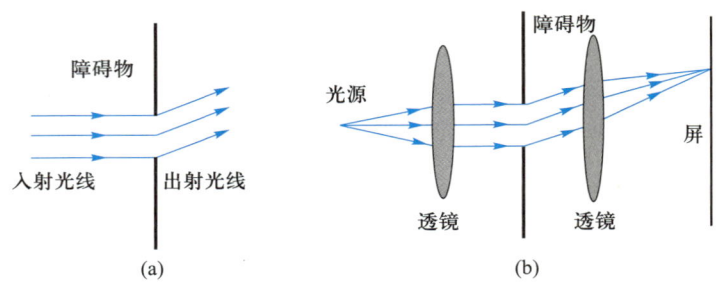

图 18.4　夫琅禾费衍射

18.2　单缝衍射

18.2.1　夫琅禾费单缝衍射

演示程序：
夫琅禾费单缝
衍射

如果一个矩形孔的宽度 a 远小于其长度,这样的矩形孔就是单缝.夫琅禾费单缝衍射的实验装置示意图及衍射图样如图 18.5 所示,单色平行光垂直入射到单缝上,从单缝出射的光可以看成是由一系列传播方向不同的平行光束组成的.衍射光线和缝面法线的夹角称为衍射角,图中只画出了一组衍射角为 θ 的衍射平行光束.而每组这样的平行光束,都是由缝面上各面元发出的向同一

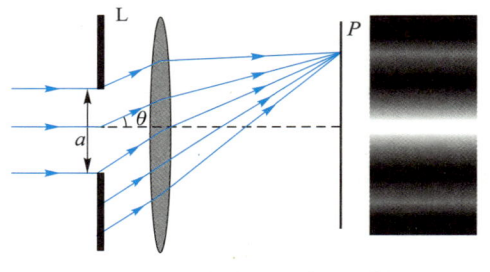

图 18.5　夫琅禾费单缝衍射

方向传播的光组成,它们被单缝后的透镜会聚到位于透镜焦平面处的屏上,在屏上可以观察到一组平行于单缝的明暗相间的衍射条纹.屏幕中心为中央明条纹,两侧是对称分布的其他明条纹,中央明条纹亮度很大,其宽度为两边明条纹的两倍,两边明条纹亮度很弱,且离中央明条纹越远,亮度越弱.

18.2.2　菲涅耳半波带法

下面用菲涅耳半波带法来解释夫琅禾费单缝衍射现象.平行光垂直入射到单缝,故单缝缝面与入射光的波阵面平行,根据惠更斯-菲涅耳原理,单缝缝面上每一个面元都是子波波源,它们向外发出球面子波,沿各方向传播,形成衍射光线.

如图 18.6 所示,先考察衍射角 $\theta = 0$ 的一束平行光,由于这组平行光从单缝出发时相位相同,而透镜又不产生附加光程差,因此它们经透镜后同相位地到达 P_0 点,在 P_0 点干涉加强,光强最大,这是单缝衍射的中央明条纹.

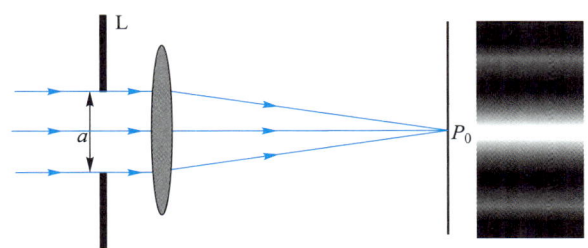

图 18.6　单缝衍射的中央明条纹

如图 18.7 所示,进一步考察衍射角 θ 不为零的一束平行光,它们经透镜会聚于屏上 P_1 点. 作 $AC \perp BC$,即从 AC 面起到 P_1 点不产生附加的相位差,从 AC 面上各点到达 P_1 点的光程都相等. 因此,从缝面 AB 上发出的这束平行光到达 P_1 点的光程差仅取决于它们从 AB 面到 AC 面时的光程差. 从缝面 AB 上 A、B 两处子波波源发出的光线到达 P_1 点的光程差最大,等于 $|BC|$,

$$|BC| = a\sin\theta$$

如果衍射角 θ 满足

$$|BC| = a\sin\theta = \lambda = 2 \cdot \frac{\lambda}{2}$$

即 $|BC|$ 等于半波长的 2 倍,我们就可以用相距为半个波长的平行于 AC 的平面,将缝面 AB 划分为 2 个条带 AA_1、A_1B,这样的条带称为菲涅耳半波带(Fresnel-zone half band). 显然,从相邻两个半波带上的任意两个对应点,例如它们的顶点 A、A_1,发出的平行光线到达 P_1 点的光程差都是 $\frac{\lambda}{2}$,即相位差为 π,因此它们将因相互干涉而抵消. 由此可见,从相邻两个半波带上发出的平行衍射光到达 P_1 点的光振动将干涉相消,在 P_1 点处形成暗条纹,这是第 1 级暗条纹.

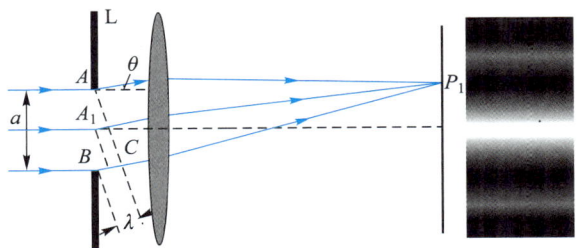

图 18.7　单缝衍射的第 1 级暗条纹

一般地,如果某个衍射角 θ 正好能使 $|BC|$ 等于半波长的偶数倍,即**缝面 AB 正好能被划分为偶数个半波带**,则同上面的分析,各个相邻半波带的衍射光成对干涉相消,因此在 P 点出现暗条纹. 这样就得到出现单缝衍射暗条纹的条件:

$$a\sin\theta = \pm 2k\frac{\lambda}{2} = \pm k\lambda, \quad k = 1,2,3,\cdots \tag{18.2.1}$$

式中,k 为暗条纹的级数.

下面分析除中央明条纹以外的其他明条纹.明条纹的位置也就是光强极大值的位置,在单缝衍射中除中央明条纹以外的其他各级明条纹亮度很弱且宽度较窄,它们的精确位置实际上是不易分辨的,因此我们完全可以合理地将两相邻暗条纹的中间位置近似视为明条纹的位置.这样就可以由暗条纹的条件式(18.2.1)求出衍射的明条纹条件.

第 k 级明条纹位于第 k 级暗条纹和第 $(k+1)$ 级暗条纹中间,根据式(18.2.1),第 k 级明条纹的衍射角 θ_k 可近似由下式确定:

$$a\sin\theta_k = \frac{k\lambda + (k+1)\lambda}{2} = (2k+1)\frac{\lambda}{2}$$

当衍射角 θ 较小时,条纹在屏上的位置 $x = f\tan\theta \approx f\sin\theta \approx f\theta$,容易证明:此时按上式确定的第 k 级明条纹位于第 k 级和第 $(k+1)$ 级暗条纹的正中间.

上式表明,第 k 级明条纹的衍射角 θ_k 正好能使 $|BC|$ 等于半波长的奇数倍,即**缝面 AB 正好能被划分为奇数个半波带.**这就是出现单缝衍射明条纹的条件:

$$a\sin\theta = \pm(2k+1)\frac{\lambda}{2}, \quad k = 1,2,3,\cdots \tag{18.2.2}$$

式中,k 为明条纹的级数.注意:k 的最小取值为 1.

如果某个衍射角 θ 不能使 $|BC|$ 等于半波长的整数倍,即缝面 AB 不能被划分为整数个半波带,那么以衍射角 θ 出射的平行光束经透镜会聚在屏上时,其光强介于明条纹和暗条纹之间.

18.2.3 衍射图样

1. 用菲涅耳半波带法分析

用菲涅耳半波带法可以说明单缝衍射的光强分布特征.中央明条纹是单缝上所有子波在屏上干涉加强形成的,因此它的光强最大.式(18.2.1)和式(18.2.2)中 $2k$ 和 $(2k+1)$ 是缝面被分成的半波带的数目,正负号表示各级明暗条纹对称分布在中央明条纹两侧.

再来分析明暗条纹的间距.一般将屏幕中央两侧第 1 级暗条纹之间的区域都看成零级(或中央)明条纹的范围,因此它的衍射角范围由下式确定:

$$-\lambda < a\sin\theta < \lambda$$

显然中央明条纹对应的半角宽度(half-angular breadth)$\Delta\theta_0$ 就是第 1 级暗条纹对应的衍射角 θ_1.由于 θ_1 通常很小,所以有

$$\Delta\theta_0 = \theta_1 \approx \sin\theta_1 = \frac{\lambda}{a} \tag{18.2.3}$$

而中央明条纹的角宽度为 $2\theta_1 = \dfrac{2\lambda}{a}$.

透镜一般紧靠单缝后放置,观察屏位于透镜的焦平面上,因此缝与屏之间的距离近似等于透镜的焦距 f. 根据上式可以得到中央明条纹在屏上的线宽度:

$$\Delta x_0 = 2f\tan\theta_0 \approx 2f\frac{\lambda}{a} \qquad (18.2.4)$$

通过类似的分析不难发现,其他各级明条纹的角宽度和线宽度均为中央明条纹宽度的一半.

在单缝衍射实验中,衍射图样还具有以下特点:缝越窄,条纹分散得越开,衍射现象越明显;反之,条纹向中央靠拢.衍射条纹宽度随波长的减小而变窄.这些都可以利用式(18.2.3)和式(18.2.4)加以解释.

如果用白光作为光源,各个波长的中央明条纹都在同一位置,故中央明条纹仍然为白色.由于其他各级明条纹的衍射角与波长有关,故两侧各级明条纹都为彩色条纹.在两侧某一级彩色条纹中,各种单色光的条纹将按波长排列,衍射角最小的是紫色条纹,最大的是红色条纹,形成按照内紫外红分布的衍射光谱.

演示程序:
白光单缝衍射

例题 18.1 单色平行可见光垂直照射到缝宽为 $a = 0.5$ mm 的单缝上,在缝后放一焦距为 $f = 100$ cm 的透镜,则在位于焦平面的观察屏上形成衍射条纹.已知在屏上离中央明条纹中心 1.5 mm 处的 P 点为明条纹,求:(1)入射光的波长;(2)该点的明条纹级数和对应的衍射角,以及此时单缝波面可分出的半波带数;(3)中央明条纹的宽度.

解 (1)根据衍射装置上的几何关系,P 点明条纹的衍射角 θ 可以近似由下式求出:

$$\tan\theta = \frac{x}{f} = \frac{1.5}{1\,000} = 1.5 \times 10^{-3}$$

由上式可知 θ 角很小,因而有 $\tan\theta \approx \sin\theta \approx \theta$,由出现明条纹的条件式(18.2.2)可得

$$\lambda = \frac{2a\sin\theta}{2k+1} \approx \frac{2a\tan\theta}{2k+1}$$

取不同的 k 值代入上式计算得

$$k = 1 \text{ 时},\lambda_1 = 500 \text{ nm}; \quad k = 2 \text{ 时},\lambda_2 = 300 \text{ nm}$$

λ_2 为不可见光,所以入射光波长为 500 nm.

(2)因 $k = 1$,故 P 点明条纹为第 1 级明条纹,其衍射角为

$$\theta \approx \sin\theta = \frac{3\lambda}{2a} = 1.5 \times 10^{-3} \text{ rad} = 5.2'$$

与明条纹对应的半波带数为 $(2k+1)$,故半波带数为 3.

(3)中央明纹宽度

$$\Delta x_0 = 2f\frac{\lambda}{a} = 2 \times 1\,000 \times \frac{5 \times 10^{-4}}{0.5} \text{ mm} = 2 \text{ mm}$$

*2. 用菲涅耳积分法分析

用菲涅耳积分式(18.1.1),可以较为精确地计算出单缝衍射的光强分布.下面仅给出计算结果.

屏幕上任一点 P 的光强为

$$I = I_0 \left(\frac{\sin u}{u} \right)^2 \qquad (18.2.5)$$

式中,I_0 是中央明条纹中心处的光强,$u = \frac{\pi a \sin\theta}{\lambda}$.从式(18.2.5)可以求出单缝衍射明暗条纹的位置.暗条纹的光强 I 为零,由此得到暗条纹中心位置满足的条件:

$$u = \frac{\pi a \sin\theta}{\lambda} = \pm\pi, \pm 2\pi, \pm 3\pi, \cdots \qquad (18.2.6)$$

上式就是式(18.2.1),表明与用菲涅耳半波带法所得的结果相同.

明条纹即光强极大的地方,应满足下面的极值条件:

$$\frac{\mathrm{d}I}{\mathrm{d}u} = I_0 \frac{\mathrm{d}}{\mathrm{d}u} \left(\frac{\sin^2 u}{u^2} \right) = 0$$

解上面的方程得到

$$\tan u = u$$

这是一个数学超越方程,可以用数值法近似求解或用作图法求解.若用作图法解此方程,其解就是两曲线 $y = u$ 和 $y = \tan u$ 的交点所对应的横坐标:

$$u = 0, \pm 1.43\pi, \pm 2.46\pi, \pm 3.47\pi, \cdots \qquad (18.2.7)$$

演示程序:夫琅禾费单缝衍射的光强

可以看出:除零级明条纹外,其他明条纹中心位置与半波带法结果式(18.2.2)略有不同.

根据式(18.2.5)和式(18.2.7)求出前几级明条纹的光强之比为

$I_0 : I_1 : I_2 : I_3 = 1 : 0.0472 : 0.0165 : 0.0083$

可见单缝衍射光能量集中在中央(零级)明条纹处.图18.8所示的曲线是单缝衍射的光强随衍射角的分布.

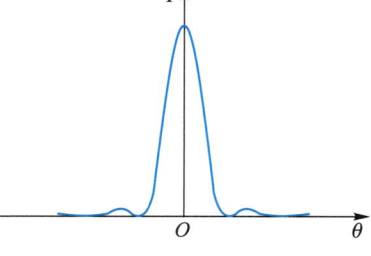

图 18.8 夫琅禾费单缝衍射的光强

18.3 圆孔衍射

18.3.1 夫琅禾费圆孔衍射

演示程序:圆孔衍射

将夫琅禾费单缝衍射实验中的狭缝换成小圆孔(aperture),在观察屏上可看到一些明暗相间的同心圆环衍射条纹.夫琅禾费圆孔衍射的实验装置及衍射图样如图18.9所示.

在圆孔衍射图样中,圆环中心的亮斑最亮,此亮斑称为艾里斑(Airy disk),它集中了约 84% 的衍射光能. 第一暗环对应的衍射角 θ_1 称为艾里斑的半角宽度,$2\theta_1$ 是艾里斑对透镜光心的张角. 理论计算表明

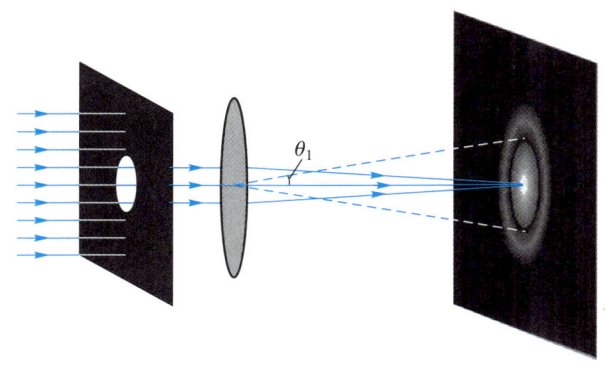

图 18.9 夫琅禾费圆孔衍射

$$\theta_1 \approx \sin \theta_1 = 1.22 \frac{\lambda}{D} \tag{18.3.1}$$

式中 D 为圆孔的直径. 若 f 为透镜的焦距,则艾里斑的直径 d 为

$$d = f \cdot 2\theta_1 \approx 2.44 \frac{\lambda}{D} f \tag{18.3.2}$$

18.3.2 光学仪器的分辨本领

因为大多数光学仪器所用透镜的边缘都是圆形的,因此透镜就相当于一个通光小圆孔. 由于圆孔的夫琅禾费衍射,一个物点通过光学仪器成像时,像点已不再是一个几何点,而是一个中心光斑(艾里斑)和周围明暗相间的同心圆环. 由于衍射光强集中在中央(零级)明条纹处,因此物点的像就可以视为有一定大小的艾里斑. 由此可见,物体(光源)所发出的光经过小圆孔并不聚焦成几何像,而是产生一个衍射图样,其主要部分就是艾里斑,艾里斑的中心位置就是几何光学的像点位置. 因此,衍射限制了光学仪器的放大率和成像清晰度,衍射对光学仪器的成像质量有直接影响.

用透镜观察远处两物点时,在透镜焦平面的屏上将出现两组衍射条纹. 由于这两个物点光源是不相干的,所以屏上的总光强是两组衍射条纹光强的直接相加. 光学仪器(人眼)能否从总光强分布中辨认出两个物点的像,取决于条纹中两个亮度很大的艾里斑的重叠程度,重叠过多就不能分辨出两个物点.

对于光学仪器(透镜)的分辨极限,有一个瑞利判据(Rayleigh criterion):若一点光源的衍射图样的中央最亮处刚好与另一点光源的衍射图样的第一个最暗处相重合,则这两个点光源恰能被光学仪器分辨. 瑞利判据也可以表述为:当一个艾里斑的中心恰好位于另一个艾里斑的边缘时,产生这两个艾里斑的两个物点恰好能分辨.

如图 18.10 所示的是两物点能被透镜分辨、恰能分辨及不能分辨的三种情形,

图中右边表示两个艾里斑的光强及由它们直接相加后的总光强. 图 18.11 是能分辨（左）与恰能分辨（右）的两个像点的照片.

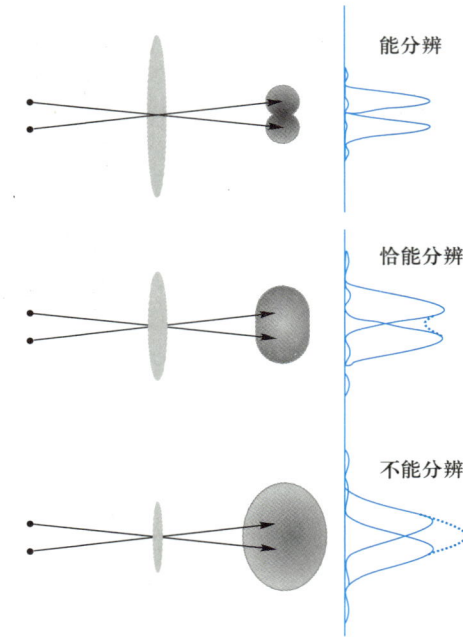

图 18.10 两物点经透镜成像后的三种情形

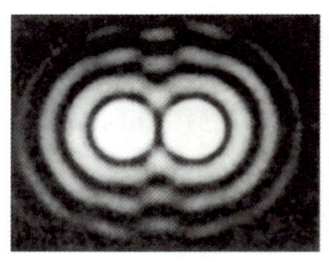 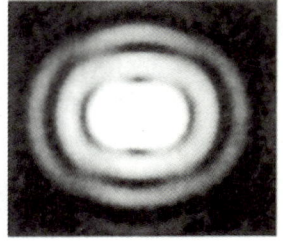

图 18.11 能分辨（左）与恰能分辨（右）的两个像点

演示程序：
光学仪器的分
辨本领

拓展阅读：
高空侦察卫星
的地面分辨率

满足瑞利判据的两物点间的距离, 就是光学仪器所能分辨的最小距离, 此时它们对透镜中心所张的角 θ_1 称为最小分辨角, 根据瑞利判据的规定, 对于直径为 D 的圆孔衍射图样来说, 最小分辨角就是艾里斑的半角宽度:

$$\theta_1 = 1.22\frac{\lambda}{D} \tag{18.3.3}$$

对于光学仪器, 将最小分辨角的倒数称为仪器的分辨本领:

$$\frac{1}{\theta_1} = \frac{D}{1.22\lambda} \tag{18.3.4}$$

由上式可知, 仪器的分辨本领与仪器的通光孔径 D 成正比, 与入射光的波长 λ 成反比, 增大 D 或减小 λ 均可提高仪器的分辨本领.

　　天文望远镜是我们认识广袤宇宙至关重要的仪器,望远镜口径决定了望远镜的分辨本领和集光能力,口径越大的望远镜观测能力越强.地球大气阻挡了来自宇宙空间的大部分电磁辐射,仅可见光和一部分红外线以及射电波段的电磁辐射能到达地球表面,光学波段和射电波段这两个大气透明窗口便成为天文学观测的重要波段.

　　1990 年发射升空的哈勃空间望远镜(HST),在离地球表面约 590 km 的高空轨道上运行,其通光镜面直径为 2.4 m,用于从紫外到近红外波段(115~1 010 nm)的宇宙目标探测工作,它的最小分辨角小于 0.1″,这相当于 0.5 nm 的长度在 1 km 以外的张角.由于没有大气湍流的干扰,哈勃空间望远镜所获得的图像和光谱具有极高的稳定性和可重复性.2021 年年末发射的詹姆斯·韦伯空间望远镜(JWST),主反射镜口径达到 6.5 m,面积为哈勃空间望远镜的 5 倍以上,在红外(近红外)波段工作.作为哈勃空间望远镜的继任者,詹姆斯·韦伯空间望远镜具有惊人的分辨率和灵敏度,它在 2022 年 7 月拍到的星系团 SMACS 0723 的图像数据,是迄今在近红外窗口拍摄的最深且分辨率最高的宇宙照片,展现了前所未见的丰富细节.

　　被誉为"中国天眼"的 500 m 口径球面射电望远镜(FAST),是世界最大单口径、最灵敏的射电望远镜,综合性能是其他射电望远镜的 10 倍以上.射电波段波长约为光学波段波长的百万倍,因此我们需要将射电望远镜建造得如此之巨大.FAST 于 2016 年 9 月 25 日开始试运行,2020 年 1 月 11 日正式投用,能够接收到 137 亿光年以外的电磁信号,观测范围可达宇宙边缘,极大拓展了人类对宇宙的观测极限.科学家利用 FAST 观测到的宇宙天体和现象极为丰富,截至 2023 年 7 月,发现的脉冲星已超过 800 颗.

　　电子显微镜是利用量子力学原理观察原子尺度结构的装置,它不是用电磁波观测,而是利用波长远小于可见光的电子波(物质波)观测,能分辨相距 10^{-10} m 的两个物点,通过电子显微镜能观察到单个原子.

　　例题 18.2　在通常亮度下,人眼瞳孔的直径约为 3 mm,求人眼的最小分辨角.若黑板上画有表示等号"="的两横线,两横线相距 2 mm,则距黑板多远处的学生恰能分辨它们? 取人眼最敏感的黄绿光波长 $\lambda = 550$ nm 计算.

　　解　人眼瞳孔相当于一个通光孔径为圆形的透镜,由 $D = 3$ mm 得最小分辨角为

$$\theta_1 = 1.22 \frac{\lambda}{D} = 1.22 \times \frac{550 \times 10^{-9}}{3 \times 10^{-3}} \text{ rad} = 2.2 \times 10^{-4} \text{ rad} \approx 1'$$

设学生与黑板的距离为 s,两横线间距为 l,则它们对瞳孔中心的张角为 $\theta = \frac{l}{s}$.当 $\theta = \theta_1$ 时,人眼恰能分辨黑板上的等号,因而有

$$s = \frac{l}{\theta_1} = \frac{2 \times 10^{-3}}{2.2 \times 10^{-4}} \text{ m} = 9.1 \text{ m}$$

18.4 光栅衍射

18.4.1 光栅

任何一种衍射单元周期性的、取向有序的重复排列所形成的阵列,都可以称为光栅(grating). 按照衍射单元的阵列形式,有不同结构的光栅,例如平行多缝结构的一维光栅、平面网格结构的二维光栅、晶体点阵结构的三维光栅. 本节介绍的一维光栅是由大量等宽、等间距的平行狭缝所组成的光学器件. 用金刚石尖端在玻璃板或金属板上,刻画等间距的平行刻痕,由于刻痕毛糙,它们不透光或不反射光,因此相邻刻痕之间的部分就相当于可透光或可反射光的狭缝. 利用玻璃板上的透射光衍射的光栅,称为透射光栅;利用金属板上两刻痕间的反射光衍射的光栅,称为反射光栅,如图 18.12 所示. 另外,还有全息光栅,它是用单色激光的双平行光束干涉花样来代替刻痕,充分利用了单色双光束干涉条纹等宽、等间距的特点. 下面仅介绍透射光栅的衍射.

如图 18.13 所示的透射光栅,光栅上每条狭缝的宽度 a 和相邻两缝间不透光部分的宽度 b 之和称为光栅常量(grating constant),即

$$d = a+b \tag{18.4.1}$$

d 就是相邻两缝对应点之间的距离,它是一个表征光栅性能的重要常量.

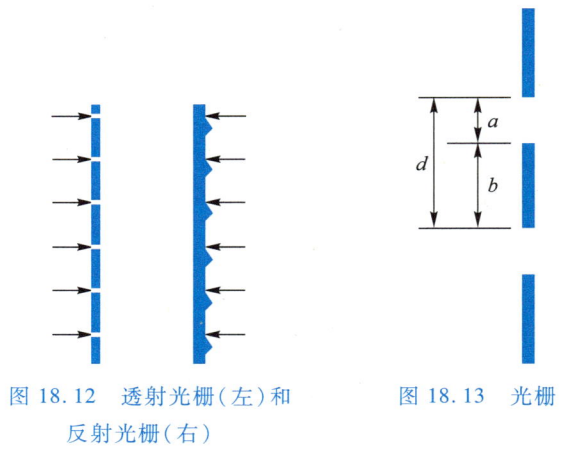

图 18.12 透射光栅(左)和 反射光栅(右)　　图 18.13 光栅

一个精制的光栅,在 1 cm 内的刻痕可以达到一万多条. 如在 1 in(英寸,1 in = 2.54 cm)宽度上分布有 12 000 条缝的光栅,它的光栅常量为

$$d = a+b = \frac{2.54}{12\,000} \text{ cm} = 2.1 \times 10^{-6} \text{ m}$$

18.4.2 光栅衍射

设光栅常量为 d,光栅的总缝数为 N. 一束平行单色光垂直照射在光栅上,通过

每一狭缝向不同方向发射的光通过光栅后面的透镜会聚在屏幕上不同的位置,屏幕放在透镜的焦平面上.

在光栅衍射中,每条单缝都发生单缝衍射,且每个缝的衍射条纹在屏上完全重合.而从各个单缝发出的光又是相干光,因此通过光栅不同缝的光在相遇的区域又要发生干涉.所以在屏上出现的光栅衍射条纹应是单缝衍射因子调制下的 N 条缝的干涉条纹.由此可见,光栅衍射是衍射和干涉的综合结果.

如图 18.14 所示,左边是光栅衍射的示意图,其光强分布形成中间的衍射条纹,为便于比较,图中右边是单缝衍射的光强分布.与单缝衍射条纹相比,光栅衍射条纹有明显的不同,后者的主要特点是:明条纹细而明亮,明条纹间的暗区较宽,易于分辨.

1. 明条纹和暗条纹

如图 18.14 所示,从光栅上相邻两条缝中沿 θ 方向发射的相邻两束光间的光程差都等于 $\delta=d\sin\theta$,类似于双缝干涉,当

$$\delta=d\sin\theta=\pm k\lambda, \quad k=0,1,2,\cdots \tag{18.4.2}$$

时,从光栅上 N 条缝发出的 N 束光都将因干涉而相互加强,在屏上出现明条纹.

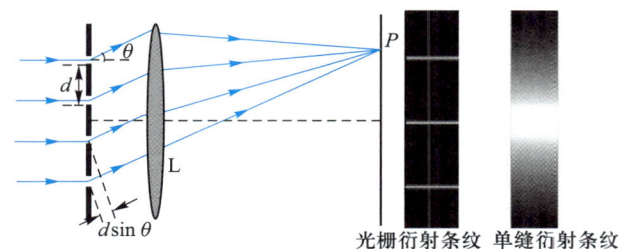

图 18.14　光栅衍射是衍射和干涉的综合结果

式(18.4.2)称为光栅方程(grating equation),满足光栅方程的明条纹称为主极大(principal maximum).

满足式(18.4.2)的主极大条件可以用光矢量合成来表示,N 束相干光在相遇点发生叠加,相应的 N 个光振动矢量都沿同一方向振动,设这些光振动矢量的振幅大小都相等,当满足式(18.4.2)时,这些光振动矢量之间的相位差都是 2π 的整数倍,因此 N 个光矢量的合成就是 N 个同频率、同方向、同相位的光振动矢量沿同一方向排列,此时合振幅达到最大,图 18.15 所示为 $N=5$ 时的情形.

如果 N 条缝发出的光束的相位差之和是 2π 的整数倍,即光程差满足

$$N\delta=Nd\sin\theta=\pm k'\lambda, \quad k'=1,2,\cdots \tag{18.4.3}$$

这里 k' 不含 N、$2N$、$3N$ 等值,这相当于 N 个光振动矢量首尾连接成一个闭合的多边形,此时合振幅达到最小,即零,图 18.16 所示为 $N=6$ 时的情形.此时,N 束光干涉相消,在屏上出现暗条纹,式(18.4.3)为暗条纹方程.

将暗条纹方程式(18.4.3)写成如下形式:

$$d\sin\theta=\pm\frac{k'}{N}\lambda, \quad k'=1,2,\cdots \tag{18.4.4}$$

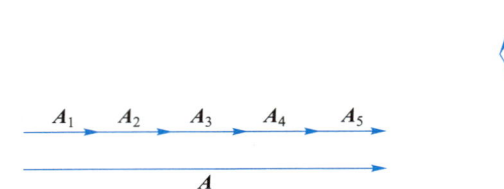

图 18.15 明条纹的振动矢量图　　图 18.16 暗条纹的振动矢量图

将上式与式(18.4.2)比较可以看到,对 k' 的取值有限制:$k' \neq kN$. $k' = kN$ 属于出现主极大的情况.

式(18.4.2)和式(18.4.3)中的 k 与 k' 应分别取如下值:

$$k = 0, 1, 2, \cdots$$

$$k' = 1, 2, 3, \cdots, N-1, N+1, N+2, \cdots, 2N-1, 2N+1, \cdots$$

由 k 与 k' 的取值可以看到,在相邻两主极大明条纹之间,有 $(N-1)$ 条暗条纹,而两个极小之间必有一个次极大,故在相邻两主极大之间共有 $(N-2)$ 个次极大. 当 N 很大时,次极大的光强很小,在明条纹之间实际上是一片暗区,因此主极大明条纹尖锐明亮,易于分辨.

与光的衍射具有明锐的主极大条纹相似,雷达阵列可以大大提高观测精度. 如果在一条直线上建立一个雷达天线阵列,发射相干电磁波,由于主极大宽度窄,因此具有高度定向性,在探测空间区域能高精度地定位. 例如,北京天文台的米波(工作频率为 2.32×10^8 Hz)综合孔径射电望远镜,就是由 28 面直径为 9 m 的东西向一维阵列组成的.

2. 缺级现象

多光束干涉图样受单缝衍射的影响,使得光栅衍射条纹出现特殊情形. 在衍射角 θ 同时满足多缝干涉极大、单缝衍射极小条件:

$$d\sin\theta = \pm k\lambda, \quad k = 0, 1, 2, \cdots$$

$$a\sin\theta = \pm k'\lambda, \quad k' = 1, 2, 3, \cdots$$

时,k 级主极大的位置(明条纹)正好是 k' 级衍射极小位置(暗条纹),此时 k 级主极大将不会出现. 这个现象称为缺级(missing order). 由上式可以得到,当 d 和 a 的比为整数比时,

$$\frac{d}{a} = \frac{k}{k'} \tag{18.4.5}$$

k 级出现缺级. 例如,当 $\frac{d}{a} = 3$ 或 $\frac{d}{a} = \frac{3}{2}$ 时,缺级的级数为 $3, 6, \cdots$. 图 18.17 就是 $\frac{d}{a} = 3$ 的情况.

3. 光栅衍射的强度分布　干涉与衍射的关系

下面,我们不加证明地给出光栅衍射的光强 I 随衍射角 θ 的分布公式:

$$I = I_0 \left(\frac{\sin u}{u} \right)^2 \frac{\sin^2 N \left(\dfrac{\pi d}{\lambda} \sin \theta \right)}{\sin^2 \left(\dfrac{\pi d}{\lambda} \sin \theta \right)} \qquad (18.4.6)$$

上式的前一部分与单缝衍射的光强分布公式(18.2.5)相同 I_0 是中央明条纹中心处的光强,$u = \dfrac{\pi a \sin \theta}{\lambda}$. 这部分表示单缝衍射的光强分布,它来源于单缝衍射,是整个衍射花样的轮廓,称为单缝衍射因子. 后一部分表示多光束干涉光强,它来源于缝间干涉,称为缝间干涉因子,这与机械振动中同方向、同频率合成的情况相同(参见例题 15.8). 因此,多光束干涉图样受单缝衍射的调制,光栅衍射条纹的光强以单缝衍射光强分布曲线为包络线.

当满足主极大条件 $d \sin \theta = k\lambda$ 时,从式(18.4.7)可以得到主极大的光强:

$$I = N^2 I_0 \left(\frac{\sin u}{u} \right)^2 \qquad (18.4.7)$$

与式(18.2.5)比较可知,主极大的光强为单缝衍射光强的 N^2 倍. 故缝数越多,条纹越明亮.

图 18.17 是光栅衍射的单缝衍射因子、缝间干涉因子及合成的衍射光强分布曲线. 缝数、缝宽、光栅常量、波长等参量,都会影响单缝衍射因子、缝间干涉因子及合成的衍射光强分布. 在某些条件下,会出现缺级现象.

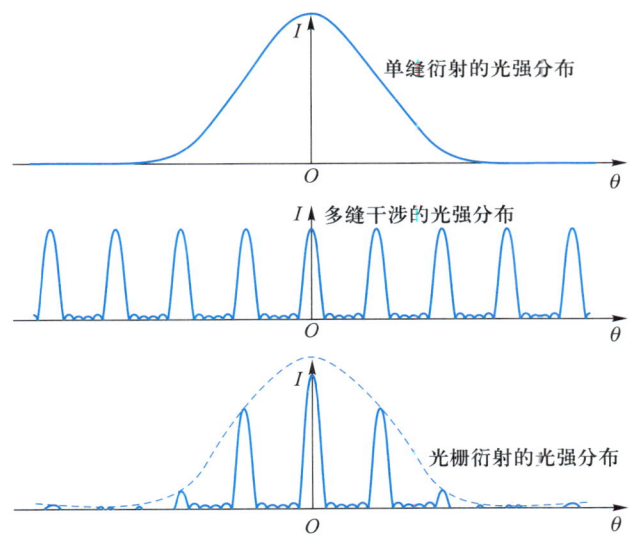

图 18.17 光栅衍射的光强

演示程序:
光栅衍射的光
强分布

由于光栅的缝数 N 很大,明条纹尖锐,因此主极大明条纹相应的衍射角 θ 可以精确测定,从而按式(18.4.2)可以较为精确地测定单色光波长 λ.

从上面的讨论我们可以看出干涉与衍射的联系和区别. 光通过每一条缝时都存在衍射,缝与缝间的光波又相互干涉. 如果从光波相干叠加、引起光强的重新分布,形成稳定图样来看,干涉和衍射并不存在实质性的区别.在存在衍射的情况下,干涉条纹要受到衍射的调制.在杨氏双缝实验中,缝宽不同,则调制情况也不同,当缝宽很小,满足 $a \ll d$ 时,单缝衍射的中央亮区的范围很大,衍射条纹近似于等强度分布,在这种情况下讨论缝间干涉时,无须考虑衍射对干涉条纹的调制,故称为双缝干涉;而把缝宽不很小,即 a 与 d 相差不大时形成的干涉条纹不等强度分布的情形,称为双缝衍射.对于实际的光栅,如果缝宽很小,单缝衍射因子的调制作用明显减弱,衍射对干涉条纹的调制作用不大,有时也将这样的光栅衍射称为多光束干涉.

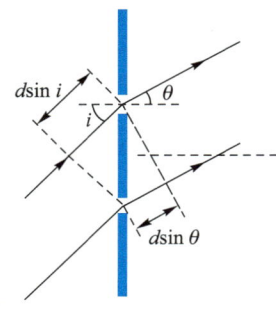

从图 18.17 可以看出,在衍射角 $\theta = 0$ 方向上出现的零级主极大条纹,光强最大.如果单色平行光斜入射到光栅上,如图 18.18 所示,相邻两缝的入射光在入射到光栅之前已有光程差 $d\sin i$,此时干涉主极大的条件为

$$\delta = d(\sin \theta - \sin i) = \pm k\lambda, \quad k = 0,1,2,\cdots$$

对应于 $k = 0$ 的零级主极大条纹将出现在 $\theta = i$ 方向上,即在入射光方向上出现光强最大的零级主极大条纹.

与光程差 $d\sin i$ 对应的相位差 $\Delta\varphi = \dfrac{2\pi}{\lambda}d\sin i$,由此可以看出,如果光栅中相邻两条缝入射光之间有相位差 $\Delta\varphi$,那么零级衍射主极大就会出现在衍射角由 $\sin \theta = \sin i = \dfrac{\lambda}{2\pi d}\Delta\varphi$ 确定的空间方向上.

图 18.18　平行光斜入射到光栅

相控阵雷达正是根据这一原理,通过改变相邻辐射单元波束的相位差,实现雷达波束在空间的扫描,而不需要转动天线.在雷达阵列的每个天线中引入一个固有相位差 $\Delta\varphi$,零级主极大将出现在新的角度上,调节 $\Delta\varphi$ 可使这个零级主极大在选定的方向上扫描,如果再将天线排成二维方阵,则发射的定向电磁波可在纵横两个方向上扫描.相控阵雷达用电子学方法周期性地连续改变相邻辐射单元的相位差 $\Delta\varphi$,零级主极大的衍射角 θ 也连续变化,以实现对目标空间的连续扫描.这种装置已成为反弹道导弹系统必不可少的预警、跟踪系统的重要组成部分.尤其在探测、跟踪具有高机动性的巡航导弹时,它能够发挥很大作用.实际的相控阵雷达是由多个辐射单元组成的平面阵列,以扩展扫描范围和提高雷达束强度.

例题 18.3 精讲

例题 18.3　用每毫米刻有 500 条栅纹的光栅,观察 $\lambda = 589.3$ nm 的钠光谱线.试问:(1) 当平行钠光垂直入射到光栅上时,最多能看到第几级条纹? (2) 若缝宽为 $a = 0.001$ mm,则总共能观察到多少条条纹?

解　(1) 由光栅方程 $d\sin \theta = k\lambda$ 得

$$k = \frac{d}{\lambda}\sin \theta$$

可见 k 可能的最大值对应 $\sin \theta = 1$.

按题意,每毫米中刻有 500 条栅纹,所以光栅常量为

$$d = a + b = \frac{1}{500} \text{ mm} = 2 \times 10^{-6} \text{ m}$$

将 d 值及 λ 值代入 k 的表达式,并设 $\sin\theta = 1$,得

$$k = \frac{2 \times 10^{-6}}{589.3 \times 10^{-9}} = 3.4$$

k 只能取整数,故取 $k = 3$,即垂直入射时能看到第 3 级条纹,总共有 $2k+1 = 7$ 条明条纹(其中加 1 是为了计入中央明条纹).

(2) 由于 $d = 2 \times 10^{-6}$ m,$a = 0.001$ mm $= 1 \times 10^{-6}$ m,因此 $\frac{d}{a} = 2$,故第 $2, 4, 6, \cdots$ 级条纹缺级. 又因 $k \leqslant 3$,所以实际上只能观察到第 0、第 ±1、第 ±3 级条纹,共 5 条条纹.

例题 18.4　设有类似于光栅的 N 条等宽度透光缝,这些缝平行排列,但缝间距随机分布,试问:观察屏上光强分布如何?

解　观察屏上单缝衍射的光强分布并不因各单缝位置的随机分布而改变,但从相邻两缝出射的平行光之间的光程差不再是恒定的,到达观察屏上某一点的 N 束光的光程差是随机的,因此不产生干涉效应. 因此,观察屏上的光强是 N 束衍射光的非相干叠加,我们看到的图样为单缝衍射图样,光强为一条缝衍射光强的 N 倍.

对于光栅的情况,由于相邻两缝出射的平行光之间的光程差恒定,从 N 条缝出射的光有干涉效应,根据式(18.4.7),主极大的光强为一条缝衍射光强的 N^2 倍.

18.4.3　衍射光谱

根据光栅方程式(18.4.2),当复色光入射时,除中央明条纹外,不同波长的同级明条纹以不同的衍射角出现,这样就形成了光栅光谱. 例如当白光垂直入射时,中央(零级)明条纹仍为白光,其他主极大则由各种颜色的条纹组成. 由光栅方程还可知,不同波长按由短到长的次序自中央向外侧依次分开排列;光栅常量 d 越小,或光谱级数越高,则同一级衍射光谱中的各色谱线分散得越开. 光盘的螺旋状排列的凹槽构成了近似周期结构的反射型衍射光栅,在白光下能观察到彩色光谱.

目前从 X 射线到远红外区域,光栅光谱技术都有十分广泛的应用. 20 世纪初建立起来的量子力学,其最初取得的突破,就是在原子领域对氢原子光谱的精细结构所作出的预言,而光栅光谱的分析结果为此提供了有力的证据. 由于不同元素(或化合物)各有自己特定的光谱,所以根据谱线的成分,可分析出发光物质所含的元素或化合物;还可从谱线的强度定量分析出元素的含量. 拍摄光栅光谱的仪器是光谱仪,光谱仪的核心部件就是光栅,光栅常量和光栅面积是光栅精度的两个关键指标. 中国科学院长春光学精密机械与物理研究所在 2016 年研制的反射式阶梯光栅,光栅面积达到创纪录的 400 mm×500 mm.

例题 18.5 白光($\lambda_{紫} = 400.0$ nm,$\lambda_{红} = 760.0$ nm)垂直入射到光栅常量 $d = 2.0 \times 10^{-6}$ m 的光栅. 试问:第 2 级和第 3 级光栅光谱中的谱线是否会重叠?

解 对第 k 级光谱,角位置的范围从 $\theta_{k紫}$ 到 $\theta_{k红}$. 根据光栅方程 $d \sin \theta = k\lambda$,对第 2 级光谱有

$$\theta_{2紫} = \arcsin \frac{k\lambda}{d} = \arcsin \frac{2 \times 4.0 \times 10^{-7}}{2.0 \times 10^{-6}} = 23.6°$$

$$\theta_{2红} = \arcsin \frac{k\lambda}{d} = \arcsin \frac{2 \times 7.6 \times 10^{-7}}{2.0 \times 10^{-6}} = 49.5°$$

对第 3 级光谱有

$$\theta_{3紫} = \arcsin \frac{k\lambda}{d} = \arcsin \frac{3 \times 4.0 \times 10^{-7}}{2.0 \times 10^{-6}} = 36.9°$$

$$\sin \theta_{3红} = \frac{k\lambda}{d} = \frac{3 \times 7.6 \times 10^{-7}}{2.0 \times 10^{-6}} = 1.14 > 1 \quad (此式不能成立)$$

因为 $\theta_{2红} > \theta_{3紫}$,故第 2 级和第 3 级光栅光谱中的谱线有部分重叠. 另外,第 3 级光栅光谱中的红色谱线在能观察的角度范围内看不到.

18.4.4 光栅的分辨本领

光栅分辨光谱中两相邻谱线(波长)的本领,称为光栅的分辨本领. 定义恰能分辨的两条谱线的平均波长 λ 与它们的波长差 $\Delta\lambda$ 之比为光栅的分辨本领(resolving power),即

$$R = \frac{\lambda}{\Delta\lambda} \tag{18.4.8}$$

根据瑞利判据,波长为($\lambda + \Delta\lambda$)的第 k 级谱线的极大恰好与波长为 λ 的第 k 级极大最邻近的极小重合,即取式(18.4.4)中的 $k' = kN + 1$,两谱线恰能分辨. 此时根据波长为($\lambda + \Delta\lambda$)的第 k 级极大有

$$d \sin \theta = k(\lambda + \Delta\lambda)$$

根据波长为 λ 的第($kN+1$)级极小有

$$d \sin \theta = \frac{kN+1}{N}\lambda = k\lambda + \frac{\lambda}{N}$$

由此可得光栅的分辨本领为

$$R = \frac{\lambda}{\Delta\lambda} = kN \tag{18.4.9}$$

级数一定时,要提高分辨本领,光栅的缝数 N 须加大. 例如,要分辨 500 nm 和 500.01 nm 这两条谱线的第 1 级明条纹,光栅的缝数 N 至少为 50 000 条.

例题 18.6 设计一光栅,要求:(1)能分辨钠光谱的 5.890×10^{-7} m 和 5.896×10^{-7} m 的第 2 级谱线;(2)第 2 级谱线衍射角 $\theta \leqslant 30°$;(3)第 3 级谱线缺级.

解　（1）由光栅的分辨本领

$$R = \frac{\lambda}{\Delta\lambda} = kN$$

得

$$N = \frac{\lambda}{k\Delta\lambda} = \frac{5.893 \times 10^{-7}}{2 \times 0.006 \times 10^{-7}} = 491$$

即光栅至少要有 491 条缝.

（2）由光栅方程 $d\sin\theta = k\lambda$，有

$$d = \frac{k\lambda}{\sin\theta} = \frac{2 \times 5.893 \times 10^{-7}}{\sin 30°} \text{ m} = 2.36 \times 10^{-3} \text{ mm}$$

因 $\theta \leqslant 30°$，所以光栅常量 $d \geqslant 2.36 \times 10^{-3}$ mm.

（3）由缺级条件式（18.4.5），

$$\frac{d}{a} = \frac{k}{k'}$$

式中 $k = 3$，若取 $k' = 1$（还可以取 $k' = 2$），将光栅常量 $d = 2.36 \times 10^{-3}$ mm 代入上式，得

$$a = \frac{d}{3} = \frac{2.36 \times 10^{-3}}{3} \text{ mm} = 7.9 \times 10^{-2} \text{ mm}$$

$$b = d - a = 2.36 \times 10^{-3} \text{ mm} - 7.9 \times 10^{-2} \text{ mm} = 1.57 \times 10^{-3} \text{ mm}$$

这样，光栅的 N、a、b 均被确定.

*18.5　X 射线衍射

18.5.1　X 射线衍射

1. X 射线

1895 年，德国物理学家伦琴（W. K. Röntgen）在做阴极射线实验时发现了 X 射线. 电子在阴极 K 和阳极 A 之间受到几万至几十万伏高压的加速，撞击阳极，产生 X 射线.

X 射线有如下特点：在电磁场中不发生偏转，使某些物质发出荧光，使气体电离、底片感光，具有极强的穿透力.

X 射线本质上是波长很短的电磁波，波长范围在 $10^{-11} \sim 10^{-8}$ m. 它包括原子内壳层电子跃迁产生的辐射和当高速电子在靶上骤然减速时发出的辐射.

X 射线的应用不仅开创了研究晶体结构的新领域，而且用 X 射线可以进行光谱分析. X 射线在科学研究和工程技术中有着广泛的应用，在医学和分子生物学领域中它的应用也不断有新的突破. 图 18.19 是人手的 X 射线照片.

2. X 射线衍射

由于一般光栅的光栅常量远大于 X 射线的波长,由光栅方程可知各级明条纹对应的衍射角太小,难以分辨,故无法使用普通光栅观察 X 射线的衍射.

因原子间距约为 10^{-10} m,与 X 射线的波长同数量级,故天然晶体可以视为光栅常量很小的三维衍射光栅.1912 年,德国物理学家劳厄(M. von Laue)设想将

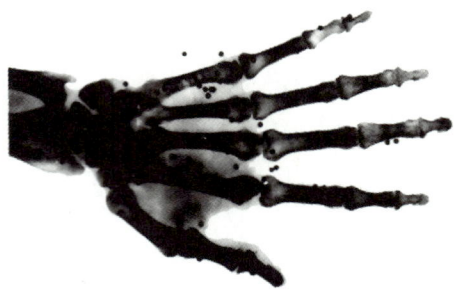

图 18.19　人手的 X 射线照片

晶体作为三维光栅,他设计了如下实验:X 射线经晶体衍射后使底片感光,得到一些规则分布的斑点(劳厄斑).劳厄斑的出现是 X 射线通过晶体点阵发生衍射的结果.劳厄的实验装置如图 18.20 所示.

图 18.21 分别是使 X 射线通过红宝石晶体(a)和硅单晶体(b)时拍摄的劳厄斑照片.

18.5.2　布拉格公式

劳厄解释了劳厄斑的形成,但他的方法比较复杂.不久,英国物理学家布拉格父子(W. H. Bragg 和 W. L. Bragg)提出了一种比较简单的方法来说明 X 射线的衍射.

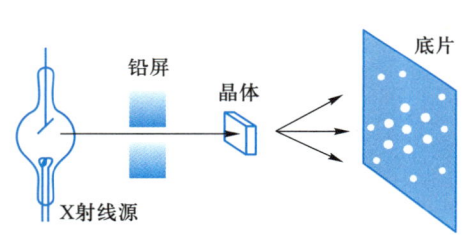

图 18.20　劳厄实验

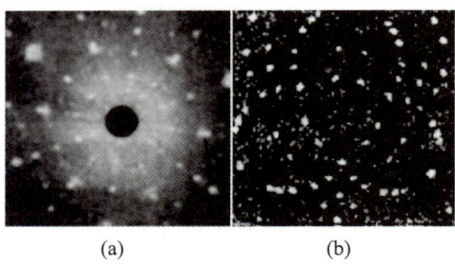

(a)　　　　　(b)

图 18.21　劳厄斑照片

他们简化晶体空间点阵,将其当作反射光栅处理.对于以 θ 角掠射的单色平行的 X 射线光束,当投射到晶面间距为 d 的晶面上时,在各晶面所散射的射线中,只有按反射定律反射的射线的强度最大,即对于 X 射线来说,晶面就像是一面平面镜,在符合镜面反射定律的方向上,散射光的强度最大.如图 18.22 所示,上下两晶面所发出的"反射线"的光程差为

$$\delta = |BC| + |CD| = 2d\sin\theta$$

当

演示程序:平行晶面间反射波的干涉

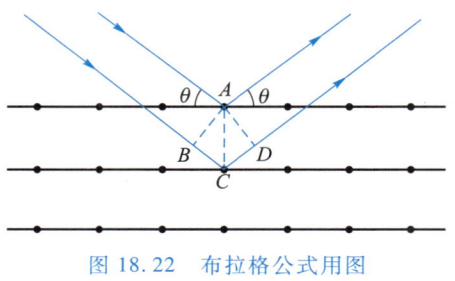

图 18.22　布拉格公式用图

$$2d\sin\theta=k\lambda,\quad k=1,2,3,\cdots \tag{18.5.1}$$

时,各层的"反射线"干涉加强,形成亮点,上式为**布拉格公式**.

布拉格公式可以解释劳厄斑的形成.在晶体中可以取很多不同方向的原子层组,故晶面的划分并不唯一,不同方向上的晶面簇具有不同的晶面间距 d.对不同的反射晶面,晶体衍射的"反射波"方向也不同.若一波长连续分布的 X 射线以一定方向入射到取向固定的晶体上,对于各个不同取向的晶面,d 和 θ 都不同,只要对某一晶面,X 射线的波长满足

$$\lambda=\frac{2d\sin\theta}{k},\quad k=1,2,3,\cdots$$

就会在该晶面的反射方向上获得衍射极大,对每个晶面簇而言,凡符合布拉格公式波长条件的 X 射线,都在各自的反射方向干涉加强,结果在底片上形成劳厄斑.因为晶体有很多组平行晶面,所以劳厄斑是由空间分布的亮斑组成的.

内容提要

1. 惠更斯–菲涅耳原理

波阵面上各点都可视为子波波源,空间某点处的光振动取决于到达该点的所有子波的相干叠加.

2. 夫琅禾费单缝衍射

菲涅耳半波带法.

垂直入射时明条纹条件: $a\sin\theta=\pm(2k+1)\dfrac{\lambda}{2},\quad k=1,2,3,\cdots$

垂直入射时暗条纹条件: $a\sin\theta=\pm2k\dfrac{\lambda}{2},\quad k=1,2,3,\cdots$

中央明条纹的半角宽度: $\Delta\theta_0\approx\dfrac{\lambda}{a}$

中央明条纹的线宽度: $\Delta x_0\approx2f\dfrac{\lambda}{a}$

3. 夫琅禾费圆孔衍射

艾里斑的半角宽度: $\theta_1=1.22\dfrac{\lambda}{D}$

光学仪器的分辨本领: $\dfrac{1}{\theta_1}=\dfrac{D}{1.22\lambda}$

4. 光栅衍射

光栅衍射条纹的主要特点是:在黑暗的背景上明条纹细而明亮,易于分辨.缝数越多,条纹越明亮.

平行光垂直入射时的光栅方程: $\delta=d\sin\theta=\pm k\lambda,\quad k=0,1,2,\cdots$

满足光栅方程的明条纹称为主极大.在相邻两主极大明条纹之间,有 $(N-1)$ 个暗条纹,有 $(N-2)$ 个次极大.

光栅衍射实际上是单缝衍射因子调制下的多缝间干涉,在 $\dfrac{d}{a}=\dfrac{k}{k'}$ 时,会出现缺级现象.

光栅的分辨本领:
$$R=\frac{\lambda}{\Delta\lambda}=kN$$

*5. X 射线衍射

晶体可以视为光栅常量很小的三维衍射光栅,能使波长很短的 X 射线产生衍射.X 射线经晶体衍射后使底片感光,形成规则分布的劳厄斑.

X 射线衍射极大满足布拉格公式:　　　$2d\sin\theta=k\lambda$,　$k=1,2,3,\cdots$

习题

一、选择题

1. 平行单色光垂直入射到单缝上,观察夫琅禾费衍射.若屏上 P 点处为第 2 级暗条纹,则单缝处波阵面可相应地划分为几个半波带?　　　　　（　　）

A. 1 个　　　　　　B. 2 个　　　　　　C. 3 个　　　　　　D. 4 个

2. 波长为 λ 的单色光垂直入射到狭缝上,若第 1 级暗条纹的位置对应的衍射角为 $\theta=\pm\dfrac{\pi}{6}$,则缝宽的大小为　　　　　（　　）

A. $\dfrac{\lambda}{2}$　　　　　　B. λ　　　　　　C. 2λ　　　　　　D. 3λ

3. 一宇航员在 160 km 高空,恰好能分辨地面上两个发射波长为 550 nm 的点光源,假定宇航员的瞳孔直径为 5.0 mm,此两点光源的间距为　　　　　（　　）

A. 21.5 m　　　　B. 10.5 m　　　　C. 31.0 m　　　　D. 42.0 m

4. 波长为 $\lambda=550$ nm 的单色光垂直入射于光栅常量为 $d=2\times10^{-4}$ cm 的平面衍射光栅上,可能观察到的光谱线的最大级数为　　　　　（　　）

A. 2　　　　　　B. 3　　　　　　C. 4　　　　　　D. 5

5. 一束单色光垂直入射在平面光栅上,衍射光谱中共出现 5 条明条纹.若已知此光栅缝宽与不透明部分宽度相等,那么在中央明条纹一侧的第 2 条明条纹是

（　　）

A. 第 1 级　　　　B. 第 2 级　　　　C. 第 3 级　　　　D. 第 4 级

6. 一束白光垂直照射在一光栅上,在形成的同一级光栅光谱中,偏离中央明条纹最远的是　　　　　（　　）

A. 紫光　　　　　B. 绿光　　　　　C.黄光　　　　　D. 红光

7. 测量单色光的波长时,下列方法中哪一种最为准确?　　　　　（　　）

A. 光栅衍射　　　B. 单缝衍射　　　C. 双缝干涉　　　D. 牛顿环

8. X 射线投射到间距为 d 的平行点阵平面的晶体中,发生布拉格晶体衍射的

最大波长为 　　　　　　　　　　　　　　　　　　　　(　)

A. $\dfrac{d}{4}$ 　　　　　B. $\dfrac{d}{2}$ 　　　　　C. d 　　　　　D. $2d$

二、填空题

1. 波长为 λ 的单色光垂直照射在缝宽为 $a=4\lambda$ 的单缝上,对应于 $\theta=30°$ 的衍射角,单缝处的波阵面可划分为_____半波带,对应的屏上条纹为_____纹.

2. 在单缝衍射中,衍射角 θ 越大,所对应的明条纹亮度_____,衍射明条纹的角宽度_____(中央明条纹除外).

3. 平行单色光垂直入射在缝宽为 $a=0.15$ mm 的单缝上,缝后有焦距为 $f=400$ mm 的凸透镜,在其焦平面上放置观察屏幕,现测得屏幕中央明条纹两侧的两条第 3 级暗条纹之间的距离为 8 mm,则入射光的波长为 $\lambda=$_____.

4. 在单缝衍射实验中,如果上下平行移动单缝的位置,衍射条纹的位置_____.

5. 一个人在夜晚用肉眼恰能分辨 10 km 外的山上的两个点光源(光源的波长取为 $\lambda=550$ nm).假定此人瞳孔直径为 5.0 mm,则这两个点光源的间距为_____.

6. 已知天空中两颗星相对于一望远镜的角距离为 4.84×10^{-6} rad,它们发出的光波长为 550 nm,为了能分辨出这两颗星,望远镜物镜的口径至少应为_____.

7. 平行单色光垂直入射到平面衍射光栅上,若增大光栅常量,则衍射图样中明条纹的间距将_____,若增大入射光的波长,则明条纹间距将_____.

8. 波长为 500 nm 的平行单色光垂直入射在光栅常量为 2×10^{-3} mm 的光栅上,光栅透光缝宽度为 1×10^{-3} mm,则第____级主极大缺级,屏上将出现____条明条纹.

9. 一束具有两种波长的平行光入射到某个光栅上,$\lambda_1=450$ nm,$\lambda_2=600$ nm,两种波长的谱线第二次重合时(不计中央明条纹),波长为 λ_1 的光为第_____级主极大,波长为 λ_2 的光为第_____级主极大.

10. 用 X 射线分析晶体的晶格常量,所用 X 射线波长为 0.1 nm.在偏离入射 X 射线 60°角的方向上看到第 2 级反射极大,则掠射角为_____,晶格常量为_____.

三、计算题

1. 在单缝衍射实验中,透镜焦距为 0.5 m,入射光波长为 $\lambda=500$ nm,缝宽为 $a=0.1$ mm.求:(1) 中央明条纹宽度;(2) 第 1 级明条纹宽度.

2. 在夫琅禾费单缝衍射实验中,第 1 级暗条纹的衍射角为 0.4°,求第 2 级明条纹的衍射角.

3. 假如侦察卫星上的照相机能清楚地识别地面上汽车的车牌号.如果车牌上的笔画间的距离为 4 cm,在 150 km 高空的人造地球卫星上的照相机的最小分辨角为多大?此照相机的孔径需要为多大?光的波长按 500 nm 计算.

4. 毫米波雷达发出的波束比常用的雷达波束窄,这使得毫米波雷达不易受到反雷达导弹的袭击.(1) 有一毫米波雷达,其圆形天线直径为 55 cm,发射波长为 1.36 mm 的毫米波,试计算其波束的角宽度;(2) 将此结果与普通船用雷达的波束的角宽度进行比较,设船用雷达发射波长为 1.57 cm,圆形天线直径为 2.33 m.

（提示：雷达发射的波是由圆形天线发射出去的，可以将之看成从圆孔衍射出去的波，其能量主要集中在艾里斑的范围内，故雷达波束的角宽度就是艾里斑的角宽度.）

5. 一束具有两种波长 λ_1 和 λ_2 的平行光垂直照射到一个衍射光栅上，测得波长 λ_1 的第 3 级主极大与 λ_2 的第 4 级主极大衍射角均为 30°，已知 $\lambda_1 = 560$ nm，求：（1）光栅常量 d；（2）波长 λ_2.

6. 一个每毫米内有 500 条缝的光栅，用钠黄光垂直入射，观察衍射光谱，钠黄光包含两条谱线，其波长分别为 589.6 nm 和 589.0 nm. 求第 2 级光谱中这两条谱线互相分离的角度.

7. 平行光含有两种波长 $\lambda_1 = 400.0$ nm，$\lambda_2 = 760.0$ nm，垂直入射在光栅常量为 $d = 1.0 \times 10^{-3}$ cm 的光栅上，透镜焦距为 $f = 50$ cm，求屏上两种光第 1 级衍射明条纹中心之间的距离.

8. 波长为 $\lambda = 700$ nm 的单色光，垂直入射在平面透射光栅上，光栅常量为 3×10^{-6} m，试问：（1）最多能看到第几级衍射明条纹？（2）若缝宽为 0.001 mm，第几级条纹缺级？

9. 白光（$\lambda_\text{紫} = 400.0$ nm，$\lambda_\text{红} = 760.0$ nm）垂直入射到每厘米内有 4 000 条缝的光栅，试问：利用此光栅可以产生多少级完整的光谱？

习题参考答案

>>> 第十九章

··· 光 的 偏 振

我们已经知道电磁波是横波,电场强度 E(光矢量)和磁场强度 H 都与波的传播方向垂直,并呈右手螺旋关系.在垂直于光波传播方向的平面内,光矢量可能有不同的振动方向,通常将光矢量保持在特定振动方向上的状态称为偏振态,光振动的这种方向特征即光的偏振(polarization).光的干涉和衍射现象揭示了光的波动性,光的偏振现象表明光是横波.本章主要讨论偏振光的产生和检验、偏振光遵从的基本规律、双折射现象以及偏振光的干涉.有关光的吸收、散射和色散等内容请参阅拓展阅读材料.

—— 你知道吗? ——

在电影院观看 3D 立体电影时,观众要戴上一副特制的眼镜,否则银幕上的图像就模糊不清;照相机的镜头常常装有偏振镜,用来消除或减弱被拍摄物体表面的强反射,从而消除或减轻光斑,使拍摄的效果更佳;汽车前照灯上局部覆盖一层特殊的物质就可以达到防眩的目的.这些现象中的奥秘都与本章的知识有关.

19.1　偏振光和自然光

光波是横波,虽然光矢量 E 的振动方向总是与光的传播方向垂直,但光矢量 E 的振动方向相对于光的传播方向来说不一定具有对称性,即光矢量具有振动方向的选择性.而纵波的振动方向总是与波的传播方向平行,故纵波的振动方向是唯一的,不存在偏振性问题.

根据光矢量对传播方向的不对称情形,可将光分为线偏振光、自然光、部分偏振光、椭圆偏振光和圆偏振光.

19.1.1　线偏振光

若光矢量 E 只在垂直于传播方向的平面内沿一个固定方向振动,此即**线偏振光**(linearly polarized light),简称**偏振光**.

光矢量的振动方向与光传播方向构成的平面称为振动面,线偏振光的振动面是固定不动的.线偏振光的表示方法如图 19.1 所示,图中 k 表示光的传播方向.

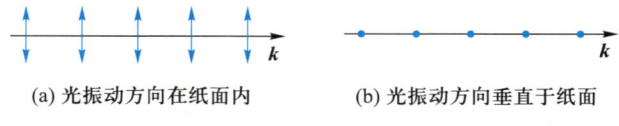

(a) 光振动方向在纸面内　　　(b) 光振动方向垂直于纸面

图 19.1　线偏振光示意图

19.1.2　自然光

普通光源如太阳、白炽灯、钠灯等发光时,组成光源的原子自发或受激辐射光波列是随机的,各个光波列的振动方向、频率和相位不尽相同.在垂直于光传播方向的平面内,光矢量可以在任何方向振动,没有哪一个方向比其他方向更占优势,即在所有的方向上光矢量振动的概率都相等,在所有的方向上光矢量的振幅也相等.这样的光称为自然光(natural light).我们可以将自然光在任意两个相互垂直的方向上分解为振幅相等的两个光矢量,它们的光强都是自然光光强的一半.但是由于自然光中各个光矢量之间无固定的相位关系,所以分解的这两个相互垂直的光矢量之间并无固定的相位关系.

自然光的表示方法如图 19.2 所示,圆点表示垂直于纸面的光振动,带箭头的短线表示在纸面内的光振动,圆点和短线等距离分布,表示这两个方向的光振动强度相同,没有哪一个方向的光振动占优势.

图 19.2　自然光示意图

19.1.3　部分偏振光

若光波中虽包含各种方向的振动,但在某特定方向上的振动占有优势,例如在某一方向上的振幅最大,而在与之垂直的另一方向上的振幅最小,则这种偏振光称为部分偏振光(partially polarized light).这种优势越大,其偏振化程度越高.因此,部分偏振光可看成自然光和光矢量与优势方向同向的线偏振光的合成光.部分偏振光的两个相互垂直的光振动也没有任何固定的相位关系.

部分偏振光的表示方法如图 19.3 所示.

(a) 在纸面内的振动较强　　　(b) 在与纸面垂直的平面内的振动较强

图 19.3　部分偏振光的示意图

若与最大和最小振幅对应的光强分别为 I_{max}、I_{min},则可定义部分偏振光的偏振度(degree of polarization)

$$P = \frac{I_{max} - I_{min}}{I_{max} + I_{min}} \qquad (19.1.1)$$

显然,线偏振光的 $P = 1$,自然光的 $P = 0$,部分偏振光的 $0 < P < 1$,不同的 P 值对应于不同的偏振状态.部分偏振光的光矢量在某一时刻的振动状态如图 19.4 所示,图中光的传播方向垂直于纸面.

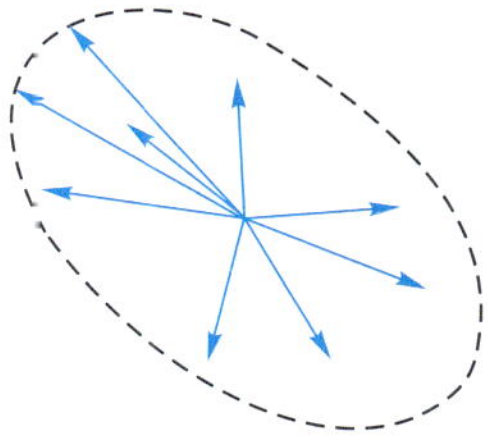

图 19.4　光矢量的振动

19.1.4　圆偏振光和椭圆偏振光

如果在垂直于光传播方向的平面内,光矢量以一定的频率旋转(左旋或右旋),光矢量端点轨迹为椭圆,我们称这种偏振光为椭圆偏振光(elliptically polarized light);如果轨迹为圆,我们称这种偏振光为圆偏振光(circularly polarized light),如图 19.5 所示.根据相互垂直的简谐振动的合成结果,椭圆偏振光可视为两个相互垂直、频率相同、相位差恒定的线偏振光的合成.圆偏振光是椭圆偏振光在其长短轴

演示程序:
偏振光的光矢量振动

演示动画:
左旋光和右旋光

方向两个分振动的振幅相等时的特例.

　　1808 年马吕斯发现了光的偏振现象,这个新的实验事实也是托马斯·杨的光的波动说面临巨大困难的一个重要原因.这是因为惠更斯认为光是纵波,而纵波无法解释光的偏振现象.偏振现象被当成波动说与实验事实相矛盾的重要证据,就像双缝干涉被当成微粒说与实验事实相矛盾的重要证据一样.1817 年托马斯·杨修正了惠更斯波动说中光是纵波的错误,他认为光的振动是垂直于速度传播方向的横向振动,就像绳索上的振动一样.托马斯·杨关于光是横波的思想使光的波动说前进了一大步,比麦克斯韦确立光是电磁波(横波)提早了半个世纪.1821 年菲涅耳用光的横波理论成功地解释了偏振现象,至此光的波动说得以完全确立.

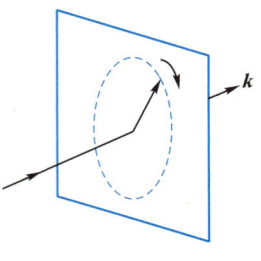

图 19.5　椭圆偏振光

19.2　起偏和检偏　马吕斯定律

19.2.1　起偏和检偏

　　将二向色性的有机晶体(如硫酸碘奎宁、电气石或聚乙烯醇)薄膜在碘溶液中浸泡后,在高温下拉伸、烘干,然后粘在两个玻璃片之间就形成了偏振片.它有一个特定的方向,只让平行于该方向的光振动通过,这一方向称为该偏振片的偏振化方向或透振方向.

　　当自然光通过偏振片时,某一方向上的光矢量被吸收,只有与此方向垂直的光矢量能透过,从而使自然光成为线偏振光,这称为起偏,被用来起偏的偏振片称为

演示实验:
起偏和检偏

起偏器(polarizer).显然,从起偏器透出的线偏振光的光强是入射自然光光强的 $\dfrac{1}{2}$.

　　在光路上放一块偏振片,不仅可以使自然光变成线偏振光,还可以检验某光线是不是偏振光.当以入射光线为轴旋转作为起偏器的偏振片时,在片后观察,若透射的光强不发生变化,则入射到偏振片上的光为自然光;若光强发生从全明到全暗的变化,则可确定入射到偏振片上的光为线偏振光,因此该偏振片可进行检偏,用来进行检偏的偏振片称为**检偏器**(analyzer).

19.2.2　马吕斯定律

　　如图 19.6 所示,一束自然光经过起偏器后,成为一束振幅为 A_0、光强为 I_0 的线偏振光,线偏振光的光矢量振动方向就是起偏器的偏振化方向 OM. 设 α 为起偏器偏振化方向 OM 与检偏器

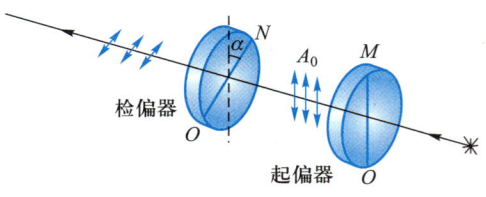

检偏器

起偏器

图 19.6　起偏与检偏

偏振化方向 ON 间的夹角,透过检偏器以后,透射光强变为 I.

将入射到检偏器的光振动分解为平行于和垂直于 ON 的两个分量,垂直于 ON 的分量不能通过检偏器,只有平行于 ON 的分量

$$A = A_0 \cos \alpha$$

才能通过检偏器.因光强正比于光振动振幅的平方,所以从检偏器透射出来的光强 I 与 I_0 之比为

$$\frac{I}{I_0} = \frac{A^2}{A_0^2} = \frac{(A_0 \cos \alpha)^2}{A_0^2}$$

即

$$I = I_0 \cos^2 \alpha \qquad (19.2.1)$$

演示程序:
马吕斯定律

这一关系称为马吕斯(E. L. Malus)定律.

当 $\alpha = 0°$ 或 $180°$,即起偏器和检偏器的偏振化方向平行时,透射光最强,为 I_0. 当 $\alpha = 90°$ 或 $270°$,即起偏器和检偏器的偏振化方向相互垂直时,透射光强为零.当 α 为其他值时,光强介于 0 和 I_0 之间.因此从检偏器透射出来的光强随检偏器的偏振化方向而变化,如图 19.7 所示.

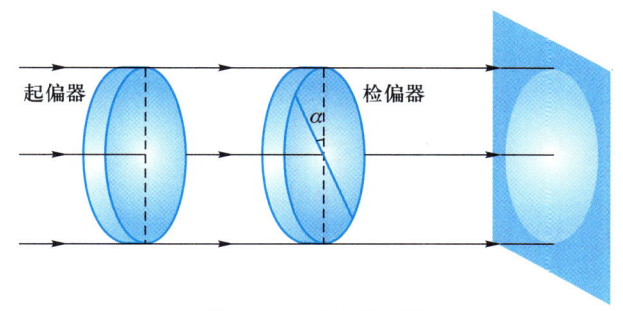

起偏器　　　　　检偏器

图 19.7　马吕斯定律

光的偏振性质和偏振规律不断被人们发现和掌握,相应的在日常生活、生产实践和科学技术中的应用也日益广泛,例如汽车防眩灯、立体电影的拍摄和观看、某些生物的定位功能等.

拓展阅读:
"天极"伽玛暴偏振探测仪

例题 19.1　在两个偏振化方向正交的偏振片之间插入第三个偏振片. (1)当最后透过的光强为入射自然光光强的 $\frac{1}{8}$ 时,求插入的第三个偏振片的偏振化方向;(2)若使最后透射光强为零,则第三个偏振片应怎样放置?

解　(1)设入射的自然光光强为 I_0,则通过第一个偏振片后,光强为 $\frac{I_0}{2}$. 设 α 为插入的第三个偏振片与第一个偏振片偏振化方向之间的夹角,则第二个偏振片与第三个偏振片偏振化方向之间的夹角为 $(90° - \alpha)$. 根据题意和马吕斯定律,光经过三个偏振片后的光强为

例题 19.1 精讲

$$\frac{I_0}{2} \cos^2 \alpha \cdot \cos^2 (90° - \alpha) = \frac{I_0}{8}$$

解得

$$\sin 2\alpha = 1, \quad \alpha = 45°$$

（2）若最后透射出来的光强为零,同理有

$$\frac{I_0}{2}\cos^2\alpha \cdot \cos^2(90°-\alpha) = 0$$

解得

$$\sin 2\alpha = 0$$

即

$$\alpha = 0°\text{或 }\alpha = 90°$$

例题 19.2 一束光是自然光和偏振光的混合光,让它垂直通过一偏振片,若以此入射光束为轴旋转偏振片时,测得透射光强度的最大值是最小值的 5 倍. 求入射光束中,自然光与线偏振光的光强比值.

解 设入射光束中自然光光强为 I_0,线偏振光的光强为 I_1,则入射光垂直通过偏振片后的最大光强和最小光强分别为

$$I_{max} = \frac{1}{2}I_0 + I_1$$

$$I_{min} = \frac{1}{2}I_0$$

又因透射光强的最大值是最小值的 5 倍,

$$I_{max} = 5I_{min}$$

所以入射光中的自然光与线偏振光的光强比值为

$$\frac{I_0}{I_1} = \frac{1}{2}$$

19.3 反射和折射时的偏振

19.3.1 反射光和折射光的偏振

早在 1809 年马吕斯就发现,当自然光在两种各向同性介质的分界面上反射、折射时,不仅光的传播方向要改变,而且光的偏振状态也要改变. 反射光和折射光不再是自然光,折射光变为部分偏振光,反射光一般也是部分偏振光. 反射光中垂直于入射面的光振动强于平行于入射面的光振动,折射光中平行于入射面的光振动强于垂直于入射面的光振动,如图 19.8 所示.

19.3.2 布儒斯特定律

布儒斯特在 1812 年发现,自然光入射到两种介质的分界面,当入射角的正切等

于介质的相对折射率时,反射光线变为线偏振光,并且折射光和反射光的传播方向相互垂直.实验和麦克斯韦电磁理论均表明:此时反射光中只有垂直于入射面的光振动,为线偏振光,而折射光仍为部分偏振光,如图 19.9 所示.

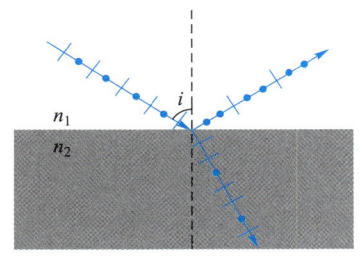 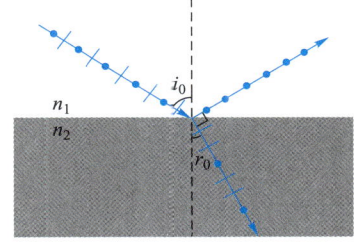

图 19.8　反射光和折射光的偏振　　　　图 19.9　布儒斯特定律

使反射光变为线偏振光的入射角 i_0 称为起偏角,此时的折射角为 r_0,如上所述,折射光和反射光的传播方向相互垂直,应满足关系 $i_0 + r_0 = 90°$.根据折射定律

$$n_1 \sin i_0 = n_2 \sin r_0 = n_2 \cos i_0$$

得

$$\tan i_0 = \frac{n_2}{n_1} \qquad\qquad (19.3.1)$$

式中,n_1 和 n_2 分别为上、下介质的折射率,这一关系称为**布儒斯特**(D. Brewster)**定律**,因此起偏角 i_0 又称**布儒斯特角**.例如,已知某种玻璃相对于空气的折射率为 $n = 1.6$,则它的布儒斯特角 $i_0 = 58°$.

当自然光以起偏角入射到两种介质的分界面时,反射光为偏振光,折射光仍为部分偏振光.对处于空气中的一般玻璃,反射光的光强约占入射光光强的 7%,仅占很小一部分.由此可见,入射光中垂直于入射面的绝大部分光振动能量和平行于入射面的全部光振动能量,都被折射进入第二种介质,因此折射光比反射光的光强大得多.

为了增强反射光的强度和提高折射光的偏振化程度,可以让自然光通过由许多相互平行的相同玻璃片组成的玻璃片堆,如图 19.10 所示.当自然光以布儒斯特角入射到这个玻璃片堆时,垂直于入射面的振动在每一个分界面上都要被反射掉一部分,而与入射面平行的振动都不被反射.这样除反射光为偏振光外,多次折射后的折射光的偏振化程度将越来越高,最后也非常接近线偏振光,但反射和折射偏振光的振动面相互垂直.利用光在反射和折射时的偏振特性,也可以制作起偏和检偏的装置.

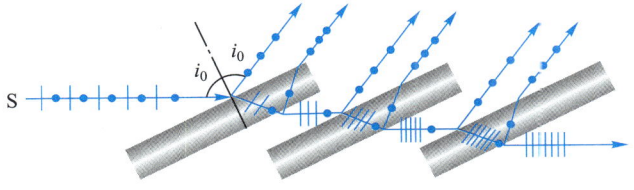

图 19.10　光通过玻璃片堆的偏振

▶ 演示动画:
玻璃片堆

拍摄表面光滑的物体,如玻璃器皿、水面、油漆表面等时,常常会出现耀斑或反光,这是由反射光波的干扰而引起的.如果在拍摄时加用偏振镜,并适当地旋转偏振镜的镜片,让它的偏振化方向与反射光波的光振动方向垂直,就可以减弱反射光,使影像清晰.

到达地球上空的太阳光并不完全是从太阳直接照射的,部分是从其他行星反射来的,因此我们观察到的太阳光并不是真正的自然光.如果我们通过一个偏振片来观察太阳光,将发现来自天空的太阳光是部分偏振光.天文学家根据从行星表面反射的太阳光的偏振性质,推断出金星表面覆盖着水或冰,并确定土星光环是由冰晶所组成的.

由于人造目标表面较光滑,它的反射偏振化程度通常与背景的反射偏振化程度不同,因此利用光在不同物体表面反射时的偏振特性,可以进行目标识别.偏振探测技术是近年来发展起来的新型遥感探测技术,偏振成像可以增加目标物的信息量,在某种程度上能大大提高目标探测和地物识别的准确度,是其他探测手段无法替代的新型对地探测技术,具有重大科学意义和很高的军事价值.

例题 19.3 如图所示,将一介质平板放在水中,板面与水平面的夹角为 θ. 已知 $n_水 = 1.333$,$n_介 = 1.681$,现欲使水面和介质平板的反射光均为线偏振光,问:θ 应为多少?

解 根据布儒斯特定律,在空气和水面的分界面上的布儒斯特角 i_1 满足

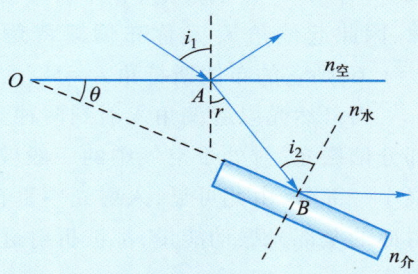

例题 19.3 图

$$\tan i_1 = \frac{n_水}{n_空} = n_水 = 1.333$$

由此解得

$$i_1 = 53.12°$$

同样,在水面和介质的分界面上的布儒斯特角 i_2 满足

$$\tan i_2 = \frac{n_介}{n_水} = \frac{1.681}{1.333} = 1.261$$

由此解得

$$i_2 = 51.58°$$

在空气和水面的分界面上光线的折射角 $r = 90° - i_1$,故在三角形 OAB 中,有

$$\theta + (90° + r) + (90° - i_2) = 180°$$

$$\theta = i_2 - (90° - i_1) = 53.12° + 51.58° - 90° = 14.7°$$

即若使板面与水面的夹角为 14.7°,光线以 53.12° 入射,两束反射光将均为线偏振光.

* 19.4　双折射与光的偏振

19.4.1　双折射现象

一束光线在两种各向同性介质的分界面上发生折射时,只有一束折射光,且满足折射定律.而对于一些各向异性的介质,如方解石、石英等天然晶体,当自然光沿任意方向入射到晶体表面上时,将在晶体内沿两个不同方向产生两束折射光,所以通过这种晶体观察物体时,一般会出现两个像,如图 19.11(a)所示,这就是晶体的双折射(birefringence)现象.

📱 演示实验:双折射现象

1. 寻常光和非常光

双折射时产生的两束折射光是振动方向互不相同的偏振光,实验证明,其中一束偏振光遵循折射定律,称为寻常光或 o 光(ordinary light),另一束不遵循折射定律,称为非常光或 e 光(extraordinary light),如图 19.11(b)所示. e 光可以不在入射平面内,当方解石晶体以垂直于分界面的入射光线为轴旋转时,o 光不动,e 光围绕 o 光旋转.

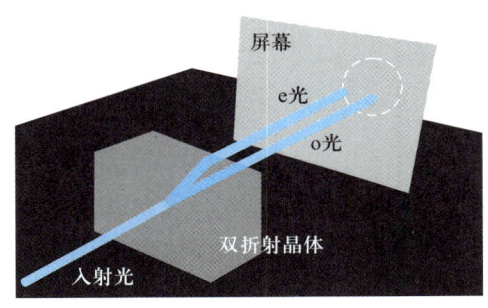

(a) 双折射现象

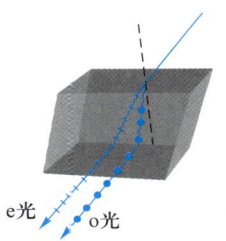

(b) 寻常光和非常光

图 19.11　晶体的双折射

o 光、e 光只有在晶体内部才有意义,当它们射出晶体后就无所谓 o 光、e 光了,这时它们仅是两束振动方向不同的线偏振光而已.不过为表述方便,在它们从晶体射出后仍将它们标记为 o 光和 e 光.

2. 光轴和主截面

产生双折射现象的原因是 o 光和 e 光在晶体内有不同的传播速度.实验表明,在晶体中还存在某些特殊方向,当光沿该方向传播时,o 光、e 光将沿相同方向以相同速度传播,因而没有双折射现象,这个方向称为晶体的光轴(optical axis),如图 19.12 所示.

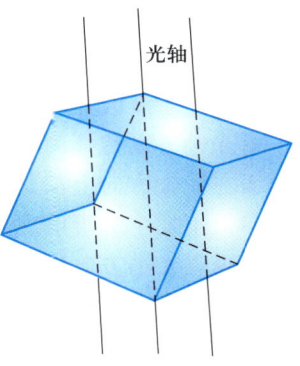

图 19.12　光轴

有些晶体仅有一个光轴,如方解石、石英,称为单轴晶体;有些晶体有两个光轴,如云母、硫黄,称为双轴晶体.这里只讨论单轴晶体.

当光线在晶体的某一表面入射时,此表面的法线与晶体的光轴所构成的平面称为**主截面**(principal section).对晶体的每一个表面,其法线和光轴可以有无数条,故对晶体的一个表面来说,主截面是由许多平行平面构成的平面族.方解石的主截面在晶体内是一个平行四边形,如图 19.13 所示.

3. o 光主平面和 e 光主平面

光在单轴晶体内传播时,由光轴和 o 光光线构成的平面为 o 光主平面,o 光振动方向垂直于它的主平面;由光轴和 e 光光线构成的平面为 e 光主平面,e 光振动方向平行于它的主平面.在图 19.14 中,请注意观察光轴、o 光主平面、e 光主平面、o 光振动方向、e 光振动方向的方位.

若光轴在入射面内,实验发现,o 光、e 光均在入射面内传播,因此它们的主平面重合,并且就是入射面,故此时 o 光、e 光的振动方向相互垂直.

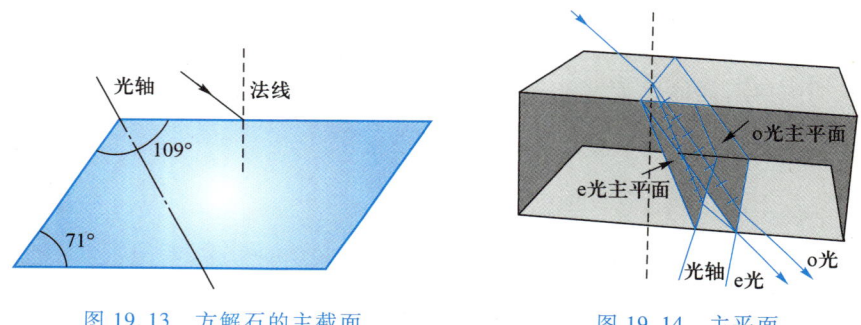

图 19.13 方解石的主截面　　　　　图 19.14 主平面

一般来说,o 光主平面和 e 光主平面不一定重合,在大多数情况下这两个主平面间的夹角很小,因而可以近似认为 o 光和 e 光的振动方向互相垂直.

19.4.2　双折射现象的解释

各向异性晶体内发生的双折射现象,可以由晶体结构和光的电磁理论加以严格的理论解释,这里仅利用惠更斯原理来定性地解释光的双折射现象.

o 光在晶体内沿各个方向的传播速度相同,而 e 光的传播速度要随方向改变.因此根据惠更斯原理,在晶体内任意点,o 光发出的 o 光子波波阵面是球面,而 e 光发出的 e 光子波波阵面是旋转椭球面,如图 19.15 所示.

沿光轴方向传播时,e 光与 o 光具有相同的速率,因此在任何时刻 o 光、e 光的波阵面在光轴方向上都是相切的,它们以相同的速度 v_o 沿同一方向传播,因此在光轴方向上不发生双折射现象.

沿垂直光轴方向传播时,o 光、e 光虽仍沿同一方向传播,但实验发现,此时两光的速度相差最大.我们用 v_e 表示在与光轴垂直方向上的 e 光传播速度,并定义 $n_e = \dfrac{c}{v_e}$ 为 e 光的主折射率,因而 e 光的主折射率 n_e 与 o 光折射率 $n_o = \dfrac{c}{v_o}$ 相差也最大.折

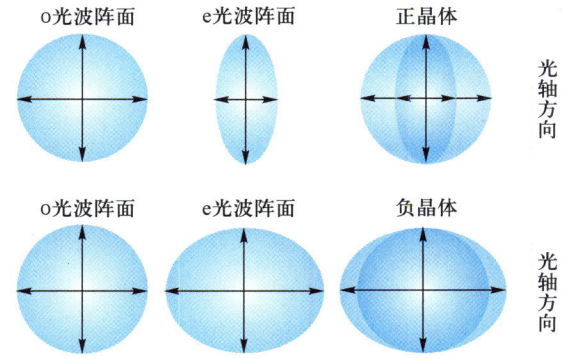

图 19.15　正晶体和负晶体的波阵面

射率 n_o 和折射率 n_e 是由晶体材料决定的常量. 在与光轴垂直的方向上, o 光、e 光传播速度不同, 故仍有双折射现象, 并且 o 光、e 光在该方向传播相同的几何路程时将产生光程差.

在其他方向上, e 光的传播速率介于 v_o 和 v_e 之间, 产生双折射现象.

通常根据 v_o 和 v_e 的大小关系将双折射晶体分为两类. 对于石英一类的晶体, $v_o > v_e$, 故 $n_o < n_e$, 此类晶体称为正晶体. 对于方解石一类的晶体, $v_o < v_e$, 故 $n_o > n_e$, 此类晶体称为负晶体.

图 19.15 上半部、下半部分别画出了正晶体和负晶体中的 o 光子波波阵面和 e 光子波波阵面, 以及两个波阵面之间的相切关系.

19.4.3　晶体双折射的惠更斯作图法

根据惠更斯原理, 当自然光入射到晶体表面上时, 其波阵面上的每一点都可以视为发射子波的点波源, 它们向晶体内发射球面的 o 光子波和椭球面的 e 光子波. 作出所有球面子波的包络面就得到 o 光的波阵面; 作出所有椭球面子波的包络面就得到 e 光的波阵面. 根据 o 光、e 光的波阵面分别画出波线, 即得 o 光、e 光在晶体内的传播方向.

根据以上所述, 我们就可以用作图法画出 o 光、e 光在单轴晶体内的传播方向. 下面仅以两种较为简单的情形为例加以说明.

图 19.16 所示的是平行光垂直正入射到负晶体时的情况. 此时光轴在入射面内, 且光轴平行于晶体表面, 在晶体内的 o 光、e 光都沿原入射方向传播, 但偏振方向相互垂直. 晶体表面就是入射光的一个波阵面, 将其上各点当作发射子波的点波源, 点波源发出球面的 o 光子波(实线)和椭球面的 e 光子波(虚线). 所有球面 o 光子波的包络面就是 o 光的波阵面, 所有椭球面 e 光子波的包络面就是 e 光的波阵面. 由于 o 光、e 光在与光轴垂直方向上的传播速度和折射率都不相等, 因而 o 光和 e 光的波阵面并不重合, 对于负晶体而言, e 光的波阵面在 o 光的波阵面之前, 它们相互平行. 须注意, 这种情形与光在晶体中沿光轴方向传播时的情况是不同的.

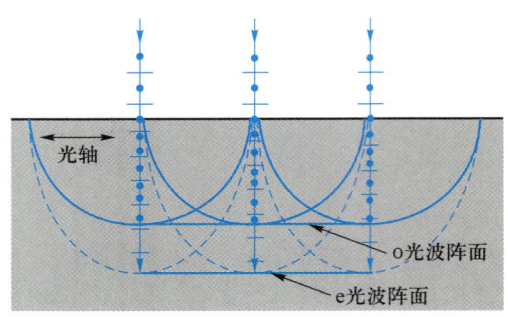

图 19.16　惠更斯作图法（一）

图 19.17 所示的是平行光斜入射到正晶体时的情况.此时光轴在入射面内,且与晶体表面斜交.在晶体内的 o 光、e 光传播方向不同,但偏振方向相互垂直.入射平行光的波阵面与入射光垂直,故斜入射时晶体表面不再处于入射光的同一个波阵面上,或者说同一个波阵面上的各点进入晶体的时间依次落后,波阵面上先入射到晶体表面的点先在晶体内发出子波.当入射波的某个波阵面全部进入晶体时,就在晶体内形成了如图 19.17 所示的 o 光球面子波（实线）和 e 光椭球面子波（虚线）.所有球面 o 光子波的包络面就是 o 光的波阵面,所有椭球面 e 光子波的包络面就是 e 光的波阵面.对于正晶体而言,o 光的波阵面在 e 光的波阵面之前,它们并不平行.根据 o 光和 e 光的波阵面,就可以画出它们的波射线,即传播方向.

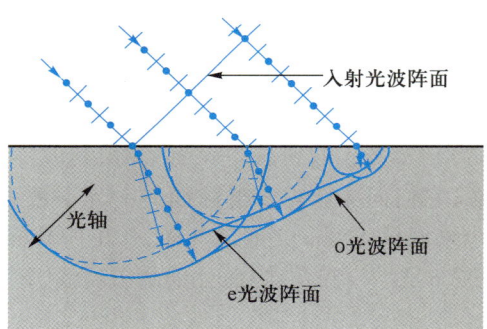

图 19.17　惠更斯作图法（二）

19.4.4　尼科耳棱镜

利用晶体的双折射性质,可以将晶体制成棱镜以获得单一的线偏振光.尼科耳（W. Nicol）棱镜就是常用的一种.

如图 19.18 所示,将一块长宽比约为 3∶1 的方解石晶体两端的天然晶面磨去一部分,使棱镜主截面平行四边形 *ABCD* 的其中一角打磨成 68°,然后沿通过对角线 *AC* 并与 *ABCD* 垂直的方向切开成两块直角棱镜,再用加拿大树胶黏合,就成了尼科耳棱镜.

自然光沿棱镜长边方向从 *AD* 面入射后,在前半个棱镜中形成 o 光和 e 光,它

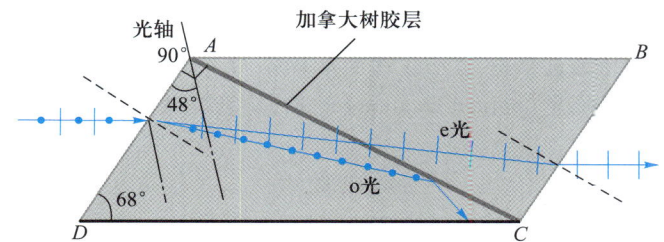

图 19.18　尼科耳棱镜

们都在主截面内. 由于树胶的折射率为 1.55, 介于方解石晶体的 $n_o = 1.658$ 和 $n_e = 1.486$ 之间, 因此当 o 光和 e 光到达树胶层 AC 时, o 光就以大于全反射临界角的入射角在树胶层发生全反射, 被 DC 面的涂料吸收, 而 e 光则不能发生全反射, 因此它能透过 AC 面, 进入后半个棱镜, 出射后就成为振动方向与主截面平行的线偏振光.

在实验中常用尼科耳棱镜作为起偏器和检偏器, 不过这时起偏器和检偏器的偏振化方向之间的夹角应为两个尼科耳棱镜主截面之间的夹角.

19.4.5　人为双折射与旋光现象

某些各向同性的非晶体, 如塑料、玻璃、环氧树脂、溶液等, 在人为施加的外力或外场作用下变为各向异性从而产生的双折射现象, 称为人为双折射. 人为双折射主要有光弹效应和电光效应等.

对于一些各向同性的透明材料(塑料、玻璃等), 如果内部存在应力, 则会产生双折射现象, 这就是**光弹效应**(photoelastic effect). 实验发现, 在一定应力范围内, 主折射率之差 $(n_o - n_e)$ 与应力 τ 成正比, 即

$$n_o - n_e = k\tau \tag{19.4.1}$$

式中, k 是材料的应力光学系数. 通过偏振光的干涉, 人们从干涉条纹就可以分析透明材料中的应力分布. 利用这种效应的测试方法具有快速、准确、高效、简便等特点. 这方面的研究已形成了一门在工程技术中应用广泛的学科——光测弹性力学.

在强大外电场作用下, 非晶体或溶液具有双折射的现象称为**克尔效应**(Kerr effect), 其主折射率之差 $(n_o - n_e)$ 与电场强度 E 的平方及光在真空中的波长 λ 成正比, 即

$$n_o - n_e = kE^2\lambda \tag{19.4.2}$$

式中, k 是克尔常量, 在 $\lambda = 589.3$ nm(黄色光)时, 水的克尔常量为 5.10×10^{-4} m·V^{-2}. 这是一种电光效应. 克尔效应的电光响应时间极短, 随着电场的建立与消失, 双折射现象也很快地产生和消失, 其间的时间延迟小于 10^{-9} s, 因此这种效应广泛用于高速摄影、光速测距、激光电视、激光通信等技术上.

而一些单轴晶体在外电场作用下变为双轴晶体的现象称为**泡克耳斯效应**(Pockels effect), 与克尔效应不同, 这一效应的折射率的变化与外电场的一次方成正比, 所以也将它称为晶体的线性电光效应. 泡克耳斯效应的响应时间也很短, 与克尔效应相比, 线性电光效应在电光转换中较易实现. 泡克耳斯效应可用于制造超

高速开关、信息处理、显示技术自动化等方面.

另外,当偏振光透过某些旋光性物质如糖溶液、某些药液时,偏振光的偏振面将发生偏转,这就是旋光(optical rotation)现象,旋转角度 φ 与旋光性物质的性质、厚度、浓度等有关:

$$\varphi = \alpha d \text{(固体)} \tag{19.4.3}$$

$$\varphi = \alpha c d \text{(液体)} \tag{19.4.4}$$

式中,α 称为物质的旋光率,d 为光在物质中经过的距离,c 是液体的浓度. 旋光性物质造成的光矢量振动面的旋转有右旋和左旋两种. 面对着光源观察时,使光矢量振动面顺时针旋转的旋光性物质是右旋物质,如葡萄糖溶液;使光矢量振动面逆时针旋转的旋光性物质是左旋物质,如蔗糖溶液. 利用液体的旋光效应可快速准确测定溶液浓度. 例如制糖工业中用于测量糖溶液浓度的糖量计,就是根据糖溶液的旋光性而设计的一种仪器.

*19.5　偏振光的干涉

19.5.1　椭圆偏振光和圆偏振光

将石英、云母等双折射晶体沿平行于光轴方向切割成一定厚度的晶片,使其晶面与光轴平行,这样的双折射晶片也称为波片(wave plate)或相位延迟片.

自然光垂直入射到上述晶片的表面后,在晶体内 o 光、e 光都沿原入射方向传播,但传播速度不同,振动方向相互垂直(参见图 19.16). 由于在晶体内 o 光、e 光之间没有恒定的相位差,故从晶体中出来的仍然是自然光. 如果入射的是线偏振光,结果又将如何呢?

如图 19.19 所示,设一束垂直入射的线偏振光的振幅为 A,其振动方向与晶片光轴之间的夹角为 α,晶片的厚度为 d. 线偏振光射入晶片后,就分解为沿同一方向传播的 o 光(光矢量垂直于光轴)和 e 光(光矢量平行于光轴). o 光、e 光的振幅分别为

$$A_o = A \sin \alpha$$

$$A_e = A \cos \alpha$$

晶片内 o 光和 e 光仍沿入射方向传播,但由于它们在晶体内沿垂直于光轴方向的传播速度不同,所以当它们穿过厚度为 d 的波片时,两者之间将产生光程差

$$\delta = (n_o - n_e) d \tag{19.5.1}$$

相应的相位差为

$$\Delta \varphi = (n_o - n_e) d \frac{2\pi}{\lambda} \tag{19.5.2}$$

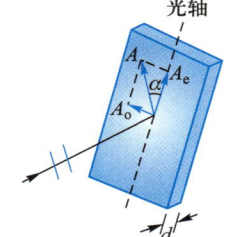

图 19.19　线偏振光垂直入射波片

因此可见,波片可以将垂直入射的线偏振光分解成两束同频率、相互垂直振动的 o 光和 e 光,它们沿同一方向传播,波片厚度 d 决定了从波片射出后两束光之间相位差的大小.

能使 o 光和 e 光产生的光程差为 $\dfrac{\lambda}{4}$ 的奇数倍,或相位差为 $\dfrac{\pi}{2}$ 的奇数倍的晶片,称为 $\dfrac{1}{4}$ 波片(quarter wave plate). $\dfrac{1}{4}$ 波片的厚度满足关系:

$$| n_o - n_e | d = (2k+1) \frac{\lambda}{4}, \quad k = 0,1,2,\cdots \qquad (19.5.3)$$

最薄的 $\dfrac{1}{4}$ 波片厚度为

$$d = \frac{\lambda}{4 | n_o - n_e |}$$

能使 o 光和 e 光产生的光程差为 $\dfrac{\lambda}{2}$ 的奇数倍,或相位差为 π 的奇数倍的晶片,称为半波片(half-wave plate)或 $\dfrac{1}{2}$ 波片.半波片的厚度满足关系:

$$| n_o - n_e | d = (2k+1) \frac{\lambda}{2}, \quad k = 0,1,2,\cdots \qquad (19.5.4)$$

最薄的半波片厚度为

$$d = \frac{\lambda}{2 | n_o - n_e |}$$

综上所述,垂直入射的线偏振光从晶片射出后就变成了同频率、有恒定相位差、振动方向相互垂直的两束光.根据 19.1 节中椭圆偏振光和圆偏振光的定义,传播方向相同的这两束光在射出晶体后,传播速度变为相同,它们在一起可以合成为椭圆偏振光或圆偏振光.因此,可利用波片来产生椭圆偏振光、圆偏振光或改变入射光的偏振态.

若波片为 $\dfrac{1}{4}$ 波片,且使 $\alpha = \dfrac{\pi}{4}$,则 o 光和 e 光从波片射出后将成为沿同一方向传播、同频率、同振幅、振动方向相互垂直且相位差等于 $\pm\dfrac{\pi}{2}$ 的两束光.类似于两个振动方向相互垂直的同频率简谐振动的合成,上述两束光在射出晶片后将合成为圆偏振光.

一般情况下,o 光和 e 光从 $\dfrac{1}{4}$ 波片射出后将成为沿同一方向传播、同频率、振动方向相互垂直且相位差等于 $\pm\dfrac{\pi}{2}$ 的两束光,但它们的振幅不相等.类似于两个振动方向相互垂直的同频率简谐振动的合成,上述两束光在射出晶片后将合成为椭圆偏振光.

因此,椭圆偏振光和圆偏振光都可等效为两个具有恒定相位差、相同振动频率、振动方向相互垂直的线偏振光的合成.

椭圆偏振光或圆偏振光在每一瞬间各有自己特定的振动方向,所以它们也是光的一种偏振状态,但这种合成光的光矢量在传播过程中,其振动方向绕着波线旋转,在垂直于波线的平面内,可以看出光矢量的端点是按照椭圆或圆的轨迹旋转的. 由于在射出晶片后两束光的相位差为 $\pm\dfrac{\pi}{2}$,故上述椭圆的一个主轴就是 $\dfrac{1}{4}$ 波片的光轴.

一般地,若光入射到一定厚度的晶片,则 o 光和 e 光从晶片射出后将成为沿同一方向传播、同频率、振动方向相互垂直、相位差由式(19.5.2)确定的两束光. 它们合成的结果是一般的椭圆偏振光,晶片的光轴一般不是椭圆的主轴,椭圆的形状和光矢量的旋转方向取决于 o 光和 e 光的振幅及相位差,如图 19.20 所示.

演示程序:
波片与椭圆偏振光

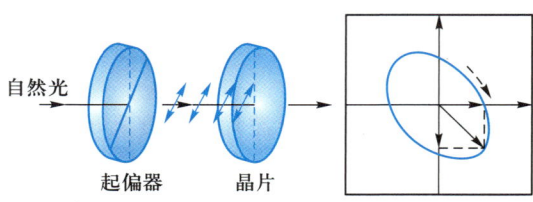

图 19.20　椭圆偏振光的形成

我们可以用检偏器来区分圆偏振光和椭圆偏振光. 由于圆偏振光的光矢量端点在垂直于光传播方向的平面内描绘出圆形轨迹,因此检偏器旋转一周,光强无变化. 由于椭圆偏振光光矢量端点在垂直于光传播方向的平面内描绘出椭圆轨迹,因此检偏器旋转一周,光强有两强两弱的变化.

如果使用半波片,它可使入射的线偏振光在波片内产生的 o 光和 e 光从波片射出后的相位差为 π,因此射出后的光仍然合成为线偏振光,只是其振动方向相对于原来入射线偏振光的振动方向转过了 2α 角度.

例题 19.4　一般说来,用一个已知偏振化方向的偏振片 P 和一个已知光轴方向的 $\dfrac{1}{4}$ 波片,就可从观察出射光强度变化中鉴别出入射光的偏振状态.试说明鉴别方法.

解　鉴别可分步进行.

第一步　只用偏振片. 让偏振片垂直于入射光、并以光线为轴旋转,如图(a)所示.在偏振片转动一周的过程中,若出射光:

(1)有两明两无(无光)变化,则入射光为线偏振光.

(2)无明暗变化,则入射光为自然光或圆偏振光.

(3)有两明两暗(有光但较暗)变化,则入射光为部分偏振光或椭圆偏振光,这时可利用偏振片找出入射通过时的最亮(或最暗)位置.

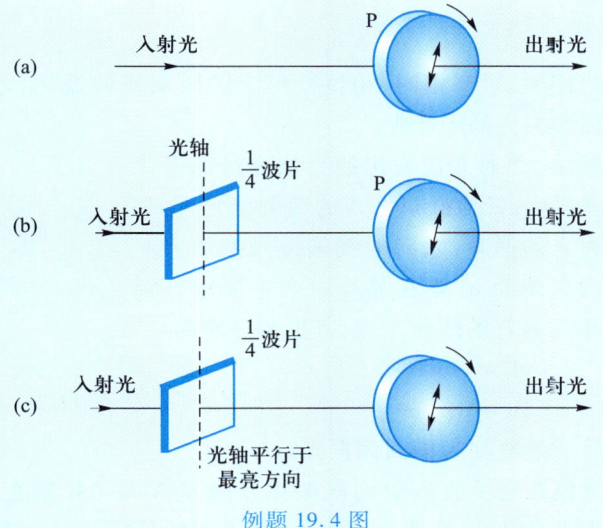

例题 19.4 图

第二步　在偏振片之前插入 $\frac{1}{4}$ 波片,再让偏振片以入射光线为轴旋转,如图(b)所示.在偏振片转动一周的过程中,若其出射光:

（1）无明暗变化,则入射光为自然光.因为自然光通过任何晶片后仍为自然光.

（2）有两明两无变化,则入射光为圆偏振光.这是因为圆偏振光是由两个振动方向相互垂直而振幅相等、相位差为 $\frac{\pi}{2}$ 的线偏振光合成的,经 $\frac{1}{4}$ 波片后又产生 $\frac{\pi}{2}$ 的相位差,所以总相位差为 0 或 π,这时圆偏振光经 $\frac{1}{4}$ 波片后已变为线偏振光.

（3）有两明两暗变化,则入射光为部分偏振光或椭圆偏振光.

由第一步可鉴别出线偏振光,第二步可鉴别出自然光和圆偏振光.若入射光为部分偏振光或椭圆偏振光,需进行第三步鉴别.

第三步　同第二步,但要使 $\frac{1}{4}$ 波片的光轴与第一步中找到的最亮（或最暗）方位一致,这时对椭圆偏振光来说,它的长轴与光轴方向一致,如图（c）所示.这时入射的椭圆偏振光对 $\frac{1}{4}$ 波片的光轴形成一正椭圆偏振光,它由相位差为 $\frac{\pi}{2}$ 的两个振动方向相互垂直的线偏振光合成,经 $\frac{1}{4}$ 波片后又产生 $\frac{\pi}{2}$ 的相位差,所以总相位差为 0 或 π,这表明,此时椭圆偏振光经 $\frac{1}{4}$ 波片后已变为线偏振光.因此,在转动偏振光时若有两明两无变化,则入射光为椭圆偏振光,否则为部分偏振光.

19.5.2　偏振光的干涉

只有振动方向相同、频率相同、相位差恒定的两束线偏振光，才会出现干涉现象. 那么，如何实现偏振光的干涉呢？

如图 19.21 所示，普通光源发出的自然光经偏振化方向为 OM 的起偏器后，变为振幅为 A 的线偏振光，再垂直入射到一厚度为 d 的晶片，入射的线偏振光振动方向与晶片光轴之间的夹角为 α. 则在晶片内产生振幅分别为 A_o 和 A_e、方向相互垂直的线偏振光，其振幅分别为

$$A_o = A\sin\alpha$$

$$A_e = A\cos\alpha$$

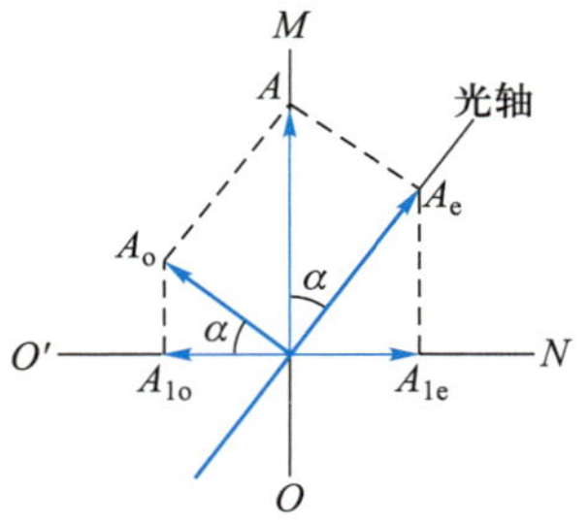

图 19.21　偏振光干涉原理图

它们在射出晶片后一般叠加为椭圆偏振光.

如果再将椭圆偏振光垂直入射到偏振化方向 $O'N$ 与 OM 垂直的检偏器上，椭圆偏振光的两个垂直振动 A_o 和 A_e 只有沿 $O'N$ 方向的分量才可以透过检偏器，而且所透过的两分振动的振幅矢量 $\boldsymbol{A}_{1o}$ 和 $\boldsymbol{A}_{1e}$ 的方向相反. 由图 19.21 可知，A_{1o} 和 A_{1e} 的大小为

$$\begin{aligned} A_{1o} &= A\sin\alpha\cos\alpha \\ A_{1e} &= A\sin\alpha\cos\alpha \end{aligned} \tag{19.5.5}$$

因此，椭圆偏振光经过检偏器后成为两束振动方向相同、振幅相等、相位差恒定的线偏振光，它们是相干光. 因此在视场中就可观察到光强加强或减弱的干涉现象.

透过检偏器的两分振动的相位差除了与晶片厚度有关的相位差[式(19.5.2)]，还有一个因振幅矢量 $\boldsymbol{A}_{1o}$ 和 $\boldsymbol{A}_{1e}$ 的方向相反而产生的附加相位差 π，所以

$$\Delta\varphi = (n_o - n_e)d\frac{2\pi}{\lambda} + \pi \tag{19.5.6}$$

因此得到光强最强（视场最亮）和最弱（视场变暗）的条件：

$$\begin{aligned} &(n_o - n_e)d = (2k+1)\frac{\lambda}{2}, \quad k = 0, \pm1, \pm2, \cdots, \quad \text{最强} \\ &(n_o - n_e)d = k\lambda, \quad k = \pm1, \pm2, \pm3, \cdots, \quad \text{最弱} \end{aligned} \tag{19.5.7}$$

根据同方向振动的合成，可得合振幅为

$$A' = \sqrt{A_{1o}^2 + A_{2e}^2 + 2A_{1o}A_{2e}\cos\Delta\varphi} = A\sin 2\alpha\left|\cos\frac{\Delta\varphi}{2}\right|$$

由上式得到干涉光的光强为

$$I = I_0\sin^2 2\alpha\cos^2\frac{\Delta\varphi}{2} \tag{19.5.8}$$

式中，I_0 是入射到晶片的偏振光强度.

由上式可知，对于一定波长的入射光，观察屏上干涉光的明暗由晶片厚度和晶片的光轴方向决定. 如图 19.22 所示，当晶片厚度连续可调或者连续转动光轴方向时，在观察屏上将发生整体的由明到暗、再由暗到明的周期性光强变化，这就是偏

振光干涉的结果.

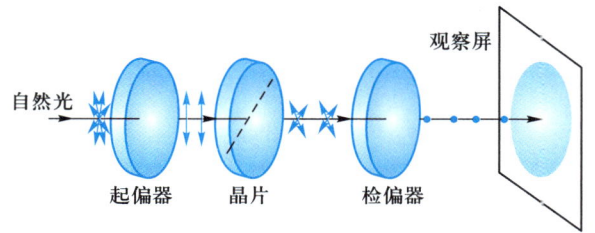

图 19.22   偏振光的干涉

当晶片的厚度不均匀时,则从晶片不同厚度处射出的两束光的相位差各不相同,故屏上出现明暗相间的不规则条纹分布,例如当晶片为楔形时,则可得到一系列明暗相间的干涉直条纹.

当使用白光光源时,对不同波长的干涉最强和最弱的条件各不相同,因此当波片的厚度一定时,视场中将出现一定的色彩. 这就是色偏振(chromatic polarization)现象. 当晶片为楔形时,屏上将出现白光的光谱. 由色偏振原理制成的偏光显微镜广泛应用于地质、冶金工业中,如进行矿石鉴别、晶体结构分析.

例题 19.5   两正交偏振片之间的晶片厚度为 $d=0.025$ mm,对 o 光的折射率和 e 光的主折射率之差 $n_o - n_e = 0.172$(认为该差值不随波长改变),则在可见光范围内,屏上将缺少哪些波长的光?

解   根据式(19.5.7)第二式表示的偏振光干涉减弱条件,有

$$k = \frac{(n_o - n_e)d}{\lambda}$$

将可见光长波极限 $\lambda = 760.0$ nm 代入,得

$$k = \frac{0.172 \times 2.5 \times 10^{-5}}{760 \times 10^{-9}} = 5.8$$

同理,将可见光短波极限 $\lambda = 400.0$ nm 代入得 $k = 10.8$. 由此可见,可取的 k 值为 $k = 6,7,8,9,10$. 再将可取的 k 值分别代入偏振光干涉减弱条件式(19.5.7)的第二式,得到屏上消失的波长依次为 716.7 nm、614.3 nm、537.5 nm、477.8 nm、430.0 nm.

内容提要

1. 偏振光和自然光

光波是横波,根据光矢量的偏振情况,可将光分为线偏振光、自然光、部分偏振光、椭圆偏振光和圆偏振光.

2. 起偏和检偏

利用偏振片或尼科耳棱镜可产生和检验偏振光.

马吕斯定律: $I = I_0 \cos^2 \alpha$

3. 反射光和折射光的偏振

自然光入射时,反射光和折射光一般是部分偏振光.当入射角等于起偏角 i_0 时,折射光和反射光的传播方向相互垂直,反射光是光振动垂直于入射面的线偏振光,折射光是以平行于入射面的光振动为主的部分偏振光.

布儒斯特定律:
$$\tan i_0 = \frac{n_2}{n_1}$$

4. 双折射现象

当光入射到双折射晶体后,将在晶体内产生沿两个不同方向传播的 o 光和 e 光,它们都是线偏振光.

晶体内已知光线与光轴构成的平面为该光的主平面,o 光振动方向垂直于它的主平面,e 光振动方向平行于它的主平面.

根据惠更斯原理,可以采用作图法确定 o 光、e 光在单轴晶体内的传播方向.

人为双折射是介质在人为施加的外力或外场作用下变为各向异性从而产生的双折射现象.

*5. 波片 椭圆偏振光和圆偏振光

$\frac{1}{4}$ 波片:能使 o 光和 e 光产生的光程差为 $\frac{\lambda}{4}$ 的奇数倍或相位差为 $\frac{\pi}{2}$ 的奇数倍的晶片.

半波片或 $\frac{1}{2}$ 波片:能使 o 光和 e 光产生的光程差为 $\frac{\lambda}{2}$ 的奇数倍或相位差为 π 的奇数倍的晶片.

垂直入射到晶片的线偏振光从晶片射出后变成了同频率、有恒定相位差、振动方向相互垂直的两束光,它们在一起可以合成为椭圆偏振光或圆偏振光.

*6. 偏振光的干涉

椭圆偏振光经过检偏器后成为两束振动方向相同、振幅相等、相位差恒定的线偏振光,它们可产生光强加强或减弱的干涉现象.

习题

一、选择题

1. 把两块偏振片一起紧密地放置在一盏灯前,使得后面没有光通过.当把一块偏振片旋转 180° 时会发生何种现象?　　　　　　　　　　　　　　　(　)

A. 光强先增加,然后减小到零

B. 光强始终为零

C. 光强先增加后减小,然后再增加

D. 光强增加,然后减小到不为零的极小值

2. 强度为 I_0 的自然光通过两个偏振化方向互相垂直的偏振片后,出射光强度

为零.若在这两个偏振片之间再放入另一个偏振片,且其偏振化方向与第一个偏振片的偏振化方向夹角为 30°,则出射光强度为 （ ）

A. 0　　　　　B. $\dfrac{3I_0}{8}$　　　　　C. $\dfrac{3I_0}{16}$　　　　　D. $\dfrac{3I_0}{32}$

3. 振幅为 A 的线偏振光,垂直入射到一理想偏振片上.若偏振片的偏振化方向与入射偏振光的振动方向夹角为 60°,则透过偏振片的振幅为 （ ）

A. $\dfrac{A}{2}$　　　　　B. $\dfrac{\sqrt{3}A}{2}$　　　　　C. $\dfrac{A}{4}$　　　　　D. $\dfrac{3A}{4}$

4. 自然光以 60° 的入射角照射到某透明介质表面时,反射光为线偏振光.则

（ ）

A. 折射光为线偏振光,折射角为 30°

B. 折射光为部分偏振光,折射角为 30°

C. 折射光为线偏振光,折射角不能确定

D. 折射光为部分偏振光,折射角不能确定

5. 一束光垂直投射于一双折射晶体上,晶体的光轴如图所示.下列哪种叙述是正确的? （ ）

A. o 光和 e 光将不分开

B. $n_e > n_o$

C. e 光偏向左侧

D. o 光为自然光

选择题 5 图

6. 某晶片中 o 光和 e 光的折射率分别为 n_o 和 $n_e(n_o > n_e)$,若用此晶片做一个半波片,则晶片的厚度应为(光波长为 λ) （ ）

A. $\dfrac{\lambda}{2}$　　　　　　　　　　　　B. $\dfrac{\lambda}{2n_o}$

C. $\dfrac{\lambda}{2n_e}$　　　　　　　　　　　　D. $\dfrac{\lambda}{2(n_o - n_e)}$

7. 一束圆偏振光经过 $\dfrac{1}{4}$ 波片后 （ ）

A. 仍为圆偏振光　　　　　　　　　　B. 为线偏振光

C. 为椭圆偏振光　　　　　　　　　　D. 为自然光

8. 一束圆偏振光入射到偏振片上,出射光为 （ ）

A. 线偏振光　　　　B. 圆偏振光　　　　C. 椭圆偏振光　　　　D. 自然光

二、填空题

1. 强度为 I_0 的自然光,通过偏振化方向互成 30° 角的起偏器与检偏器后,光的强度变为_____.

2. 自然光以某一角度入射到两种介质的分界面发生反射和折射时,一般情况下,反射光为_____偏振光,折射光为_____偏振光.

3. 如图所示,若用自然光和线偏振光分别以起偏角或任意入射角照射到一玻璃表面,请画出反射光和折射光及其偏振状态.

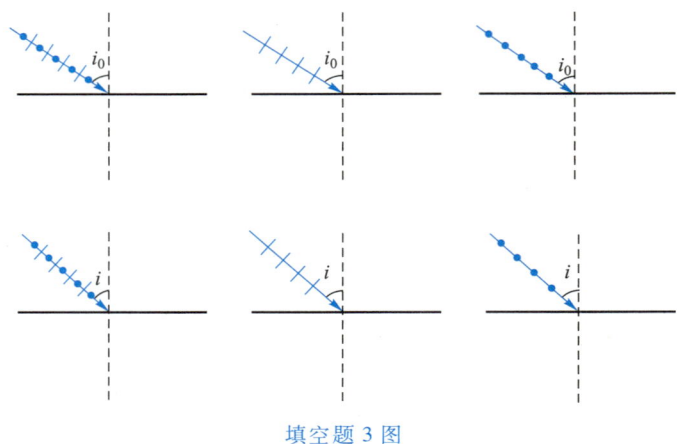

填空题 3 图

4. 如图所示,一束自然光相继射入介质Ⅰ和介质Ⅱ,介质Ⅰ的上、下表面平行,当入射角 $i_0 = 60°$ 时,得到的反射光 R_1 和 R_2 都是振动方向垂直于入射面的完全偏振光,则光线在介质Ⅰ中的折射角 $r =$ _____,介质Ⅱ和

Ⅰ的折射率之比 $\dfrac{n_2}{n_1} =$ _____.

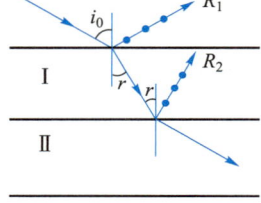

5. 产生双折射现象的原因是:晶体对寻常光线与非常光线具有不同的_____,传播方向改变时,非常光线的传播速度_____.

填空题 4 图

6. 波片可使 o 光和 e 光产生相位差. 半波片使 o 光和 e 光产生的相位差为_____,$\dfrac{1}{4}$ 波片使 o 光和 e 光产生的相位差为_____.

7. 圆偏振光可看成两个振动方向互相_____、相位差为_____的线偏振光的合成.

8. 两振动方向相互垂直的同一频率的单色偏振光合成后要形成圆偏振光,这两光线的相位差必须为_____或_____,且振幅必须相等.

9. 有两个振动方向互相垂直的线偏振光,若两者相位差为 π,则两者合成后为_____偏振光;若两者相位差为 $\dfrac{\pi}{2}$,且两者振幅相等,则合成后为_____偏振光.

三、计算题

1. 使自然光通过两个偏振化方向成 60° 的偏振片,透射光强为 I_1. 今在这两个偏振片之间再插入另一个偏振片,它的偏振化方向与前两个偏振片均成 30° 角,则透射光强是多少?

2. 有两个偏振片,当它们偏振化方向间的夹角为 30° 时,一束单色自然光穿过它们,出射光强为 I_1;当它们偏振化方向间的夹角为 60°时,另一束单色自然光穿过它们,出射光强为 I_2,且 $I_1 = I_2$.求两束单色自然光的强度之比.

3. 三个偏振片叠在一起,第二个与第一个的偏振化方向间的夹角为 45°,第三个和第二个的偏振化方向间的夹角也为 45°.光强为 I_0 的自然光垂直照射到第一个偏振片上.求:(1)通过每一偏振片后的光强;(2)通过第三个偏振片后,光矢量的振动方向.

4. 水的折射率为 1.33,玻璃的折射率为 1.50.当光由水中射向玻璃而被反射时,起偏角为多少? 当光由玻璃射向水而被反射时,起偏角又为多少?

5. 沿光轴方向切下石英晶片,已知 $n_e = 1.553\,3$,$n_o = 1.544\,2$,为使波长为 $\lambda = 500\ \text{nm}$ 的线偏振光通过晶片后变为圆偏振光,则晶片的最小厚度应为多少?

习题参考答案

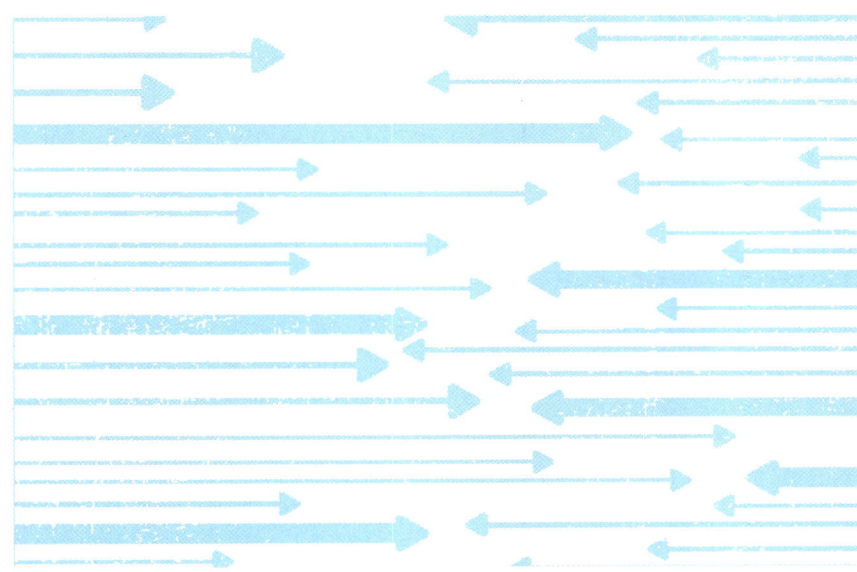

第六篇　近代物理学基础

近代物理学基础
单元测验

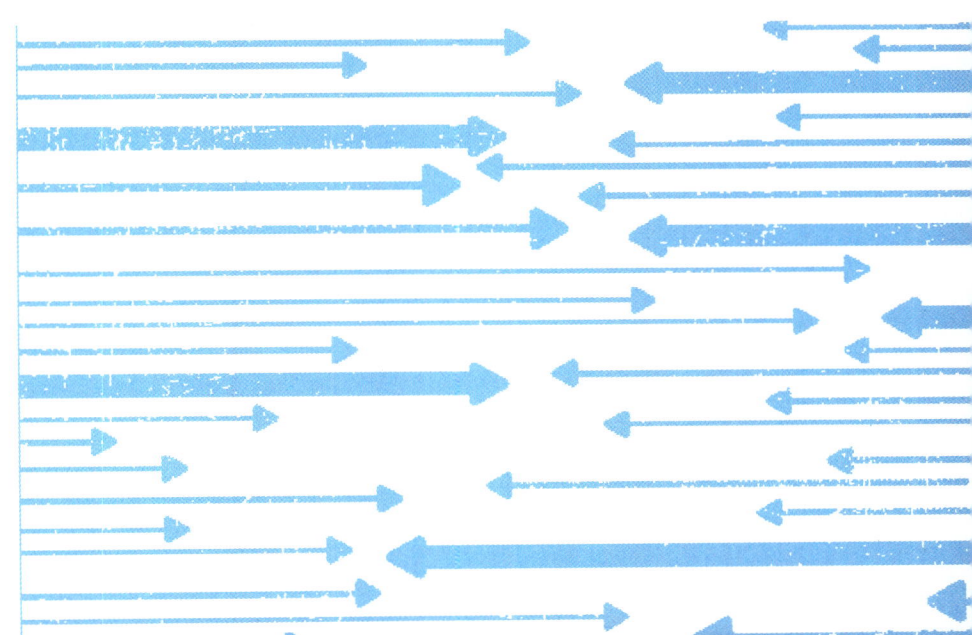

>>> 第二十章

··· 狭义相对论基础

拓展阅读：
爱因斯坦

拓展阅读：
两朵乌云与经
典物理学理论
的问题

经典力学是以牛顿力学为基础的,它是对宏观物体在远小于光速的低速范围内运动规律的总结.牛顿力学假定时间、长度和质量这三个基本物理量都与物体的运动状态(速度)无关,或者说这些量与在哪一个参考系中进行测量无关,而对这种假设并没有加以论证.进一步的研究和实验都表明,当物体的运动速度接近光速时,上述假设就不再成立.所以牛顿力学只是在低速范围内近似正确,对于高速运动问题必须建立新的力学,这就是爱因斯坦(Albert Einstein)建立的相对论力学.

相对论是 20 世纪初物理学取得的最伟大的成就之一,尽管它的一些概念和结论与人们的日常经验大相径庭,但它已被大量实验证明是正确的理论.现在相对论已经成为现代物理学以及现代工程技术中极为重要的理论基础.相对论分为适用于惯性参考系的狭义相对论(special relativity)和适用于一般参考系并包括引力场在内的广义相对论(general relativity),本章只对狭义相对论的基本内容作简要的介绍,主要有狭义相对论的基本原理、洛伦兹变换、狭义相对论的时空观以及相对论动力学基础的主要结论.有关广义相对论及引力场的内容请参阅拓展阅读材料.

> **你知道吗?**
>
> 狭义相对论展示了崭新的时空观.她告诉我们,运动的时钟会变慢,运动的尺子会变短;质量随速度而变化;能量与质量、能量与动量之间存在着深刻的关系.高速不稳定粒子平均寿命的延长效应,在宇宙射线或加速器的现代实验中是十分平常的现象;全球定位系统(GPS)的误差来源里有一项是相对论效应的影响,通过相对论修正可以得到更准确的定位结果;实验中还发现,高速运动的电子的质量比静止的电子的质量大;质能关系式不仅为量子理论的建立和发展创造了必要的条件,而且为原子核物理学的发展和应用提供了根据.在本章中,我们将学习到核电站、原子弹和氢弹这样一些原子能利用问题的基本理论基础.

20.1 力学相对性原理 伽利略变换

20.1.1 力学相对性原理

物体的运动就是它的位置随时间的变化,为了定量研究这种变化,必须选定适当的参考系,速度、加速度等力学量以及力学规律都是对一定的参考系才有意义.适用牛顿运动定律的参考系是惯性系.相对于惯性系作匀速直线运动的参考系也是惯性系.于是就出现了这样的问题:对于不同的惯性参考系,力学规律的形式是否完全一样?

早在 1632 年伽利略就研究了这样的问题,发现描述力学现象的规律不随观察者所选用的惯性系而变,或者说力学规律在一切惯性系中都是相同的,即所有惯性系都是等价的,这就是**力学相对性原理**或**伽利略相对性原理**.

根据力学相对性原理,只能知道一个惯性系相对于另一个惯性系的速度,而不能根据任何力学实验确定某一个惯性系是否"绝对静止". 伽利略曾以大船作比喻, 生动地指出:在"以任何速度前进,只要运动是匀速的,同时也不这样那样摆动"的 大船舱内,观察各种力学现象,如人的跳跃、抛物、水滴的下落、烟雾的上升、鱼儿的 游动,甚至蝴蝶和苍蝇的飞行等,你会发现,它们都会和船静止不动时发生的现象 完全一样. 人们并不能通过这些现象来判断大船是否在运动. 所以说一切相对作匀 速直线运动的惯性系,对于描述运动的力学规律来说,是完全等价的,并不存在任 何一个比其他惯性系更为优越的惯性系.

拓展阅读:
理想实验方法

20.1.2　伽利略变换

一个参考系可以抽象成一套坐标系,描述质点的运动状态主要是靠在参考系 中测量质点的空间位置和速度. 既然说力学规律在所有惯性系中都是等价的,而运 动的描述又是相对的,我们如何把这两者统一起来呢? 伽利略变换(Galilean transformation)就是既描述不同惯性参考系中物理量之间的变换关系,又描述不同参考 系之间力学规律相互变换关系的一种数学表述.

1. 伽利略坐标变换

如图 20.1 所示,设有两个惯性系 S 和 S′,它 们的 y、z 轴和 y'、z' 轴相互平行,x 轴和 x' 轴相互 重合,且 S′ 系相对于 S 系以速度 $\boldsymbol{u}$ 沿 Ox 轴正方向 作匀速运动. 以 $\boldsymbol{r}$ 表示在 S 系中观测到某质点 P 的位置,$\boldsymbol{r}'$ 表示在 S′ 系中观测到同一质点 P 的 位置.

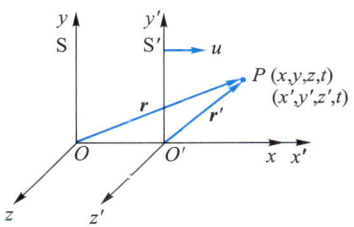

图 20.1　伽利略变换

我们把质点在某一时刻处于某一位置 P 称为一个事件. 描述一个事件需要三 个空间坐标和一个时间坐标,为了测量长度和时间,我们设想测量长度的尺和测量 时间的钟均已在同一惯性系中校准. 由于时间、空间的均匀性,参考系的原点和时 间的起点都可以任意选择. 为了简单而又不失普遍性,我们选择原点 O 和 O' 重合时 作为计时起点(此时 $t = t' = 0$),并用 t 和 t' 分别表示在 S 系和 S′ 观测同一事件发生 的时刻,显然,同一事件在不同参考系有不同的时空坐标 (x, y, z, t) 和 (x', y', z', t'), 它们之间有什么关系呢? 这就是伽利略变换要解决的问题.

在经典力学中,时间间隔和空间间隔的度量在惯性系 S 和 S′ 中是一样的,不会 因参考系的运动而变化,而且时空是相互独立的,故有

$$\begin{cases} x' = x - ut \\ y' = y \\ z' = z \\ t' = t \end{cases} \quad \text{或} \quad \begin{cases} x = x' + ut' = x' - (-u)t' \\ y = y' \\ z = z' \\ t = t' \end{cases} \tag{20.1.1}$$

上式即**伽利略坐标变换式**.

2. 速度变换

对式(20.1.1)关于 t 求导,就得经典力学的速度变换关系:

$$v'_x = v_x - u, \quad v'_y = v_y, \quad v'_z = v_z \tag{20.1.2}$$

即速度是相对的.

3. 加速度变换

对式(20.1.2)关于 t 再求一次导,得加速度变换的关系式:

$$a'_x = a_x, \quad a'_y = a_y, \quad a'_z = a_z \qquad (20.1.3)$$

即在伽利略变换下,对不同惯性系而言,加速度是不变量.

牛顿力学中的质点质量与质点的运动速度没有关系,因而不受参考系的影响;牛顿力学中的力只与质点的相对位置或相对运动有关,因而也与参考系无关. 所以在所有作匀速直线运动的惯性系中,牛顿运动定律都采用同样的形式,即

$$\boldsymbol{F} = m\boldsymbol{a}, \quad \boldsymbol{F}' = m\boldsymbol{a}'$$

这表明牛顿运动定律在伽利略变换下保持形式不变,即力学规律在所有惯性系都是相同的,这正是力学相对性原理所要求的.

20.1.3 绝对时空观

我们注意到,导出伽利略变换式有两个前提:一是长度的测量与参考系无关;二是时间的测量与参考系无关,并且时间与空间相互独立且与物质的运动无关.

牛顿在 1687 年出版的科学巨著《自然哲学的数学原理》中,对绝对时空进行了详细的描述. 他的基本观点是:绝对的、真实的数学时间,就其本质而言,永远均匀地流逝着,与任何外界事物无关;绝对空间,就其本质而言,与任何外界事物无关,而永远是相同的和不动的.

可见,伽利略变换中蕴涵着绝对时空观. 在牛顿那个时代,绝对时间与绝对空间的概念与客观事实相符. 选择绝对时空观,既是人们对空间和时间概念的理论总结,又与牛顿力学体系相容. 绝对时空观在低速宏观范围内相当精确地成立,于是被人们理所当然地绝对化了.

20.2 狭义相对论的基本原理 洛伦兹变换

20.2.1 伽利略变换的失效

1. 麦克斯韦方程组建立所引起的问题

19 世纪末,作为电磁学基本规律的麦克斯韦方程组得到了确立,它的一个重要成果是预言了电磁波的存在,并证明了电磁波在真空中的传播速度等于真空中的光速 c,从而揭示了光的电磁本性. 按麦克斯韦方程组,光在真空中的传播速率为 $c = \dfrac{1}{\sqrt{\varepsilon_0 \mu_0}}$,这表明光沿各个方向的传播速率不仅与光源的运动无关,而且与参考系的选择及光的传播方向无关,即真空中的光速在所有惯性参考系中都是一个普适常量,这显然与伽利略速度变换相矛盾. 例如,在相对地面以速率 u 运动的飞船上向前发出一束激光,飞船上的观察者测得的速率为 c,按照伽利略速度变换,地面上

的观察者测出的速率应为$(c+u)$. 适用于所有力学规律的力学相对性原理,在研究光的传播(电磁规律)时遇到了困难. 因此在伽利略变换(力学相对性原理)和麦克斯韦电磁场理论中,至少有一个是不正确的.

如果伽利略变换是正确的,那么电磁现象的基本规律就不符合相对性原理,麦克斯韦电磁理论只能在一个特殊的参考系中成立;如果电磁现象的基本规律在所有惯性系中都成立,即符合相对性原理,那么伽利略变换应当加以修正.

由于牛顿力学的巨大影响,很多人相信伽利略变换是正确的. 因为在伽利略坐标变换下麦克斯韦方程组不能保持形式不变,所以一定存在一个惯性系,而且只有一个惯性系,在这个独一无二的特殊惯性系中光速是c,这个惯性系称为绝对(静止)参考系,也称为以太(ether) 参考系. 相对于以太参考系的运动称为绝对运动,寻找以太和确定地球相对于以太参考系的绝对速度成为 19 世纪末物理学的一个重要课题.

*2. 迈克耳孙-莫雷实验——寻找绝对参考系

为了寻找以太这种特殊惯性系,美国物理学家迈克耳孙(A. A. Michelson)和莫雷(E. W. Morley)设计了一个精巧的实验——迈克耳孙-莫雷实验.

迈克耳孙-莫雷实验是通过测量光速沿不同方向的差异来寻找以太的重要实验. 实验的基本思路是:假如以太参考系是真实存在的,地球应该在以太海洋中运动,那么这种运动应该影响光相对于地球的速度,并且应产生一些可观察的光学效应,使我们能确定地球相对于以太的运动. 实验装置如图 20.2(a)所示,由光源 S 发出的单色光经半反镜 P 的透射与反射分成两束,当两束光会聚于目镜 T 时,由于产生光程差而形成干涉条纹.

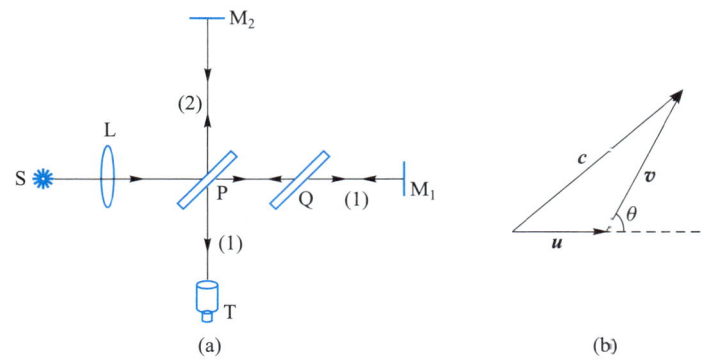

图 20.2　迈克耳孙-莫雷实验

以太参考系中的光速大小是c,地球在以太中运动(地球公转),因此在地球参考系中来看,朝不同方向发射的光将有不同的光速. 如图 20.2(b)所示,设u是观察者参考系(地球)相对于以太参考系的速度,v是观察者参考系中所看到的沿θ方向的光速,c为以太参考系中的光速,则有

$$c^2 = u^2 + v^2 + 2uv\cos\theta$$

在平行于u的方向上,$\theta = 0$或$\theta = \pi$,$v = c-u$或$v = c+u$,在垂直于u的方向上,$\theta = \dfrac{\pi}{2}$或

$$\theta = -\frac{\pi}{2}, v = \sqrt{c^2 - u^2}.$$

在迈克耳孙-莫雷实验中,设 P 到 M_1、P 到 M_2 的距离均为 l,干涉仪(固定在地球上)相对于以太的绝对运动速度 u 沿 P→M_1 方向,则在地球参考系中测量,从光源发出的光线经 P 分束后在光路 P→M_1→P 与 P→M_2→P 的传播时间分别为

$$t_1 = \frac{l}{c-u} + \frac{l}{c+u} = \frac{2l}{c} \frac{1}{1 - \frac{u^2}{c^2}}$$

$$t_2 = \frac{2l}{\sqrt{c^2 - u^2}} = \frac{2l}{c} \frac{1}{\sqrt{1 - \frac{u^2}{c^2}}}$$

两束光会聚时的时间差为

$$\Delta t = t_1 - t_2 = \frac{2l}{c} \left(\frac{1}{1 - \frac{u^2}{c^2}} - \frac{1}{\sqrt{1 - \frac{u^2}{c^2}}} \right)$$

$$\approx \frac{l}{c} \frac{u^2}{c^2} \quad (\text{因为 } u \ll c)$$

故两束光会聚时的光程差为

$$\delta = c \cdot \Delta t = l \frac{u^2}{c^2}$$

若把整个装置旋转 90°,那么两束光会聚时的光程差变为 $-\delta$. 在前后两次测量中光程差的改变量为 2δ,因此在转动过程中干涉条纹将会移动,移动的条数

$$\Delta N = \frac{2\delta}{\lambda} = \frac{2lu^2}{\lambda c^2}$$

利用多次反射可使干涉仪有效臂长 l 达到 11 m 左右,根据地球公转速度 $u = 29.8$ km·s^{-1} 及钠光波长 $\lambda = 589$ nm,应观察到 0.4 条干涉条纹的移动,而实验结果却表明 $\Delta N = 0$.

人眼可以分辨 0.1 条干涉条纹的移动,因此 0.4 条干涉条纹的移动是完全有把握观察到的,而实验观察表明 $\Delta N = 0$,即没有出现预期的干涉条纹的移动. 人们在不同地点、不同时间反复进行实验,后来还采用激光使实验精度大为提高,但都没有发现条纹的移动.

3. 迈克耳孙-莫雷实验的意义

迈克耳孙-莫雷实验是 19 世纪最精彩的实验之一,原本为验证以太参考系而进行的实验,却证明了假如以太存在,它却具有不可探测效应. 实质上,实验的否定结果告诉笃信以太的人们,地球相对于以太运动的假设是错误的. 这就是所谓的零结果实验或者示零实验的一个例子. 示零实验往往具有十分重要的意义,迈克耳孙-莫雷实验的重要性在于,如果抛弃以太假设,否定以太参考系的存在,它就是光速不变原理的验证,表明相对性原理也适用于电磁理论.

迈克耳孙-莫雷实验的结果使我们看到,要解决伽利略变换和电磁理论的矛盾,出路只有一条:放弃伽利略变换.伽利略变换赖以存在的基础是经典时空观,因此必须放弃经典时空观,建立新的时空观.

20.2.2　狭义相对论的基本原理

爱因斯坦相信,麦克斯韦理论像一切其他自然规律一样,也应服从相对性原理,麦克斯韦的预言在任何一个运动参考系中也应该是正确的.但是,爱因斯坦并没有试图用其他的假设去阐述这个原理,而是将相对性原理提高到基本假定的地位.就这样,爱因斯坦扬弃了以太假说和绝对参考系的想法,在前人各种实验及众说纷纭的解释中另辟蹊径,在 1905 年发表的论文《论运动物体的电动力学》中,提出了两条基本假设,并在此基础上建立了狭义相对论.这两条假设,经过实践的检验,被认为是正确的,所以被称为基本原理,它的内容是:

相对性原理(relativity principle):**在所有惯性系中,物理定律的表达形式都相同.**

光速不变原理(principle of constancy of light velocity):**在所有惯性系中,真空中的光速具有相同的量值 c 而与参考系无关.** 也就是说,不管光源与观察者之间的运动速度如何,在任一惯性系中的观察者所测到的真空中的光速都是相等的.

相对性原理显然是力学相对性原理的推广.爱因斯坦的这个推广具有深刻意义.试想,倘若相对性原理仅局限于机械运动,那么光学、电磁学的物理定律在不同惯性系中就具有不同的形式,虽然不能用力学的方法来判断一个惯性系的绝对运动,但可用光学、电磁学的方法,这就意味着绝对参考系的存在,显然与事实不符.

爱因斯坦相信虽然事物的具体规律形形色色,但主宰世界的最根本的规律并不多,而且也并不复杂,相对性原理便是其一.可见,相对性原理并不是力学相对性原理的随意推广,而是与爱因斯坦的哲学观点紧密相关的,爱因斯坦一生最大的愿望就是追求自然界的和谐、简洁和统一.相对性原理实际上是所有科学工作者的一种理念.我们今天在某个地方得出的实验规律如果不能适用于明天,也不能应用于其他地方,那么我们就不能通过科学实验得出事物的发展变化规律,科学研究就会失去意义.所以,相对性原理是科学的基本原理,是物理学家探索自然、构造物理量、建立新理论的依据和基本出发点之一.

光速不变原理表明,光速与光源和观察者的运动状态无关,承认光速不变,就要否定伽利略变换,放弃经典力学中绝对空间和绝对时间的概念.光速不变原理是相对论时空观的基础.

到目前为止的所有实验都指出:光速不依赖于观察者所在的参考系,而且与光源的运动无关.

20.2.3　洛伦兹坐标变换

1. 洛伦兹坐标变换

爱因斯坦提出的狭义相对论的两条基本原理表明,需要寻找一种新的变换式来代替经典力学的伽利略变换.

这种变换式应当满足以下条件:(1)通过这种变换,物理学定律都应该保持自己的数学表达式不变;(2)通过这种变换,真空中的光速在一切惯性系中保持不变;(3)这种变换在低速运动条件下转化为伽利略变换.爱因斯坦根据狭义相对论的两条基本原理,建立了狭义相对论的坐标变换式,即所谓的洛伦兹坐标变换.

如图 20.3 所示,为简明起见,我们假设参考系 S′以匀速率 u 相对于惯性系 S 沿彼此重合的 x(x′)轴正方向运动,而 y 轴和 y′轴以及 z 轴和 z′轴分别保持平行.当原点 O 和 O′重合时,取为计时零点 t=t′=0.在这种情况下,表示同一事件的时空坐标 (x,y,z,t) 和 (x′,y′,z′,t′) 之间所遵从的**洛伦兹坐标变换**关系为

$$\begin{cases} x' = \gamma(x - ut) \\ y' = y \\ z' = z \\ t' = \gamma\left(t - \dfrac{u}{c^2}x\right) \end{cases} \qquad (20.2.1)$$

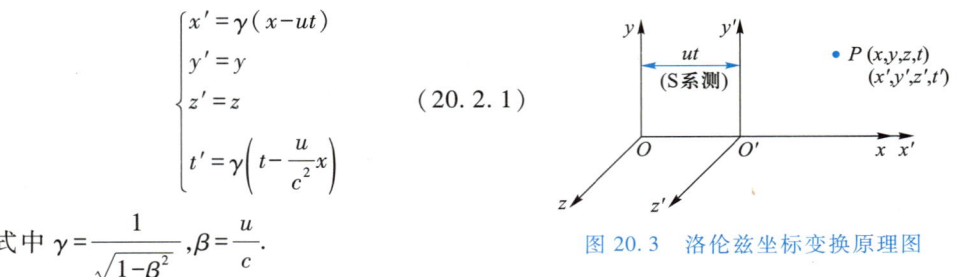

式中 $\gamma = \dfrac{1}{\sqrt{1-\beta^2}}$,$\beta = \dfrac{u}{c}$.

图 20.3 洛伦兹坐标变换原理图

根据相对性原理,S 系和 S′系的物理方程应具有相同的表达形式.由于 S′系相对于 S 系以速率 u 沿 x 轴运动,等价于 S 系相对于 S′系以 −u 沿 x′轴运动,因此,将 S→S′变换中的 u 改为 −u,把带撇和不带撇的量作对应变换后,便得到由 S′→S 的变换式为

$$\begin{cases} x = \gamma(x' + ut') \\ y = y' \\ z = z' \\ t = \gamma\left(t' + \dfrac{u}{c^2}x'\right) \end{cases} \qquad (20.2.2)$$

对于洛伦兹坐标变换式的理解,应注意以下几点:

(1)式(20.2.1)中不仅 x′是 x、t 的函数,而且 t′也是 x、t 的函数,反之亦然,并且它们都与两个惯性系之间的相对速度 u 有关.它集中反映了狭义相对论中时间、空间和物质运动三者之间的紧密联系,这一点是与伽利略变换迥然不同的.

(2)当两惯性系的相对运动速度 u 远小于光速 c,即 u≪c,β→0 时,洛伦兹变换就转换为伽利略变换,或者说经典的伽利略变换是洛伦兹变换在低速情形下的近似.

(3)由洛伦兹变换可以看到,两惯性系间的相对速度必须满足 $1 - \dfrac{u^2}{c^2} > 0$ 或者 u<c,否则洛伦兹变换就失去了意义.于是我们得到了一个十分重要的结论:任何物体的运动速度均不会超过真空中的光速,或者说真空中的光速是物体运动的极限

速度. 现代物理实验中的大量事例都说明, 高能粒子的速率是以光速为极限的.

*2. 洛伦兹坐标变换的推导

下面根据狭义相对论的两个基本假设来推导洛伦兹坐标变换式. 作为一条公设, 我们认为时间和空间都是均匀的, 因此时空坐标间的变换必须是线性的.

如图 20.3 所示, 对于任意事件 P 在 S 系和 S′系中的时空坐标 (x, y, z, t)、(x', y', z', t'), 因 S′系相对于 S 系以平行于 x 轴的速度 $\boldsymbol{u}$ 作匀速运动, 所以有 $y' = y$, $z' = z$.

在 S 系中观察 S 系的原点, $x = 0$; 在 S′系中观察该点, $x' = -ut'$, 即 $x' + ut' = 0$. 因此

$$x = x' + ut'$$

在任意的一个空间点上, 可以设

$$x = k(x' + ut')$$

k 是一比例常量, 仅与两惯性系的相对速度有关.

同样地可得到

$$x' = k'(x - ut) = k'[x + (-u)t]$$

根据相对性原理, 惯性系 S 系和 S′系等价, 上面两个等式的形式就应该相同 (除速度 u 的正、负号外), 所以 $k = k'$.

由光速不变原理可求出常量 k. 设在 S 系和 S′系的原点重合的瞬间光信号从重合点沿 $x(x')$ 轴前进, 在任一瞬间 t(或 t'), 光信号到达的点在 S 系和 S′系中的坐标分别是

$$x = ct, \qquad x' = ct'$$

则

$$xx' = k^2(x - ut)(x' + ut') = k^2(ct - ut)(ct' + ut')$$
$$= k^2 tt'(c - u)(c + u)$$

而 $xx' = c^2 tt'$, 由此得到

$$k = \frac{c}{\sqrt{c^2 - u^2}} = \frac{1}{\sqrt{1 - \beta^2}} \equiv \gamma$$

式中, $\beta = \dfrac{u}{c}$, $\gamma = \dfrac{1}{\sqrt{1 - \beta^2}}$. 这样就得到

$$x = \gamma(x' + ut'), \quad x' = \gamma(x - ut)$$

由上面两式, 消去 x' 得到

$$t' = \gamma\left(t - \frac{u}{c^2}x\right)$$

若消去 x, 则得到

$$t = \gamma\left(t' + \frac{u}{c^2}x'\right)$$

综合以上结果, 就得到洛伦兹坐标变换:

$$\begin{cases} x' = \gamma(x - ut) \\ y' = y \\ z' = z \\ t' = \gamma\left(t - \dfrac{u}{c^2}x\right) \end{cases}$$

例题 20.1 有两个惯性系 S 系和 S′系，S′系相对 S 系以速率 u 沿 x 轴正方向匀速运动. S 系中的观察者记录到在 x 轴上发生的事件 1 和事件 2 的时空坐标分别为 (x_1, t_1)、(x_2, t_2)，并测得两事件空间间隔 $x_2 - x_1 = 600$ m、时间间隔 $t_2 - t_1 = 8 \times 10^{-7}$ s，而在 S′系中的观察者发现这两个事件是同时发生的. 求：(1) 两个惯性系相对运动的速率 u；(2) 两事件在 S′系中的空间间隔.

解 设题中所述两个事件在 S′系中的时空坐标分别为 (x_1', t_1')、(x_2', t_2').

(1) 根据洛伦兹坐标变换式 (20.2.1)，可得事件 1 和事件 2 在 S′系中发生的时间分别为

$$t_1' = \frac{t_1 - \dfrac{ux_1}{c^2}}{\sqrt{1 - \left(\dfrac{u}{c}\right)^2}}, \quad t_2' = \frac{t_2 - \dfrac{ux_2}{c^2}}{\sqrt{1 - \left(\dfrac{u}{c}\right)^2}}$$

得到 S′系中两事件的时间间隔

$$t_2' - t_1' = \frac{(t_2 - t_1) - \dfrac{u(x_2 - x_1)}{c^2}}{\sqrt{1 - \left(\dfrac{u}{c}\right)^2}}$$

在 S′系中观察到这两个事件同时发生，即 $t_2' = t_1'$，因此

$$(t_2 - t_1) - \frac{u(x_2 - x_1)}{c^2} = 0$$

解得

$$u = \frac{c^2(t_2 - t_1)}{x_2 - x_1} = \frac{(3 \times 10^8)^2 \times 8 \times 10^{-7}}{600} \text{ m·s}^{-1} = 1.2 \times 10^8 \text{ m·s}^{-1}$$

(2) 根据洛伦兹坐标变换式 (20.2.1)，同理可得到 S′系中两事件的空间间隔为

$$x_2' - x_1' = \frac{(x_2 - x_1) - u(t_2 - t_1)}{\sqrt{1 - \left(\dfrac{u}{c}\right)^2}}$$

代入数据计算得到

$$x_2' - x_1' = \frac{600 - 1.2 \times 10^8 \times 8 \times 10^{-7}}{\sqrt{1 - \left(\dfrac{1.2 \times 10^8}{3 \times 10^8}\right)^2}} \ \text{m} = 550 \ \text{m}$$

例题 20.2 一艘宇宙飞船以匀速率 u 相对于地面飞行,当它经过地面一观察站上空时,宇航员发现在飞船正前方 l' 处有一导弹正以匀速率 v' 相对于飞船沿飞船速度方向运动,此时立刻从飞船朝导弹发射一枚激光炮弹. 在地面上观测,激光炮弹在何时何地(水平面位置)击中导弹?

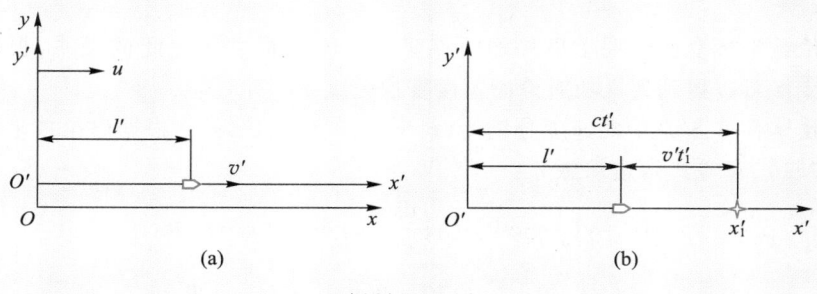

例题 20.2 图

解 如题图(a)所示,建立以地面观察站为坐标原点的 S 系和以飞船为坐标原点的 S′ 系,O' 为坐标原点. 以飞船经过地面观察站上空的时刻作为两参考系的计时零点 $t = t' = 0$.

先求出在 S′ 系中激光炮弹击中导弹的时间、地点 (t_1', x_1'),然后用洛伦兹变换便可求出在 S 系中激光炮弹击中导弹的时间、地点.

在 S′ 系中观测,当 O' 位于 O 点正上方时,既发现了导弹又同时发射了激光炮弹,显然发现导弹和发射激光炮弹这两个事件发生的时刻为 $t' = 0$. 从发射激光炮弹(或发现导弹)到击中导弹这段时间 t_1' 里,激光炮弹运动的距离(即激光束前进的距离)为 ct_1',导弹运动的距离为 $v't_1'$[如题图(b)所示]. 由运动学关系,可得在 S′ 系即飞船上观测到激光炮弹击中导弹的时间、地点分别为

$$t_1' = \frac{l'}{c - v'}$$

$$x_1' = ct_1' = \frac{cl'}{c - v'}$$

由洛伦兹坐标变换式(20.2.2)可得,在 S 系即地面上观测到激光炮弹击中导弹的时间、地点分别为

$$t_1 = \frac{t_1' + \dfrac{u}{c^2} x_1'}{\sqrt{1 - \dfrac{u^2}{c^2}}} = \frac{\dfrac{l'}{c - v'} + \dfrac{u}{c^2} \cdot \dfrac{cl'}{c - v'}}{\sqrt{1 - \dfrac{u^2}{c^2}}} = \frac{l'(c + u)}{c(c - v')\sqrt{1 - \dfrac{u^2}{c^2}}}$$

$$x_1 = \frac{x_1' + ut_1'}{\sqrt{1 - \dfrac{u^2}{c^2}}} = \frac{\dfrac{cl'}{c-v'} + u\dfrac{l'}{c-v'}}{\sqrt{1 - \dfrac{u^2}{c^2}}} = \frac{l'(c+u)}{(c-v')\sqrt{1 - \dfrac{u^2}{c^2}}}$$

从上面的结果可以看出 $x_1 = ct_1$，表明在 S 系中激光炮弹（激光束）也是以光速 c 前进的.

20.2.4 洛伦兹速度变换

洛伦兹坐标变换体现了事件的时空坐标在不同惯性系之间的关系，根据洛伦兹坐标变换可以得到狭义相对论的速度变换公式.

设物体在 S、S′系中的速度分别为 (v_x, v_y, v_z)、(v_x', v_y', v_z')，根据洛伦兹坐标变换式（20.2.1），对等式两边求微分：

$$\mathrm{d}x' = \gamma(\mathrm{d}x - u\,\mathrm{d}t) = \gamma\left(\frac{\mathrm{d}x}{\mathrm{d}t} - u\right)\mathrm{d}t = \gamma(v_x - u)\mathrm{d}t$$

$$\mathrm{d}t' = \gamma\left(\mathrm{d}t - \frac{u}{c^2}\mathrm{d}x\right) = \gamma\left(1 - \frac{u}{c^2}\frac{\mathrm{d}x}{\mathrm{d}t}\right)\mathrm{d}t = \gamma\left(1 - \frac{uv_x}{c^2}\right)\mathrm{d}t$$

根据以上两式，得到

$$\frac{\mathrm{d}x'}{\mathrm{d}t'} = v_x' = \frac{v_x - u}{1 - \dfrac{uv_x}{c^2}}$$

因 $y' = y$，有 $\mathrm{d}y' = \mathrm{d}y$，则

$$\frac{\mathrm{d}y'}{\mathrm{d}t'} = v_y' = \frac{\mathrm{d}y}{\gamma\left(1 - \dfrac{uv_x}{c^2}\right)\mathrm{d}t} = \frac{1}{\gamma\left(1 - \dfrac{uv_x}{c^2}\right)}\frac{\mathrm{d}y}{\mathrm{d}t} = \frac{\sqrt{1-\beta^2}}{1 - \dfrac{uv_x}{c^2}}v_y$$

同理

$$\frac{\mathrm{d}z'}{\mathrm{d}t'} = v_z' = \frac{\sqrt{1-\beta^2}}{1 - \dfrac{uv_x}{c^2}}v_z$$

因此得相对论的速度变换公式：

$$v_x' = \frac{v_x - u}{1 - \dfrac{uv_x}{c^2}}, \quad v_y' = \frac{v_y\sqrt{1-\beta^2}}{1 - \dfrac{uv_x}{c^2}}, \quad v_z' = \frac{v_z\sqrt{1-\beta^2}}{1 - \dfrac{uv_x}{c^2}} \quad\quad (20.2.3)$$

其逆变换为

$$v_x = \frac{v_x' + u}{1 + \dfrac{uv_x'}{c^2}}, \quad v_y = \frac{v_y'\sqrt{1-\beta^2}}{1 + \dfrac{uv_x'}{c^2}}, \quad v_z = \frac{v_z'\sqrt{1-\beta^2}}{1 + \dfrac{uv_x'}{c^2}} \quad\quad (20.2.4)$$

当速度 u、v 远小于光速 c 时,即在非相对论极限下,相对论的速度变换公式即转化为伽利略速度变换式 $v'_x = v_x - u$,$v'_y = v_y$,$v'_z = v_z$.

利用速度变换公式,可说明光速在任何惯性系中都是 c. 没 S′ 系中观察者测得沿 x' 方向传播的光信号的光速为 c,则在 S 系中的观察者测得该光信号的速度为

$$v = \frac{c+u}{1+\dfrac{uc}{c^2}} = c$$

即光信号在 S 系和 S′系中都相同.

例题 20.3　设两飞船 A 和 B 分别以速度 $0.90c$ 和 $-0.90c$ 相对于地面水平地向相反方向运动. 求:(1) 飞船 A 相对于飞船 B 的速度;(2) 地面观察到的 A 背离 B 的速度.

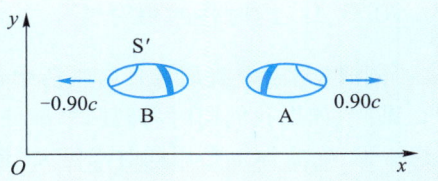
例题 20.3 图

例题 20.3 精讲

解　(1) 设地面为 S 系,飞船 B 为 S′系,飞船 A 为运动物体,其飞行方向为 x 轴正向,如题图所示,依题意有 $u = -0.90c$,$v_x = 0.90c$. 由速度变换公式可得

$$v'_x = \frac{v_x - u}{1 - \dfrac{u}{c^2}v_x} = \frac{1.80c}{1.81} = 0.994c$$

可见,飞船 A 相对于飞船 B 的速度即飞船 B 上观察到飞船 A 的速度,大小为 $0.994c$,方向沿 x 轴正向. 根据运动的相对性,飞船 B 相对于飞船 A 的速度为 $-0.994c$,方向沿 x 轴负向.

(2) 两飞船对地面的速度分别为 $v_{Ax} = 0.90c$,$v_{Bx} = -0.90c$,因此地面观察到 A 背离 B 的速度

$$v_{AB} = v_{Ax} - v_{Bx} = 0.90c - (-0.90c) = 1.80c$$

显然,例题中速度是超光速的,但并不与光速极限概念相矛盾. 这里必须注意区分两类速度问题. 第一类是"已知 A 和 B 相对于 C 的速度,求 A 相对于 B 或 B 相对于 A 的速度". 这是由已知两物体相对于同一参考系的速度求它们彼此观察到的速度,属于速度变换问题,要用速度变换公式来求,所得结果是不会超光速的. 第二类是"已知 A 和 B 相对于 C 的速度,求 C 观察到的 A 和 B 之间的相互接近或背离的速度". 这是由已知两物体相对于同一参考系的速度求该参考系观察到的 A 和 B 之间的速度,这不是速度变换问题,而是同一个参考系中两个速度的叠加问题,要用矢量合成法则(A 对 B 的相对速度为 $\boldsymbol{v}_{AB} = \boldsymbol{v}_{AC} - \boldsymbol{v}_{BC}$)来求,所得结果可不受光速极限的限制.

由此可见,光速极限不是一切速度的极限. 从根本上说,光速极限是指相对于某个参考系,每一个物体的运动速度(或能量传递速度)不会超过真空中的光速 c.

20.3　狭义相对论的时空观

经典力学中时间的同时性是用瞬时信号定义的,信号传递不需要时间,因此同时性具有绝对性;相对论的同时性(simultaneity)是用光信号定义的,光信号传播速度是有限的,真空中的光速对所有惯性系相同,但光通过两指定位置的路程对不同惯性系却不同,因此同时是相对的,这是产生时空相对性的根本原因.

20.3.1　同时性的相对性

"同时"是一个我们在日常生活中经常遇到的概念.那么"同时"的确切含义是什么呢?"如果我们同时看到两个事件发生,那么这两个事件就是同时发生的."仔细想一下,这实际上是用同时来定义"同时",相当于什么也没有说.那么,"同时"的确切含义是什么呢?

如图 20.4 所示,在一个惯性系 S 中,不同地点 A、B 有两个光源发出两束光,要问这两束光是否同时发出的,必须由在 A、B 连线中点 D 的观察者来判断,如果这两束光的波前在 D 点重叠,那么这两束光就是同时发出的.

下面我们在相对于此惯性系运动的另一惯性系 S′中,观察上述在惯性系 S 不同地点同时发生的两个事件的同时性.如图 20.5 所示(S、S′系中 Ox、$O'x'$ 重合,为清楚起见,将它们分开画了),S′系相对于 S 系沿 x 轴正方向以速率 u 运动,S 系中 A、B 处各有一光源,D 为 A、B 的中点,O、O' 重合时,A、B 处光源发光,此时 D 与 S′系中的 D′重合.由于光向各个方向的传播速度相等,S 系中 D 处的观察者将同时接收到 A、B 处发出的光波.因为 S′系中 D′处的观察者在 A、B 发光后跟随 S′系以速率 u 向着 B 运动,所以 A 处发出的光波到达 D′的距离大于 B 处发出的光波到达 D′的距离.因为在不同惯性系中光速不变,所以 S′系中 D′处观察者先接收到 B 发出的光,后接收到 A 发出的光,认为两束光不是同时发出的,也就是说,S 系中观察者认为发光是同时发生的事件,在 S′系中的观察者认为发光不是同时发生的.

演示程序:

同时性的相对性

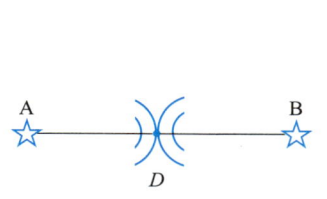

图 20.4　同时的定义

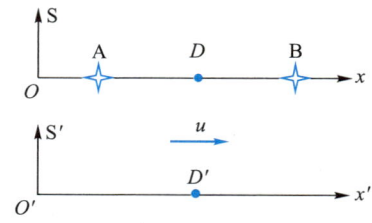

图 20.5　同时性的相对性

同样,若两个光源固定在 S′系中与 D′等距的 A′、B′处,S′系中观察者认为它们是同时发光的,S 系中观察者则认为发光不是同时发生的,A′先发光,B′后发光.

从上述理想实验可以看出,在某一惯性系中同时发生的两事件,在另一相对它运动的惯性系中并不一定同时发生,这一结论称为**同时性的相对性**(relativity of simultaneity).

同时性的相对性可以从洛伦兹变换得到证明. 设 A、B 两事件在 S 系和 S′系中的时空坐标分别为 (x_1, t_1)、(x_2, t_2)，(x_1', t_1')、(x_2', t_2'). 由洛伦兹坐标变换式 (20.2.1)有：$t_1' = \gamma\left(t_1 - \dfrac{u}{c^2}x_1\right)$，$t_2' = \gamma\left(t_2 - \dfrac{u}{c^2}x_2\right)$，两式相减得

$$t_1' - t_2' = \gamma\left[(t_1 - t_2) - \frac{u}{c^2}(x_1 - x_2)\right] \tag{20.3.1}$$

如果 $x_1 \neq x_2$、$t_1 = t_2$，则 $t_1' \neq t_2'$，$t_1' - t_2' = -\gamma\dfrac{u}{c^2}(x_1 - x_2) > 0$，即 $t_1' > t_2'$，表示 B 比 A 先发光.

同样地，

$$t_1 - t_2 = \gamma\left[(t_1' - t_2') + \frac{u}{c^2}(x_1' - x_2')\right] \tag{20.3.2}$$

如果 $x_1' \neq x_2'$、$t_1' = t_2'$，则 $t_1 \neq t_2$，$t_1 - t_2 = \gamma\dfrac{u}{c^2}(x_1' - x_2') < 0$，即 $t_1 < t_2$，表示 A′比 B′先发光.

综上所述可得：在一个惯性系中不同地点同时发生的事件在另一个与之作相对运动的惯性系中观察不会是同时发生的.

还要特别注意两点：

（1）在一个惯性系中同一地点同时发生的事件，在另一惯性系中观察也一定是同时发生的.

由式(20.3.1)知，如果 $x_1 = x_2$，$t_1 = t_2$，则 $t_1' = t_2'$.

由式(20.3.2)知，如果 $x_1' = x_2'$，$t_1' = t_2'$，则 $t_1 = t_2$.

（2）在一个惯性系中不同地点也不同时发生的事件，在另一惯性系中观察有可能是同时发生的.

由式(20.3.1)知，如果 $x_1 \neq x_2$，$t_1 \neq t_2$，但若满足 $t_1 - t_2 = \dfrac{u}{c^2}(x_1 - x_2)$，则 $t_1' = t_2'$.

由式(20.3.2)知，如果 $x_1' \neq x_2'$，$t_1' \neq t_2'$，但若满足 $t_1' - t_2' = -\dfrac{u}{c^2}(x_1' - x_2')$，则 $t_1 = t_2$.

必须指出，在相对论中，虽然同时具有相对的意义，甚至事件发生的顺序也可能颠倒，但由于光速是实际物体运动速度的极限，因此有因果关系的关联事件的时序（事件发生的顺序）绝不会因参考系的不同而颠倒.

所谓的 A、B 两事件有因果关系，就是说 B 事件是由 A 事件引起的. 例如，以位于某处的导弹发射基地发射导弹作为 A 事件，击中在另一处的目标作为 B 事件，这个 B 事件当然是由 A 事件引起的. 又如以在地面上某雷达站发出一雷达波作为 A 事件，在某飞船上接收到雷达波作为 B 事件，这个 B 事件也是由 A 事件引起的. 一般地说，A 事件引起 B 事件的发生，必然是从 A 事件向 B 事件传递了一种"作用"或"信号"，例如上面例子中的导弹或雷达波，这种"信号"在 t_1 时刻到 t_2 时刻这段时间内，从 x_1 传到 x_2 处，因而传递的速度是

$$v_s = \frac{x_2 - x_1}{t_2 - t_1}$$

这个速度就叫"信号速度",由于信号实际上是一些物体或无线电波、光波等,所以信号速度不能大于光速,对于这种有因果关系的两个关联事件:

$$t'_2 - t'_1 = \frac{t_2 - t_1}{\sqrt{1 - \frac{u^2}{c^2}}}\left(1 - \frac{u}{c^2}\frac{x_2 - x_1}{t_2 - t_1}\right) = \frac{t_2 - t_1}{\sqrt{1 - \frac{u^2}{c^2}}}\left(1 - \frac{u}{c^2}v_s\right)$$

由于 $u < c$, $v_s \leqslant c$, 所以 $\frac{uv_s}{c^2} < 1$, 这样 $(t'_2 - t'_1)$ 就与 $(t_2 - t_1)$ 同号. 至此,我们就证明了关联事件的时序具有绝对性.

在狭义相对论中,同时性的相对性源于光速的有限性和不变性,由此可理解时间间隔和空间间隔的相对性,即下面要叙述的时间延缓和长度收缩.

20.3.2 时间延缓

如图 20.6(a)所示,在 S′ 系 A′ 点处中有一个光信号发生器,它在某时刻 t'_1 向其正上方的一个反射镜 M 发射光信号,该信号经过反射镜反射后,在 t'_2 时刻又返回 A′ 点. 光信号从 A′ 点发出又回到 A′ 点,这两个事件的时间间隔 $\Delta t'$ 由 S′ 系中当地的钟 C′ 记录,应为

$$\Delta t' = \frac{2d}{c}$$

演示程序:
时间延缓

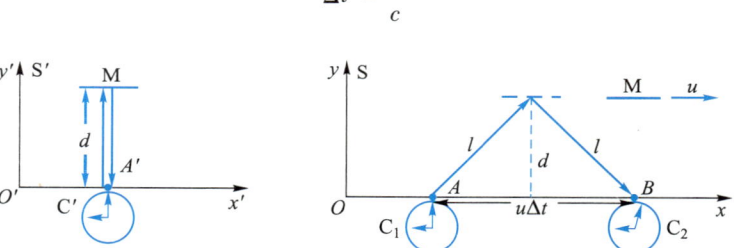

(a)　　　　　　　　　　(b)

图 20.6　在不同参考系中测量时间间隔

如果在 S 系中测量这两个事件的时间间隔,结果又是多少呢? 如图 20.6(b)所示,由于 S′ 系相对于 S 系运动,在 S 系中测量到光线由发出到返回是沿着一条折线进行的,因此这两个事件并不发生在 S 系中同一地点,而是发生在 A、B 两点. 设 S 系中 A、B 两地有两个经过校正而同步运行的钟 C_1 和 C_2, 分别记录下这两个事件发生的时刻 t_1 和 t_2, 则 S 系中记录的两个事件时间间隔是 $\Delta t = t_2 - t_1$. A′ 点移动的距离即 A、B 间的距离是 $u\Delta t$, 因此

$$\Delta t = \frac{2l}{c} = \frac{2}{c}\sqrt{d^2 + \left(\frac{u\Delta t}{2}\right)^2}$$

$$\Delta t = \frac{2d}{c} \frac{1}{\sqrt{1 - \dfrac{u^2}{c^2}}}$$

这样就得到

$$\Delta t = \frac{\Delta t'}{\sqrt{1 - \dfrac{u^2}{c^2}}} \qquad\qquad (20.3.3)$$

此式表明,如果在 S′系测量发生在某一地点的两个事件的时间间隔是 $\Delta t'$,在另一个参考系 S 中测量这两个事件的时间间隔是 Δt ,则 Δt 大于 $\Delta t'$,二者相差一个因子 $\sqrt{1 - \dfrac{u^2}{c^2}}$. 也就是说,在相对于事件发生地点运动的惯性系中所测的事件之间的时间间隔要比与相对于事件发生地点静止的惯性系中所测出的时间间隔长一些,这就是所谓的时间延缓(time dilation).

上述结果可以从洛伦兹变换得到证明. 设一过程在 S′系中 x' 处发生在 t'_1 时刻,终止在 t'_2 时刻,则这两个事件发生的时间间隔为 $\Delta t' = t'_2 - t'_1$(注意这两个事件发生在同一地点 x'). 在某一参考系中同一地点先后发生的两个事件之间的时间间隔称为固有时或原时(proper time) ,一般用 τ_0 表示,它是由静止于此参考系中的一只钟测出的.

这两个事件之间的过程由在 S 系中的观察者来测量,则在 t_1 时刻开始于 x_1 处,在 t_2 时刻终止在 x_2 处($x_1 \neq x_2$),两个事件之间的时间间隔为 $\Delta t = t_2 - t_1$,Δt 用 τ 表示.

由洛伦兹坐标变换式(20.2.2),

$$t_1 = \gamma\left(t'_1 + \frac{u}{c^2}x'_1\right) , \quad t_2 = \gamma\left(t'_2 + \frac{u}{c^2}x'_2\right)$$

因 $x'_2 = x'_1 = x'$,故

$$\Delta t = t_2 - t_1 = \gamma(t'_2 - t'_1) = \gamma \Delta t'$$

这正是式(20.3.3). 我们将上式写成

$$\tau = \frac{\tau_0}{\sqrt{1 - \dfrac{u^2}{c^2}}} \qquad\qquad (20.3.4)$$

时间延缓是一种相对效应. 设在 S 系中某一地点 x 处发生的两个事件的时间间隔为 Δt,此时 $\tau_0 = \Delta t$,由在 S′系中的观察者测量,这一过程发生的时间间隔为 $\Delta t'$,此时 $\tau = \Delta t'$. 则根据洛伦兹变换同样可以证明:$\tau = \gamma \tau_0 > \tau_0$.

总之,在与事件发生的地点相对静止的惯性系中所测量出的时间间隔(即固有时)最短,而在与事件发生地点作相对运动的惯性系中测量出的时间间隔较长.

时间延缓效应还可表述为运动的时钟变慢. 设 S′系中某一地点有一时钟,其两次读数形成了如前所述的发生在同一地点的两个事件,其时间间隔为 $\Delta t'$. 同样的

两次读数在 S 系中测量,其间隔是 Δt,Δt 大于 $\Delta t'$. 则 S 系中的观察者把相对于他运动的那只 S′系中的钟和自己参考系中的许多同步的钟比较,发现 S′系中的那只钟变慢了,因此他认为运动的时钟较慢. 反之,S′系中的观察者也会认为 S 系中的那只钟变慢了.

时间延缓效应是一种相对论效应,与钟的种类和结构无关. 时间延缓效应已经得到了实验的证实. 下面以不稳定粒子的平均寿命实验为例来说明. μ 子是带负电的粒子,它的电荷与电子电荷相等,质量约为电子质量的 207 倍. μ 子静止时的平均寿命约为 2.0×10^{-6} s,宇宙射线在距地球表面约 10^4 m 的大气层中形成的 μ 子,如果没有时间延缓效应,即使以光速运动也只能走 600 m,在到达地面以前就消失在大气层中了. 但是由于时间延缓效应,地球上测量的 μ 子寿命变长,一个具有 10 GeV 能量的 μ 子速率 $v\approx0.999\,945c$,按式(20.3.4)可算出其平均寿命延缓为原来的 95 倍,完全可以到达地面. 类似的高速不稳定粒子平均寿命延长效应,在宇宙射线或加速器的现代实验中是十分平常的现象. 实际上,近代高能粒子实验在不断考验着相对论,而相对论每次都经受住了这种考验.

由于时间延缓效应,当光源和接收器之间有相对运动的时候,接收器收到的光波频率不等于光源的频率,这就是光(或电磁波)的多普勒效应.

双生子佯谬 甲和乙是一对孪生子. 甲乘高速飞船到太空遨游一段时间后返回地球,发现留在地球上的乙比自己年轻. 根据运动的相对性,将会得出乙也发现甲比自己年轻的矛盾结论. 这被称为双生子佯谬. 实际上这种谬误是不会发生的,由于两个孪生子的运动状态并不对称(例如,甲飞离、返回要经历加、减速运动过程),其结果一定是孪生子甲比乙年轻. 爱因斯坦曾经预言,两只校准好的钟,当一只沿闭合路线运动返回原地时,它记录的时间比原地不动的钟会慢一些. 这已被高精度的铯原子钟超声速环球飞行实验所证实.

> **例题 20.4** 一飞船以 $u=9\times10^3$ m·s^{-1} 的速率相对于地面匀速飞行. 飞船上的钟走了 5 s,地面上的钟经过了多少时间?
>
> **解** 飞船上的钟测量的时间间隔 5 s 是固有时 τ_0,所以飞船上的这段时间用地面上的钟测量,得到
>
> $$\tau = \frac{\tau_0}{\sqrt{1-\dfrac{u^2}{c^2}}} = \frac{5}{\sqrt{1-\left(\dfrac{9\times10^3}{3\times10^8}\right)^2}}\text{ s} = 5.000\,000\,002\text{ s}$$
>
> 这表明,对于飞船这样大的速率,其时间延缓效应实际上也很难测出.

20.3.3 长度收缩

长度的测量是和同时性概念密切相关的. 在某一参考系中测量棒的长度就是要测量它的两端在同一时刻的位置之间的距离. 这一点在测量静止的棒的长度时并不非常重要,因为它两端的位置不变,不管是否同时记录两端的位置,结果总是一样的. 但在测量运动的棒的长度时,对同时性的考虑就带有决定性的意义了. 例

如,要测量正在行进的汽车的长度 l,就必须在同一时刻记录车头的位置 x_2 和车尾的位置 x_1,然后算出 $l=x_2-x_1$. 如果两个位置不是在同一时刻记录的,例如,在记录了 x_1 之后过一会儿再记录 x_2,则 (x_2-x_1) 就和两次记录的时间间隔有关. 它的数值不能代表汽车的长度.

根据爱因斯坦的观点,既然同时是相对的,那么长度的测量也必定是相对的. 长度的测量与参考系的运动有什么关系呢?

如图 20.7 所示,S' 系中有一细长物体 AB,长度 $l'=x'_2-x'_1$,由于 AB 相对 S' 系静止,只要把两端坐标测出来就行了. 两坐标是同时还是不同时测量并不重要. 但若在 S 系中测量 AB 长度,由于 AB 相对 S 系运动,所以 AB 两端坐标 x_1、x_2 必须同时测量,才有长度 $l=x_2-x_1$. 由于 AB 相对于 S 沿 x 轴方向以速率 u 运动,根据同时性的相对性,在 S 系中测量 A、B 两端坐标的这两个同时事件,在 S' 系中观察者看来不是同时发生的,根据式(20.3.1)及 $t_2=t_1$ 可知 $t'_1>t'_2$,即测量 B 端坐标的事件在

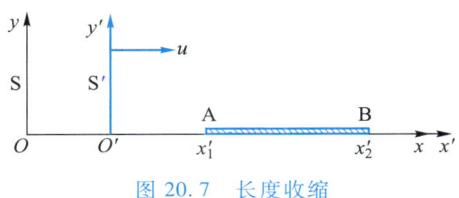

图 20.7　长度收缩

先,测量 A 端坐标的事件在后,因此所测得的长度自然缩短了. 即 $x_2-x_1<x'_2-x'_1$.

同样,如果长度固定在 S 系中,在 S' 系中对 A、B 两端坐标的测量必须是同时的,其结果 $x'_2-x'_1<x_2-x_1$.

总之,与物体相对运动的惯性系中测得的长度比与物体相对静止的惯性系中测得的长度要短,这称为**长度收缩**(length contraction).

上述结果同样可利用洛伦兹变换式加以证明. 设棒固定在 S' 系中,其两端坐标分别为 x'_2、x'_1,在 S 系中 t 时刻测量(两端必须同时测量),其两端坐标分别为 x_2、x_1,$l=x_2-x_1$,$t_2=t_1=t$.

由洛伦兹变换:$x'_1=\gamma(x_1-ut_1)$,$x'_2=\gamma(x_2-ut_2)$,有

$$l'=x'_2-x'_1=\gamma\left[(x_2-x_1)-u(t_2-t_1)\right]=\gamma(x_2-x_1)=\gamma l$$

$$l=\frac{l'}{\gamma}<l'$$

如果物体固定在 S 系中,则同样可得 $l'=\dfrac{l}{\gamma}<l$.

总之,在与物体相对静止的惯性系中测得的长度最长,称为**固有长度**(proper length),用 l_0 表示. 在与物体作相对运动的惯性系中测得的物体长度 l 要短一些,与固有长度之间的关系为

$$l=l_0\sqrt{1-\frac{u^2}{c^2}} \tag{20.3.5}$$

长度收缩是一种相对效应. 两惯性系只有在作相对运动的方向才有相对论效应,由于 y、z 方向上无相对运动,所以无相对论长度收缩效应.

例题 20.5　原长为 5 m 的飞船以 $u=9\times10^3$ m·s^{-1} 的速率相对于地面匀速飞行时,从地面上测量,它的长度是多少?

▶ 演示动画:
长度收缩

解　根据式(20.3.5),在地面上测量的飞船长度

$$l=l_0\sqrt{1-\frac{u^2}{c^2}}=5\times\sqrt{1-\left(\frac{9\times10^3}{3\times10^8}\right)^2}\ \text{m}=4.999\,999\,998\ \text{m}$$

这表明,对于飞船这样大的速率,其长度收缩效应实际上也很难测出.

例题 20.6　在 6 000 m 的高空大气层中产生的一个 μ 子,以速度 $u=0.998c$ 飞向地球.假定该 μ 子在其自身的静止系中的寿命等于其平均寿命 2.0×10^{-6} s. 试分别从下面两个角度,即以地球为参考系和以 μ 子为参考系来判断该 μ 子能否到达地球.

解　考虑一个静止寿命 $\tau_0=2.0\times10^{-6}$ s 的 μ 子,若按经典理论计算,即使它以真空光速 $c=3\times10^8$ m/s 运动,它一生也只能通过 $3\times10^8\times2\times10^{-6}$ m$=600$ m,根本不可能到达地球. 根据狭义相对论,可以对此给出合理的说明.下面分别以地球和 μ 子为参考系,从两个不同的角度来分析这个问题.

（1）以地球为参考系

对于地球上的观察者,由于时间延缓效应,μ 子寿命延长了,衰变前经历的时间为

$$\tau=\frac{\tau_0}{\sqrt{1-\frac{u^2}{c^2}}}=3.16\times10^{-5}\ \text{s}$$

μ 子在这段时间内飞行的距离为 $d=u\tau=9\,480$ m,因 $d>6\,000$ m,故该 μ 子能到达地球.

（2）以 μ 子为参考系

以 μ 子为参考系,μ 子是静止的,而地球以速度 u 接近 μ 子.从产生 μ 子的位置到地球表面的距离是在地球参考系中测量的,可以将这段距离看成静止在地球参考系中的线段,因而 6 000 m 是固有长度 l_0. 在 μ 子参考系中测量这段距离,经洛伦兹收缩后的值为

$$l=l_0\sqrt{1-\frac{u^2}{c^2}}=379\ \text{m}$$

而在 τ_0 时间内,地球能朝着 μ 子移动距离 $d=u\tau_0=599$ m. 因 $d>l$,故地球在 μ 子生存期间能够到达 μ 子,即 μ 子能到达地球.

例题 20.7　如图所示,一根长为 1 m 的棒静止地放在 $O'x'y'$ 平面内,在 S' 系的观察者测得此棒与 $O'x'$ 轴成 45°角,试问从 S 系的观察者来看,此棒的长度以及棒与 Ox 轴的夹角是多少?设想 S' 系以速率 $u=\frac{\sqrt{3}}{2}c$ 沿 Ox 轴相对 S 系运动.

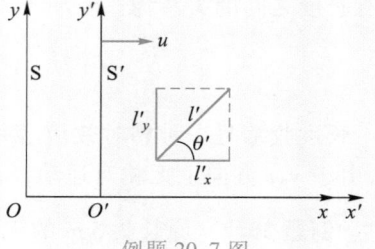

例题 20.7 图

解 设棒静止于 S′ 系的长度为 l'，它与 $O'x'$ 轴的夹角为 θ'. 此棒长在 $O'x'$ 和 $O'y'$ 轴上的分量分别为

$$l'_x = l' \cos \theta', \qquad l'_y = l' \sin \theta'$$

由于 S′ 系沿 Oy 轴的速度为零，故从 S 系的观察者来看，此棒长在 Oy 轴上的分量 l_y 与 l'_y 相等，即

$$l_y = l'_y = l' \sin \theta'$$

而棒长在 Ox 轴上的分量为

$$l_x = l'_x \sqrt{1-\beta^2} = l' \sqrt{1-\beta^2} \cos \theta'$$

式中，$\beta = \dfrac{u}{c}$. 因此，从 S 系的观察者来看，棒的长度为

$$l = \sqrt{l_x^2 + l_y^2} = l' \sqrt{1 - \beta^2 \cos^2 \theta'}$$

而棒与 Ox 轴的夹角，则由下式确定：

$$\tan \theta = \frac{l_y}{l_x} = \frac{l' \sin \theta'}{l' \sqrt{1-\beta^2} \cos \theta'} = \frac{\tan \theta'}{\sqrt{1-\beta^2}}$$

由题意知，$\theta' = 45°$，$l' = 1$ m，$u = \dfrac{\sqrt{3}\,c}{2}$，所以有

$$l = l' \sqrt{1 - \beta^2 \cos^2 \theta'} = 0.79 \text{ m}$$

$$\tan \theta = \frac{\tan \theta'}{\sqrt{1-\beta^2}} = 2, \qquad \theta = 63.43°$$

可见，从 S 系的观察者来看，运动着的棒不仅长度要收缩，而且还要转向.

20.3.4 狭义相对论时空观

1. 时间、空间是相互联系的

由 $\Delta x' = \gamma(\Delta x - u \Delta t)$ 及 $\Delta t' = \gamma\left(\Delta t - \dfrac{u}{c^2} \Delta x\right)$ 知，一个惯性系中时间的差异，在另一惯性系中可反映为空间位置的不同，反之亦然. 这意味着空间不再是与时间无关的一个无形的永不运动的框架，时间亦不再是与空间无关的不断均匀流逝的长河. 时间和空间是紧密联系在一起的，我们生活的宇宙是一个四维时空.

2. 时间、空间的量度与运动有关

同时性的相对性导致了时间和空间的量度也具有相对性，它们都与参考系的选择有关，即时间、空间的量度与运动具有不可分割的联系，并没有脱离运动的绝对时间和绝对空间，谈到时空的量度一定要指明是在什么参考系中测量的.

总之，时间和空间是紧密联系的，且与运动有着密切的联系，这就是狭义相对论的时空观.

当 $u \ll c$ 时，$t = t'$，$\Delta t = \Delta t' = \tau_0$，$l = l' = l_0$，狭义相对论时空观变成了由伽利略变换反映的绝对时空观. 所以在低速运动情况下，绝对时空观仍然适用. 这表明，绝对时

空观是狭义相对论时空观在低速情况下的合理近似.

20.4　狭义相对论动力学基础

我们已经指出,经典力学的基本定律在伽利略变换下形式不变,然而这些定律在洛伦兹变换下不是不变的,也就是说,经洛伦兹变换后,这些定律在不同惯性系中具有不同的形式.但按相对论的基本假设,在不同惯性参考系中,力学规律应有同样的形式.因此必须按相对论的要求,对经典的质量、动量、能量等概念作必要的修改.我们可以设想相对论中新的动力学规律应该满足以下三个条件:(1)它们的表达形式在洛伦兹变换下必须具有不变性;(2)当物体的运动速度比真空中的光速小很多时,这些定律应该还原为经典力学的形式;(3)只要可能,在相对论中仍应把质量守恒、动量守恒、能量守恒这些普遍规律保存下来,必要时可将"质量""动量"和"能量"这三个重要物理量的含义和表达式适当加以修正.

20.4.1　相对论质量

如果我们仍然定义粒子的动量是 $p = mv$,要使动量守恒定律在洛伦兹变换下保持不变,则粒子的质量 m 不能再视为一个与速率 v 无关的常量,由动量守恒定律及相对论速度变换式,从理论上可证明运动粒子的质量与运动粒子的速率 v 有如下关系:

$$m = \frac{m_0}{\sqrt{1 - \left(\dfrac{v}{c}\right)^2}} \qquad (20.4.1)$$

式中,m_0 是粒子在相对于参考系静止时的质量,称为静质量(rest mass);m 是粒子相对于参考系以速率 v 运动时的质量,又称为相对论质量(mass in relativity).注意:式(20.4.1)中的 v 不是两个参考系间的相对速率,而是某一粒子相对于某一参考系的运动速率.运动粒子的质量与运动粒子的速率 v 的关系,使我们认识到物质与运动是相互关联的.

微观粒子的质量与其运动速度有关这一事实,早在人们研究电子运动时就被发现了.德国物理学家考夫曼(W. Kaufmann)曾观测不同速度的电子在磁场作用下的偏转,从而测定电子的质量.1901年,他已从实验得出,电子的质量随速度不同而有不同的量值,实验结果与式(20.4.1)十分符合.

如果 $\dfrac{v}{c} \ll 1$,则根据式(20.4.1)不难得到 $m \approx m_0$,这时可认为物体的质量与它的速率无关,等于其静质量,这就是牛顿力学讨论的情况.牛顿力学是相对论力学在低速情况下的近似.

例如,当一火箭以 $v = 11.2\ \text{km} \cdot \text{s}^{-1}$ 的速率运动时,$m = 1.000\,000\,000\,9\,m_0$,质量的变化是微不足道的.而当微观粒子以接近光速的速率 $v = 0.98c$ 运动时,

$m = 5.03\, m_0$，质量的变化就十分显著了.

当 $v = c$ 时，若 $m_0 \neq 0$，则 $m = \infty$，这是无意义的；若此时 $m_{\bullet} = 0$，则 m 可有一定量值. 只有静质量为零的粒子才能以光速运动.

20.4.2　相对论动量

根据动量的定义和式(20.4.1)，可得相对论动量的表示式为

$$p = mv = \frac{m_0}{\sqrt{1 - \left(\dfrac{v}{c}\right)^2}}\, v \qquad (20.4.2)$$

式(20.4.2)说明动量与速度之间不再是线性关系. 当 $v \ll c$ 时，相对论动量与经典动量一致.

在相对论力学中，仍用动量随时间的变化率定义质点受到的作用力，即

$$F = \frac{\mathrm{d}p}{\mathrm{d}t} = \frac{\mathrm{d}}{\mathrm{d}t}(mv) = m\frac{\mathrm{d}v}{\mathrm{d}t} + v\frac{\mathrm{d}m}{\mathrm{d}t} \qquad (20.4.3)$$

上式为相对论动力学的基本方程，它在形式上与牛顿第二定律 $F = \dfrac{\mathrm{d}p}{\mathrm{d}t} = \dfrac{\mathrm{d}(mv)}{\mathrm{d}t}$ 相同，但对质量、动量应有不同的认识. 可以证明：相对论动力学的基本方程式(20.4.3)在洛伦兹变换下形式保持不变.

式(20.4.3)说明：力既可改变物体的速度，又可改变物体的质量；力 F 与加速度 $\dfrac{\mathrm{d}v}{\mathrm{d}t}$ 的方向一般不会相同；只有在 $v \ll c$ 时 $\left(\text{此时}\dfrac{\mathrm{d}m}{\mathrm{d}t} = 0\right)$，$F = ma$ 才有效.

20.4.3　相对论动能

根据质点的动能定理，我们用力对粒子做的功来计算粒子动能的增量，并用 E_k 表示粒子速率为 v 时的动能. 当外力作用在静质量为 m_0 的自由质点上时，动能增量为

$$\mathrm{d}E_k = F \cdot \mathrm{d}r = F \cdot v\mathrm{d}t$$

从相对论动力学的基本方程 $F = \dfrac{\mathrm{d}(mv)}{\mathrm{d}t}$ 得 $F\mathrm{d}t = \mathrm{d}(mv)$，因此

$$\begin{aligned}\mathrm{d}E_k &= \mathrm{d}(mv) \cdot v = (\mathrm{d}m)v \cdot v + m(\mathrm{d}v) \cdot v \\ &= v^2\mathrm{d}m + mv\mathrm{d}v^{①}\end{aligned}$$

对式(20.4.1)两边微分，得

$$\mathrm{d}m = \frac{m_0 v\mathrm{d}v}{c^2\left[\left(1 - \left(\dfrac{v}{c}\right)^2\right)\right]^{\frac{3}{2}}} = \frac{mv\mathrm{d}v}{c^2\left[1 - \left(\dfrac{v}{c}\right)^2\right]} = \frac{mv\mathrm{d}v}{c^2 - v^2}$$

---

① $\quad v \cdot \mathrm{d}v = v_x\mathrm{d}v_x + v_y\mathrm{d}v_y + v_z\mathrm{d}v_z = \dfrac{1}{2}\mathrm{d}(v_x^2 + v_y^2 + v_z^2) = \dfrac{1}{2}\mathrm{d}(v^2) = v\mathrm{d}v$

$$mvdv = (c^2 - v^2) \, dm$$

将上式代入 dE_k，则

$$dE_k = c^2 \, dm$$

$$\int_0^{E_k} dE_k = \int_{m_0}^m c^2 \, dm$$

积分得

$$E_k = mc^2 - m_0 c^2 \qquad (20.4.4)$$

这就是相对论动能公式.

当 $v \ll c$ 时，对式（20.4.4）作泰勒展开：

$$E_k = mc^2 - m_0 c^2 = m_0 c^2 \left[\frac{1}{\sqrt{1 - \left(\dfrac{v}{c} \right)^2}} - 1 \right]$$

$$= \frac{1}{2} m_0 v^2 + \frac{3}{8} m_0 \frac{v^4}{c^2} + \cdots$$

$$\approx \frac{1}{2} m_0 v^2$$

这表明牛顿力学的动能公式就是相对论动能公式的低速极限.

根据式（20.4.1）和式（20.4.4），可以得到粒子速率由动能表示的关系式为

$$v^2 = c^2 \left[1 - \left(1 + \frac{E_k}{m_0 c^2} \right)^{-2} \right] \qquad (20.4.5)$$

上式表明：当粒子的动能由于力对其做功而增大时，速率也增大，但速率的极限是 c. 而按照牛顿运动定律，动能增大时，速率可以无限增大.

20.4.4　相对论能量　质能关系

我们将 mc^2 称为粒子以速率 v 运动时的总能量 E，$m_0 c^2$ 称为粒子的静止能量或静能（rest energy），用 E_0 表示，即

$$E = mc^2 \qquad (20.4.6)$$

$$E_0 = m_0 c^2 \qquad (20.4.7)$$

静止能量是一个崭新的概念，宏观物体的静止能量实际上包括组成该物体的所有微观粒子的动能、势能等一切形式的能量，是物体内能的总和. 虽然一般不知道这一切形式能量的详细情况，但狭义相对论给出了它与静质量成正比的关系.

式（20.4.6）表明，一定的质量对应于一定的能量，二者的数值只相差一个恒定的因子 c^2. 式（20.4.6）是相对论的质能关系（mass-energy relation），这是狭义相对论的重要结论之一，它反映物质的基本属性——质量与能量的不可分割的关系. 但质量和能量不是同一概念：质量表征物体的惯性及其相互间的万有引力，能量表征物质系统的状态及其变化.

式（20.4.4）可写成

$$E_k = E - E_0 \tag{20.4.8}$$

即动能为总能量和静止能量之差.

放射性蜕变、原子核反应均证明了相对论的质能关系. 例如在核反应中,反应前所有反应物的静质量为 m_{01},总动能为 E_{k1},反应后所有生成物的静质量为 m_{02},总动能为 E_{k2}. 则由能量守恒定律,

$$m_{01}c^2 + E_{k1} = m_{02}c^2 + E_{k2}$$

得到

$$E_{k2} - E_{k1} = (m_{01} - m_{02})c^2$$

$$\Delta E = \Delta m_0 c^2 \tag{20.4.9}$$

式中,$\Delta E = E_{k2} - E_{k1}$ 为总动能的增量,$\Delta m = m_{01} - m_{02}$ 为总静质量的减少. 因此核反应中释放的能量相应于一定的 **质量亏损**(mass defect). 应当指出,质量亏损并不表示"质量变成了能量",反应产物的静质量虽然减少了,但它们在运动,其相对论质量要比静质量大,所以反应前后质量也是守恒的,只是原来的一部分静止能量以动能的形式释放出来.

相对论质能关系表明,原子核结构发生变化引起质量亏损时会释放出能量,这就是核能(又称原子能). 核能释放通常有两种方法:一是较重原子核分裂成两个或多个较轻原子核的核裂变反应,如原子弹爆炸和核反应堆发电;二是两个较轻原子核聚合成一个较重原子核的核聚变反应,如氢弹爆炸.

拓展阅读:中国的核弹发展历程

氘氚核聚变反应需要超高的温度和密度等条件,因此实现受控热核聚变是一个巨大的挑战. 受控热核聚变能的研究主要有惯性约束核聚变和磁约束核聚变两种,前者利用超高强度的激光在极短的时间内辐照氘氚靶来实现聚变反应,后者利用强磁场约束带电粒子的特性(参阅上册第十一章 11.7.3),将高温高压等离子氘氚气体约束在一个托卡马克(Tokamak)装置中实现聚变反应. 2022 年 12 月美国能源部宣布,加州劳伦斯利弗莫尔国家实验室(Lawrence Livermore National Laboratory,LLNL)的美国国家点火装置(National Ignition Facility,NIF)取得了一项"历史性的突破",在惯性约束核聚变反应堆中实现了净能量增益. 2023 年 4 月中国全超导托卡马克核聚变实验装置(EAST)经过了超过 12 万次实验,成功实现稳态高约束模式等离子体运行 403 s 的新纪录. 这些新的实验突破,对于提升核聚变能源经济性、可行性,加快实现聚变发电具有重要意义.

核能对全球军事、经济、社会、政治等都有广泛而重大的影响. 此外,相对于火电能,目前广泛应用的核裂变能不仅经济、安全,而且清洁. 全世界的核电站同燃煤电厂相比,每年可为地球大气层减少 1.5 亿吨二氧化碳排放.

例题 20.8 在一种热核反应 $^2_1H + ^3_1H \rightarrow ^4_2He + ^1_0n$ 中,各种粒子的静质量为:氘核 $m_1 = 3.343\ 7 \times 10^{-27}$ kg,氚核 $m_2 = 5.004\ 9 \times 10^{-27}$ kg,氦核 $m_3 = 6.642\ 5 \times 10^{-27}$ kg,中子 $m_4 = 1.675\ 0 \times 10^{-27}$ kg. 这一热核反应释放的能量是多少?

解 质量亏损为

拓展阅读:核弹工作原理简介

$$\Delta m_0 = (m_1 + m_2) - (m_3 + m_4)$$

$$= [(3.343\ 7 + 5.004\ 9) - (6.642\ 5 + 1.675\ 0)] \times 10^{-27}\ \text{kg}$$

$$= 0.031\ 1 \times 10^{-27}\ \text{kg}$$

相应释放的能量为

$$\Delta E = \Delta m_0 c^2 = 0.031\ 1 \times 10^{-27} \times 9 \times 10^{16}\ \text{J} = 2.799 \times 10^{-12}\ \text{J}$$

1 kg 这种核燃料所释放的能量为

$$\frac{\Delta E}{m_1 + m_2} = \frac{2.799 \times 10^{-12}}{8.348\ 6 \times 10^{-27}}\ \text{J} \cdot \text{kg}^{-1} = 3.35 \times 10^{14}\ \text{J} \cdot \text{kg}^{-1}$$

这相当于同质量的优质煤燃烧所释放热量的 1 000 多万倍!

例题 20.9 两个静质量都是 m_0 的粒子以相同的速率从相反的方向相撞,成为一个复合粒子. 求这个复合粒子的静质量和运动速度.

解 设两个粒子的速率都是 v,复合粒子的质量和速率分别为 m'、u,根据动量守恒定律和能量守恒定律,有

$$(m_0 v - m_0 v) \frac{1}{\sqrt{1 - \left(\dfrac{v}{c}\right)^2}} = m' u$$

$$m' c^2 = \frac{2 m_0 c^2}{\sqrt{1 - \left(\dfrac{v}{c}\right)^2}}$$

由第一式得出复合粒子的速率 $u = 0$,因此 $m' = m'_0$,由第二式得复合粒子静质量为

$$m'_0 = \frac{2 m_0}{\sqrt{1 - \left(\dfrac{v}{c}\right)^2}}$$

上式表明复合粒子的静质量大于 $2 m_0$,两者的差值为

$$\Delta m = m'_0 - 2 m_0 = \frac{2 m_0}{\sqrt{1 - \left(\dfrac{v}{c}\right)^2}} - 2 m_0 = \frac{2 E_k}{c^2}$$

式中,E_k 是两粒子碰撞前的动能. 因此,动能的变化与静质量的变化相对应,从而使碰撞后复合粒子的静质量增大了.

20.4.5 相对论的动量和能量关系

经典力学中动量和能量关系为 $E_k = \dfrac{p^2}{2m}$,它在洛伦兹变换下形式要发生变化. 根据相对论的质能关系可推出相对论的动量和能量关系:

$$E = mc^2 = \frac{m_0}{\sqrt{1 - \left(\dfrac{v}{c}\right)^2}} c^2$$

$$\left(\frac{E}{c}\right)^2 - p^2 = \frac{m_0^2 c^2}{1 - \left(\dfrac{v}{c}\right)^2} - p^2$$

$$= \frac{m_0^2 c^2}{1 - \left(\dfrac{v}{c}\right)^2} - m^2 v^2$$

$$= \frac{m_0^2 c^2}{1 - \left(\dfrac{v}{c}\right)^2} - \frac{m_0^2 v^2}{1 - \left(\dfrac{v}{c}\right)^2}$$

$$= m_0^2 c^2$$

即

$$E^2 = c^2 p^2 + m_0^2 c^4 \qquad\qquad (20.4.10)$$

上式即**相对论动量能量关系式**. 式(20.4.10)也可写成如下形式:

$$E^2 - (cp)^2 = E_0^2 \qquad\qquad (20.4.11)$$

上式表明,在任何参考系中测得的能量和动量可以合并成一个不变量,静能 E_0 是粒子的一个不变的动力学性质. 我们把这个不变量称为**能量-动量不变量**(energy-momentum invariant). 它不仅揭示了能量和动量的相互关系,而且反映了能量和动量的不可分割性和统一性.

若以 E、pc、$m_0 c^2$ 表示三角形的三边,它们间的关系可用如图 20.8 所示的直角三角形形象地表示.

对于光子,其静质量 $m_0 = 0$,根据式(20.4.10)可以得到如下关系:

$$p = \frac{E}{c} \qquad\qquad (20.4.12)$$

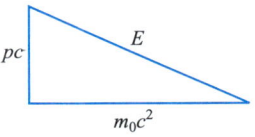

图 20.8 相对论的动量、能量三角形

例题 20.10 设一质子以速率 $v = 0.80c$ 运动,已知质子的静能 $E_0 = 938\ \text{MeV}$,求其总能量、动能和动量.

解 根据质能关系式(20.4.6),质子的总能量

$$E = mc^2 = \frac{m_0 c^2}{\sqrt{1 - \dfrac{v^2}{c^2}}} = \frac{938}{(1 - 0.8^2)^{\frac{1}{2}}}\ \text{MeV} = 1\ 563\ \text{MeV}$$

根据式(20.4.8),质子的动能

$$E_k = E - E_0 = (1\ 563 - 938)\ \text{MeV} = 625\ \text{MeV}$$

质子的动量可由相对论动量能量关系求出. 根据式(20.4.11),得到

$$cp = \sqrt{E^2 - E_0^2}$$

解得

$$p = \frac{\sqrt{E^2 - E_0^2}}{c} = \frac{\sqrt{1\ 563^2 - 938^2}\ \text{MeV}}{3 \times 10^8\ \text{m} \cdot \text{s}^{-1}} = \frac{1\ 250\ \text{MeV}}{3 \times 10^8\ \text{m} \cdot \text{s}^{-1}} = 6.67 \times 10^{-19}\ \text{kg} \cdot \text{m} \cdot \text{s}^{-1}$$

质子的动量也可以直接利用相对论动量表示式(20.4.2)求出:

$$p = mv = \frac{m_0 v}{\sqrt{1 - \dfrac{v^2}{c^2}}} = \frac{E_0 v}{c^2 \sqrt{1 - \dfrac{v^2}{c^2}}}$$

将 $v = 0.80c$ 代入上式,计算出

$$p = \frac{0.8}{0.6} \times \frac{E_0}{c} = \frac{4}{3} \times \frac{938\ \text{MeV}}{3 \times 10^8\ \text{m} \cdot \text{s}^{-1}} = 6.67 \times 10^{-19}\ \text{kg} \cdot \text{m} \cdot \text{s}^{-1}$$

内容提要

1. 牛顿绝对时空观

长度和时间的测量与参考系无关.

伽利略坐标变换: $x' = x - ut, y' = y, z' = z, t' = t$.

伽利略速度变换: $v'_x = v_x - u, v'_y = v_y, v'_z = v_z$.

2. 狭义相对论基本原理

相对性原理:物理定律在一切惯性系中都有相同的形式.

光速不变原理:在任何惯性系中,真空中的光速 c 都相等.

3. 洛伦兹变换

洛伦兹坐标变换:

$$x' = \frac{x - ut}{\sqrt{1 - \dfrac{u^2}{c^2}}}, \quad y' = y, \quad z' = z, \quad t' = \frac{t - \dfrac{u}{c^2} x}{\sqrt{1 - \dfrac{u^2}{c^2}}}$$

洛伦兹速度变换:

$$v'_x = \frac{v_x - u}{1 - \dfrac{uv_x}{c^2}}, \quad v'_y = \frac{v_y \sqrt{1 - \dfrac{u^2}{c^2}}}{1 - \dfrac{uv_x}{c^2}}, \quad v'_z = \frac{v_z \sqrt{1 - \dfrac{u^2}{c^2}}}{1 - \dfrac{uv_x}{c^2}}$$

4. 狭义相对论时空观

时间、长度、物质的运动三者紧密相关.

(1)同时性的相对性:在某一惯性系中同时发生的两事件,在另一相对它运动的惯性系中并不一定同时发生.

（2）时间间隔的相对性：
$$\tau = \frac{\tau_0}{\sqrt{1-\dfrac{u^2}{c^2}}}$$

（3）空间间隔的相对性：
$$l = l_0 \sqrt{1-\dfrac{u^2}{c^2}}$$

5. 相对论质量

$$m = \frac{m_0}{\sqrt{1-\dfrac{v^2}{c^2}}}$$

6. 相对论动量

$$\boldsymbol{p} = m\boldsymbol{v} = \frac{m_0}{\sqrt{1-\left(\dfrac{v}{c}\right)^2}}\boldsymbol{v}$$

7. 相对论能量

静能 $E_0 = m_0 c^2$，　动能 $E_k = mc^2 - m_0 c^2$，　总能量 $E = mc^2$.

8. 相对论动量、能量关系

$$E^2 = (cp)^2 + E_0^2$$

习题

一、选择题

1. 判断下面几种说法是否正确：　　　　　　　　　　　　　　　　（　　）

（1）所有惯性系对物理定律都是等价的.

（2）在真空中，光速与光的频率和光源的运动无关.

（3）在任何惯性系中，光在真空中沿任何方向传播的速度都相同.

A. 只有（1）（2）正确　　　　　　　B. 只有（1）（3）正确

C. 只有（2）（3）正确　　　　　　　D. 三种说法者正确

2.（1）对某观察者来说，发生在某惯性系中同一地点、同一时刻的两个事件，对于相对该惯性系作匀速直线运动的其他惯性系中的观察者来说，它们是否同时发生？

（2）在某惯性系中发生于同一时刻、不同地点的两个事作，它们在其他惯性系中是否同时发生？

上述两个问题的正确答案是　　　　　　　　　　　　　　　　　（　　）

A.（1）同时，（2）不同时　　　　　B.（1）不同时，（2）同时

C.（1）同时，（2）同时　　　　　　D.（1）不同时，（2）不同时

3. 在狭义相对论中，下列说法中正确的是　　　　　　　　　　　（　　）

（1）一切运动物体相对于观察者的速度都不能大于真空中的光速.

（2）质量、长度、时间的测量结果都随物体与观察者的相对运动状态而改变.

（3）在一惯性系中发生于同一时刻,不同地点的两个事件在其他一切惯性系中也是同时发生的.

（4）惯性系中的观察者观察一个与他作匀速相对运动的时钟时,会看到这时钟比与他相对静止的相同的时钟走得慢些.

A. （1）,（3）,（4）　　　　　　　　　B. （1）,（2）,（4）

C. （1）,（2）,（3）　　　　　　　　　D. （2）,（3）,（4）

4. 一宇宙飞船相对地球以 $0.8c$ 的速度飞行,一光脉冲从船尾传到船头.飞船上的观察者测得飞船长为 90 m,地球上的观察者测得光脉冲从船尾发出和到达船头两个事件的空间间隔为　　　　　　　　　　　　　　　　　（　　）

A. 90 m　　　　B. 54 m　　　　C. 270 m　　　　D. 150 m

5. 在某地发生两个事件,与该处相对静止的甲测得时间间隔为 4 s,若相对甲作匀速直线运动的乙测得时间间隔为 5 s,则乙相对于甲的运动速度是　　　（　　）

A. $\dfrac{4c}{5}$　　　　B. $\dfrac{3c}{5}$　　　　C. $\dfrac{c}{5}$　　　　D. $\dfrac{2c}{5}$

6. 根据天体物理学的观察和推算,宇宙正在膨胀,太空中的天体都离开我们的星球而去.假定在地球参考系上观察到一颗脉冲星（发出周期性脉冲无线电波的星）的脉冲周期为 0.50 s,且这颗星正在以运行速度 $0.8c$ 离我们而去,那么这颗星的固有脉冲周期应是　　　　　　　　　　　　　　　　　　（　　）

A. 0.10 s　　　　B. 0.30 s　　　　C. 0.50 s　　　　D. 0.83 s

7. 一宇宙飞船相对地球以速度 u 作匀速直线飞行,某一时刻飞船头部的宇航员向飞船尾部发出一个光信号,经过 Δt（飞船上的钟）时间后,被尾部的接收器收到,则由此可知飞船的固有长度为　　　　　　　　　　　　　　　　　（　　）

A. $c\Delta t$　　　　　　　　　　　　　B. $u\Delta t$

C. $c\Delta t\sqrt{1-\left(\dfrac{u}{c}\right)^{2}}$　　　　　　　　D. $\dfrac{c\Delta t}{\sqrt{1-\left(\dfrac{u}{c}\right)^{2}}}$

8. S 系与 S′ 系是坐标轴相互平行的两个惯性系,S′ 系相对于 S 系沿 Ox 轴正方向匀速运动.一根刚性尺静止在 S′ 系中,与 $O'x'$ 轴成 30°角.今在 S 系中观察得该尺与 Ox 轴成 45°角,则 S′ 系相对于 S 系的速度是　　　　　　　　　（　　）

A. $\dfrac{2c}{3}$　　　　B. $\dfrac{c}{3}$　　　　C. $\left(\dfrac{2}{3}\right)^{\frac{1}{2}}c$　　　　D. $\left(\dfrac{1}{3}\right)^{\frac{1}{2}}c$

9. 某核电站年发电量为 10^{11} kW·h,它等于 3.6×10^{16} J 的能量,如果这是由核材料的全部静能转化产生的,则需要消耗的核材料的质量为　　　（　　）

A. 0.4 kg　　　　　　　　　　　　　B. 0.8 kg

C. 12×10^{7} kg　　　　　　　　　　D. $\dfrac{1}{12}\times10^{7}$ kg

10. 设某微观粒子的总能量是它的静止能量的 k 倍,则其运动速度的大小为(以 c 表示真空中的光速)　　　　　　　　　　　　　　　　　　　　(　　)

A. $\dfrac{c}{k-1}$

B. $\dfrac{c}{k}\sqrt{1-k^2}$

C. $\dfrac{c}{k}\sqrt{k^2-1}$

D. $\dfrac{c}{k+1}\sqrt{k(k+2)}$

11. E_k 是粒子的动能,p 表示它的动量,则粒子的静止能量为　　　　(　　)

A. $\dfrac{p^2c^2-E_k^2}{2E_k}$

B. $\dfrac{p^2c^2+E_k^2}{2E_k}$

C. $\dfrac{pc-E_k^2}{2E_k}$

D. E_k+pc

二、填空题

1. 已知惯性系 S′ 相对于惯性系 S 以 $0.5c$ 的匀速度沿 x 轴的方向运动,若从 S′ 系的坐标原点 O' 沿 x 轴正方向发出一光波,则 S 系中测得此光波的波速为_____.

2. 在惯性系 S 中,测得某两事件发生在同一地点,时间间隔为 4 s,在另一惯性系 S′ 中,测得这两事件的时间间隔为 6 s,它们的空间间隔是_____.

3. π^+ 介子是不稳定的粒子,在它自己的参考系中测得其寿命是 2.6×10^{-8} s,如果它相对实验室以 $0.8c$ 的速度运动,那么实验室坐标系中测得的 π^+ 介子的寿命是_____.

4. 两个惯性系中的观察者 O 和 O' 以 $0.6c$ 的相对速度互相接近,如果 O 测得两者的初始距离是 20 m,则 O' 测得两者经过时间 $\Delta t'=$_____ s 后相遇.

5. 牛郎星距离地球约 16 l. y.(光年),宇宙飞船以_____的匀速度飞行,将用 4 a(年)的时间(宇宙飞船上的钟指示的时间)抵达牛郎星.

6. 某加速器将电子加速到能量 $E=2.0\times10^6$ eV 时,该电子的动能为_____ eV.(电子的静质量 $m_{e0}=9.11\times10^{-31}$ kg,1 eV $=1.60\times10^{-19}$ J)

7. 设电子静质量为 m_{e0},将一个电子从静止加速到速率为 $0.6c$,需做功_____.

8. 当粒子的动能等于它的静止能量时,它的运动速度为_____.

三、计算题

1. 如图所示,一发射台向东西两侧距离均为 L_0 的两个接收站 E 与 W 发射信号.今有一飞机以匀速度 u 沿发射台与两接收站的连线由西向东飞行,试问在飞机上测得两接收站接收到发射台同一信号的时间间隔是多少?

2. 设在宇宙飞船中的观察者测得脱离它而去的航天器相对它的速度为 1.2×10^8 m·s^{-1}.同时,航天器沿同一方向发射一枚空间火箭,航天器中的观察者测得此

计算题 1 图

火箭相对它的速度为 1.0×10^8 m·s^{-1}.问:(1)此火箭相对宇宙飞船的速度为多少?(2)如果以激光光束来替代空间火箭,此激光光束相对宇宙飞船的速度又为多少?请将上述结果与伽利略速度变换所得结果相比较,并理解光速是运动物体的极限

速度.

3. 静止的 μ 子的平均寿命约为 $\tau_0 = 2 \times 10^{-6}$ s. 今在 8 km 的高空,由于 π 介子的衰变产生一个速度为 $u = 0.998c$ 的 μ 子,问此 μ 子有无可能到达地面?

4. 半人马星座 α 星是距离太阳系最近的恒星,它距离地球 $S = 4.3 \times 10^{16}$ m. 设有一宇宙飞船自地球飞到半人马星座 α 星,若宇宙飞船相对于地球的速度为 $u = 0.999 c$,按地球上的时钟计算要用多少年时间? 若以飞船上的时钟计算,所需时间又为多少年?

5. 火箭相对于地面以 $u = 0.6c$ 的匀速度向上飞离地球. 在火箭发射 10 s 后(火箭上的钟),该火箭向地面发射一导弹,其速度相对于地面为 $v = 0.3c$,问火箭发射后多长时间导弹到达地球(地球上的钟)? 计算中假设地面不动.

6. 一艘宇宙飞船船身固有长度为 $l_0 = 90$ m,相对于地面以 $u = 0.8c$ 的匀速度从一观测站的上空飞过.(1)观测站测得飞船的船身通过观察站的时间间隔是多少?(2)宇航员测得船身通过观察站的时间间隔是多少?

7. 设有一静质量为 m_0、电荷量为 q 的粒子,其初速为零,在均匀电场 $\vec{E}$ 中加速,在时刻 t 时它所获得的速度为多少? 如果不考虑相对论效应,它的速度又是多少? 这两个速度间有什么关系? 讨论之.

8. 一个静质量是 m_0 的粒子以速率 $v = 0.8c$ 运动,问此时粒子的质量和动能分别是多少?

9. 要使电子的速度从 $v_1 = 1.2 \times 10^8$ m·s^{-1} 增加到 $v_2 = 2.4 \times 10^8$ m·s^{-1},必须对它做多少功?(电子静质量 $m_{e0} = 9.11 \times 10^{-31}$ kg)

10. 某一宇宙射线中的介子的动能为 $E_k = 7m_0c^2$,其中 m_0 是介子的静质量. 试求在实验室中观察到它的寿命是它的固有寿命的多少倍.

11. 静止的正负电子对湮没时产生两个光子,如果其中一个光子再与另一个静止电子碰撞,求它能给予该电子的最大速度.

习题参考答案

(提示:因为正负电子对的初始动量为零,所以产生的两个光子必定向相反的方向运动,其中一光子与另一个静止电子碰撞时,要使此电子具有最大的速度,入射光子必定反向散射回来. 在以上碰撞过程中,能量和动量均守恒)

>>> 第二十一章

··· 光的量子性

牛顿在伽利略、开普勒、笛卡儿等人工作的基础上,把物体的运动规律归结为三条基本运动定律和一条万有引力定律,由此建立起一个完整的牛顿力学理论体系,运动速度远小于光速的宏观物体的运动都精确地服从牛顿力学的规律.热力学和统计物理学对热现象的解释也达到了令人满意的程度.能量守恒定律又使力学、热力学甚至化学都贯通在一起,使牛顿力学成为多门学科的理论基础.法拉第、麦克斯韦电磁理论的建立,又把电学、磁学和光学合成一体,建立了体系完整、形式优美的统一的电磁场理论.到 19 世纪末,经典物理学已日臻完善.物理学的巨大成功,使当时不少物理学家认为,物理学的基本规律已基本找到,今后只能在细节上作些补充和发展,物理学已发展到顶峰.

然而就在 19 世纪末到 20 世纪初,物理学中相继有了 X 射线、放射性和电子三大发现,并在一些新的实验,如迈克耳孙–莫雷实验、固体比热、黑体辐射、光电效应、康普顿散射、原子光谱中,发现了新的事实,经典物理学在解释这些发现和实验事实时都遇到了极大的困难.这些实验中出现的规律同经典物理学所描绘出的图像和预言的结果发生了尖锐的无法调和的矛盾,迫使物理学家从根本上重新审视整个物理学理论,从而导致了一场对经典物理学观点的革命.

迈克耳孙–莫雷实验否定了绝对参考系的存在,奠定了前一章所述的狭义相对论两个基本原理的实验基础,使我们摆脱了经典力学时空观的束缚,相对论指出了经典力学的第一个局限性,即经典力学不适用于高速运动的领域.

在解释黑体辐射、光电效应、康普顿散射和原子光谱等一系列问题时,物理学家不得不跳出经典物理学的框架,去寻找新的理论.以普朗克、爱因斯坦、玻尔为代表的物理学家,意识到在微观世界中存在一种新的效应,这就是量子效应.从此,一种不同于宏观理论的量子论逐步建立起来.尽管这种早期的量子论不尽完善,在很大程度上是经典概念和量子假设的混合物,但这是物理学发展中的一个里程碑.在量子论的基础上,薛定谔、海森伯和狄拉克等人建立了完整的量子力学理论.量子力学指出了经典力学的第二个局限性,即经典力学不适用于电子、原子和分子等微观领域.现在量子力学理论已应用到粒子物理学和天体物理学、化学和生物学、微电子学、非线性光学等广泛领域,它与当今的科技发展和我们的日常生活的关系已十分密切.

本章介绍黑体辐射、光电效应、康普顿效应和玻尔氢原子理论,在这些问题中电磁辐射都表现出量子性,即光的量子性.

你知道吗?

在阅读本章内容时,你将会遇到一个个困惑.光的干涉、衍射和偏振实验事实都说明可见光是电磁波,而近代物理实验又使我们相信光是一束以光速 c 运动的粒子流.为了解释原子光谱,我们用经典语言来描述原子现象,例如我们把电子描绘成一个点,把定态描绘成电子的轨道,把原子描绘成行星系统,但是经典语言却不适用于原子内部.玻尔为此解释道:"这样的语言只能像在写诗中那样使用,诗人关心的远不是描述事实,而是创造形象,建立头脑中的联系."你还会发现,普朗克常量 h 的存在,正如光速 c 的存在一样,将从根本上改变经典物理学的概念和理论体系,进而改变我们对自然界的看法.现在,基于量子论的众多科技成就已经彻底改变了我们的生活和工作方式以及战争形态.例如,利用热辐射和光电效应制造的红外夜视装备已经在无光或微光的战场环境下大量应用.

21.1 黑体辐射

黑体辐射(black-body radiation)问题就是研究受到加热的物体按什么方式发射电磁波的问题.为解释黑体辐射问题,德国物理学家普朗克(M. Planck)在 1900 年提出了具有划时代意义的能量量子化的概念,从而打开了量子物理世界的大门.普朗克的量子理论是牛顿以后自然科学所经历的最巨大、最深刻的一次变革,能量量子化思想奠定了现代微观物理的基础.

拓展阅读:
普朗克和量子论

21.1.1 基尔霍夫辐射定律

任何固体或液体,在任何温度下都在向外发射各种波长的电磁波,同时也吸收从周围其他物体发射出的电磁波,即既发射又吸收电磁辐射能.一个物体所发出的辐射能以及辐射能按波长的分布(能谱分布)主要取决于物本的温度,温度越高辐射越强,因此这种辐射称为**热辐射**(heat radiation).热辐射是物体中的分子、原子受到热激发而发射电磁波的结果,在一般温度下(800 K 以下),物体发射出的电磁波主要集中在红外波段,红外辐射(光)是不可见的.除了高温下能发射可见光的高温物体(光源),我们看见物体是因为物体反射光,而不是因为我们看到物体发出的热辐射.

红外辐射具有与可见光和电磁波一样的物理特性,例如会发生反射、折射现象;两束满足相干条件的红外线在空间交叠时,会出现干涉现象,也能发生热效应、光化学效应和光电效应.各类红外探测器的制成及红外辐射的各种应用就是基于红外辐射的不同效应实现的.在军事上作战部队可以借助红外夜视装备,如红外探测器、微光夜视仪、热像仪等,使夜空对拥有夜视设备的一方"单向透明".通过夜间实施主动行动去夺取战场主动权,已成为高技术局部战争中作战行动的一大特色.

为定量描述热辐射的性质,我们需要引入几个相关的物理量.

1. 单色辐出度 M_λ

设单位时间内从物体表面单位面积上所发射的、波长在 $\lambda \rightarrow \lambda + \mathrm{d}\lambda$ 范围内的辐射能为 $\mathrm{d}E_\lambda$,显然 $\mathrm{d}E_\lambda$ 与波长间隔 $\mathrm{d}\lambda$ 的大小有关.我们将单位波长间隔内的辐射能称为**单色辐出度**(monochrome radiant exitance),用 M_λ 表示:

$$M_\lambda = \frac{\mathrm{d}E_\lambda}{\mathrm{d}\lambda} \tag{21.1.1}$$

实验表明，M_λ 与辐射物体的温度以及辐射的波长有关，因此 M_λ 是温度和波长的函数，写成 $M_\lambda = M_\lambda(T)$，M_λ 的单位为 $W \cdot m^{-3}$.

2. 辐出度 $M(T)$

单位时间内从物体表面单位面积上所发射的各种波长的总辐射能称为物体的辐出度（radiant exitance）. 显然将式（21.1.1）对所有波长积分就可以得到辐出度 $M(T)$ 与单色辐出度 $M_\lambda(T)$ 的关系：

$$M(T) = \int_0^\infty M_\lambda(T)\,\mathrm{d}\lambda \tag{21.1.2}$$

$M(T)$ 只是温度的函数，$M(T)$ 的单位为 $W \cdot m^{-2}$.

3. 单色吸收比和单色反射比

当电磁波射到不透明的物体上时，一部分能量被吸收，另一部分能量被物体表面反射. 这里需注意，反射和辐射是不同的过程. 吸收和反射所占的比例既与物体的温度有关，也与入射的电磁波波长有关. 被物体吸收的波长在 $\lambda \rightarrow \lambda + \mathrm{d}\lambda$ 范围内的入射能量与相应波长的入射能量之比，称为单色吸收比，用 $\alpha(\lambda, T)$ 表示. 被物体反射的波长在 $\lambda \rightarrow \lambda + \mathrm{d}\lambda$ 范围内的入射能量与相应波长的入射能量之比，称为单色反射比，用 $r(\lambda, T)$ 表示. 对于不透明的物体，同一物体的单色吸收比和单色反射比的总和应等于 1，即

$$\alpha(\lambda, T) + r(\lambda, T) = 1 \tag{21.1.3}$$

假如物体在任何温度下，对任何波长的辐射能都全部吸收而不被表面反射，即对任何波长都有 $\alpha(\lambda, T) = 1$，这样的物体就称为绝对黑体（简称黑体）（black body）. 显然黑体是一种理想物体，绝对黑体在自然界是不存在的. 同质点、理想气体、点电荷等理想模型一样，黑体是研究物体辐射的一种理想模型.

演示动画：
黑体辐射模型

如图 21.1 所示，用不透明材料制成的开有小孔的空腔，就是一个十分接近于黑体的物体. 空腔外面的辐射能够通过小孔进入空腔，进入空腔的射线，在空腔内进行多次反射，每反射一次，内壁就吸收一部分能量，最后全部被吸收掉，从小孔穿出的辐射能可以略去不计. 小孔即相当于黑体的表面，空腔的电磁辐射就可以认为是黑体辐射. 通过研究不同温度下空腔的辐射能按波长的分布，就可以研究黑体的辐射规律.

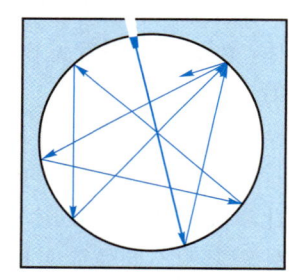

图 21.1 开有小口的
空腔黑体

假设在一个孤立系统中有几个不同的物体，经一定时间后达到热平衡，整个系统的温度相同并保持恒定. 由于系统中每个物体的温度都保持不变，所以从任一个物体辐射的能量与同一时间内吸收的能量相等，这时的热辐射称为热平衡辐射.

基尔霍夫（G. R. Kirchhoff）在 1860 年发现，在热平衡辐射下不同材料和不同表面形状的物体，其单色辐出度 $M_\lambda(T)$ 与单色吸收比 $\alpha(\lambda, T)$ 各不相同，但它们的比值却与材料和表面性质无关，是仅取决于温度和波长的一个常量. 因为黑体的单色吸收比 $\alpha(\lambda, T) = 1$，所以这个常量就是黑体的单色辐出度 $M_{\lambda 0}(T)$，即

$$\frac{M_\lambda(T)}{\alpha(\lambda,T)} = M_{\lambda 0}(T) \qquad (21.1.4)$$

这表示任何物体的单色辐出度与单色吸收比之比,等于同一温度下的黑体的单色辐出度,这一定律称为**基尔霍夫辐射定律**(Kirchhoff's radiation law).

这一定律表明好的吸收体也是好的辐射体,因为黑体是完全的吸收体,所以也是完全的辐射体. 人们通常都要对散热器件的表面进行"发黑"处理,以增加它的散热效果.

21.1.2　黑体辐射实验规律

从基尔霍夫辐射定律可以看出,只要知道黑体的单色辐出度以及物体的单色吸收比就可以知道一般物体的热辐射性质,因此研究黑体的单色辐出度具有重要意义.

对上述空腔型黑体辐射进行测量,可以得到黑体的单色辐出度的实验曲线. 改变黑体的温度 T,可得到黑体在不同温度下的能谱曲线,如图 21.2 所示. 分析这些实验曲线可以得到黑体辐射的两条基本规律.

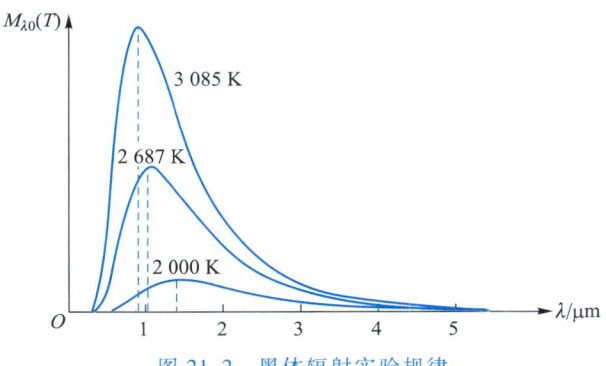

图 21.2　黑体辐射实验规律

演示程序:
黑体辐射规律

1. 斯特藩–玻耳兹曼定律

黑体能谱曲线下的面积就是黑体的辐出度 $M_0(T)$,实验表明黑体辐出度与黑体的热力学温度的四次方 T^4 成正比,即

$$M_0(T) = \int_0^\infty M_{\lambda 0}(\lambda,T)\,\mathrm{d}\lambda = \sigma T^4 \qquad (21.1.5)$$

式中,$\sigma = 5.67 \times 10^{-8}$ W · m^{-2} · K^{-4},称为**斯特藩**(J. Stefan)**–玻耳兹曼**常量. 上式称为**斯特藩–玻耳兹曼定律**(Stefan-Boltzmann's law).

2. 维恩位移定律

实验发现:当绝对黑体的温度升高时,单色辐出度最大值对应的波长 λ_m 向短波方向移动,黑体的温度 T 与峰值波长 λ_m 具有关系:

$$\lambda_m T = b \qquad (21.1.6)$$

式中,$b = 2.897 \times 10^{-3}$ m · K,上式称为**维恩位移定律**(Wien's displacement law). 根据

这个定律,可以测出黑体的温度,例如,太阳辐射谱的峰值波长为 $\lambda_m = 490\ \text{nm}$,将太阳近似视为黑体,根据式(21.1.6)可估计出太阳表面温度近似为 5 900 K.

维恩位移定律是高温测量、遥感、红外追踪等技术的基础. 若地表温度为 300 K,地表辐射的峰值波长 λ_m 约为 10 μm,这表明地表热辐射主要是红外波段的辐射. 而地球大气层对红外波段的吸收极小,因此一般将这一波段称为电磁波的大气窗口. 人们可以利用人造地球卫星和红外遥感技术测量地面的热辐射,从而进行资源、地质、森林防火等勘察.

例题 21.1 夜间地面由于辐射而损失能量,设其辐射与黑体辐射相似,求当地面温度为 10 ℃时,单位时间内单位面积上由于辐射损失的能量.

解 将地球视为黑体,单位时间内单位面积上因辐射损失的能量就是黑体的总辐出度,根据斯特藩-玻耳兹曼定律得

$$M_0 = \sigma T^4 = 5.67\times10^{-8}\times(273.15+10)^4\ \text{W}\cdot\text{m}^{-2}$$
$$= 364\ \text{W}\cdot\text{m}^{-2}$$

例题 21.2 将太阳和地球视为真空中的两个黑体球便构成了一个简单的日地模型. 根据测量,太阳辐射谱的峰值波长 $\lambda_m = 490\ \text{nm}$. 地球上大气和海洋的热交换使地球成为一个表面温度均匀的球. 已知太阳和地球的半径分别为 $R_S = 7.0\times10^8\ \text{m}$、$R_E = 6.4\times10^6\ \text{m}$,日地距离为 $d = 1.5\times10^{11}\ \text{m}$. 求地球的表面温度.

解 由维恩位移定律可以估算出太阳表面的近似平均温度为

$$T_S = \frac{b}{\lambda_m} = \frac{2.897\times10^{-3}}{490\times10^{-9}}\ \text{K} = 5.91\times10^3\ \text{K}$$

地球受到太阳照射的等效面积为 πR_E^2,则地球接收到的太阳辐射为

$$M_S = 4\pi R_S^2 \times (\sigma T_S^4) \times \frac{\pi R_E^2}{4\pi d^2}$$

设地球的温度为 T_E,则地球自身的热辐射为

$$M_E = 4\pi R_E^2 \times (\sigma T_E^4)$$

因本题中地球被视为黑体,故地球接收到的太阳辐射能被全部吸收而不被地球表面反射. 忽略地球的内部产生的热,当地球自身的热辐射和接收到的太阳辐射达到平衡时,地球达到稳定的温度. 因此能量平衡方程为

$$M_E = M_S$$

即

$$T_E^4 = \frac{R_S^2}{4d^2} T_S^4$$

$$T_E = \sqrt{\frac{R_S}{2d}}\, T_S = \sqrt{\frac{7.0\times10^8}{2\times1.5\times10^{11}}} \times 5.91\times10^3\ \text{K} = 285.5\ \text{K}$$

21.1.3　普朗克量子假设

1. 经典理论的失败

由于黑体辐射问题涉及热力学、统计物理学和电磁学,所以它成为近代物理学发展过程中十分著名的问题. 为了从理论上解释黑体单色辐出度的实验曲线,寻求实验曲线的函数表达式,许多物理学家在经典物理学的理论基础上作了很多努力,但最终都失败了. 其中最典型的有维恩、瑞利(L. Rayleight)和金斯(J. H. Jeans)的工作.

(1)维恩公式(1893 年)

维恩将黑体空腔壁上的振动分子或原子视为简谐振动的电偶极子,因此整个辐射场相当于由大量的各种频率和不同振动方向的简谐振子组成的热力学体系. 在此基础上维恩进一步假设黑体辐射能谱与麦克斯韦分子速率分布相似,根据经典热力学得到下面的公式:

$$M_{\lambda 0}(T) = c_1 \lambda^{-5} e^{-\frac{c_2}{\lambda T}} \tag{21.1.7}$$

式中,$c_1 = 3.70 \times 10^{-16}$ J·m^2·s^{-1},$c_2 = 1.43 \times 10^{-2}$ m·K. 与实验曲线相比较,这个公式在短波段与实验结果符合得很好,但在长波段有系统的偏移.

(2)瑞利-金斯公式

瑞利和金斯将统计物理学中的能量均分定理应用到电磁辐射上,认为每个线性谐振子的平均能量都为 kT(k 为玻耳兹曼常量),得到的公式为

$$M_{\lambda 0}(T) = \frac{2\pi c k T}{\lambda^4} \tag{21.1.8}$$

这个公式在长波段与实验曲线符合较好,但当 $\lambda \to 0$ 时,$M_{\lambda 0}(T) \to \infty$,完全与实验结果不符,物理学史上称为"紫外灾难"(如图 21.3 所示).

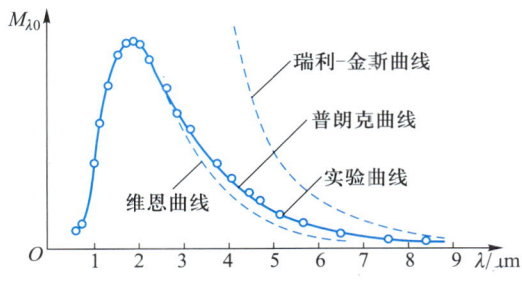

图 21.3　热辐射的几个理论公式与实验结果的比较

2. 普朗克的量子假设

普朗克根据黑体辐射的实验结果,首先利用数学上的内插法得到了一个与实验完全符合的经验公式

$$M_{\lambda 0}(T) = b\lambda^{-5} \frac{1}{e^{\frac{\alpha}{\lambda T}} - 1} \tag{21.1.9}$$

这个公式在短波段近似化为维恩公式(21.1.7),而在长波段又可以近似化为瑞利-金斯公式(21.1.8).

为了从理论上有逻辑地推导出公式(21.1.9),普朗克将辐射场视为由大量简谐振子组成的热力学系统,这样的热力学系统遵从玻耳兹曼统计规律,同时他作出了一个大胆的假设:这些简谐振子在发射和吸收电磁辐射的过程中的能量不像经典物理学所允许的那样是连续的,而只能取分立值.也就是说辐射是以能量单元——量子的方式发射或吸收,这就是能量的量子化(quantization)假设.对于频率为 ν 的简谐振子来说,能量单元为

$$\varepsilon = h\nu \tag{21.1.10}$$

而谐振子的能量

$$E_n = nh\nu, \quad n = 0, 1, 2, \cdots \tag{21.1.11}$$

式中,n 为零或正整数,称为量子数(quantum number),这就是能量的量子化(quantization).h 为普朗克常量,它是一个很小的量,$h = 6.626\,070\,015\times10^{-34}$ J·s.普朗克常量是一个普适常量.

按照普朗克的量子假设,简谐振子在辐射或吸收能量时,只能从一个能量状态跃迁到另一个能量状态,"跳跃式"地辐射或吸收能量.在量子假设的基础上,普朗克有逻辑地推导出了普朗克公式(Planck formula)

$$M_{\lambda 0}(T) = 2\pi hc^2\lambda^{-5}\frac{1}{e^{\frac{hc}{k\lambda T}}-1} \tag{21.1.12}$$

由普朗克公式可以推导斯特藩-玻耳兹曼定律及维恩位移定律(参见例题21.3).普朗克还根据黑体辐射的实验数据,计算出了普朗克常量 $h = 6.55\times10^{-34}$ J·s,与精确数值已非常接近.

普朗克的量子假设,在物理学史上具有划时代的意义,普朗克被公认为是敲开量子世界大门的第一人,被称为"量子之父".但在当时他却是严重违反了经典物理学的概念,因为经典物理学认为物质能量是连续变化的,由此引发了一场激烈的学术争论,普朗克本人也为这种与经典物理学格格不入的观念而深感不安,只是在经过十多年的努力证明任何回归到经典理论的尝试都以失败而告终后,他才确信"量子"概念的提出和普适常量 h 的引入确实反映了新理论的本质.在经历了不平静的十几年后,普朗克才于1918年获得诺贝尔物理学奖.

*例题 21.3 试由普朗克公式推导斯特藩-玻耳兹曼定律及维恩位移定律.

解 先引入变量 $x = \dfrac{hc}{k\lambda T}$,则

$$dx = -\frac{hc}{k\lambda^2 T}d\lambda = -\frac{k}{hc}Tx^2 d\lambda$$

这样普朗克公式变为

$$M_{\lambda 0}(x, T) = \frac{2\pi k^5 T^5}{h^4 c^3}\frac{x^5}{e^x-1}$$

下面计算黑体在一定温度下的总辐出度：

$$M_0(T)=\int_0^\infty M_{\lambda 0}(T)\mathrm{d}\lambda=\frac{2\pi k^4 T^4}{h^3 c^2}\int_0^\infty \frac{x^3}{e^x-1}\mathrm{d}x$$

上式中的定积分由积分表查得

$$\int_0^\infty \frac{x^3}{e^x-1}\mathrm{d}x=\frac{\pi^4}{15}=6.494$$

由此得

$$M_0(T)=6.494\times\frac{2\pi k^4}{h^3 c^2}T^4=\sigma T^4$$

这就是斯特藩-玻耳兹曼定律,式中系数

$$\sigma=6.494\times\frac{2\pi k^4}{h^3 c^2}=5.669\,3\times10^{-8}\ \mathrm{W\cdot m^{-2}\cdot K^{-4}}$$

与实验数值相符.

从单色辐出度 $M_{\lambda 0}(x,T)$ 的极大值位置,就可求出维恩位移定律中的 λ_m.根据

$$\frac{\mathrm{d}M_{\lambda 0}(x,T)}{\mathrm{d}x}=\frac{2\pi k^5 T^5}{h^4 c^3}\cdot\frac{(e^x-1)5x^4-x^5 e^x}{(e^x-1)^2}=0$$

得到

$$x=5-5e^{-x}$$

用迭代法解上式可得 $x_m=4.965\,1$. 因此

$$x_m=\frac{hc}{k\lambda_m T}=4.965\,1$$

将上式写成

$$\lambda_m T=\frac{hc}{4.965\,1k}=b$$

这就是维恩位移定律,式中

$$b=\frac{hc}{4.965\,1k}=2.897\,8\times10^{-3}\ \mathrm{m\cdot K}$$

也与实验数值相符.

21.2　光电效应

1905 年爱因斯坦利用量子论成功地解释了著名的光电效应,从而使量子论得到进一步的发展.

21.2.1 光电效应的实验规律

金属在光照射下发射出电子,这个现象称为**光电效应**(photoelectric effect).从金属表面逸出的电子称为**光电子**(photoelectron),光电子运动形成光电流.光电效应的现象最早是赫兹在 1887 年发现的,但当时还不知道有电子,也不称这种现象为光电效应.

研究光电效应的装置如图 21.4 所示,在一个真空管内,装有阴极 K 和阳极 A,阴极 K 为金属板,当单色光通过石英窗口射到金属板 K 上时,金属板便释放光电子.如果在 A、K 两端加上电压 U,则光电子飞向阳极,回路中形成光电流,光电流的大小由电流表读出.实验发现光电效应有如下特性.

演示程序:
光电效应

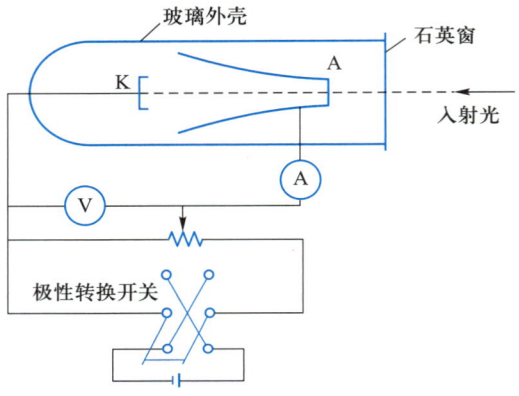

图 21.4 光电效应实验装置

(1)光电流大小

对于一定强度的入射光,光电流 i 随加在两电极上电压 U 的增加先是增大,然后趋于一个饱和值 i_s,如图 21.5 所示.当入射光频率和电压 U 固定时,饱和光电流 i_s 与入射光强度 I 成正比,这意味着单位时间内从阴极表面发射出的光电子数与入射光强成正比.

(2)光电子初动能

从阴极发射出来的光电子具有一定的初动能,它们可以克服反向电场力做功到达阳极.只有当反向电压为某个数值 U_a 时,光电流才减少为零.这个反向电压 U_a 称为光电效应的**遏止电压**(cutoff voltage).实验表明,光电子的最大初动能与入射光强无关.eU_a 是光电子克服遏止电场力所做的功,能够做功 eU_a 刚好到达阳极的光电子应具有最大的初动能.设从阴极发射出的光电子最大初速度为 v_m,电子的质量为 m_e,则有

$$\frac{1}{2} m_e v_m^2 = eU_a \tag{21.2.1}$$

(3)截止频率

改变入射光的频率,光电效应的遏止电压 U_a 则随之变化.实验发现:遏止电压

U_a 与入射光频率之间具有线性关系(如图 21.6 所示),即

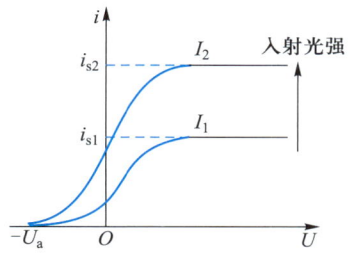

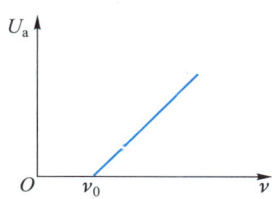

图 21.5　光电效应的实验规律　　　图 21.6　遏止电压与频率呈线性关系

$$U_a = K\nu - U_0 \tag{21.2.2}$$

式中,K、U_0 都是正值,K 是普适常量,对所有的金属都是相同的,U_0 则对不同金属有不同的值,对同一金属为常量. 利用式(21.2.1)得到

$$\frac{1}{2}m_e v_m^2 = eK\nu - eU_0 \tag{21.2.3}$$

这表明光电子的最大初动能随入射光频率线性变化,而与入射光强无关. 上式还给出了对入射光频率的约束条件:

$$\nu \geqslant \frac{U_0}{K} \tag{21.2.4}$$

即 ν 必须满足上述条件,才能产生光电效应. 定义一个与金属有关的常量:

$$\nu_0 = \frac{U_0}{K} \tag{21.2.5}$$

因此我们看到:对于某种材料制成的金属,存在一个极限频率 ν_0,当入射光频率 $\nu <$ ν_0 时,无论入射光强多大、照射时间多长,都不会产生光电效应,这个极限频率 ν_0 称为光电效应的临界<u>截止频率</u>(cutoff frequency),又称为<u>红限频率</u>. 例如钠的截止频率为 4.39×10^{14} Hz(绿光),有些金属的截止频率不在可见光波段.

(4) 瞬时效应

光电效应是瞬时的,实际上几乎观察不到时间延迟(时间间隔小于 10^{-9} s).

例题 21.4　在一个光电效应实验中,波长为 530 nm 的光照射到一种金属的表面上,产生的光电子的动能分布遍及 0 到 4.8×10^{-19} J,欲阻止最快的光电子到达阳极,需施加的最小电压为多大?

解　本题中所求的最小电压,就是对于此种入射光的遏止电压 U_a,因为最快的光电子具有最大的初动能,根据式(21.2.1),有

$$U_a = \frac{1}{2}m_e\frac{v_m^2}{e} = \frac{4.8\times10^{-19}}{1.6\times10^{-19}} \text{ V} = 3.0 \text{ V}$$

21.2.2　光的波动理论遇到的困难

光的波动理论仅能解释上述实验结果(1),即光电流随着光强的增大而增加.

这是因为入射光强越大,金属接收到的能量越多,故发射出的电子就越多.而其他实验事实结果则完全不能用波动理论来解释.按照光的波动理论,入射光照射到金属上连续地向金属输送能量,金属中的电子从入射光中吸收能量,当能量积累到一定值时,电子才能逸出金属表面成为光电子.可以使入射光达到足够的强度,让金属中的电子获得足以逸出金属表面的能量,所以不应有截止频率的限制,任意频率的光波入射都应该能产生光电效应.逸出电子的初动能也将随入射光强的增大而增大,与入射光频率无关.

再研究一下光电效应的时间响应问题.设电子吸收能量的面积为原子半径平方的量级,以钾原子为例,原子半径取 $r = 0.5 \times 10^{-10}$ m,已知一个电子脱离钾原子需要 1.8 eV 的能量,按照经典电磁理论计算,一个距离功率为 1 W 的光源 3 m 处的原子积累到 1.8 eV 能量要一个多小时.而实验事实是,只要光的频率超过红限频率,不论光多么弱,光电子几乎是瞬时发射出来的.

21.2.3 爱因斯坦的光子理论

1. 光子理论

1905 年爱因斯坦将普朗克的量子假设加以发展,认为不仅振子发射或吸收的光具有量子性,发射后的光也具有量子性,即光在发射、传播以及与物质相互作用过程中能量都是量子化的,可将光视为一束以光速 c 运动的粒子流,这种粒子称为光量子或光子(photon),每个光子的能量由光的频率决定,大小为

$$\varepsilon = h\nu \qquad (21.2.6)$$

式中,h 是普朗克常量.因此光的能流密度 S 取决于单位时间内垂直通过单位面积的光子数 N 和每个光子具有的能量,即 $S = Nh\nu$.同普朗克的量子假设一样,爱因斯坦的光子假设在当时也是十分大胆的.

1916 年爱因斯坦又提出,光子不仅具有能量,而且还有质量、动量等粒子共有的一般特性.根据相对论的质能关系,光子的质量为

$$m = \frac{\varepsilon}{c^2} = \frac{h\nu}{c^2} \qquad (21.2.7)$$

光子以光速运动,因此光子的动量为

$$p = mc = \frac{h\nu}{c} = \frac{h}{\lambda} \qquad (21.2.8)$$

能量 ε 和动量 p 描述了光子的粒子性,而频率 ν 和波长 λ 描述了光子的波动性,这种双重性质称为光的**波粒二象性**(wave-particle dualism),ε、p、ν、λ 之间通过公式(21.2.6)和式(21.2.8)由普朗克常量 h 联系起来.在光的干涉、衍射和偏振等现象中,光表现出明显的波动性,而在这里光却表现出粒子性,在经典理论中这种观点是无法被接受的,如何理解光的这种波粒二象性呢?首先应该看到,这里所说的波或者粒子都是经典观念中对物质运动图像的一种抽象和近似,这种抽象和近似不能用来恰当描述微观世界,微观世界的事物有着与宏观世界的事物不同的性质和规律,从这个意义上说,光既不是经典观念中的波,也不是经典观念中的粒子.

另外,在对光的本性的理解上,不应在波动性和粒子性之间进行简单的非此即彼的取舍,而应将其视为光的本性在不同侧面的反映.一般来说,在光与物质的相互作用过程中,光的粒子性表现得较为显著;在光的传播过程中,光的波动性表现得较为明显.

光具有粒子性,那么受到光照射的物体就会感受到光压(light pressure),就像雨点撞击伞面对雨伞施加压力一样.由于光子的能量和动量十分微小,所以光子对反射面的光压也是很微弱的.列别捷夫在 1900 年前后就精确测定了微小的光压,现在使用激光可以产生相当高的光压.存在光压这一事实本身意义很大,它证明了光不仅具有能量,还有质量和动量.在天体物理学中,光压能产生可观的效应,例如当彗星接近太阳时,它的尾巴总是朝着背向太阳的方向,就是因为尾部的微粒受到光压的排斥作用引起的.

爱因斯坦发展了普朗克的量子思想,提出了光量子学说,成功地说明了光电效应的实验规律,揭示了光既具有波动属性又具有粒子属性——波粒二象性,荣获 1921 年诺贝尔物理学奖.

例题 21.5　一种激光器的波长为 633 nm,激光器的输出功率为 3.0 mW,光束截面积为 2.0 mm².试问:(1)每秒有多少光子通过光束的横截面?(2)若该光束垂直入射到一个面积为 2.0 mm² 的光滑表面并全部反射,则此表面受到的光压是多少?

解　(1)每秒通过光束横截面的能量为 0.003 0 J,而每个光子的能量为 $h\nu = \dfrac{hc}{\lambda}$,因此每秒通过光束的横截面的光子数为

$$N = \frac{\text{功率}}{\text{一个光子的能量}} = \frac{0.003\,0 \times 633 \times 10^{-9}}{6.626 \times 10^{-34} \times 3.0 \times 10^{8}}\,\text{s}^{-1} = 9.55 \times 10^{15}\,\text{s}^{-1}$$

(2)每个光子的动量为

$$p = \frac{h}{\lambda} = \frac{6.626 \times 10^{-34}}{633 \times 10^{-9}}\,\text{J·s·m}^{-1} = 1.047 \times 10^{-27}\,\text{kg·m·s}^{-1}$$

光子在表面反射时,其动量由 p 改变为 $-p$,故一个光子对表面的冲量大小为 $2p$,而每秒撞击表面的光子数为 N,因此光束每秒作用在表面上的冲量,即作用在表面上的冲力 F 为

$$F = 2pN = 2 \times 1.047 \times 10^{-27} \times 9.55 \times 10^{15}\,\text{kg·m·s}^{-2}$$
$$= 2.00 \times 10^{-11}\,\text{kg·m·s}^{-2}$$

表面受到的光压为

$$P = \frac{F}{S} = \frac{2.00 \times 10^{-11}}{2.0 \times 10^{-6}}\,\text{N·m}^{-2} = 1.0 \times 10^{-5}\,\text{N·m}^{-2}$$

2. 光子理论对光电效应的解释

按照爱因斯坦的光子理论,光照射到金属阴极,光子一个一个地打在金属的表面,发生光子与金属中电子的碰撞,电子要么与光子发生碰撞吸收一个光子,要么

因为没有发生碰撞而完全不吸收. 如果电子吸收了一个光子, 电子吸收的能量一部分用来提供摆脱表面束缚所需的能量, 剩下的那部分就转化为从金属中射出后的电子初动能. 由于金属中的电子被表面束缚的程度各不相同, 所以将电子从金属内移到表面外所需要的能量也是各不相同的, 电子被束缚得越紧, 这个能量就越大. 移走束缚最小的电子所需要的能量称为金属的**逸出功**(work function)或**功函数**, 用 A 表示. 逸出功取决于金属材料的特性, 常见金属逸出功的数量级为 10^0 eV, 例如钠的逸出功是 2.28 eV, 铜的逸出功是 4.70 eV.

从以上分析可以看出, 光照射后从金属表面射出的光电子带有不同的动能, 其范围从零到某个最大值. 根据能量守恒定律, 光子携带的能量与逸出功(最小束缚能)之差等于发射出的电子最大初动能, 即

$$h\nu = \frac{1}{2} m_e v_m^2 + A \qquad (21.2.9)$$

式(21.2.9)称为光电效应的**爱因斯坦方程**.

爱因斯坦方程可以解释光电效应的所有实验结果. 入射光强大, 表明单位时间内垂直通过单位面积的光子数 N 大, 于是在金属中单位时间内吸收光子的电子数就多, 从而饱和光电流 i_s 就大. 但不论入射光强大小如何, 一个电子一次只吸收一个光子, 故从式(21.2.9)可以直接解释光电子的初动能与频率的线性关系, 与入射光强无关. 如果入射光的频率低, 则光子的能量小, 当光子的能量 $h\nu$ 小于金属的逸出功 A 时, 电子吸收了这样的一份能量不足以克服金属表面的束缚, 此时无论光强多大, 也不会有光电子逸出. 所以光电效应存在截止频率, 令式(21.2.9)中的初动能为零, 可求得用 A 和 h 表示的截止频率:

$$\nu_0 = \frac{A}{h} \qquad (21.2.10)$$

另外光照射到金属阴极, 实际上是单个能量为 $h\nu$ 的光子束入射到阴极, 光子与阴极内的电子发生碰撞. 当电子一次性地吸收了一个光子后, 便获得了 $h\nu$ 的能量而立刻从金属表面逸出, 几乎没有时间延迟, 即光电效应是瞬时的.

比较式(21.2.3)和式(21.2.9), 还可以得到常量 K 和 U_0 的数值:

$$K = \frac{h}{e}, \quad U_0 = \frac{A}{e} \qquad (21.2.11)$$

例题 21.6   一个光电管的发射极的截止波长为 500 nm, 如果对于某种入射光的遏止电压是 2.5 V, 求此种入射光的波长.

解   利用式(21.2.10)可以算出发射极的逸出功为

$$A = h\nu_0 = \frac{hc}{\lambda_0} = \frac{6.626 \times 10^{-34} \times 3.0 \times 10^8}{500 \times 10^{-9}} \text{ J} = 3.98 \times 10^{-19} \text{ J}$$

根据光电效应的爱因斯坦方程式(21.2.9), 并利用式(21.2.1), 得到

$$\frac{hc}{\lambda} = eU_a + A$$

例题 21.6 精讲

$$\lambda = \frac{hc}{eU_a + A} = \frac{6.626 \times 10^{-34} \times 3.0 \times 10^8}{1.6 \times 10^{-19} \times 2.5 + 3.98 \times 10^{-19}} \, \text{m}$$

$$= 2.491 \times 10^{-7} \, \text{m} = 249.1 \, \text{nm}$$

21.2.4　光电效应的实验证明

　　爱因斯坦的光量子假设和光电方程,很好地解释了光电效应,但是遭到了包括量子假说的创始人普朗克在内的很多物理学家的反对.根本原因在于经典物理的传统观念束缚了人们的思想,尽管理论和已有的实验现象并无矛盾,但爱因斯坦提出的遏止电压与频率成正比的线性关系,在当时并没有直接的实验依据.而物理学是以实验为本的科学,直到 1916 年美国物理学家密立根的光电实验全面证实了爱因斯坦的光电方程,并通过实验测量出普朗克常量 h,和普朗克从黑体辐射求得的结果非常符合,光量子理论才开始得到人们的承认,1921 年爱因斯坦获得了诺贝尔物理学奖,1923 年密立根也获得了诺贝尔物理学奖.值得一提的是,密立根做光电实验的目的是证明经典理论的正确性.

拓展阅读:
物理学理论与
实验

21.2.5　光电效应的应用

　　利用光电效应中光电流与入射光强成正比的特性,可以制造光电转换器,实现光信号与电信号之间的相互转换.这些光电转换器如光电倍增管等,广泛应用于光功率测量、光信号记录、电影、电视和自动控制等诸多方面.

　　如图 21.7 所示的光电倍增管是把光信号变为电信号的常用器件.当光照射到阴极 K,使它发射光电子,这些光电子在电压作用下加速轰击第一阴极 K_1,使之又发射更多的次级光电子,这些次级光电子再被加速轰击第二阴极 K_2,如此继续下去.利用 10 多个倍增阴极,可以使光电子数增加 $10^5 \sim 10^8$ 倍,产生很大的电流.这样一束微弱的入射光,即被转变成放大了的光电流,可以通过电流计显示出来.由于光电效应的产生与光强大小无关,只与入射光的频率有关,所以可以利用光电倍增管,研制微光夜视仪.在有月光、星光或者大气辉光等微弱光线的环境中,使用微光夜视仪就可以使战场变得单向透明,有利于军事行动的实施.

演示动画:
光电倍增管

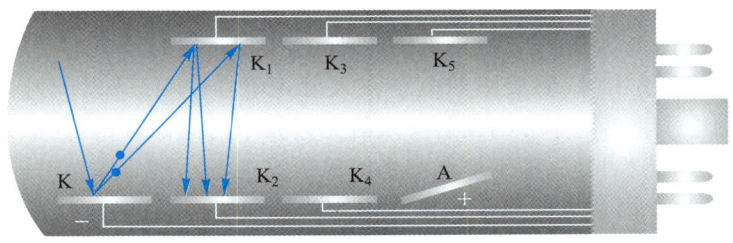

图 21.7　光电倍增管

21.3　康普顿效应

21.3.1　康普顿效应

1922 年康普顿(A. H. Compton)研究了 X 射线经金属、石墨等物质散射后的光谱成分,实验结果表明,沿不同方向散射的 X 射线中都有两种不同波长的散射光,一种散射光的波长与入射 X 射线的波长相同,另一种散射光的波长则比入射 X 射线的波长长一些. 我们把这种散射光波长变长的散射称为**康普顿效应**(Compton effect).

康普顿散射实验装置如图 21.8 所示. X 射线源发射一束波长为 λ_0 的 X 射线,投射到一块石墨上. 从石墨中出射的 X 射线沿着各个方向,这称为散射. 散射光强度及其波长用 X 射线谱仪来测量. 实验结果表明:

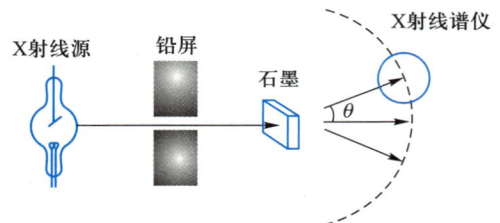

图 21.8　康普顿散射实验装置

(1) 散射光中除有与入射线波长 λ_0 相同的成分外,还有比 λ_0 大的波长 λ,且波长的增加量 $\Delta\lambda = \lambda - \lambda_0$ 随散射角 θ 而异.

(2) 当散射角 θ 确定时,$\Delta\lambda$ 与散射物质的性质无关.

(3) 康普顿散射的强度与散射物质有关. 原波长的谱线强度随原子序数的增大而增大,新波长的谱线强度随之减小. 原子序数小的散射物质,康普顿散射的相对强度较大.

图 21.9 是康普顿散射的实验结果,左图是康普顿散射与角度的关系,右图是在同一散射角下康普顿散射与原子序数的关系.

21.3.2　光子理论的解释

康普顿散射的实验结果无法用光的波动理论解释,按照经典电磁理论,当电磁波(光)入射到物质中时,物质中的电子在入射光电场作用下,以入射光的频率振动,振动着的电子将沿各个方向发射与入射光同频率的电磁波,因此散射光的波长应该与入射光的波长相同,即不可能产生康普顿效应.

康普顿应用爱因斯坦的光子理论对这个效应作了圆满的解释,实验中他使波长为 0.07 nm 的 X 射线在石墨上发生散射,X 射线的能量达到 1.8×10^4 eV,比碳的外层电子结合能要高几个数量级,所以把散射物中的电子看成静止的自由电子是

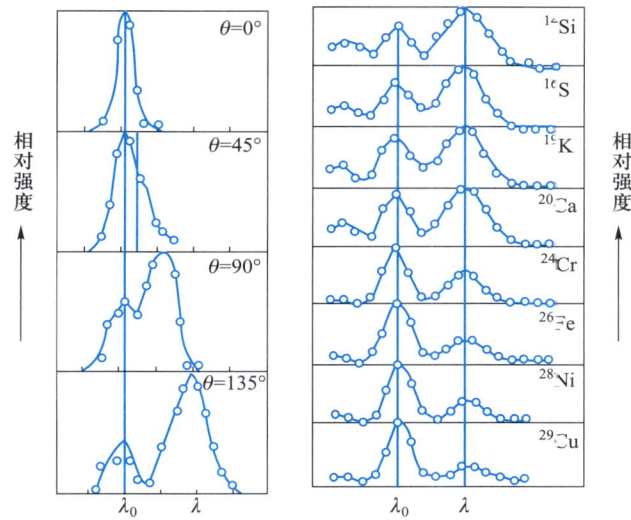

图 21.9　康普顿散射实验结果

一个较好的近似. 光子与自由电子间的碰撞,可视为完全弹性碰撞. 如图 21.10 所示,散射光子以散射角 θ 沿某一方向行进,光子与自由电子之间碰撞遵守能量守恒和动量守恒,电子受到反冲而获得一定的动量和动能,因此散射光子能量要小于入射光子能量. 由光子的能量与频率间的关系 $\varepsilon = h\nu$ 可知,散射光的频率要比入射光的频率低,因此散射光的波长 λ 大于入射光的波长 λ_0.

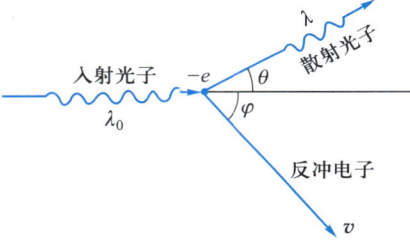

图 21.10　康普顿散射

演示程序:
康普顿散射演示

　　由于 X 射线的波长很短,相应的光子能量与电子的静止能量可以相比,所以在光子与自由电子弹性碰撞的过程中,要应用相对论的质量、能量和动量,根据能量守恒和动量守恒,有

$$\begin{cases} h\nu_0 + m_0 c^2 = h\nu + m_e c^2 \\ m_e \boldsymbol{v} = \dfrac{h\nu_0}{c}\boldsymbol{e}_0 - \dfrac{h\nu}{c}\boldsymbol{e} \end{cases} \tag{21.3.1}$$

式中,m_0、m_e 分别为电子的静质量和相对论质量,$m_e = \dfrac{m_0}{\sqrt{1 - \left(\frac{v}{c}\right)^2}}$;$\boldsymbol{e}_0$ 和 $\boldsymbol{e}$ 分别为入射光子和反射光子运动方向的单位矢量. 将上式第二式写成分量式:

$$m_e v \cos\varphi = \frac{h\nu_0}{c} - \frac{h\nu}{c}\cos\theta \tag{21.3.2}$$

$$m_e v \sin\varphi = \frac{h\nu}{c}\sin\theta \tag{21.3.3}$$

解以上联立方程组,消去 φ 和 v,包括 m_e 中隐含的 v,即得

$$\Delta\lambda = \lambda - \lambda_0 = \frac{2h}{m_0 c}\sin^2\frac{\theta}{2} = 2\lambda_C\sin^2\frac{\theta}{2} \tag{21.3.4}$$

式中 $\lambda_C = \dfrac{h}{m_0 c} = 2.43\times10^{-12}$ m,称为电子的**康普顿波长**(Compton wavelength).上式表明 $\Delta\lambda$ 与散射物质的性质无关.

至于散射光还含有与入射光波长相同的成分,那是入射光子与散射物原子中被束缚得很紧的电子碰撞的结果.原子,特别是重原子的芯电子不能看成自由电子,入射的光子与这种电子的碰撞,实际上是光子与质量很大的整个原子作弹性碰撞,在式(21.3.4)中若用原子的质量 m 代替电子的质量 m_0,有 $\Delta\lambda\approx0$,所以观察到的散射光波长就与入射光波长相同.这就是在任何散射方向上总存在入射光波长成分的原因.对原子序数较大的散射物质,原子中的芯电子较多,光子和这些电子碰撞时波长都不变,故原波长 λ_0 的谱线强度随原子序数的增大而增大,新波长 λ 的谱线的相对强度则随之减小.

光电效应和康普顿效应为光的量子性提供了令人信服的证据.然而,康普顿效应比光电效应更前进了一步,因为在解释康普顿效应时不但要考虑能量守恒,还要考虑动量守恒,因此它为光的波粒二象性及下一章将要叙述的德布罗意物质波假说提供了更完全的证据.康普顿因此获得了 1927 年诺贝尔物理学奖.

康普顿效应和光电效应都是入射光子与电子碰撞而引起的,康普顿效应是 X 射线光子与自由电子的完全弹性碰撞,而光电效应则是金属中的束缚电子吸收一个紫外或可见光光子.自由电子无法吸收一个可见光光子而产生光电效应(参见本章习题中的计算题 4),但是自由电子可以与可见光光子发生弹性碰撞而产生康普顿效应,但这时可见光波长的改变量与可见光的波长相比完全可以忽略.所以当光子入射到物质中时,这两种效应都可能发生,其发生的概率与物质有关,还与入射的光子能量大小有关.一般来说,若入射光子的能量较小,发生光电效应的概率较大;若入射光子的能量较大,发生康普顿效应的概率较大.

当入射光子的能量大于电子静止能量的两倍(1.022 MeV)时,光子可能会在原子核附近转化为一对正、负电子,发生所谓的**电子偶效应**(electron pair effect).光子与电子碰撞还可能引起其他一些效应,例如使原子、分子激发(但没有电离).所有这些效应都证明了光的量子性的正确性,光量子具有一定的运动质量、动量和能量,并且在与电子等实物粒子的碰撞过程中,严格遵从能量守恒定律和动量守恒定律.

例题 21.7 在某次康普顿实验中,入射 X 射线的光子能量为 0.51 MeV,它与一个静止的自由电子碰撞后,电子获得了 0.15 MeV 的动能.求散射光子的波长.

解 光子与自由电子在弹性碰撞过程中能量守恒,即

$$h\nu_0 + m_0 c^2 = h\nu + m_e c^2 = h\nu + (m_0 c^2 + E_k)$$

$$h\nu = h\nu_0 - E_k = 0.51\text{ MeV} - 0.15\text{ MeV}$$

$$= 0.36\text{ MeV} = 5.76\times10^{-14}\text{ J}$$

因此, 散射光子的波长

$$\lambda = \frac{c}{\nu} = \frac{hc}{h\nu} = \frac{6.626 \times 10^{-34} \times 3 \times 10^{8}}{5.76 \times 10^{-14}} \text{ m} = 3.45 \times 10^{-12} \text{ m}$$

$$= 3.45 \times 10^{-3} \text{ nm}$$

与例题 21.6 比较可以看出, 康普顿效应中的光波长比光电效应中的光波长短得多.

例题 21.8　如图所示, 在康普顿散射实验中, 入射 X 射线的波长 $\lambda_0 = 0.02$ nm, 现在从和入射方向成 90° 角的方向去观察散射辐射. 求:(1) 散射 X 射线中的新波长;(2) 反冲电子获得的能量;(3) 反冲电子的动量.

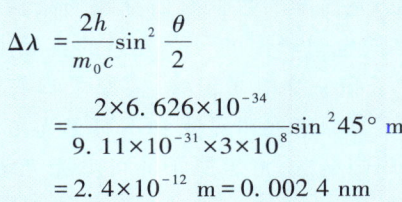

例题 21.8 图

解　(1) 散射后 X 射线波长的改变为

$$\Delta\lambda = \frac{2h}{m_0 c} \sin^2 \frac{\theta}{2}$$

$$= \frac{2 \times 6.626 \times 10^{-34}}{9.11 \times 10^{-31} \times 3 \times 10^{8}} \sin^2 45° \text{ m}$$

$$= 2.4 \times 10^{-12} \text{ m} = 0.002\ 4 \text{ nm}$$

所以散射 X 射线中的新波长为

$$\lambda = \Delta\lambda + \lambda_0 = 0.002\ 4 \text{ nm} + 0.02 \text{ nm} = 0.022\ 4 \text{ nm}$$

(2) 根据能量守恒, 反冲电子获得的能量就是入射光子与散射光子能量之差, 即

$$\Delta\varepsilon = \frac{hc}{\lambda_0} - \frac{hc}{\lambda} = \frac{hc\Delta\lambda}{\lambda_0 \lambda}$$

$$= \frac{6.626 \times 10^{-34} \times 3 \times 10^{8} \times 2.4 \times 10^{-12}}{2 \times 10^{-11} \times 2.24 \times 10^{-11}} \text{ J}$$

$$= 10.7 \times 10^{-16} \text{ J} = 6.66 \times 10^{3} \text{ eV}$$

(3) 根据动量守恒, 有

$$\frac{h}{\lambda_0} = p_e \cos \varphi$$

$$\frac{h}{\lambda} = p_e \sin \varphi$$

根据以上两式, 求出反冲电子的动量大小为

$$p_e = h \left(\frac{\lambda^2 + \lambda_0^2}{\lambda^2 \lambda_0^2} \right)^{\frac{1}{2}}$$

$$= 6.626 \times 10^{-34} \times \left(\frac{2.24^2 \times 10^{-22} + 2^2 \times 10^{-22}}{4.48^2 \times 10^{-44}} \right)^{\frac{1}{2}} \text{ kg} \cdot \text{m} \cdot \text{s}^{-1}$$

$$= 4.44 \times 10^{-23} \text{ kg} \cdot \text{m} \cdot \text{s}^{-1}$$

反冲电子的动量方向由下式

$$\cos \varphi = \frac{h}{\lambda_0 P_e} = \frac{6.626 \times 10^{-34}}{2 \times 10^{-11} \times 4.4 \times 10^{-23}} = 0.753$$

确定,即 $\varphi = 41°9'$.

21.4 玻尔氢原子理论

21.4.1 氢原子光谱的规律性

原子发光是原子的重要现象,光谱学的数据对研究物质结构具有重要的意义. 在 19 世纪末,已有很多分析气体放电时产生的分立光谱的实验工作. 最轻、最简单的原子就是氢原子,它由一个质子和一个电子组成,氢原子具有最简单的光谱. 利用非常精密的分光镜,人们找到了氢原子在可见光和不可见光范围内的谱线序列. 1885 年,巴耳末(J. J. Balmer)应用归纳法,将氢原子的可见光光谱波长用下列经验公式表示出来:

$$\lambda = B \frac{n^2}{n^2 - 4} \tag{21.4.1}$$

式中,$B = 365.47$ nm,n 为正整数,$n = 3, 4, 5, \cdots$ 时上式给出 $H_\alpha, H_\beta, H_\gamma, \cdots$ 谱线波长.

光谱学中也常用波数(wave number)$\sigma = \frac{1}{\lambda}$ 这个物理量,σ 的意义是单位长度内所含有的波的数目,用波数来表示式(21.4.1),即

$$\sigma = \frac{1}{\lambda} = \frac{4}{B} \left(\frac{1}{2^2} - \frac{1}{n^2} \right) \tag{21.4.2}$$

此式称为巴耳末公式,可见光范围内的谱线称为氢原子光谱的巴耳末系.

1890 年,里德伯(J. R. Rydberg)提出了更一般的氢原子光谱序列的里德伯公式:

$$\sigma = R \left(\frac{1}{k^2} - \frac{1}{n^2} \right) \tag{21.4.3}$$

$$k = 1, 2, 3, \cdots, \quad n = k+1, k+2, k+3, \cdots$$

其中 $R = \frac{4}{B} = 1.0967758 \times 10^7 \text{ m}^{-1}$,称为里德伯常量. 这个公式与实验观测结果符合得很好,相当精确地反映了氢原子光谱的实验规律. 公式中不同的 k 为不同的线系,对应于同一个 k 值、不同的 n 值构成线系中的不同谱线. 氢原子光谱有以下线系:

$k = 1$ 莱曼系(紫外线), $\qquad k = 2$ 巴耳末系(可见光)

$k = 3$ 帕邢系(红外线), $\qquad k = 4$ 布拉开系(远红外线)

$k=5$　普丰德系(远红外线)，　　　$k=6$　汉弗莱系(远红外线)

图 21.11 是用摄谱仪摄得的氢、氦和汞的光谱图(可见光部分)，它们是一系列线光谱.

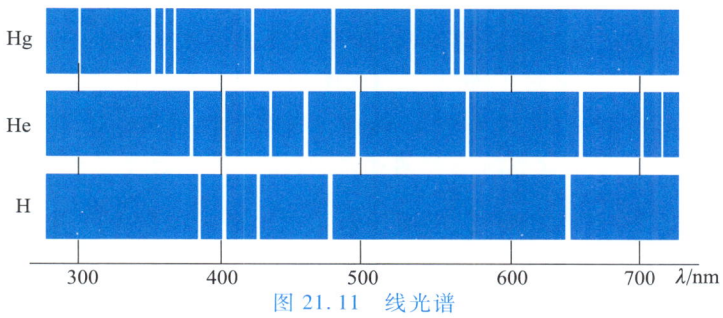

图 21.11　线光谱

21.4.2　玻尔的氢原子理论

1. 卢瑟福的原子核式结构模型

解释原子光谱线系经验公式时，需要知道原子的内部结构. 然而直到 20 世纪初，人们对原子内部结构还不清楚，这个问题困扰着许多物理学家，他们提出了种种不同的原子模型.

1897 年，英国物理学家约瑟夫·汤姆孙(J. J. Thomson)用实验证明了，阴极射线在电场和磁场作用下均可发生偏转，其偏转方式与带负电的粒子相同，这就说明阴极射线确实是一种带负电的粒子流，汤姆孙称之为"电子". 并推算出电子的电荷与质量之比，结果从实验上发现了电子的存在. 汤姆孙把电子看成原子的组成部分，用原子内电子的数目和分布来解释元素的化学性质. 汤姆孙在 1903 年提出了"电子浸浮在均匀连续分布的正电球中"的原子模型，把原子看成一个带正电的球，电子在球内运动. 这个模型假定原子中的正电荷和原子的质量均匀分布在半径约为 10^{-10} m 的球体内，原子中的电子则浸于此球中，因此这种原子模型也被比喻为"葡萄干蛋糕模型". 但是这个模型不久就被 α 粒子散射实验的事实所否定.

卢瑟福(E. Rutherford)为探明 α 粒子的本性，做了大量的 α 粒子散射实验. 1909 年，他的两个学生盖革(H. Geiger)和马斯登(E. Marsden)，在 α 粒子穿透重金属箔的散射实验中发现，大多数 α 粒子的散射角很小，但却有少数 α 粒子的偏转角很大，有极少数的偏转角超过了 90°，甚至还有的接近 180°. 对于这样的结果，如果按照汤姆孙原子模型来解释，这就像一颗高速飞行的子弹被一张薄纸弹回一样不可思议. 根据简单的计算，一个 α 粒子入射至汤姆孙模型中的原子磁撞，其最大散射角将远小于 1°，发生大角度散射是完全不可能的.

α 粒子散射实验表明原子的质量应该集中在一个中心，而且带正电荷，于是 1911 年卢瑟福提出了原子结构的核式模型：原子的中心有一个极小的核，它集中了原子的绝大部分质量和全部的正电荷，原子中的所有电子都在原子核的外部，围绕着这个核旋转. 这个模型与太阳系的结构类似，因此有时也被称为原子的行星模型.卢瑟福认为 α 粒子被金属箔散射,实际上是与金属箔原子的核的单次碰撞引起的,这样才有可能出现大角度散射的情况.

原子结构的核式模型虽然与实验结果完全符合,但却与经典物理理论相矛盾.按照卢瑟福的原子模型,在最简单的氢原子中,一个电子绕着带正电的原子核作圆周运动.由于匀速圆周运动是变速运动,而按照经典电磁场理论,一个作变速运动的带电粒子将会发射电磁波,因此电子在作圆周运动的过程中将发射电磁波.如果电子的匀速圆周运动的周期是 T,则它发射的电磁波的周期也是 T.随着电子不断地发射电磁波,原子的能量不断地被消耗,使得电子的轨道半径连续不断地变小,因而运动的周期也在不断地变小,进而发射出的电磁波的频率$\left(\dfrac{1}{T}\right)$也是连续变化的.所以在这个过程中,原子发射出的电磁波的频率在不断增大,而且频谱是连续的.更为关键的是,随着这样的辐射过程的进行,电子最终将与原子核相遇,因此这样的原子在经典理论中是一个不稳定的系统.以氢原子为例,假定 $t=0$ 时刻,电子处在半径为 10^{-10} m(原子半径的数量级)的轨道上,则到时刻 $t=1.1\times10^{-10}$ s,电子就会落在原子核上.然而,在一般情况下物质世界中的原子却是稳定地存在着.

从表面上看,原子结构的核式模型存在着困难,它既无法说明原子的稳定结构,也不能解释原子光谱的线状分立谱特征.因此,以上困难实际上揭示了经典物理理论所描绘的原子内部运动图像是不正确的.下面我们将可以看到,经典物理理论只是一种更普遍的物理理论——量子理论的极限情形.

2. 玻尔氢原子量子论的假设

玻尔(N. Bohr)在卢瑟福的原子结构核式模型的基础上,仍然利用经典力学的概念,但把量子化的概念应用到原子系统的状态上,认为原子态是量子化的,他于 1913 年提出了两个基本假设(如图 21.12 所示),建立了氢原子的量子论,很好地解释了氢原子光谱的实验规律.

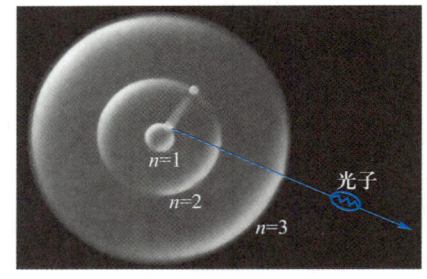

图 21.12　玻尔假设

定态(steady state)**假设**:原子系统只能处在一系列不连续的能量状态,在这些状态中,氢原子的核静止不动,电子绕核作匀速圆周运动.虽然电子绕核转动,具有加速度,但并不辐射电磁波,这些状态称为原子的**定态**,相应的能量为 $E_1,E_2,E_3,\cdots(E_1<E_2<E_3<\cdots)$.通过吸收或发射电磁辐射,或者通过原子间的碰撞,原子从一个定态变成另一个定态,原子的能量相应地从一个值跳变到另一个值,而不能任意连续地变化.

跃迁(transition)**假设**:当原子从能量为 E_n 的定态跃迁到另一能量为 E_k 的定态时,就要吸收或放出一个光子,光子频率 ν_{kn} 由下式决定:

$$\nu_{kn}=\frac{|E_n-E_k|}{h} \tag{21.4.4}$$

式中 h 为普朗克常量. 上式又称为玻尔频率假设.

从原子的分立光谱事实和普朗克、爱因斯坦的光量子论,玻尔提出了这两条假设是十分自然的,然而却与经典物理学的概念和理论存在着尖锐的矛盾.

氢原子中的电子绕核作匀速圆周运动所需的向心力是原子核对电子的静电吸引力,设电子的质量为 m_e,电子绕核转动的圆周轨道半径和速率分别为 r、v,根据牛顿运动定律有

$$\frac{e^2}{4\pi\varepsilon_0 r^2}=m_e\frac{v^2}{r} \tag{21.4.5}$$

电子的动能为 $E_k=\frac{1}{2}m_e v^2$,系统的势能为 $E_p=-\frac{e^2}{4\pi\varepsilon_0 r}$,利用上式得到原子的能量为

$$E=E_k+E_p=\frac{1}{2}m_e v^2-\frac{e^2}{4\pi\varepsilon_0 r}=-\frac{e^2}{8\pi\varepsilon_0 r} \tag{21.4.6}$$

根据玻尔的定态假设,原子系统只能处在一系列不连续的能量状态,从上式看出,电子绕核运动的轨道半径也只能取一些不连续的值. 那么电子圆周轨道的半径究竟只能取哪些分立值呢? 为此玻尔当时提出了另外一个确定原子定态的附加量子化条件:电子绕核作定态运动的轨道角动量 L 的大小只能是 $\hbar\left(\hbar=\frac{h}{2\pi}\right)$ 的整数倍,即

$$L=n\hbar=n\frac{h}{2\pi}, \quad n=1,2,3,\cdots \tag{21.4.7}$$

式中,$\hbar=1.054\,571\,817\times10^{-34}$ J·s,称为**约化普朗克常量**,它是原子角动量的基本单元,上式称为角动量**量子化条件**(quantum condition). 只有满足这个条件的圆周运动轨道才是允许存在的. 因此,上式又称为玻尔轨道量子化条件.

3. 玻尔氢原子理论对氢原子光谱的解释

按照经典力学,电子圆周运动的角动量大小为 $L=m_e vr$,根据角动量量子化条件式(21.4.7),利用式(21.4.5),消去 v 得

$$r_n=n^2\left(\frac{\varepsilon_0 h^2}{\pi m_e e^2}\right), \quad n=1,2,3,\cdots \tag{21.4.8}$$

利用式(21.4.6),求出原子定态的能量为

$$E_n=-\frac{1}{n^2}\left(\frac{m_e e^4}{8\varepsilon_0^2 h^2}\right), \quad n=1,2,3,\cdots \tag{21.4.9}$$

从以上二式可以看出,r_n 正比于 n^2,而 E_n 反比于 n^2,原子定态的轨道半径和能量都是一系列不连续的分立值,即原子内部的运动状态及其相应的能量是量子化的,正整数 $n=1,2,3,\cdots$,称为量子数. 定态能量 E_n 对于所有量子数 n 的取值集合就构成了原子的分立能谱,而其中的每一个分立能量就是一个能级(energy level),如图 21.13 所示. 以量子数 n 所表征的能级 E_n 和半径为 r_n 的轨道运动,就代表了原子内部运动的第 n 个量子化定态.

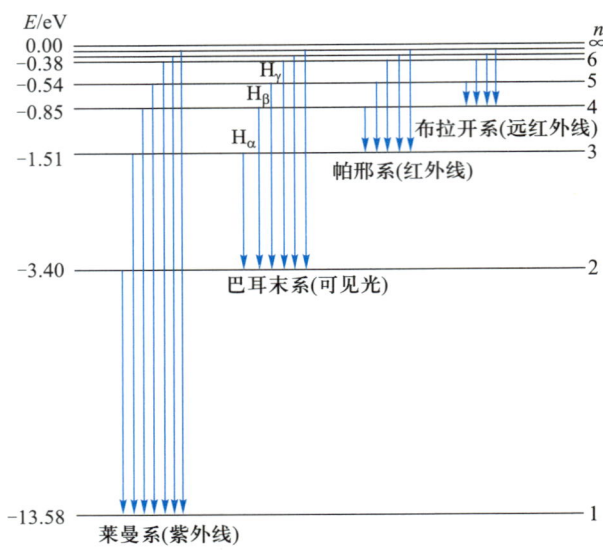

图 21.13 氢原子的能级及其光谱系

演示程序：

氢原子能级和

跃迁

根据式(21.4.9)，$n=1$ 时原子定态的能量最低，这个定态称为原子的基态. 其余的与 $n=2,3,4,\cdots$ 相应的那些定态，能量依次升高，分别称为第一、第二、第三……激发态，当 $n\to\infty$ 时，$E_n\to0$，能级趋于连续，$n=\infty$ 时达到最高能量零. $E_n<0$ 说明原子的定态都是束缚态. 若原子的能量 $E>0$，表明原子已发生电离，此时能量可连续变化. 根据式(21.4.8)，从基态到各个激发态的相应轨道半径是逐渐增大的. 我们算出氢原子基态($n=1$)的能量和轨道半径：

$$E_1 = -\frac{m_e e^4}{8\varepsilon_0^2 h^2} = -2.17\times10^{-18}\ \mathrm{J} = -13.6\ \mathrm{eV}$$

$$a_0 = \frac{\varepsilon_0 h^2}{\pi m_e e^2} = 5.29\times10^{-11}\ \mathrm{m}$$

a_0 称为氢原子第一玻尔轨道半径，简称**玻尔半径**(Bohr radius).

按照玻尔的跃迁假设，当原子从高能级 E_n 向低能级 E_k 跃迁时，发射一个光子，其频率和波数为

$$\nu_{kn} = \frac{E_n - E_k}{h}$$

$$\sigma_{kn} = \frac{1}{\lambda} = \frac{\nu_{kn}}{c} = \frac{E_n - E_k}{hc} = \frac{m_e e^4}{8\varepsilon_0^2 h^3 c}\left(\frac{1}{k^2} - \frac{1}{n^2}\right)$$

$$k = 1,2,3,\cdots, \quad n = k+1, k+2, k+3, \cdots$$

上式与氢原子光谱的实验规律式(21.4.3)一致，并由此得到氢原子里德伯常量的理论值为

$$R_{\mathrm{H}} = \frac{m_e e^4}{8\varepsilon_0^2 h^3 c} = 1.097\ 373\ 156\ 816\ 0(21)\times10^7\ \mathrm{m}^{-1}$$

R_{H} 与实验值 R 符合得相当好. 然而 R_{H} 与 R 之间还是有一些差别, 这主要是由于我们在前面假设了原子核静止不动, 相当于将原子核的质量看成无限大(与电子的质量相比而言). 对此进行修正, 得到的理论值 R_{H} 与实验值 R 符合得更好.

利用 R_{H} 就可将波数写成

$$\sigma = R_{\mathrm{H}}\left(\frac{1}{k^2} - \frac{1}{n^2}\right) \tag{21.4.10}$$

$$k = 1, 2, 3, \cdots, \quad n = k+1, k+2, k+3, \cdots$$

这就是氢原子光谱的实验规律式(21.4.3).

这样, 玻尔理论就成功地解释了氢原子光谱的规律性, 并且从理论上导出了氢原子里德伯常量的正确表示式. 玻尔由于研究原子结构和原子辐射的贡献, 荣获 1922 年诺贝尔物理学奖. 玻尔理论中的原子定态、跃迁、轨道角动量量子化等概念现在仍然有效, 它对量子力学的发展有很大贡献.

但是在历史上, 人们很快就发现了玻尔氢原子理论有很大的局限性. 例如, 它完全不能处理多电子原子, 甚至包括只有两个电子的氦原子; 它也不能计算原子光谱线的强度、宽度和精细结构等. 仔细分析起来, 玻尔理论本身具有结构性的缺陷, 没有逻辑上的统一性. 它是经典理论与量子假设的混合物, 既沿用了质点坐标、速度和轨道等经典力学概念来描述原子内部的运动, 又人为地引入了两条量子假设和角动量量子化条件, 而这些假设和条件缺乏令人信服的理论依据. 因此, 在物理学史上, 玻尔氢原子理论和普朗克黑体辐射理论、爱因斯坦光电效应以及康普顿效应一起被称为**早期量子论**.

在后续章节将会看到, 描述原子和所有微观系统的严密完整理论是量子力学. 在用量子力学理论解决氢原子问题时, 量子化不再是一种人为假设, 而是理论的必然结果.

例题 21.9　在气体放电管中, 用能量为 12.5 eV 的电子通过碰撞使氢原子从基态激发, 问受激发的氢原子向低能级跃迁时, 能发射哪些波长的光谱线?

解　设氢原子全部吸收电子的能量后最高被激发到第 r 个能级, 此能级的能量为 $-\dfrac{13.6}{n^2}$ eV, 所以

$$E_n - E_1 = \left(13.6 - \frac{13.6}{n^2}\right) \mathrm{eV}$$

把 $E_n - E_1 = 12.5$ eV 代入上式得

$$n^2 = \frac{13.6}{13.6 - 12.5} = 12.36$$

所以 $n = 3.5$. 因为 n 只能取整数, 所以氢原子最高能被激发到 $n = 3$ 的能级, 于是能产生 3 条谱线.

从 $n = 3 \rightarrow n = 1$,

$$\sigma_1 = R\left(\frac{1}{1^2} - \frac{1}{3^2}\right) = \frac{8}{9}R$$

$$\lambda_1 = \frac{9}{8R} = \frac{9}{8 \times 1.096\ 776 \times 10^7}\ \text{m} = 102.6\ \text{nm}$$

从 $n=3 \rightarrow n=2$,

$$\sigma_2 = R\left(\frac{1}{2^2} - \frac{1}{3^2}\right) = \frac{5}{36}R$$

$$\lambda_2 = \frac{36}{5R} = \frac{36}{5 \times 1.096\ 776 \times 10^7}\ \text{m} = 656.5\ \text{nm}$$

从 $n=2 \rightarrow n=1$,

$$\sigma_3 = R\left(\frac{1}{1^2} - \frac{1}{2^2}\right) = \frac{3}{4}R$$

$$\lambda_3 = \frac{4}{3R} = \frac{4}{3 \times 1.096\ 776 \times 10^7}\ \text{m} = 121.6\ \text{nm}$$

例题 21.10 计算氢原子中的电子从量子数 n 的状态跃迁到量子数 $k=n-1$ 的状态时所发射的谱线的频率. 试证明当 n 很大时, 这个频率等于电子在量子数 n 的圆轨道上旋转的频率.

解 根据式 $(21.4.4)$ 和能级公式 $(21.4.9)$, 得

$$\nu_{n-1,n} = \frac{m_e e^4}{8\varepsilon_0^2 h^3}\left[\frac{1}{(n-1)^2} - \frac{1}{n^2}\right] = \frac{m_e e^4}{8\varepsilon_0^2 h^3}\frac{2n-1}{n^2(n-1)^2}$$

当 n 很大时

$$\nu_{n-1,n} \approx \frac{m_e e^4}{8\varepsilon_0^2 h^3}\frac{2}{n^3} = \frac{m_e e^4}{4\varepsilon_0^2 h^3 n^3}$$

另一方面, 可求得电子在半径 r_n 的圆轨道上的旋转频率为

$$\nu = \frac{v_n}{2\pi r_n} = \frac{m_e v_n r_n}{2\pi m_e r_n^2} = \frac{n\frac{h}{2\pi}}{2\pi m_e r_n^2} = \frac{nh}{4\pi^2 m_e r_n^2}$$

上式中利用了电子绕核运转的轨道角动量量子化条件式 $(21.4.7)$. 再把轨道半径公式 $(21.4.8)$ 代入, 求得

$$\nu = \frac{nh}{4\pi^2 m_e}\left(\frac{\pi m_e e^2}{n^2 \varepsilon_0 h^2}\right)^2 = \frac{m_e e^4}{4\varepsilon_0^2 h^3 n^3}$$

可见 ν 的值与 n 很大时 $\nu_{n-1,n}$ 的值相同.

　　从这道例题可以看出, 在量子数很大的情况下, 从量子理论与经典理论得到的结果是一致的. 其实, 这是一个普遍原则, 称为对应原理 (correspondence principle). 对应原理是玻尔提出的. 它说明了量子论与经典物理学之间的对应关系, 即可以把经典物理看成是量子物理在量子数很大时的特殊情况.

*21.4.3　弗兰克-赫兹实验

在玻尔提出氢原子量子论后不久的 1914 年,弗兰克(J. Franck)和赫兹(G. Hertz)用电子轰击汞原子,将汞原子从低能级激发到高能级,在实验研究中他们发现,电子与汞原子发生非弹性碰撞时能量的转移是量子化的.弗兰克-赫兹实验为原子能级的存在提供了直接的依据.

弗兰克与赫兹的实验装置如图 21.14 所示,他们利用阴极 K 与栅极 G 之间的电场加速由阴极 K 发出的电子,使电子获得能量并与玻璃管中的水银(汞)蒸气原子发生碰撞,然后经过栅极 G 和接收极 A 之间的反向电场形成电流.

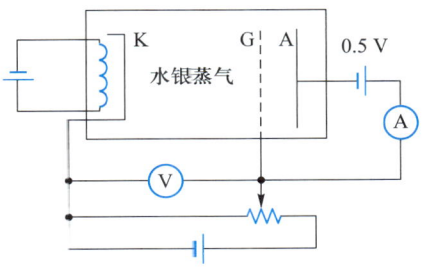

图 21.14　弗兰克-赫兹实验示意图

实验结果如图 21.15 所示,当电子能量未达到临界值 4.88 eV 时,随着 K 极和 G 极之间的电压从零逐渐增加,A 极电流也随之增加,这表明电子与水银原子发生弹性碰撞,由于水银原子质量是电子质量的 30 多万倍,故电子几乎没有损失能量,有足够的动能克服反向电场到达 A 极;当电子能量达到临界值 4.88 eV,即 K 极和 G 极之间的电压达到 4.88 V 时,电流突然下降,表明此时电子与水银原子发生了非弹性碰撞,电子将能量传递给水银原子,电子由于损失了几乎全部动能,不能再穿过反向电场,从而使电流剧烈减少.再增加 K 极和 G 极之间的电压,电流又回升,电压达到 4.88 V 的两倍时电流又突然下降,然后再增加电压,达到 4.88 V 的 3 倍时电流又突然下降.总之,当 K 极和 G 极之间的电压达到 4.88 V 的整数倍时,电流都将突然下降,即电子与水银原子发生多次非弹性碰撞而失去全部能量.

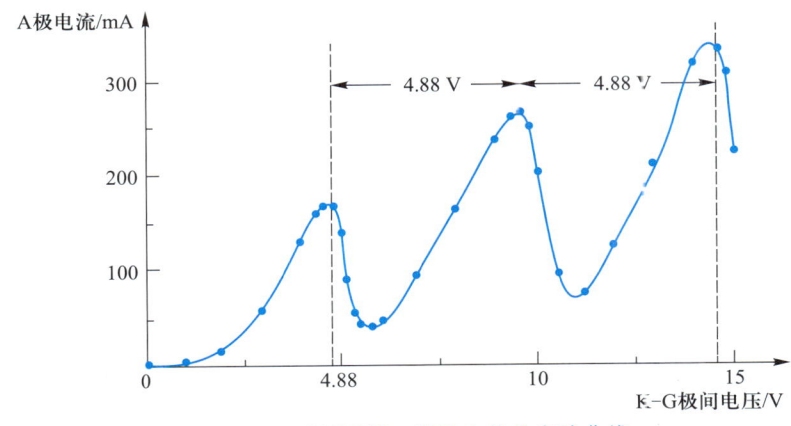

图 21.15　汞原子第一激发电势的实验曲线

实验还发现,当电流突然下降时,水银蒸气都有光发射,其谱线波长为 253.7 nm. 这是由于水银原子吸收了电子能量而产生激发,然后从激发态返回基态,从而发射光谱线.

　　实验表明,当电子的能量是 4.88 eV 的整数倍时,水银原子都从电子那里吸收能量跃迁到第一激发态,即第一激发态比基态能量高 4.88 eV,根据式(21.4.6),我们可以计算出从第一激发态跃迁到基态时的光辐射波长为 254.6 nm,这与实验测量出的辐射波长符合得很好.

　　弗兰克-赫兹实验的事实无可争议地说明了水银原子具有玻尔所设想的那种"完全确定的、互相分立的能量状态",而且改进后的实验装置还证实了水银原子第二、第三等激发态的存在.弗兰克-赫兹实验在历史上对量子理论的建立有着重要意义,弗兰克和赫兹因发现电子和原子的碰撞规律,共同分享了 1925 年的诺贝尔物理学奖.

内容提要

1. 黑体辐射

基尔霍夫辐射定律:$\dfrac{M_\lambda(T)}{\alpha(\lambda,T)} = M_{\lambda 0}(T)$.

斯特藩-玻耳兹曼定律:$M_0(T) = \displaystyle\int_0^\infty M_{\lambda 0}(T)\,\mathrm{d}\lambda = \sigma T^4$.

式中,$\sigma = 5.67\times10^{-8}$ W·m^{-2}·K^{-4},称为斯特藩-玻耳兹曼常量.

维恩位移定律:$\lambda_m T = b$,式中 $b = 2.897\times10^{-3}$ m·K.

普朗克的量子假设:$\varepsilon = h\nu$,普朗克常量 $h = 6.626\,070\,040(81)\times10^{-34}$ J·s.

2. 光电效应

光电效应是光子与金属中的束缚电子的相互作用.

光子的能量:$\varepsilon = h\nu$.

光的波粒二象性,光子的质量和动量:$m = \dfrac{\varepsilon}{c^2} = \dfrac{h\nu}{c^2}$,$p = mc = \dfrac{h\nu}{c} = \dfrac{h}{\lambda}$.

光电效应的爱因斯坦方程:$h\nu = \dfrac{1}{2}m_e v_m^2 + A$,式中,$A$ 为逸出功,$\dfrac{1}{2}m_e v_m^2$ 为电子最大初动能.截止频率(红限) $\nu_0 = \dfrac{A}{h}$.

3. 康普顿效应

康普顿效应是光子与散射物中的静止自由电子的相互作用.

康普顿散射公式:

$$\Delta\lambda = \lambda - \lambda_0 = \frac{2h}{m_0 c}\sin^2\frac{\theta}{2} = 2\lambda_C\sin^2\frac{\theta}{2}$$

式中,θ 为散射角,$\lambda_C = \dfrac{h}{m_0 c} = 2.43\times10^{-12}$ m,称为电子的康普顿波长.

4. 玻尔的氢原子理论

氢原子光谱序列的里德伯公式:

$$\sigma = R\left(\frac{1}{k^2} - \frac{1}{n^2}\right)$$

$$k = 1, 2, 3, \cdots, \quad n = k+1, k+2, k+3, \cdots$$

玻尔氢原子量子论的假设:

(1) 定态假设:原子系统只能处在一系列不连续的能量状态,即原子的定态, 相应的能量为 $E_1, E_2, E_3, \cdots (E_1 < E_2 < E_3 < \cdots)$.

(2) 跃迁假设: $\nu_{kn} = \dfrac{|E_n - E_k|}{h}$.

角动量量子化条件:

$$L = n\hbar = n\frac{h}{2\pi}, \quad n = 1, 2, 3, \cdots$$

氢原子定态的轨道半径:

$$r_n = n^2\left(\frac{\varepsilon_0 h^2}{\pi m_e e^2}\right) = n^2 a_0, \quad n = 1, 2, 3, \cdots$$

氢原子定态的能量:

$$E_n = -\frac{1}{n^2}\left(\frac{m_e e^4}{8\varepsilon_0^2 h^2}\right) = \frac{E_1}{n^2}, \quad n = 1, 2, 3, \cdots$$

弗兰克-赫兹实验证实了原子能级的存在.

习题

一、选择题

1. 所谓绝对黑体,是指　　　　　　　　　　　　　　　　　　　　　　　　(　　)

A. 不吸收不反射任何光的物体

B. 不反射不辐射任何光的物体

C. 不辐射而能全部吸收所有光的物体

D. 不反射而能全部吸收所有光的物体

2. 若一物体的热力学温度增加一倍,则它的总辐射能是原来的　　　　(　　)

A. 4 倍　　　　　　　B. 8 倍　　　　　　　C. 16 倍　　　　　　D. 32 倍

3. 用频率为 ν 的单色光照射某种金属时,逸出光电子的最大动能为 E_k;若改用频率为 2ν 的单色光照射此金属,则逸出光电子的最大初动能为　　　　(　　)

A. $2E_k$　　　　　　B. $2h\nu - E_k$　　　　　　C. $h\nu - E_k$　　　　　　D. $h\nu + E_k$

4. 光电效应和康普顿效应都包含电子与光子的相互作用过程.对此,在以下几种理解中,正确的是　　　　　　　　　　　　　　　　　　　　　　　(　　)

A. 两种效应都相当于电子与光子的弹性碰撞过程

B. 两种效应都属于电子吸收光子的过程

C. 光电效应是电子吸收光子的过程,而康普顿效应则相当于光子和自由电子的弹性碰撞过程

D. 康普顿效应是电子吸收光子的过程,而光电效应则相当于光子和自由电子

的弹性碰撞过程

5. 用强度为 I、波长为 λ 的 X 射线分别照射锂 ($Z=3$) 和铁 ($Z=26$). 若在同一散射角下测得康普顿散射的 X 射线波长分别为 λ_{Li} 和 λ_{Fe} ($\lambda_{Li}>\lambda$, $\lambda_{Fe}>\lambda$), 它们对应的强度分别为 I_{Li} 和 I_{Fe}, 则　　　　　　　　　　　　　　　　　　　(　　)

A. $\lambda_{Li}>\lambda_{Fe}$, $I_{Li}<I_{Fe}$　　　　　　　　　B. $\lambda_{Li}=\lambda_{Fe}$, $I_{Li}=I_{Fe}$

C. $\lambda_{Li}=\lambda_{Fe}$, $I_{Li}>I_{Fe}$　　　　　　　　　D. $\lambda_{Li}<\lambda_{Fe}$, $I_{Li}>I_{Fe}$

6. 根据玻尔氢原子理论, 氢原子中的电子在第一和第三轨道上运动时速度大小之比 $\dfrac{v_1}{v_3}$ 是　　　　　　　　　　　　　　　　　　　　　　　　(　　)

A. $\dfrac{1}{3}$　　　　　　B. $\dfrac{1}{9}$　　　　　　C. 3　　　　　　D. 9

7. 将处于第一激发态的氢原子电离, 需要的最小能量为　　　　　　　(　　)

A. 13.6 eV　　　　B. 3.4 eV　　　　C. 1.5 eV　　　　D. 0 eV

二、填空题

1. 大爆炸宇宙论预言了宇宙背景辐射的存在, 其温度为 2.7 K, 则对应于这种辐射的能谱峰值的波长为_____.

2. 频率为 5×10^{14} Hz 的一个光子的能量是_____, 动量的大小是_____.

3. 在光电效应实验中, 测得某金属的遏止电压 U_a 与入射光频率 ν 的关系曲线如图所示, 由此可知该金属的截止频率 $\nu_0 =$ _____ Hz, 逸出功 $A =$ _____ eV.

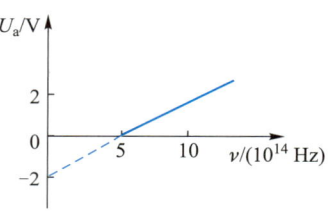

填空题 3 图

4. 在光电效应中, 当频率为 3×10^{15} Hz 的单色光照射在逸出功为 4.0 eV 的金属表面时, 金属中逸出的光电子的最大初速率为_____ $m\cdot s^{-1}$.

5. 康普顿散射中, 当出射光子与入射光子方向成夹角 $\theta =$ _____时, 光子的频率减少得最多; 当 $\theta =$ _____时, 光子的频率保持不变.

6. 根据玻尔氢原子理论, 若大量氢原子处于主量子数 $n=5$ 的激发态, 则跃迁辐射的谱线可以有_____条, 其中属于巴耳末系的谱线有_____条.

7. 在氢原子光谱的巴耳末系中, 波长最长的谱线和与其相邻的谱线的波长比值是_____.

三、计算题

1. 在加热黑体的过程中, 单色辐出度的峰值波长由 0.69 μm 变化到 0.50 μm, 其辐出度增加了多少倍?

2. 功率为 P 的点光源, 发出波长为 λ 的单色光, 在距光源为 d 处, 每秒落在垂直于光线的单位面积上的光子数为多少? 若 $\lambda=663.0$ nm, 则光子的质量为多少?

(提示: 设光源每秒发射的光子数为 n, 则功率 $P=nh\nu$.)

3. 图中所示为在一次光电效应实验中得出的曲线. (1) 求证对不同材料的金属, AB 线的斜率相同. (2) 由图上数据求出普朗克常量 h.

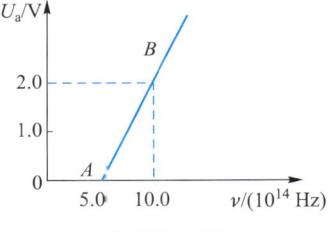

计算题 3 图

4. 试证明: 静止的自由电子不可能吸收一个光子, 即对于自由电子不可能有光电效应.

（提示: 从动量守恒定律和能量守恒定律出发, 进行反证.）

5. 处于基态的氢原子被外来单色光激发后发出的谱线仅有三条, 问此外来光的频率为多少?

6. 处于基态的氢原子吸收了一个能量为 $h\nu = 15\ \text{eV}$ 的光子后, 其电子成为自由电子, 求该电子的速率.

习题参考答案

>>> 第二十二章

··· 微观粒子的波动性
和状态描述

在上一章介绍的早期量子论虽然能够对黑体辐射、光电效应和简单原子的光谱等实验事实作出解释,但是理论的进一步发展却遇到了许多困难,例如玻尔原子理论不能解释原子光谱线的强度、复线结构以及多电子的原子结构问题.早期量子论的根本缺陷是没有建立起一套完整的理论体系和基本方法,它仍然用描述经典粒子的概念和方法来描述微观粒子的运动和性质,并采用了臆测性的量子假设来描述微观粒子的运动规律.

1924 年德布罗意(L. V. de Broglie)提出物质波概念后,人们对微观粒子的波粒二象性才有了认识,对具有波粒二象性的微观粒子的运动须用具有统计意义的波函数来描述.本章介绍德布罗意波假设及其实验验证、微观粒子运动状态的不确定关系、德布罗意物质波的波函数和波函数的统计解释.

> **你知道吗?**
>
> 普朗克常量 h 是联系光的波动性和粒子性的基本物理量.理论和实验又证明,电子等原子中的微观粒子也具有波动性,即微观粒子也具有波粒二象性,而联系微观粒子的波动性和粒子性的基本物理量也是普朗克常量 h.尽管我们对用物质波及其波函数这样的新概念来描述微观粒子的状态还很陌生,但是它已经被应用到电子显微镜这样的高精度的观测仪器中,科学家在不久前甚至为一种染料分子拍摄了一段量子电影,展现出复杂分子的物质波.

22.1 德布罗意波

氢原子光谱的实验规律表明,原子内部的运动具有量子性.另一方面,从玻尔氢原子理论的局限性可以看到,原子内电子的运动一定具有某种用经典物理学理论不能描述的基本性质.后来理论和实验都发现,电子既具有粒子性又具有波动性,这种基本性质称为电子的**波粒二象性**.实验证实,所有的实物粒子都具有波粒二象性.

22.1.1 德布罗意波假设

1924 年德布罗意在光的波粒二象性的启发下提出了实物粒子也具有波粒二象性.他提出了这样的问题:"整个世纪以来,在光学中,比起波动的研究方法来,如果说过于忽视了粒子的研究方法的话,那么在实物的理论中,是否发生了相反的错误呢? 是不是我们对于粒子的图像想得太多,而过分地忽略了波的图像呢?"他根据光子波粒二象性的公式(21.2.7)和公式(21.2.8),通过类比的方法提出了实物粒子与之相似的**德布罗意关系式**:

$$E = mc^2 = h\nu \tag{22.1.1}$$

$$p = mv = \frac{h}{\lambda} \tag{22.1.2}$$

上述公式将一个能量为 E、动量为 p 的自由粒子与一个频率为 ν、波长为 λ 的单色平面波联系起来. 表征自由粒子波动性的单色平面波通常称为**德布罗意波**(de Broglie wave), 或者**物质波**(matter wave), 其波长由式(22.1.2)得到

$$\lambda = \frac{h}{p} = \frac{h}{m_0 v}\sqrt{1 - \frac{v^2}{c^2}} \tag{22.1.3}$$

式中, m_0 是粒子的静质量, 上式称为**德布罗意公式**.

拓展阅读: 德布罗意和微观粒子的波粒二象性

德布罗意大胆提出了实物粒子具有波动性的假设, 爱因斯坦认识到这些想法的重要性和正确性, 后来德布罗意的物质波假设不仅在 1927 年被实验所证实, 而且在德布罗意的物质波的启示下, 薛定谔(E. Schrödinger)在 1926 年从波动方程出发创建了量子理论的波动力学形式.

对于一个宏观物体来说, 例如一颗飞行的子弹, 假设其质量 $m = 10^{-2}$ kg, 速率 $v = 5.0\times10^2$ m·s^{-1}, 对应的德布罗意波长为

$$\lambda = \frac{h}{mv} = 1.3\times10^{-25} \text{ nm}$$

计算所得的德布罗意波波长小到惊人的程度, 以至于无法测量. 但是, 对于微观物体, 如电子, $m_e = 9.1\times10^{-31}$ kg, 速度 $v = 5.0\times10^6$ m·s^{-1}, 如果不考虑相对论效应, 对应的德布罗意波长与晶体的晶格间距有相同的数量级:

$$\lambda = \frac{h}{m_e v} = 1.46\times10^{-1} \text{ nm}$$

电子一般通过加速电场来获得一定的动能, 不考虑相对论效应, 经加速电压 U 加速后的电子, 其动能为

$$E_k = \frac{p^2}{2m_e} = eU$$

故电子的德布罗意波波长可用加速电压 U 表示为

$$\lambda = \frac{h}{p} = \frac{h}{\sqrt{2em_e}}\frac{1}{\sqrt{U}} = \frac{1.225}{\sqrt{U/V}} \text{ nm} \tag{22.1.4}$$

德布罗意曾用电子的波动性来说明玻尔氢原子的轨道角动量量子化条件. 原子中绕核运动的电子具有波动性, 而处于原子定态中的电子波动形式, 与端点固定的振动弦线上形成的驻波相似, 原子中电子驻波如图 22.1 所示. 氢原子中电子在半径为 r 的圆轨道形成驻波时, 圆周长应等于波长的整数倍, 即

$$2\pi r = n\lambda, \quad n = 1, 2, 3, \cdots \tag{22.1.5}$$

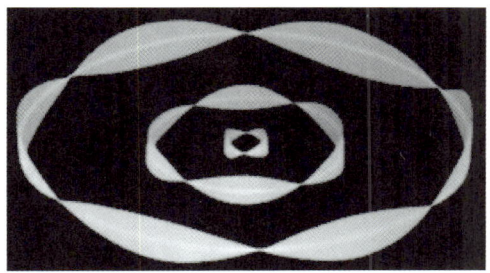

图 22.1　电子轨道驻波

再根据德布罗意关系式(22.1.2),得出动量量子化条件:

$$p = \frac{h}{2\pi r} n$$

因此电子的轨道角动量为

$$L = rp = \frac{h}{2\pi} n = n\hbar$$

上式就是玻尔提出的轨道角动量量子化条件式(21.4.7).

22.1.2 德布罗意假设的实验验证

前面的计算表明,宏观物体的物质波波长非常小,很难显示其波动性,而电子的德布罗意波波长与晶格间距有相同数量级,可以产生干涉和衍射现象.于是人们想到,利用晶格长度约为原子线度的晶体,通过衍射实验,来检测微观粒子的德布罗意波.在德布罗意关于实物粒子具有波动性假设的论文发表 3 年以后,有不少电子衍射实验证实了电子具有波动性,其中最有代表性的是电子的散射实验、透射实验和双缝干涉实验.这些实验有力地证明了德布罗意物质波假设的正确性,下面分别加以介绍.

1. 电子散射实验

电子散射的典型实验是 1927 年的戴维孙–革末实验.戴维孙(C. J. Davisson)和革末(L. H. Germer)的实验装置简图如图 22.2(a)所示,电子由电子枪射入,垂直投射到镍单晶的某个晶面上,电子束经晶格散射后,用探测器测量沿各个方向散射的电子束强度.实验发现,当加速电子的电压 $U = 54$ V 时,在 $\varphi = 50°$ 的方向上散射电子束的强度最大.利用德布罗意波假设和衍射理论人们可以对此加以解释,从而验证了物质波的存在.

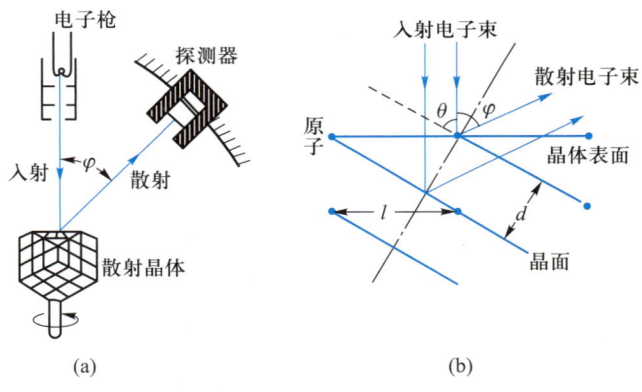

图 22.2 电子散射实验

如图 22.2(b)所示,将电子束看成物质波,对于以 θ 角掠射的电子波,当它投射到晶面间距为 d 的晶面上时,在各晶面所散射的电子束中,只有按反射定律反射的电子束的强度为最大,晶面就像是一个平面镜,在符合镜面反射定律的方向上,散射波的强度最大.在反射方向上,从上、下两晶面所散射的电子波的波程差

为 $2d\sin\theta$，它们衍射加强时的电子德布罗意波波长应满足下述条件：

$$2d\sin\theta = k\lambda, \quad k = 1, 2, 3, \cdots$$

晶面间距 d 与镍原子的间隔 l 的关系是 $d = l\cos\theta$，考虑第一级衍射极大，即取 $k = 1$，有

$$l\sin 2\theta = \lambda$$

电子相对于入射方向的散射角 φ 与掠射角 θ 之间有关系 $\varphi = \pi - 2\theta$，因此上式可写成

$$l\sin\varphi = \lambda \tag{22.1.6}$$

根据式（22.1.4），电子经 $U = 54$ V 的电压加速后，电子德布罗意波的波长为

$$\lambda = \frac{1.225}{\sqrt{54}}\ \text{nm} = 0.167\ \text{nm}$$

已知镍的原子间隔 $l = 0.215$ nm，由式（22.1.6）求出衍射第一级极大的散射角度为

$$\varphi = \arcsin\frac{0.167}{0.215} = 51°$$

实验测量出的值 $\varphi = 50°$，理论值比实验值稍大的原因是电子受正离子的吸引，其动量将稍微变大一点，故电子在晶体中的波长比在真空中稍小一点. 经此修正后，衍射第一级极大的散射角理论值与实验结果完全符合.

2. 电子透射实验

电子穿过晶体薄片后产生的衍射，与 X 射线通过晶体的衍射极其类似. 汤姆孙（G. P. Thomson）也在 1927 年用实验证明了电子在穿过金属片后也像 X 射线一样产生衍射现象，图 22.3 是电子射线通过多晶时的衍射图样. 戴维孙和汤姆孙因验证电子的波动性分享了 1937 年的诺贝尔物理学奖.

3. 电子双缝干涉实验

1961 年，约恩孙（C. Jonsson）直接做了电子双缝干涉实验，从屏上摄得了类似杨氏双缝干涉图样的照片，干涉图样如图 22.4 所示. 这个实验更加直接地说明了电子的波动性. 在这个实验中，即使我们控制电子，使之一个接一个地向双缝发射，仍然会出现干涉图样.

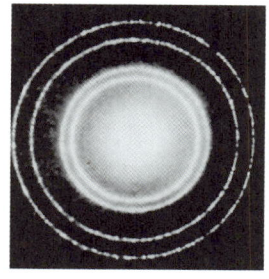 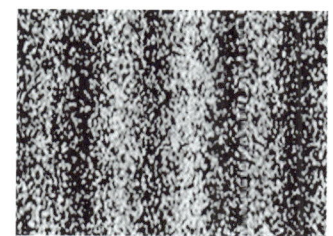

图 22.3　电子的衍射图样　　　图 22.4　电子的双缝干涉图样

在电子波动性获得证实以后，人们在其他一些实验中观察到中性粒子，如分子、原子和中子等微观粒子也具有波动性. 1988 年蔡林格等做了中子的双缝实验. 2012 年一个由奥地利维也纳大学、以色列特拉维夫大学等机构的研究人员组成的

国际科学家小组做出了原子量分别为 514（AMU）和 1298（AMU）的高荧光酞菁染料（phthalocyanine）及其衍生物分子的量子相干图案，直接展示了分子的波粒二象性．德布罗意由于提出了关于电子波动性的理论，荣获 1929 年诺贝尔物理学奖．

微观粒子波动性的发现，使我们对物质世界的认识前进了一大步，一切微观粒子都具有波粒二象性．在现代科技中，人们广泛利用了由微观粒子的波动性产生的衍射效应．例如，我们知道光学仪器的分辨本领与波长成反比，而电子的德布罗意波的波长比光波的波长短很多，例如在 10^5 V 的加速电压下，电子的波长只有 0.004 nm，仅为可见光 $\frac{1}{10^5}$ 左右，因而利用电子波代替光波制成的电子显微镜就可以有极高的分辨本领．现代的电子显微镜的分辨能力可以达到 0.1 nm，不仅可以直接看到如蛋白质一类的大分子，而且能分辨单个原子，为研究物质结构提供了有力的工具．另外，利用中子的波动性，制成了中子摄谱仪，已成为研究固体微观结构的最有效的手段之一．

例题 22.1 在电子显微镜中，若要使电子波的波长为 0.07 nm，求对电子的加速电压．

解 根据式（22.1.4），电子波的波长 $\lambda = \dfrac{1.225}{\sqrt{U/\text{V}}}$ nm，因此电子的加速电压为

$$U = \left(\frac{1.225}{\lambda/\text{nm}}\right)^2 \text{V} = \left(\frac{1.225}{0.07}\right)^2 \text{V} = 306.3 \text{ V}$$

例题 22.2 有一种处于热平衡状态的中子气体，设该气体温度为 23 ℃，试计算该气体中自由中子的德布罗意波的波长．

解 中子气体可视为单原子分子气体，故中子气体中一个处于热平衡状态的自由中子平均动能为 $\dfrac{3kT}{2}$，即

$$\overline{\varepsilon}_k = \frac{3}{2}kT = \frac{3}{2} \times 1.38 \times 10^{-23} \times (273+23) \text{ J} = 6.11 \times 10^{-21} \text{ J}$$

此动能约为 0.038 eV，比中子的静止能量（939.6 MeV）小得多，这属于非相对论情况．因此

$$\overline{\varepsilon}_k = \frac{1}{2}m_n \overline{v^2} = \frac{\overline{p^2}}{2m_n}$$

自由中子的德布罗意波的波长可以按中子的方均根动量计算，即

$$\lambda = \frac{h}{\sqrt{\overline{p^2}}} = \frac{h}{\sqrt{2m_n\overline{\varepsilon}_k}}$$

$$= \frac{6.626 \times 10^{-34}}{\sqrt{2 \times 1.67 \times 10^{-27} \times 6.11 \times 10^{-21}}} \text{ m}$$

$$= 1.47 \times 10^{-10} \text{ m} = 0.147 \text{ nm}$$

上述自由中子的德布罗意波的波长与 X 射线的波长、晶面间距的数量级相同. 在核反应堆中产生的中子就是这样的中子, 这种中子被称为热中子. 因此人们可以利用热中子在通过晶体时产生的衍射, 来进行晶体结构的探测和分析.

22.2 不确定关系

由于微观粒子具有波粒二象性, 所以就不能再将它们视为经典概念中的物体. 那么在量子力学中应如何理解微观粒子的波粒二象性呢? 如果我们仍然使用"位置"和"动量"这样的经典概念来描述微观粒子的运动状态, 会得到什么样的结果呢? 创建了量子理论矩阵力学形式的海森伯 (W. Heisenberg) 觉得需要重新理解这些词的新的物理意义. 他认为, 在量子力学中, 一个电子只能以一定的不确定性处于某一位置, 同时也只能以一定的不确定性具有某一速度, 可以把这些不确定性限制在最小的范围内, 但不能等于零. 经过大约一年时间的研究, 海森伯于 1927 年提出了著名的海森伯不确定关系.

22.2.1 不确定关系及其物理意义

海森伯提出, 微观粒子的动量和位置坐标不能同时准确地确定, 例如在 x 方向上, 电子的位置不确定量 Δx 和动量在该方向上分量的不确定量 Δp_x, 它们的乘积约为普朗克常量的数量级. 下面我们利用电子单缝衍射实验来推导不确定量 Δx 和 Δp_x 之间的关系.

如图 22.5 所示, 设有一束电子, 以速度 v 沿 y 轴射向屏 AB 上的单缝, 缝宽为 a, 在屏幕 CD 上得到衍射图样. 对于一个电子来说, 我们不能确切地知道它是从单缝中的哪一点通过的, 我们只能说它是从宽为 a 的缝中通过的, 因此电子位置在 x 方向上的不确定量为 $\Delta x = a$. 由于衍射, 显然电子在通过单缝后, 在 x 方向上动量分量 p_x 不再严格为零, 而具有各种不同的量值. 如果只考虑衍射主极大区域, 即近似认为电子都进入了中央明条纹, 那么电子在通过单缝后的最大偏转角就是衍射第一级极小对应的衍射角 θ_1. 根据单缝衍射公式 (18.2.3), 有

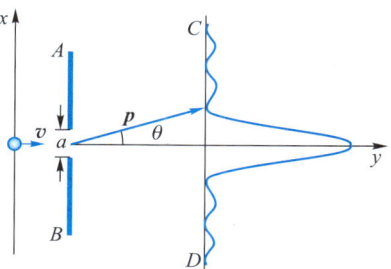

图 22.5 电子的单缝衍射强度曲线

$$\sin \theta_1 = \frac{\lambda}{a}$$

根据动量矢量 $\boldsymbol{p}$ 的分解, 可知电子在 x 方向上动量分量 p_x 的大小将被限制在

$$0 \leqslant p_x \leqslant p \sin \theta_1$$

的范围内,即 x 方向动量分量 p_x 的不确定量 Δp_x 为

$$\Delta p_x = p\sin\theta_1 = \frac{h}{\lambda}\cdot\frac{\lambda}{a} = \frac{h}{a} = \frac{h}{\Delta x}$$

将上式写成下述形式:

$$\Delta x\cdot\Delta p_x = h$$

如果考虑衍射次极大,Δp_x 还要大些,即 $\Delta p_x \geqslant p\sin\theta_1$,因此一般有

$$\Delta x\cdot\Delta p_x \geqslant h \tag{22.2.1}$$

这就是海森伯提出的**不确定关系**(uncertainty relation).这个关系表明由于粒子的波动性,粒子在某个方向上的动量和位置坐标不能同时准确地确定,其不确定量的乘积不小于普朗克常量.不确定关系表明如果粒子的位置测量得越准确(Δx 越小),那么其动量就越不确定(Δp_x 越大),反之亦然.不确定关系在量子力学中可以严格证明,不过其形式稍有差别:

$$\Delta x\cdot\Delta p_x \geqslant \frac{\hbar}{2} \tag{22.2.2}$$

式中 $\hbar = \dfrac{h}{2\pi}$.式(22.2.1)和式(22.2.2)都是关于不确定量的数量级估计,因此它们并无实质性的差别.对于位矢和动量在其他方向上的分量,有类似的不确定关系:

$$\Delta y\cdot\Delta p_y \geqslant \frac{\hbar}{2} \tag{22.2.3}$$

$$\Delta z\cdot\Delta p_z \geqslant \frac{\hbar}{2} \tag{22.2.4}$$

能量与时间这一对物理量也有类似的不确定关系,物体处于某状态时的能量不确定量 ΔE,与物体处于此状态的时间 Δt 有下列不确定关系:

$$\Delta E\cdot\Delta t \geqslant \frac{\hbar}{2} \tag{22.2.5}$$

上式可用来分析原子激发态的能级宽度和寿命.实验表明,与能级间的跃迁直接相关的光谱线有一定的宽度,这说明原子激发态的能级不是一个单一值,而是具有一定能级宽度 ΔE.实验还表明,原子处于某个激发态的时间是有一定长短的,原子处于这个激发态的平均时间 Δt 称为激发态的寿命 τ.关于原子激发态系统的能级宽度和寿命的测量,都证实了不确定关系式(22.2.5).

从式(22.2.5)还可以看出,若一个粒子的能量状态是完全确定的,即 $\Delta E = 0$,则粒子停留在该态的时间为无限长,即 $\Delta t = \infty$.

以上所述的不确定关系告诉我们,在一个单一实验中,要同时测量微观粒子的位置和动量,或者时间和能量到任意精度是不可能的,它们的测量精度受到一个终极的、不可逾越的限制.这种限制不是由仪器的误差或人为测量误差造成的,而是波粒二象性的必然结果.在这里有必要对物理测量加以说明,经典理论认为对一个物体的测量不会影响到被测物体的运动状态,但从量子理论看来这却是不可能的,对微观粒子的任何测量过程都会涉及所观测的对象的改变.例如,当在实验中探测

拓展阅读:
玻尔的互补原理

到电子的时候,它总是以一个粒子的形态出现,而在电子双缝实验中,电子穿过双缝时却表现出它具有波的性质,这一切告诉我们,作为微观客体的电子,它既具有经典粒子的性质,又具有经典波的性质,它显示什么样的图像取决于人们如何观测——不同的实验将造成不同的干扰,也就给出不同的图像.事实上电子既不是经典的粒子,又不是经典的波,电子具有波粒二象性.对经典理论来说是互相排斥的不同性质,在量子理论中却成了互相补充的一些侧面,这是由玻尔提出的著名的互补原理,微观粒子的波粒二象性正是互补性的一个重要表现.

不确定关系是自然界的客观规律,是量子力学中的一个基本原理.

现在,我们有必要再一次审视经典力学的决定论.牛顿运动定律使人相信,如果我们能精确地知道物体现在的运动状态,就能预见未来的运动状态.在这里,我们从另一个完全不同的原理出发,发现经典力学的决定论在关于微观世界的量子力学中也不再成立,不能成立的不是它的结论而是它的前提,因为我们原则上不能在一切细节上知道现在.

不确定关系界定了本节开始提出的经典轨道概念的有效范围.利用不确定关系进行数量级估计,能判断微观粒子的运动在什么情形下表现出波动性,又在什么情形下表现出粒子性.例如,电视显像管中电子的加速电压为 10 kV,电子枪口直径为 0.01 cm,电子横向位置不确定量为 $\Delta x = 0.01$ cm,则根据式(22.2.2),

$$\Delta v_x \geqslant \frac{\hbar}{2m_e \Delta x} = \frac{1.05 \times 10^{-34}}{2 \times 9.11 \times 10^{-31} \times 10^{-4}} \text{ m} \cdot \text{s}^{-1} = 0.58 \text{ m} \cdot \text{s}^{-1}$$

电子经过加速后,其速率约为 6×10^7 m·s^{-1},$\Delta v_x \ll v$,所以不确定关系对电子速率的影响很小,电子的速度仍然是相当确定的,波动没起到什么实际影响,电子的粒子性特征明显,电子运动仍可用经典力学处理.

又例如,原子的线度为 10^{-10} m,因此原子中电子位置的不确定量 $\Delta x \approx 10^{-10}$ m,则根据式(22.2.2),

$$\Delta v_x \geqslant \frac{\hbar}{2m_e \Delta x} = 0.6 \times 10^6 \text{ m} \cdot \text{s}^{-1}$$

按照玻尔理论可估算出氢原子中电子的轨道运动速率约为 10^6 m·s^{-1},因此原子中电子速度的不确定量与速度本身的大小数量级相当,有时甚至更大.因此对原子范围内的电子,谈论其速度的大小没有什么实际意义,在任一时刻它没有确定的位置和速率,也没有确定的轨道,这时电子的波动性十分显著,必须用波动性理论来处理.

电子的波动性已开始对现代电子计算机的发展产生影响.近 60 年来,计算机芯片的集成度按摩尔定律飞速增长.目前尺寸为纳米量级的超微型半导体元件已经得到广泛应用,3 nm 制程工艺的芯片已经实现量产.当计算机芯片的布线密度接近原子尺度时,根据不确定性关系,电子将表现出波动性,电子不再被束缚,会有量子干涉效应,这种效应甚至会破坏芯片的功能.近几年来,科学家们已提出了多种量子计算的方案并在此基础上研制量子计算机.量子计算机是一种可以实现量子计算的机器,它通过量子力学规律实现数学和逻辑运算,处理和储存信息.2023 年 10 月,中国科学技术大学等单位研制的新一代量子计算原型机"九章三号"的计算能力再次刷新世界纪录,进一步巩固了我国在光量子计算领域的领先地位。然而要研制通用型量子计算机,估计还需要若干年时间.

22.2.2　不确定关系的应用

一般地,我们可以应用不确定关系式(22.2.2)和式(22.2.5)计算量子力学系统的一些特征量,如果只需要估算数量级,可以采用 $\Delta x \cdot \Delta p_x \approx \hbar, \Delta E \cdot \Delta t \approx \hbar$,这是利用不确定关系进行数量级估算的常用形式.下面仅举两例.

1. 估算氢原子可能具有的最低能量

电子束缚在半径为 r 的球内,所以 $\Delta x = r$,根据 $\Delta x \cdot \Delta p_x \approx \hbar$,得到 $\Delta p_x \approx \dfrac{\hbar}{r}$,由于电子动量的大小不能小于它本身的不确定量,所以在估算最低能量时可取 $p \approx \Delta p_x \approx \dfrac{\hbar}{r}$.若不考虑原子核的运动,氢原子的能量就是电子的能量,即

$$E = \frac{p^2}{2m_e} - \frac{e^2}{4\pi\varepsilon_0 r}$$

将不确定关系代入上式得

$$E = \frac{\hbar^2}{2m_e r^2} - \frac{e^2}{4\pi\varepsilon_0 r}$$

为求能量的最小值(最低能量),可令 $\dfrac{\mathrm{d}E}{\mathrm{d}r} = 0$,得到

$$-\frac{\hbar^2}{m_e r^3} + \frac{e^2}{4\pi\varepsilon_0 r^2} = 0$$

代入 $\hbar = \dfrac{h}{2\pi}$,由此求出与最低能量相应的半径为

$$r_0 = \frac{\varepsilon_0 h^2}{\pi e^2 m_e} = 0.53 \times 10^{-10} \text{ m}$$

进而得到最低能量

$$E_{\min} = -\frac{e^4 m_e}{8\varepsilon_0^2 h^2} = -13.6 \text{ eV}$$

上述结果与玻尔理论给出的氢原子的基态轨道半径和基态能量相一致.

2. 解释谱线的自然宽度

由于原子激发态的能级具有一定能级宽度 ΔE,从激发态跃迁产生的光谱线就不是单一频率,而是具有一定的频率范围,这就是谱线的自然宽度.假设原子中某激发态的平均寿命为 $\tau = 10^{-8}$ s,由普朗克量子假设 $E = h\nu$,谱线的自然宽度与能级宽度有下列关系:

$$\Delta\nu = \frac{\Delta E}{h}$$

根据能级宽度和寿命的估算关系式 $\Delta E \cdot \Delta t \approx \hbar$,就可以估算与该激发态相应的谱线自然宽度:

$$\Delta\nu = \frac{\Delta E}{h} \approx \frac{1}{2\pi\Delta t} = \frac{1}{2\pi\tau} = 1.59\times10^{7} \text{ Hz}$$

例题 22.3　设子弹的质量为 0.01 kg,枪口的直径为 0.5 cm,试求子弹射出枪口时横向速度的不确定量.

解　枪口直径可以当成子弹射出枪口时位置的不确定量 Δx,由于 $\Delta p_x = m\Delta v_x$,由关系式 $\Delta x \cdot \Delta p_x \approx \hbar$,得到子弹射出枪口时横向速度的不确定量:

$$\Delta v_x \approx \frac{\hbar}{m\Delta x} = \frac{1.05\times10^{-34}}{0.01\times0.5\times10^{-2}} \text{ m}\cdot\text{s}^{-1} = 2.1\times10^{-30} \text{ m}\cdot\text{s}^{-1}$$

和子弹飞行速度几百米每秒相比,上述速度的不确定量是微不足道的,所以子弹的运动速度是确定的.

例题 22.4　设一束光的波长为 500 nm,其波长不确定量为 2×10^{-6} nm. 求光子坐标的不确定量.

解　由 $p = \dfrac{h}{\lambda}$ 可得光子的动量不确定量为

$$\Delta p = -\frac{h}{\lambda^2}\Delta\lambda$$

根据关系式 $\Delta x \cdot \Delta p_x \approx \hbar$ 有

$$\Delta x \approx \frac{\hbar}{|\Delta p|} = \frac{\lambda^2}{2\pi\Delta\lambda}$$

代入数值计算得到 $\Delta x \approx 1\,990$ m,由此可见,光的单色性越好,即 $\Delta\lambda$ 越小,则光子的坐标不确定量就越大.

例题 22.5　实验测定原子核线度的数量级为 10^{-14} m. 试应用不确定关系式(22.2.2)估算电子如果被束缚在原子核中时的动能,从而判断原子核由质子和电子组成是否可能.

解　取电子在原子核中位置的不确定量 $\Delta r \approx 10^{-14}$ m,由不确定关系式(22.2.2)得

$$\Delta p \geqslant \frac{\hbar}{2\Delta r} = \frac{1.05\times10^{-34}}{2\times10^{-14}} \text{ kg}\cdot\text{m}\cdot\text{s}^{-1} = 0.53\times10^{-20} \text{ kg}\cdot\text{m}\cdot\text{s}^{-1}$$

因为动量的数值不应小于它的不确定量,故电子的动量

$$p \geqslant 0.53\times10^{-20} \text{ kg}\cdot\text{m}\cdot\text{s}^{-1}$$

考虑到电子在此动量下有极高的速度,需要应用相对论的能量动量公式:

$$E^2 = p^2c^2 + m_0^2c^4$$

故

$$E = \sqrt{p^2c^2 + m_0^2c^4} = 1.6\times10^{-12} \text{ J}$$

电子在原子核中的动能为

$$E_k = E - m_0c^2 \approx 1.6\times10^{-12} \text{ J} = 10 \text{ MeV}$$

理论证明,电子具有这样大的动能足以把原子核击碎,所以把电子禁锢在原子核内是不可能的,这就否定了原子核是由质子和电子组成的假设.

22.3　波函数与概率密度

经典物理用物体的位置和动量来描述物体的运动状态,而不确定关系指出微观粒子具有波粒二象性,不可能同时具有确定的坐标和动量.因此,在量子力学中我们用波函数来描述微观粒子的运动状态,波函数是如何体现微观粒子的波粒二象性的呢?本节将讨论这些问题.

22.3.1　微观粒子的波函数

德布罗意的波粒二象性假设将一个自由运动的微观粒子同一个平面简谐波相对应.假设一个自由粒子具有能量 E 和动量 p,根据德布罗意的波粒二象性公式,粒子物质波的频率和波长分别为

$$\nu = \frac{E}{h} = \frac{E}{2\pi\hbar}, \quad \lambda = \frac{h}{p} = \frac{2\pi\hbar}{p}$$

根据波动理论,频率为 ν、波长为 λ,沿 x 方向传播的平面简谐波可用下式表示:

$$y(x,t) = y_0 \cos 2\pi\left(\nu t - \frac{x}{\lambda}\right)$$

将上式写成复数形式:

$$y(x,t) = y_0 e^{-2\pi i\left(\nu t - \frac{x}{\lambda}\right)}$$

将粒子物质波的频率和波长代入上式,就得到了描述能量为 E、动量为 p 的自由粒子运动状态的波函数表达式:

$$\Psi(x,t) = \Psi_0 e^{-\frac{i}{\hbar}(Et-px)} \tag{22.3.1}$$

对于三维空间传播的自由粒子,描述其运动状态的波函数为

$$\Psi(\boldsymbol{r},t) = \Psi_0 e^{-\frac{i}{\hbar}[Et-(p_x x + p_y y + p_z z)]}$$
$$= \Psi_0 e^{-\frac{i}{\hbar}(Et-\boldsymbol{p}\cdot\boldsymbol{r})} \tag{22.3.2}$$

式中,Ψ_0 称为波函数的复振幅,一般为复数,式中 $\boldsymbol{r}$ 是从三维直角坐标系的原点指向波面的位矢.

一般地,对于速度不太大(非相对论性)的微观粒子,描述其运动状态的波函数 $\Psi(x,t)$ 可以通过求解量子力学的波动方程——薛定谔方程得到(参阅第二十三章).

22.3.2　态叠加原理

我们用波函数描述微观粒子的状态,量子力学状态也满足态叠加原理.若波函数 Ψ_1 与 Ψ_2 都是描述某粒子的可能量子态,那么它们的线性叠加态

$$\Psi = C_1\Psi_1 + C_2\Psi_2 \qquad\qquad (22.3.3)$$

也是该粒子的一个可能的量子态.

这可以用电子双缝干涉实验说明,设双缝由狭缝 1、狭缝 2 组成,先将狭缝 2 遮盖,电子穿过狭缝 1 到达屏上任一点的状态为 Ψ_1;再将狭缝 1 遮盖,电子穿过狭缝 2 到达屏上任一点的状态为 Ψ_2. 当双缝同时打开时,每个电子都可能以一定的概率穿过其中一个狭缝,即电子既处在 Ψ_1 态,也处在 Ψ_2 态,因此双缝同时诱导的上述状态可以用它们的线性叠加态式(22.3.3)来表示.

22.3.3　波函数的统计解释

在经典物理学中,机械波的波函数 $y(x,t)$ 表示在时刻 t、空间 x 处的介质质点离开平衡位置的位移,电磁波的波函数 $\boldsymbol{E}(x,t)$、$\boldsymbol{B}(x,t)$ 分别表示在时刻 t、空间 $\boldsymbol{x}$ 处的电场强度和磁感应强度.那么微观粒子的波函数 $\Psi(x,t)$ 表示什么呢? 在薛定谔从德布罗意波假设出发,建立了量子力学的波动方程形式之后的一段时间内,人们仍然普遍对德布罗意波波函数的物理意义感到困惑.

关于如何认识微观粒子的波动性与粒子性的联系,解释微观粒子波函数的物理意义,历史上曾有许多不同的见解.例如,虽然薛定谔在诠释波函数的物理意义时,首先把这种波称为物质波,但他认为电子就是许多波合成的波包,波包的大小就是粒子的大小.但波包总是要发散并解体的,这与电子的稳定性相矛盾.

关于波函数物理实质的解释,至今公认的是玻恩(M. Born)在 1926 年提出的.他在对两个自由粒子的散射问题进行计算后,指出波函数具有这样的物理意义:**波函数模的平方 $|\Psi|^2$ 对应于微观粒子在某时刻某处出现的概率密度 w**,即

$$w = |\Psi|^2 = \Psi^*\Psi \qquad\qquad (22.3.4)$$

式中 $\Psi^*(x,t)$ 是 $\Psi(x,t)$ 的共轭复数(复共轭).只要对波函数作这样的解释,两个自由粒子的散射结果就有明确的意义.按照玻恩的解释,在量子力学中描述微观粒子运动状态的波函数 $\Psi(x,t)$,其本身是没有直接的物理意义的,具有直接物理意义的是波函数模的平方.因此,波函数 $\Psi(x,t)$ 不代表实际物理量的波动,而是描述粒子在空间各处被发现的概率分布的**概率波**.由于有了玻恩的诠释,量子理论的波动力学形式才被公众普遍接受.

玻恩提出的波函数的概率波概念,可以很好地解释电子双缝干涉实验.我们再来考察电子的双缝干涉实验结果.控制入射电子流强度使之很小,电子可以一个一个地通过双缝.这时在感光底片上出现一个一个点,显示出电子的粒子性,但它们是无规律分布的.然而随着入射电子数目的增多,逐步在底片上呈现出有规则的干涉图样,显示出电子的波动性.而且实验还发现,使强电子流在短时间内入射,也会得到相同的干涉图样.由此可见,电子的波动性质是由单个电子在多次实验中或由多个电子在一次实验中,以统计结果的形式表现出来的.图 22.6 自左到右分别是 7 个电子、100 个电子、3 000 个电子和 70 000 个电子的双缝干涉图样.

因此,对于电子双缝干涉图样,我们可以解释为:电子通过双缝在底片上各个位置出现的概率密度等于该位置电子波函数的模的平方,而该位置的波函数就是

电子分别穿过双缝的波函数 Ψ_1 和 Ψ_2 的线性叠加态式(22.3.3),所以,电子处于该处的概率密度为

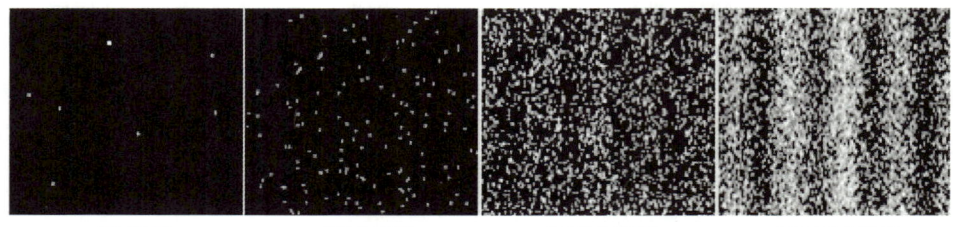

| 7个电子 | 100个电子 | 3 000个电子 | 70 000个电子 |

图 22.6　不同数目电子的双缝干涉图样

$$w = \mid \Psi \mid^2 = \Psi^* \Psi$$
$$= C_1^2 \Psi_1^* \Psi_1 + C_2^2 \Psi_2^* \Psi_2 + C_1 C_2 (\Psi_1^* \Psi_2 + \Psi_2^* \Psi_1)$$
$$w = w_1 + w_2 + C_1 C_2 (\Psi_1^* \Psi_2 + \Psi_2^* \Psi_1) \tag{22.3.5}$$

式中,w_1、w_2 分别是电子处于 Ψ_1 态和 Ψ_2 态的概率密度,第三项称为相干项,正是由于相干项的作用才出现了干涉图样. 量子力学中的态叠加原理导致了叠加态下观测结果的不确定性,它是由微观粒子波粒二象性所决定的.

　　在理解波函数的物理意义时我们要注意,微观粒子既不是经典概念中的粒子,也不是经典概念中的波. 玻恩对波函数物理意义的解释,将微观粒子的粒子性和波动性统一起来:描述微观粒子运动状态的波函数,本身可以叠加并产生干涉,体现微观粒子的波动性;微观粒子一旦在某一位置被测量到,却又是个完整的粒子形象. 所以波函数所代表的是一种概率的波动,这种波函数概念的形成正是量子力学完全摆脱经典观念、走向成熟的标志,波函数和概率密度是构成量子力学理论的最基本的概念.

　　既然波函数与粒子在空间出现的概率相联系,因此**波函数必须是单值的、连续的、有限的**. 这又称为波函数应满足的**标准条件**.

　　根据式(22.3.4),微观粒子在 $x \rightarrow x+dx$,$y \rightarrow y+dy$,$z \rightarrow z+dz$ 小区域 $dV = dxdydz$ 内出现的概率为

$$dP = \mid \Psi(x,y,z,t) \mid^2 dV = \Psi^* \Psi dV \tag{22.3.6}$$

如果粒子在被限制在一个有限的空间内运动,那么在任意时刻在全空间内找到粒子的概率应为1,这就是波函数应满足的**归一化条件**(normalization condition):

$$\int_V \Psi^* \Psi dV = 1 \tag{22.3.7}$$

一般地,根据归一化条件确定波函数中的常量因子(又称归一化常量),而标准条件则是对波函数的基本约束条件.

例题 22.6 精讲

例题 22.6　设粒子在一维空间运动,其状态可用下面的波函数描述:

$$\Psi(x,t) = \begin{cases} 0, & x \leqslant -\dfrac{b}{2}, x \geqslant \dfrac{b}{2} \\[2mm] A\exp\left(-\dfrac{iE}{\hbar}t\right) \cos\left(\dfrac{\pi x}{b}\right), & -\dfrac{b}{2} \leqslant x \leqslant \dfrac{b}{2} \end{cases}$$

其中 A 为任意常量，E 和 b 均为确定的常量．求归一化的波函数和概率密度 w．

解　粒子在一维空间运动，根据波函数的归一化条件式（22.3.5），有

$$\int_{-\infty}^{\infty} |\Psi(x,t)|^2 \mathrm{d}x = 1$$

因此有

$$\int_{-\infty}^{-\frac{b}{2}} |\Psi(x,t)|^2 \mathrm{d}x + \int_{-\frac{b}{2}}^{\frac{b}{2}} |\Psi(x,t)|^2 \mathrm{d}x + \int_{\frac{b}{2}}^{\infty} |\Psi(x,t)|^2 \mathrm{d}x = 1$$

积分得到

$$A^2 \int_{-\frac{b}{2}}^{\frac{b}{2}} \cos^2\left(\frac{\pi x}{b}\right) \mathrm{d}x = A^2 \frac{b}{2} = 1$$

解出归一化系数 $A = \sqrt{\dfrac{2}{b}}$，由此可求出归一化的概率密度为

$$w(x,t) = \begin{cases} |\Psi(x,t)|^2 = 0, & x \leqslant -\dfrac{b}{2}, x \geqslant \dfrac{b}{2} \\[2mm] |\Psi(x,t)|^2 = \dfrac{2}{b}\cos^2\left(\dfrac{\pi x}{b}\right), & -\dfrac{b}{2} \leqslant x \leqslant \dfrac{b}{2} \end{cases}$$

从上式容易看出，在区间 $\left(-\dfrac{b}{2}, \dfrac{b}{2}\right)$ 以外找不到粒子，在 $x = 0$ 处找到粒子的概率最大．

量子力学中的状态及其波函数描述完全不同于经典力学中的状态，后者用位矢和速度就能唯一确定．量子态具有十分独特的性质，在量子力学的发展史上引起了长期的激烈争论，它不仅有着极为重要的理论意义，而且在现代科学技术中也有着广泛的应用．

内容提要

1. 德布罗意波假设

所有的实物粒子都具有波粒二象性．一个能量为 E、动量为 p 的粒子的德布罗意波的频率 ν 和波长 λ 分别为

$$\nu = \frac{E}{h}, \quad \lambda = \frac{h}{p}$$

2. 德布罗意假设的实验验证

电子散射实验、电子透射实验、电子双缝干涉实验都证实了电子的波动性．

3. 不确定关系

粒子在某个方向上的动量和位置坐标不能同时准确地确定，不确定关系可用下式表示：

$$\Delta x \cdot \Delta p_x \geqslant \frac{\hbar}{2}$$

物体处于某状态时的能量不确定量 ΔE，与物体处于此状态的时间 Δt 有下列不确定关系：

$$\Delta E \cdot \Delta t \geqslant \frac{\hbar}{2}$$

4. 微观粒子的波函数

能量为 E、动量为 p 的自由粒子物质波的波函数：

$$\Psi(x,t) = \Psi_0 \mathrm{e}^{-\frac{\mathrm{i}}{\hbar}(Et-px)}$$

5. 波函数的统计解释

微观粒子的波函数不代表实际物理量的波动，而是描述微观粒子在空间各处被发现的概率分布的概率波，波函数模的平方 $|\Psi|^2$ 对应于微观粒子在某时刻某处出现的概率密度 w，即

$$w = |\Psi|^2 = \Psi^* \Psi$$

波函数应满足的标准条件：单值、连续、有限.

波函数应满足的归一化条件：$\int_V \Psi^* \Psi \mathrm{d}V = 1$.

习题

一、选择题

1. 如果两种不同质量的粒子，其德布罗意波的波长相同，则这两种粒子的

（　　）

A. 动量相同　　　　B. 能量相同　　　　C. 速度相同　　　　D. 动能相同

2. 关于不确定关系 $\Delta x \cdot \Delta p_x \geqslant \hbar/2$ 有以下几种理解，其中正确的是　　（　　）

（1）粒子的动量不可能确定

（2）粒子的坐标不可能确定

（3）粒子的动量和坐标不可能同时确定

（4）不确定关系不仅适用于电子和光子，也适用于其他粒子

A. （1），（2）　　　B. （2），（4）　　　C. （3），（4）　　　D. （4），（1）

3. 将波函数在空间各点的振幅同时增大 2 倍，则粒子在空间的分布概率密度将（　　）

A. 增大 $\sqrt{2}$ 倍　　　B. 增大 2 倍　　　C. 增大 4 倍　　　D. 不变

二、填空题

1. 运动速率等于在 300 K 时方均根速率的氢原子的德布罗意波波长是_____. 质量为 $m = 1$ g，以速度 $v = 1$ cm·s^{-1} 运动的小球的德布罗意波的波长是_____.（氢原子质量 $m_H = 1.67 \times 10^{-27}$ kg.）

2. 当电子受到 1.0 MV 的加速电压作用后，其德布罗意波的波长为_____ m.（提示：需考虑相对论效应.）

3. 如果电子被限制在边界 x 与 $(x+\Delta x)$ 之间，$\Delta x = 0.05$ nm，则电子动量 x 分量的不确定量近似为_____ kg·m·s^{-1}.

4. 设一个粒子动量的不确定量等于粒子的动量，则粒子位置的最小不确定量是其德布罗意波波长的_____倍.（用 $\Delta x \cdot \Delta p \geqslant h$ 来估算.）

5. 如果系统的激发态能级宽度为 1.1 eV，此态的寿命是_____ s.

6. 设描述微观粒子运动的波函数为 $\Psi(r,t)$，则 $\Psi\Psi^*$ 表示_____；$\Psi(r,t)$ 须满足的条件是_____；其归一化条件是_____.

三、计算题

1. 若不考虑相对论效应，则波长为 550 nm 的电子的动能是多少（单位：eV）？

2. 假如电子运动速度与光速可以比拟，则当电子的动能等于它静止能量的 2 倍时，其德布罗意波波长为多少？

3. 同时确定能量为 1 keV 的电子的位置与动量时，若位置的不确定量在 0.1 nm 以内，则动量不确定量的相对比值 $\Delta p/p$ 至少为多少？

4. 如果原子某激发态的平均寿命为 10^{-8} s，该激发态的能级宽度约是多少？

5. 如果一个质量为 m 的粒子被限制在 $x=0$ 到 $x=L$ 的直线段上作自由运动，试计算系统处于最低能级时的能量.

（提示：粒子的德布罗意波满足驻波条件.）

6. 一个粒子沿 x 方向运动，其波函数为

$$\Psi(x) = c\frac{1}{1-\mathrm{i}x}, \quad -\infty < x < \infty$$

试求：（1）归一化常量 c；（2）发现粒子概率密度最大的位置；（3）在 $x=0$ 到 $x=1$ 之间粒子出现的概率.

习题参考答案

第二十三章

••• 薛定谔方程

拓展阅读:
薛定谔和量子
力学

在上一章,我们介绍了德布罗意于 1923 年提出的用物质波描述微观粒子波动性的思想,以及玻恩于 1926 年对物质波作出的统计解释.本章进一步讨论物质波波函数所遵从的规律,即波函数所满足的动力学方程,这就是薛定谔于 1926 年建立的非相对论性微观体系的物质波波动方程.玻恩对物质波的统计解释和薛定谔的波动方程,标志着描述非相对论性微观体系运动的新力学——波动力学的建立,波动力学是量子力学的一种理论形式.利用薛定谔方程,人们能成功地计算出氢原子和简谐振子的量子化能谱以及其他一些问题,其结果与实验事实完全符合.

本章首先从自由粒子的薛定谔方程出发,逐步引入势场中的薛定谔方程和定态薛定谔方程,较为详细地介绍了一维势阱、隧道效应、谐振子等问题的定态薛定谔方程的解.通过这些问题我们可以看到,在量子力学中量子化是求解薛定谔方程的必然结果.

—— 你知道吗?

当你走路遇到围墙时,你一定幻想过能像传说中的神仙一样穿墙而过,微观世界里的电子就有这样的本领,称为隧道效应,这是通过求解描述电子运动状态的波函数遵循的量子力学方程——薛定谔方程而得到的,也被许多实验所证实.根据隧道效应研制的扫描隧穿显微镜(STM),是当今世界上分辨率最高的显微镜.

23.1 薛定谔方程

在量子力学中,微观粒子的运动状态可以用德布罗意波函数来描述,而波函数应满足一个波动方程,这个方程就是薛定谔方程(Schrödinger equation).薛定谔方程是量子力学中的基本方程,它的地位和作用相当于经典力学中的牛顿运动方程.同牛顿运动方程不能由其他更基本的方程推导出来一样,薛定谔方程也不能由其他基本原理导出,它的提出只能作为量子力学的一个基本假设,其正确性由从它得到的物理结果与实验事实是否符合来检验.下面介绍的建立薛定谔方程的过程并不是严格的理论推导,只是通过某种形式介绍建立薛定谔方程的思想.

23.1.1 自由粒子的薛定谔方程

已经知道,沿 x 方向运动的能量为 E、动量为 p 的自由粒子的波函数可以用式(22.3.1)表示:

$$\Psi(x,t) = \Psi_0 e^{-\frac{i}{\hbar}(Et - px)}$$

将上式对 x 取二阶偏导数,得到

$$\frac{\partial^2 \Psi}{\partial x^2} = -\frac{p^2}{\hbar^2}\Psi \tag{23.1.1}$$

将波函数对 t 取一阶偏导数,得到

$$\frac{\partial \Psi}{\partial t} = -\frac{i}{\hbar} E \Psi \qquad (23.1.2)$$

对于自由粒子,相互间的势能为零,所以其能量 E 就是它的动能 E_k. 在粒子低速运动时即非相对论性情形,动能与动量的关系为

$$E = \frac{p^2}{2m}$$

用 $\frac{\hbar^2}{2m}$ 乘式(23.1.1),用 $i\hbar$ 乘式(23.1.2),并利用上式可得

$$i\hbar \frac{\partial \Psi}{\partial t} = -\frac{\hbar^2}{2m} \frac{\partial^2 \Psi}{\partial x^2} \qquad (23.1.3)$$

上式称为**一维运动自由粒子的波函数所满足的含时薛定谔方程**. 为将其推广到三维情况,定义拉普拉斯算符

$$\nabla^2 = \frac{\partial^2}{\partial x^2} + \frac{\partial^2}{\partial y^2} + \frac{\partial^2}{\partial z^2}$$

就得到一个能量为 E 和动量为 p 的自由粒子的波函数所满足的波动方程:

$$i\hbar \frac{\partial \Psi(\boldsymbol{r}, t)}{\partial t} = -\frac{\hbar^2}{2m} \nabla^2 \Psi(\boldsymbol{r}, t) \qquad (23.1.4)$$

上式是**自由粒子波函数所满足的薛定谔方程**.

如果要研究高速运动的微观粒子,需考虑相对论效应,取代低速条件下的动能与动量关系的是相对论的动量能量关系式(20.4.10):

$$E^2 = c^2 p^2 + m_0^2 c^4$$

利用同样的方法,得到相对论性的自由粒子波动方程:

$$\hbar^2 \frac{\partial^2 \Psi}{\partial t^2} = c^2 \hbar^2 \nabla^2 \Psi - m_0^2 c^4 \Psi \qquad (23.1.5)$$

这个方程称为**克莱因-戈尔登方程**,它可以用来描述高速微观粒子的运动.

23.1.2　势场中的薛定谔方程

如果粒子不是自由的,而是在某种一维势场中运动,粒子的总能量应是动能 E_k 和势能 $E_p = U(x, t)$ 之和,即

$$E = \frac{p^2}{2m} + U$$

同样地用 $\frac{\hbar^2}{2m}$ 乘式(23.1.1),用 $i\hbar$ 乘式(23.1.2),并利用上式可得

$$i\hbar \frac{\partial \Psi}{\partial t} = -\frac{\hbar^2}{2m} \frac{\partial^2 \Psi}{\partial x^2} + U(x, t) \Psi \qquad (23.1.6)$$

该式称为**一维势场的含时薛定谔方程**.

如果粒子在三维空间势场 $U(\boldsymbol{r}, t)$ 中运动,总能量 $E = \frac{p^2}{2m} + U(\boldsymbol{r}, t)$,将上式推广

就得到三维的含时薛定谔方程:

$$i\hbar \frac{\partial \Psi(\boldsymbol{r},t)}{\partial t} = \left[-\frac{\hbar^2}{2m} \boldsymbol{\nabla}^2 + U(\boldsymbol{r},t) \right] \Psi(\boldsymbol{r},t) \qquad (23.1.7)$$

23.1.3 定态薛定谔方程

在一维势场的含时薛定谔方程中,若势场不随时间变化,即 $U(x,t) = U(x)$,在数学上就可以对波函数 $\Psi(x,t)$ 分离变量. 将 $\Psi(x,t)$ 写成空间坐标函数 $\psi(x)$ 和时间坐标函数 $f(t)$ 的乘积,即

$$\Psi(x,t) = \psi(x)f(t) \qquad (23.1.8)$$

将上式代入式(23.1.6),再两边同时除以 $\psi(x)f(t)$,得到

$$\left[-\frac{\hbar^2}{2m} \frac{\mathrm{d}^2\psi}{\mathrm{d}x^2} + U(x)\psi \right] \frac{1}{\psi(x)} = i\hbar \frac{\mathrm{d}f(t)}{\mathrm{d}t} \frac{1}{f(t)}$$

上式左边仅是空间坐标 x 的函数,而右边仅是时间坐标 t 的函数,因此只有在它们都等于同一个常量时,等式才能成立. 令这个常量为 E,则由右边得到

$$i\hbar \frac{\mathrm{d}f(t)}{\mathrm{d}t} \frac{1}{f(t)} = E \qquad (23.1.9)$$

积分后得

$$f(t) = \mathrm{e}^{-\frac{\mathrm{i}}{\hbar}Et} \qquad (23.1.10)$$

由于上式中的指数因子只能是量纲为 1 的量,故常量 E 应具有能量的量纲.

另外再由分离变量式的左边得到

$$-\frac{\hbar^2}{2m} \frac{\mathrm{d}^2\psi}{\mathrm{d}x^2} + U\psi = E\psi \qquad (23.1.11)$$

$$\frac{\mathrm{d}^2\psi}{\mathrm{d}x^2} + \frac{2m}{\hbar^2}(E-U)\psi = 0 \qquad (23.1.12)$$

上式称为**一维定态薛定谔方程**.

同样的,对于三维问题,如果势场与时间无关,即 $U(\boldsymbol{r},t) = U(\boldsymbol{r})$,根据三维的含时薛定谔方程(23.1.7)式,可得三维定态薛定谔方程:

$$\boldsymbol{\nabla}^2\psi + \frac{2m}{\hbar^2}(E-U)\psi = 0 \qquad (23.1.13)$$

在一般情况下,$\psi(\boldsymbol{r})$ 的具体函数形式取决于势场的性质. 只要势场不随时间变化,粒子的波函数总具有以下形式:

$$\Psi(\boldsymbol{r},t) = \psi(\boldsymbol{r})\mathrm{e}^{-\frac{\mathrm{i}}{\hbar}Et} \qquad (23.1.14)$$

粒子在空间各处出现的概率密度:

$$w = |\Psi(\boldsymbol{r},t)|^2 = |\psi(\boldsymbol{r})|^2 \qquad (23.1.15)$$

现在我们来说明具有能量量纲的常量 E 的意义. 由式(23.1.14)可以看到,粒子波函数随时间的演化遵循简谐振动规律,此简谐振动的角频率为 $\omega = \dfrac{E}{\hbar}$,即频率

为 $\nu = \dfrac{E}{h}$. 根据德布罗意关系式(22.1.1)可知,一个频率为 ν 的单色平面波所描述的粒子具有确定的能量 $h\nu$,因此常量 E 就是粒子处于由波函数式(23.1.14)描述的运动状态时所具有的能量.

根据式(23.1.15),当粒子所在的势场不随时间变化时,粒子在空间出现的概率密度也不随时间变化,粒子的这种状态称为**定态**. 显然定态薛定谔方程的每一个解就是一个可能的波函数,它代表粒子的一个定态,而粒子在定态下具有确定的能量 E. 本章所讨论的问题都属于定态情形.

需要指出的是,当粒子所在的势场不随时间变化时,除了存在定态外,还允许有另一类运动状态,这一类的运动状态由若干不同能量的定态叠加而成,因而没有定态的特点,称为**非定态**(unsteady state). 非定态的出现可以从薛定谔方程本身加以说明,从数学上看,薛定谔方程式(23.1.12)或式(23.1.13)是线性偏微分方程,它们的解满足叠加原理,因此定态的线性叠加态仍是薛定谔方程的解,这也说明了量子力学的态叠加原理式(22.3.3).

作为二阶偏微分方程,求解薛定谔方程必须给定波函数的初始条件和边界条件;另外我们已经知道,作为具有物理意义的波函数,它还受到单值、连续、有限等标准条件的制约. 这些条件在应用薛定谔方程求解微观体系的各种问题中起着极其重要的作用.

23.2　一维势阱

从本节开始,我们将定态薛定谔方程应用到几个具体问题上,从这些量子力学问题的求解过程,不仅可以看到量子力学基本概念和原理的应用,而且对量子力学与经典力学迥然不同的风格有一个初步的了解.

求解定态薛定谔方程,需要知道微观粒子在保守力场中的势函数 $U(\boldsymbol{r})$. 如果粒子是自由的,即 $U(\boldsymbol{r}) = 0$,这种定态称为自由定态;如果粒子被保守力场限制在一定范围内运动,即 $U(\boldsymbol{r}) \neq 0$,这种定态称为束缚定态. 势函数决定了微观粒子的运动特性,因此,在处理量子力学问题时,首先要根据微观粒子的运动提出一个势函数模型.

23.2.1　一维无限深势阱

电子在金属内部的运动可以看成是自由的,但电子要逸出金属表面需要克服表面处正电荷的吸引,因此电子在金属外的电势能高于金属内的电势能,这相当于电子在金属表面处电势能突然增大. 由于金属中的电子很难逸出金属表面,因此我们可以用一个理想的势阱(potential well)模型——无限深势阱,来近似描述自由电子在金属内部的运动. 所谓无限深势阱,就是粒子在势阱中的势能为零,而在势阱外势能为无限大,因此粒子将被束缚在势阱内运动. 由于金属是各向同性的,因此这个问题可进一步简化为电子在一维无限深势阱中的运动.

一维无限深势阱的势能曲线如图 23.1 所示,其势能函数表达式为

$$U(x) = \begin{cases} 0, & 0 < x < a \\ \infty, & x \leqslant 0, x \geqslant a \end{cases} \qquad (23.2.1)$$

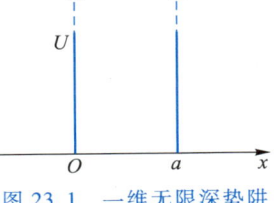

图 23.1 一维无限深势阱

一个微观粒子在一维无限深势阱中运动,用经典力学描述和量子力学描述得到的结果完全不同.按照经典概念,当外界向粒子提供能量时,粒子可获得此能量而使自身能量发生连续变化,粒子在势阱内自由运动,在任何位置出现的概率密度也是相等的.然而,按照量子力学理论,它的行为却完全不同.

1. 定态薛定谔方程的解

在势阱边界处势能变成无限大,意味着粒子不可能越出势阱外,即粒子在势阱外出现的概率密度为零,根据波函数的统计解释,势阱外波函数 $\psi = 0$. 粒子在势阱内是自由的,势能为零.因此势阱内质量为 m 的粒子的定态薛定谔方程为

$$-\frac{\hbar^2}{2m}\frac{d^2\psi}{dx^2} = E\psi \qquad (23.2.2)$$

令

$$k^2 = \frac{2m}{\hbar^2}E \qquad (23.2.3)$$

式(23.2.2)可简化为

$$\frac{d^2\psi}{dx^2} + k^2\psi = 0$$

我们已多次见过这种形式的微分方程,其一般解为

$$\psi = c\sin(kx+\delta)$$

根据波函数应满足的标准条件,波函数应在边界 $x = 0$ 和 $x = a$ 上连续,由于在势阱外波函数 $\psi = 0$,故有 $\psi(0) = 0, \psi(a) = 0$.

根据 $\psi(0) = 0$,得到 $c\sin\delta = 0$,由于 c 不能为零,所以 $\delta = 0$ 或 $m\pi, m = 1,2,3,\cdots$. 于是解可以写成

$$\psi = c\sin kx$$

再根据 $\psi(a) = 0$,得到 $ka = n\pi, n = 1,2,3,\cdots$,即

$$k = \frac{n\pi}{a}, \quad n = 1,2,3,\cdots \qquad (23.2.4)$$

应用波函数的归一化条件

$$\int_0^a |\psi|^2 dx = \int_0^a c^2\sin^2 kx\, dx = \int_0^a c^2\sin^2\frac{n\pi x}{a} dx = 1$$

求得归一化常量为

$$c = \sqrt{\frac{2}{a}}$$

于是得到粒子在一维无限深势阱中运动的定态波函数:

$$\psi(x)=\begin{cases}0, & x\leqslant 0 \text{ 或 } x\geqslant a \\ \sqrt{\dfrac{2}{a}}\sin\dfrac{n\pi}{a}x, & n=1,2,3,\cdots,\quad 0<x<a\end{cases} \tag{23.2.5}$$

2. 能量量子化

根据式(23.2.3)和式(23.2.4),得到被束缚在一维无限深势阱中的粒子能量:

$$E=\frac{\hbar^2 k^2}{2m}=n^2\frac{\pi^2\hbar^2}{2ma^2}=\frac{h^2}{8ma^2}n^2,\quad n=1,2,3,\cdots$$

将上式写成

$$E_n=\frac{h^2}{8ma^2}n^2,\quad n=1,2,3,\cdots \tag{23.2.6}$$

上式表明:处于束缚态的粒子的能量不能连续地取任意值,只能取分立值,即能量是量子化的,可形象地称为处于相应的能级(如图 23.2 所示).式(23.2.6)中 n 称为能量量子数,E_n 称为粒子的**能量本征值**(energy eigenvalue).我们看到,在这里能量量子化不像早期量子论那样是作为假设提出来的,而是求解薛定谔方程的必然结果.

现在来考虑一下能量量子数 n 的最小取值问题.事实上,我们已在式(23.2.4)中排除了 $n=0$,其原因是 $n=0$ 将使势阱内的波函数为零(也就是

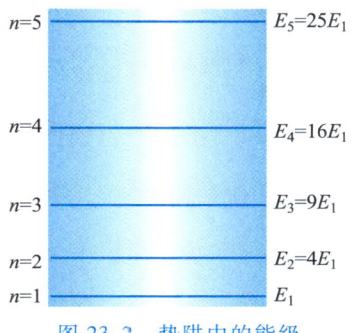

图 23.2　势阱中的能级

说粒子不会在势阱内出现).我们可以更进一步地从不确定关系来说明这一点.如果 $n=0$,则 $E=0$,动量 $p=0$,即动量不确定量为 0,而势阱内粒子坐标的不确定量为 a,这就违反了不确定关系.所以 $n=0$ 的状态不存在,n 最小必须为 1,此时粒子的能量 $E_1=\dfrac{h^2}{8ma^2}$ 称为基态能量,它又被称为**零点能**(zero point energy).

一般地,如果微观粒子被束缚在有限空间内运动,根据不确定关系,其速度不可能为零,因而粒子具有非零的最低能量或零点能.零点能的存在已被许多实验所证实,它是量子力学的特有结果.而在经典力学中能量是连续取值的,粒子可以处于静止的能量为零的状态.

相邻能级间的间隔

$$\Delta E_n=E_{n+1}-E_n=\frac{h^2(2n+1)}{8ma^2} \tag{23.2.7}$$

由此得到

$$\frac{\Delta E_n}{E_n}=\frac{2n+1}{n^2} \tag{23.2.8}$$

对于很小的 n 值即低能级状态,粒子的能量间隔 ΔE_n 甚至可能大于能级 E_n 本身,这时量子化特征非常显著,经典力学完全不适用.随着 n 值增大,粒子能量间隔

的绝对值虽然也增大,但比起能量本身则要小些,即相对变化量(23.2.8)式逐渐变小. 当 $n\to\infty$ 时,能量量子化现象几乎消失,能级分布可视为连续变化,这时经典力学与量子力学的结论将趋于一致,即经典力学是量子力学在大量子数条件下的近似理论,这就是玻尔提出的对应原理(参见 21.4.2 节).

> **例题 23.1** 设想一电子在无限深势阱中运动,如果势阱宽度分别为 1.0×10^{-2} m 和 10^{-10} m,试讨论这两种情况下相邻能级的能量差.
>
> **解** 根据势阱中的能量公式(23.2.6):
>
> $$E_n = \frac{h^2}{8m_e a^2}n^2$$
>
> 式中,m_e 是电子的质量. 由上式得到两相邻能级的能量差为
>
> $$\Delta E = E_{n+1} - E_n = (2n+1)\frac{h^2}{8m_e a^2}$$
>
> 可见两相邻能级间的距离随着量子数的增加而增加,而且与粒子的质量和势阱的宽度有关.
>
> 当 $a = 1.0\times10^{-2}$ m 时,
>
> $$E = \frac{(6.626\times10^{-34})^2}{8\times9.11\times10^{-31}\times(10^{-2})^2}n^2 \text{ J}$$
>
> $$= 6.02\times10^{-34}\times n^2 \text{ J} = 3.76\times10^{-15}\times n^2 \text{ eV}$$
>
> $$\Delta E = (2n+1)\times3.76\times10^{-15} \text{ eV}$$
>
> 此时 ΔE 实在太小,我们完全可以把电子的能量视为连续的.
>
> 当 $a = 10^{-10}$ m 时,计算得到
>
> $$E = 37.6\times n^2 \text{ eV}$$
>
> $$\Delta E = (2n+1)\times37.6 \text{ eV}$$
>
> 此时 ΔE 较大,且在 n 较小时与 E 相当,这时电子能量的量子化就明显地表现出来.

由此可知,电子在小到原子尺度的范围内运动时,能量的量子化特别显著,在普通尺度范围内运动时,能量的量子化就不显著,此时可以把电子的能量视为连续变化的.

3. 粒子的波函数和位置概率分布

粒子的定态波函数[式(23.2.5)中的第二式]是与能量本征值 E_n 对应的**本征函数**(eigenfunction). 根据式(23.1.14),粒子的波函数为

$$\Psi(x,t) = \psi(x)e^{-\frac{i}{\hbar}Et} = \sqrt{\frac{2}{a}}\sin\frac{n\pi x}{a}e^{-\frac{i}{\hbar}Et} \tag{23.2.9}$$

因此粒子在势阱内各处出现的概率密度为

$$w = |\Psi(x,t)|^2 = |\psi(x)|^2 = \frac{2}{a}\sin^2\frac{n\pi x}{a} \tag{23.2.10}$$

图 23.3 画出了能量量子数 $n=1,2,3,4$ 的能量本征态的波函数与概率密度分布函数. 从图中看到, 粒子在势阱内各个位置出现的概率密度是不相等的. 例如, 当 $n=1$ 时, $x=\dfrac{a}{2}$ 处粒子出现的概率密度最大; 当 $n=2$ 时, $x=\dfrac{a}{4}$、$x=\dfrac{3a}{4}$ 处粒子出现的概率密度最大. 我们注意到, 概率密度出现峰值的个数和相应的量子数 n 相等.

图 23.3 所示的能量本征态波函数与两端固定的弦上激发出的驻波在形式上完全一样, 这表明粒子的物质波在势阱内是一种驻波. 可以根据德布罗意公式和本征能量式 (23.2.6), 求出粒子处于能量本征态时的德布罗意波的波长为

$$\lambda_n = \frac{h}{p_n} = \frac{h}{\sqrt{2mE_n}} = \frac{2a}{n}, \quad n=1,2,3,\cdots \tag{23.2.11}$$

因此德布罗意波的波长也量子化了. 将上式写成如下形式:

$$a = n\frac{\lambda_n}{2}, \quad n=1,2,3,\cdots \tag{23.2.12}$$

上式即一维弦线上驻波的波长必须满足的条件. 因此, 从驻波的角度来看粒子在无限深势阱中的位置概率分布, 在驻波波腹处出现的概率密度最大, 在波节处出现的概率密度为零.

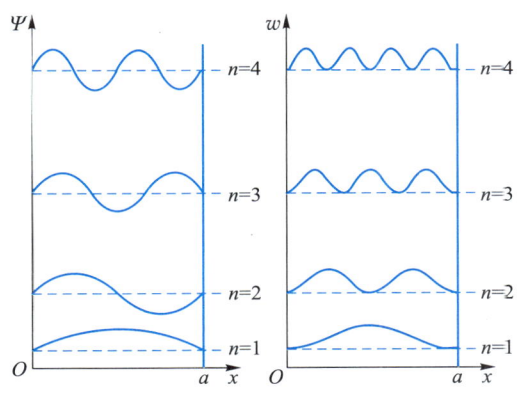

图 23.3　一维无限深势阱的波函数与概率密度

演示程序:
一维无限深势阱的波函数和概率密度

例题 23.2　设想质量为 m 的微观粒子在无限深势阱中运动, 势阱宽度为 a, 试计算在 $n=1$ 和 $n=\infty$ 两种状态下, 粒子在 $0<x<\dfrac{a}{4}$ 范围内出现的概率.

解　根据无限深势阱中粒子的定态波函数

$$\varPsi(x,t) = \psi(x)\mathrm{e}^{-\frac{\mathrm{i}}{\hbar}Et} = \sqrt{\frac{2}{a}}\sin\frac{n\pi x}{a}\mathrm{e}^{-\frac{\mathrm{i}}{\hbar}Et}, \quad 0<x<a$$

可知粒子的定态概率密度分布为

$$w = |\varPsi|^2 = \left(\frac{2}{a}\right)\sin^2\frac{n\pi x}{a}$$

粒子在 $0<x<\dfrac{a}{4}$ 范围内出现的概率为

$$P = \int_0^{\frac{a}{4}} w\,\mathrm{d}x = \int_0^{\frac{a}{4}} \left| \Psi \right|^2 \mathrm{d}x$$

$$= \int_0^{\frac{a}{4}} \left(\frac{2}{a} \right) \sin^2 \frac{n\pi x}{a}\,\mathrm{d}x = \frac{1}{4} - \frac{1}{2\pi n}\sin\frac{n\pi}{2}$$

若 $n=1$,概率 $P = \dfrac{1}{4} - \dfrac{1}{2\pi} = 0.091$.

若 $n=\infty$,概率 $P = \dfrac{1}{4}$. 根据对应原理, $n=\infty$ 就是经典力学的情形,此时粒子在势阱内自由运动,在任何位置出现的概率密度相等,因而粒子在 $0<x<\dfrac{a}{4}$ 范围内出现的概率为 $\dfrac{1}{4}$. 故经典理论和量子理论在 $n=\infty$ 时的结果是一样的.

*23.2.2　一维有限深势阱

如果势阱不是无限深,粒子的能量 E 又低于阱壁的高度 U_0,可以证明粒子有可能到达势阱外不远处,即粒子在势阱外出现的概率密度并不为零.这种描述更接近于金属中价电子的真实情况.如图 23.4 所示的一个有限深势阱可表示成

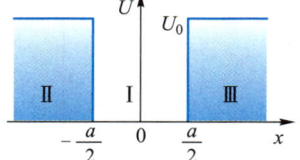

$$U(x) = \begin{cases} 0, & |x| < \dfrac{a}{2} \\[2mm] U_0, & |x| \geqslant \dfrac{a}{2} \end{cases} \qquad (23.2.13)$$

图 23.4　有限深势阱

解这个问题的薛定谔方程较为复杂,我们只简要地讨论粒子处于 $E<U_0$ 的束缚态.设

$$k^2 = \frac{2m}{\hbar^2}E, \quad k'^2 = \frac{2m}{\hbar^2}(U_0 - E)$$

则有限深势阱的定态薛定谔方程可写成

$$\frac{\mathrm{d}^2\psi}{\mathrm{d}x^2} - k'^2\psi = 0, \quad |x| \geqslant \frac{a}{2} \qquad (23.2.14)$$

$$\frac{\mathrm{d}^2\psi}{\mathrm{d}x^2} + k^2\psi = 0, \quad |x| < \frac{a}{2} \qquad (23.2.15)$$

式(23.2.14)的解具有以下形式:

$$\psi(x) = A\mathrm{e}^{-k'x} + B\mathrm{e}^{k'x}$$

其中 A、B 是常量,考虑到在 $x \to \pm\infty$ 时波函数有限的条件,因此上述波函数的解应写成

$$\psi(x)=A\mathrm{e}^{-k'x},\quad x\geqslant\frac{a}{2}$$

$$\psi(x)=B\mathrm{e}^{k'x},\quad x\leqslant-\frac{a}{2}\qquad(23.2.16)$$

将式(23.2.15)的解写成以下形式:

$$\psi(x)=C\cos kx+D\sin kx,\quad |x|<\frac{a}{2}\qquad(23.2.17)$$

其中 C、D 是常量.

因此,波函数在势阱外是按指数规律衰减的,在势阱内具有波动形式. 根据波函数的其他标准条件,各个区域的波函数在势阱边界上连续,由此可以求出能量本征态和能量本征值,根据波函数的归一化条件,可以进一步确定上述解中的常量,具体的求解过程从略. 粒子的部分本征波函数及概率密度分布曲线如图23.5所示,从图中可以看到,尽管粒子的能量 $E<U_0$,但粒子仍有可能在势阱外出现,这在经典力学中是无法理解的,然而却被实验所证实,在下一节将对这个问题进行较深入的叙述.

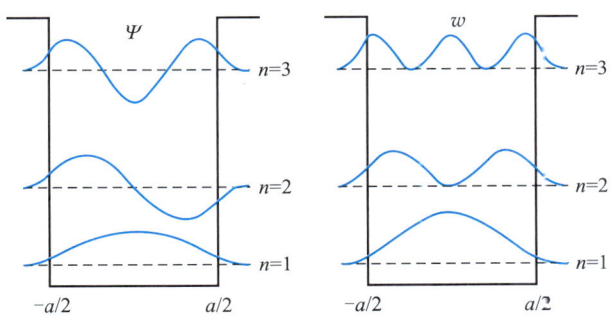

图 23.5　有限深势阱的波函数与概率密度

演示程序:
一维有限深势阱的波函数和概率密度

23.3　隧道效应

23.3.1　一维势垒与隧道效应

在两块金属(或半导体、超导体)之间夹一层厚度约为 0.1 nm 的极薄绝缘层,构成一个称为"结"的元件. 设电子开始处在结左边的金属中,可认为电子是自由的,在金属中的电子势能为零. 由于电子不易通过绝缘层,所以绝缘层就像一个势的壁垒,我们将它称为势垒(potential barrier). 上面的物理图像可用图 23.6 表示. 现在我们的问题是:在一个高度为 U_0,宽为 a 的势垒左边,有一个能量为 E 的电子,势垒可以用下面的方程描述:

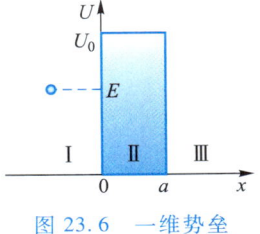

图 23.6　一维势垒

$$U(x) = \begin{cases} U_0, & 0 < x < a \\ 0, & x > a, x < 0 \end{cases} \quad (23.3.1)$$

按照经典理论,在 $E < U_0$ 的情况下,电子被反射的概率为 1;而在 $E > U_0$ 的情况下,粒子运动到 $x > 0$ 区域中的概率也为 1. 而按照量子力学的理论,对于能量稍大于 U_0 的粒子运动到势垒边缘时,其反射率一般不为零,有电子作反向运动;对于能量低于势垒的粒子,其穿透势垒的透射率一般不为零,它与势垒宽度 a 有关,也与势垒高度和总能量差 $(U_0 - E)$ 有关. 这种在粒子总能量低于势垒高度的情况下,粒子能穿过势壁甚至穿透一定宽度的势垒而逃逸出来的现象称为**隧道效应**(tunnel effect).

23.3.2 定态薛定谔方程的解

根据式(23.3.1),写出粒子在图 23.6 所示的各区域所满足的定态薛定谔方程:

$$-\frac{\hbar^2}{2m} \frac{d^2 \psi_1}{dx^2} = E\psi_1, \quad x < 0$$

$$-\frac{\hbar^2}{2m} \frac{d^2 \psi_2}{dx^2} + U_0 \psi_2 = E\psi_2, \quad 0 \leqslant x \leqslant a$$

$$-\frac{\hbar^2}{2m} \frac{d^2 \psi_3}{dx^2} = E\psi_3, \quad x > a$$

考虑 $E < U_0$ 的情况,令 $k_1^2 = \dfrac{2mE}{\hbar^2}$,$k_2^2 = \dfrac{2m(U_0 - E)}{\hbar^2}$,$k_1$、$k_2$ 的值为实数. 将上面三个方程改写为

$$\frac{d^2 \psi_1}{dx^2} + k_1^2 \psi_1 = 0 \quad (23.3.2)$$

$$\frac{d^2 \psi_2}{dx^2} - k_2^2 \psi_2 = 0 \quad (23.3.3)$$

$$\frac{d^2 \psi_3}{dx^2} + k_1^2 \psi_3 = 0 \quad (23.3.4)$$

从波动的观点来看,粒子从 Ⅰ 区入射,在 Ⅰ 区中有入射波和反射波;粒子从 Ⅰ 区经过 Ⅱ 区穿过势垒到 Ⅲ 区,故在 Ⅲ 区只有透射波. 考虑到以上几点,可以将上述各方程的解写为

$$\psi_1(x) = A e^{ik_1 x} + A' e^{-ik_1 x} \quad (23.3.5)$$

$$\psi_2(x) = B e^{k_2 x} + B' e^{-k_2 x} \quad (23.3.6)$$

$$\psi_3(x) = C e^{ik_1 x} \quad (23.3.7)$$

同样地,根据波函数的连续性标准条件和归一化条件,可求出常量 A、A'、B、B'、C,我们略去这个计算过程,图 23.7 直接给出了粒子在各区域内的波函数.

隧道效应本质上来源于微观粒子的波粒二象性.用量子力学的观点来看,微观粒子具有波动性,其运动状态用波函数描述,而波函数遵循薛定谔方程,薛定谔方程的解表明粒子在 Ⅱ 区、Ⅲ 区的波函数不为零,即粒子有一定的概率穿透势垒进入 Ⅱ 区、Ⅲ 区.在理解量子力学的隧道效应时,应注意微观粒子不是"越过"势垒,而是像穿透隧道一样"穿透"势垒.

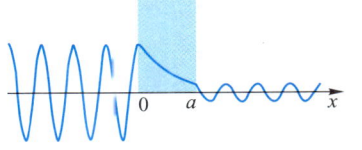

图 23.7　电子贯穿势垒的隧道效应

演示程序:
隧道效应

23.3.3　势垒贯穿系数

在实际问题中,人们更关心的是粒子透过势垒的概率有多大,为此将透射波 $\psi_3(x)$ 的强度与入射波 $Ae^{ik_1 x}$ 的强度之比定义为粒子对势垒的贯穿系数 T,这样粒子透过势垒的概率可以用贯穿系数 T 来说明.由于波的强度正比于波函数模的平方,由此可以求出贯穿系数满足以下关系:

$$T = \frac{|\psi_3|^2}{A^2} \sim e^{-\frac{2a}{\hbar}\sqrt{2m(U_0-E)}} \qquad (23.3.8)$$

从上式的指数部分看出 T 随势垒宽度 a 的增加而迅速减小.电子在 $U_0-E=5$ eV,$a \sim 0.1$ nm 时 T 约为 0.1;而一个 α 粒子在穿过一个宽度 $a \sim 10^{-14}$ m,$U_0-E=1$ MeV 的势垒时,其贯穿系数约为 10^{-4}.

当势垒很宽,或能量差 U_0-E 很大,或粒子质量很大时,贯穿系数 $T \approx 0$,隧道效应在实际上已经没有意义了.粒子的隧道效应是微观粒子的量子力学行为,宏观粒子是不会发生隧道效应的.

美国物理学家贾埃弗(I. Giaever)于 1961 年首先发现了超导体中正常电子的隧道效应,他所用的"隧道结"器件是在玻璃片基上沉淀一铝箔,在高温中使其表面氧化,然后再沉淀一层 Sn 箔,做成一个 $Al/Al_2O_3/Sn$ 隧道结.Al 和 Sn 箔厚约为 200 nm,绝缘层 Al_2O_3 厚约为 1 nm.

放射性原子核的 α 衰变过程,就是 α 粒子从核中逸出的过程,它也是隧道效应的一个例子.图 23.8 是 α 粒子在核周围的势能曲线示意图,r_0 是核半径,在 $r<r_0$ 范围内,α 粒子受到强大的核力吸引,其势能是很低的;而在核外($r>r_0$)则受到库仑力的排斥,其势能为正值,在核边界上有一个很高的势垒.例如,^{238}U 衰变所放射出的 α 粒子,其能量 E 约为 4.2 MeV,但核边界上势垒高度 U_0 却可达到 30 MeV.这就有力地说明了 α 粒子从放射性核中放射出来的过程是隧道效应的作用.而按照经典概念,α 粒子的能量小于势垒高度,它不可能越过势垒而成为放射出来的 α 粒子射线束.

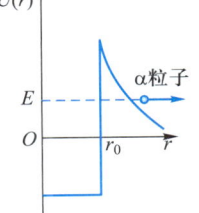

图 23.8　α 粒子的衰变

英国物理学家霍金(S. Hawking)认为,黑洞能发射各种粒子并具有热辐射能谱的量子效应,这被称为霍金辐射.霍金辐射的物理机制也可以用隧道效应来定性说明.黑洞的引力场可以作为一个强大的势垒,阻碍粒子从黑洞中逃逸.因此从经典力学的观点来看,粒子无法从黑洞中逸出.但依据量子力学的观点,粒子有一定的概率穿透势垒.黑洞越大势垒越高,贯穿系数就越小;黑洞越小势垒越低,贯穿系数就越大,结果会有大量粒子穿越引力势垒从黑洞中"蒸发"出来.

23.3.4 扫描隧穿显微镜

扫描隧穿显微镜(scanning tunnelling microscope,简称 STM)是利用电子的隧道效应制成的仪器.STM 具有惊人的分辨本领,水平分辨率小于 0.1 nm,垂直分辨率小于 0.01 nm.一般来讲,物体在固态下原子之间的距离在 0.1~1 nm 之间.在扫描隧穿显微镜下,导电物质表面结构的原子、分子状态清晰可见.

由于电子的隧道效应,金属中的电子并不完全局限于表面边界之内,电子云密度并不在表面边界处突变为零,而是在表面以外呈指数形式衰减,衰减长度约为 1 nm.只要将具有原子线度的极细探针以及被研究物质的表面作为两个电极,当样品与针尖的距离非常接近(<1 nm)时,它们的表面电子云就可能重叠.若在样品与针尖之间加一微小电压 U_b,电子在外电场作用下就会穿过两极间的绝缘层流向另一极,产生隧道电流,并通过反馈电路传递到计算机上表现出来.

隧道电流对针尖与样品间的距离十分敏感.如果把距离减少 0.1 nm,隧道电流就会增大一个数量级.若控制隧道电流不变,则探针在垂直于样品方向上的高度变化就能反映样品表面的起伏;若控制针尖高度不变,通过隧道电流的变化可得到表面态密度的分布.

演示动画: STM 工作原理

图 23.9 是 STM 的工作原理示意图. 在 STM 工作过程中,利用装在针座上的压电陶瓷使针尖在样品表面上进行水平横向电控扫描,同时又利用压电陶瓷和反馈电路保持针尖与样品表面原子间距离不变,这样就使隧道电流保持恒定.当针尖随着样品表面原子排列的高低起伏作上下移动时,通过计算机处理,可以分

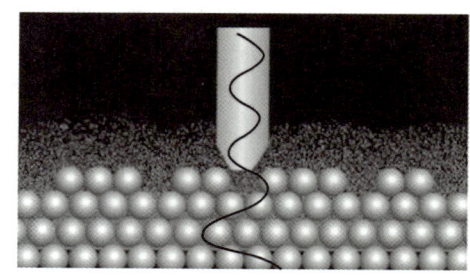

图 23.9 STM 工作原理

辨表面上离散的原子,显示出表面上原子的台阶、平台、原子阵列,以至于可直接绘出表面的三维图像.

第一台 STM 是由美国 IBM 公司的宾尼和罗里尔在 1982 年发明的,它的显微分辨率超过电子显微镜数百倍,达到 0.1 nm.借鉴 STM 的方法,人们相继研发了许多新型的显微仪器和探测方法.这些显微仪器虽然功能各异,但都有一个共同的特点:使用探针在样品表面进行扫描.科学界把这类显微仪器归纳到一起,统称为扫描探针显微镜(scanning probe microscope,简称 SPM).扫描探针显微镜有原子力显微镜(atomic force microscope,简称 AFM)、近场光学显微镜、弹道电子发射显微镜等.扫描探针显微镜的诞生,将一个崭新的、充满神秘色彩的纳米世界展现在世人面前.

*23.4　一维谐振子

　　分子中的原子或晶格点阵上的原子都可以近似地视为处于以平衡位置为中心的弹性力场中. 若选取晶格振动或分子振动的平衡位置为坐标原点,并选取其为势能的零点,则原子振动的势能函数为(如图 23.10 所示)

$$U = \frac{1}{2}kx^2 = \frac{1}{2}m\omega^2 x^2 \qquad (23.4.1)$$

式中, k 为力场的等效弹性系数, $\omega = \sqrt{\dfrac{k}{m}}$.

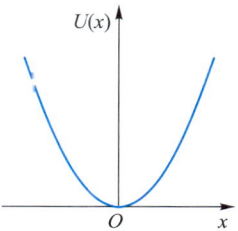

图 23.10　谐振子的势能曲线

　　在经典力学中,只要某一个实体在其稳定平衡点附近作微小振动,便可以用谐振子模型来描述它,振子的振动频率为 ω . 若振子离开平衡位置位移了 x_0 后作简谐振动,总能量 E 正比于 x_0^2 ,由于 x_0 是任意的,所以 E 可以具有任意连续的值. 量子力学对原子的振动又是如何描述的呢?

　　原子在式(23.4.1)表示的势场中运动,其定态薛定谔方程为

$$\left(-\frac{\hbar^2}{2m}\frac{d^2}{dx^2} + \frac{1}{2}m\omega^2 x^2\right)\psi(x) = E\psi(x) \qquad (23.4.2)$$

上式是变系数二阶常微分方程,求解较为复杂. 我们将略过求解这个定态方程的数学过程,直接给出解的结果. 根据波函数要满足的单值、有限和连续等标准条件,得到一维谐振子的能量本征值为

$$E_n = \left(n + \frac{1}{2}\right)\hbar\omega, \quad n = 0,1,2,\cdots \qquad (23.4.3)$$

因此谐振子的能量只能取分立值,而且能级间隔相等,其间隔为

$$E_{n+1} - E_n = \hbar\omega$$

当 $n = 0$ 时,谐振子处于基态,能量最低,

$$E_0 = \frac{1}{2}\hbar\omega \qquad (23.4.4)$$

　　薛定谔方程式(23.4.2)的本征波函数是

$$\psi_n = A_n e^{-\frac{\alpha^2 x^2}{2}} H_n(\alpha \cdot x) \qquad (23.4.5)$$

式中, $\alpha = \sqrt{\dfrac{m\omega}{\hbar}}$, A_n 是归一化常量, $H_n(\xi)$ 是厄米多项式,其前几个表达式为

$$H_0(\xi) = 1$$
$$H_1(\xi) = 2\xi$$
$$H_2(\xi) = 4\xi^2 - 2$$
$$H_3(\xi) = 8\xi^3 - 12\xi$$

　　图 23.11 是根据式(23.4.5)画出的 $n=0,1,2,3$ 四个能级所对应的谐振子振动的波函数和概率密度.

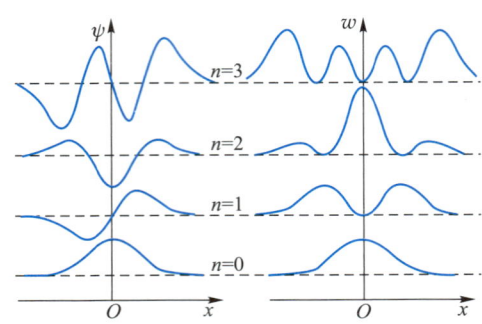

图 23.11　谐振子的波函数和概率密度

　　上面通过解薛定谔方程得到的能量量子化规律式(23.4.3),同普朗克关于原子振动能量量子化假设 $E_n=nh\nu$ 基本上一致,但有一点差别,这就是原子振动具有非零的基态能量. 回顾黑体辐射的普朗克公式(21.1.12),它是根据普朗克能量量子化假设和经典的玻耳兹曼分布律推导出来的. 出现这个问题的原因是,普朗克的黑体辐射理论是经典概念和量子假设相结合的旧量子论,如果在黑体辐射问题中采用量子统计,就能圆满地解释黑体辐射问题.

　　原子的基态能又称为零点能. 光被晶体散射的实验证明,在趋于绝对零度时,晶格仍有振动,仍能散射光,散射光的强度趋于一个不为零的确定值. 这说明原子有零点振动存在. 另外,常压下当温度趋于零度时,液态氦不会变成固体,具有显著的零点能效应.

　　通过本章叙述的几个量子力学问题,我们看到:对于处于束缚态的微观粒子,能量的量子化和存在零点能是量子系统的典型特征.

内容提要

1. 薛定谔方程

　　具有势能 $U(x,t)$ 的非相对论粒子,波函数满足一维势场中的含时薛定谔方程:

$$i\hbar\frac{\partial \Psi}{\partial t}=-\frac{\hbar^2}{2m}\frac{\partial^2 \Psi}{\partial x^2}+U(x,t)\Psi$$

　　如果势场不随时间变化,即 $U(x,t)=U(x)$,则粒子的波函数总满足以下形式:

$$\Psi(x,t)=\psi(x)\mathrm{e}^{-\frac{i}{\hbar}Et}$$

式中空间坐标波函数 $\psi(x)$ 满足一维定态薛定谔方程:

$$\frac{\mathrm{d}^2\psi}{\mathrm{d}x^2}+\frac{2m}{\hbar^2}(E-U)\psi=0$$

在定态下,粒子在空间出现的概率密度不随时间变化,粒子具有确定的能量 E.

2. 一维无限深势阱

　　微观粒子在一维无限深势阱中运动的定态波函数:

$$\psi(x)=\begin{cases} 0, & x\leqslant 0 \text{ 或 } x\geqslant a \\ \sqrt{\dfrac{2}{a}}\sin\dfrac{n\pi x}{a}, & n=1,2,3,\cdots,0<x<a \end{cases}$$

能量本征值：

$$E_n=\frac{h^2}{8ma^2}n^2, \quad n=1,2,3,\cdots$$

在势阱内各处出现的概率密度：

$$w=\mid\Psi(x,t)\mid^2=\frac{2}{a}\sin^2\frac{n\pi x}{a}$$

3. 隧道效应

在微观粒子总能量低于势垒高度的情况下，粒子能穿过势垒的壁甚至穿透一定宽度的势垒而逃逸出来.

4. 谐振子

谐振子的能量：

$$E_n=\left(n+\frac{1}{2}\right)\hbar\omega, \quad n=0,1,2,\cdots$$

当 $n=0$ 时，谐振子具有零点能

$$E_0=\frac{1}{2}\hbar\omega=\frac{1}{2}h\nu$$

习题

一、选择题

1. 已知粒子在一维无限深势阱中运动，其波函数为

$$\psi(x)=\frac{1}{\sqrt{a}}\cos\frac{3\pi x}{2a}, \quad -a\leqslant x\leqslant a$$

那么粒子在 $x=\dfrac{5a}{6}$ 处出现的概率密度为　　　　　　　　　　（　　）

A. $\dfrac{1}{2a}$　　　　　B. $\dfrac{1}{a}$　　　　　C. $\dfrac{1}{\sqrt{2a}}$　　　　　D. $\dfrac{1}{\sqrt{a}}$

2. 关于量子力学中的定态，下面表述中错误的是　　　　　　　　　（　　）

A. 系统的势函数一定与时间无关

B. 系统的波函数一定与时间无关

C. 定态具有确定的能量

D. 粒子在空间各点出现的概率密度不随时间变化

二、填空题

1. 设粒子的定态波函数为 $\psi(x,y,z)$，则在 $x\rightarrow x+\mathrm{d}x$ 范围内找到粒子的概率表

达式为＿＿＿＿＿＿＿＿＿＿＿.

2. 在有心引力势场 $-\dfrac{k}{r}$ 中运动的粒子的定态薛定谔方程为＿＿＿＿＿＿＿＿＿.

3. 粒子在一维无限深势阱中运动,其基态波函数 $\Psi(x,t)$ 为＿＿＿＿＿＿＿＿.

4. 在电子能量 E 小于势垒高度 U_0 的情况下,电子透过势垒的概率随着电子能量的增大而＿＿＿＿＿＿＿＿,随着势垒宽度的增大而＿＿＿＿＿＿＿＿.

三、计算题

1. 设体系的波函数为 $\Psi(x,t)=A\exp(-\alpha x^2-\mathrm{i}\omega t)$,式中 A、α、ω 均为正实数. 为使波函数满足方程 $\mathrm{i}\hbar\dfrac{\partial}{\partial t}\Psi(x,t)=-\dfrac{\hbar^2}{2m}\dfrac{\partial^2}{\partial x^2}\Psi(x,t)+U(x,t)\Psi(x,t)$,势能函数应该是怎样的形式?

（提示:将波函数代入题中方程.）

2. 试计算在宽度为 0.1 nm 的一维无限深势阱中,处于能量量子数 $n=1,2,100,101$ 的各定态的电子能量. 如果势阱宽度为 1.0 cm,结果又如何?

3. 试计算在宽度为 $a=2\times10^{-10}$ m 的一维无限深势阱中,电子由 $n=3$ 的能级跃迁到 $n=1$ 的能级时所发出的光波波长.

4. 粒子在一维无限深势阱中运动,其波函数为

$$\psi_n(x)=\sqrt{\frac{2}{a}}\sin\left(\frac{n\pi x}{a}\right),\quad 0<x<a$$

试求:粒子处于 $n=1$ 和 $n=2$ 的状态时,在 $0<x<\dfrac{a}{3}$ 区间内找到该粒子的概率.

5. 在一维无限深势阱中运动的粒子,由于边界条件的限制,势阱宽度 a 必须等于德布罗意波长半波长的整数倍. 试利用这一条件导出能量量子化公式:

$$E_n=\frac{n^2h^2}{8ma^2},\quad n=1,2,3,\cdots$$

$\left(\text{提示:非相对论的动能和动量关系为 } E=\dfrac{p^2}{2m}.\right)$

6. 假设一个微观粒子被封闭在一个边长为 a 的正立方盒子内,试根据驻波概念导出粒子的能量为

$$E_n=\frac{h^2}{8ma^2}(n_x^2+n_y^2+n_z^2)$$

习题参考答案

式中,n_x、n_y、n_z 是相互独立的正整数.

第二十四章

··· 原子中的电子

在第二十一章中我们学习的玻尔氢原子理论是半经典半量子理论,这个理论以一些量子化假设为依据,解释了原子光谱的实验规律.本章应用量子力学理论处理氢原子中的电子运动,得到氢原子中电子的定态波函数,以及与能量本征值、角动量本征值和角动量分量本征值相应的量子数 n、l、m_l,然后介绍施特恩和格拉赫实验引入的电子的自旋角动量和自旋量子数 m_s,并进一步用这四个量子数来说明多电子原子中的电子壳层结构,从而建立起原子结构的量子力学图像.最后在电子壳层结构的基础上,介绍原子、分子中发生的一种重要的电磁辐射:受激辐射及其应用——激光.

— 你知道吗? —

当我们用描述微观世界的语言——波函数和薛定谔方程,去探索自然界最简单的氢原子时,我们不仅得到了与玻尔氢原子理论相同的能级公式,而且得到了可以通过实验证实的其他量子性质.电子云图为我们理解电子和抽象的物质波概率密度分布之间的关系提供了难得的直观图像.在本章你将了解到,1869 年门捷列夫根据元素的物理性质和化学性质创立的元素周期表,可以用原子世界中四个奇特的量子数加以说明;根据原子的量子力学图像,爱因斯坦在 1916 年就提出了受激辐射理论:一个光子使得受激原子发出一个相同的光子,这就是激光理论的起源.

24.1　氢原子

与玻尔氢原子理论不同,本节利用前两章所阐述的量子力学基本原理来处理氢原子.薛定谔方程最初的和最成功的应用之一就是它能精确地求解氢原子的能级和相应的电子定态波函数.根据量子力学对原子系统中电子状态的描述,能自然地得到氢原子系统能量量子化的结果.

24.1.1　定态薛定谔方程

氢原子由一个带正电的原子核(质子)和一个电子所组成,电子的质量约为核质量的 $\dfrac{1}{1\,836}$,所以电子相对于核的运动可以简化为电子在核提供的库仑力场中的运动.系统的势能函数(图 24.1)为

$$U(r) = -\frac{e^2}{4\pi\varepsilon_0 r} \qquad (24.1.1)$$

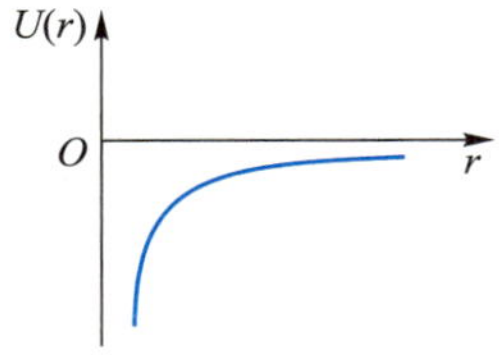

原子中电子的运动是三维问题,根据式(23.1.13)得到电子的定态薛定谔方程:

$$\nabla^2\psi + \frac{2m_e}{\hbar^2}\left(E + \frac{e^2}{4\pi\varepsilon_0 r}\right)\psi = 0 \qquad (24.1.2)$$

图 24.1　氢原子的势能曲线

势能函数式(24.1.1)仅是 r 的函数,具有球对称性,因此采用球坐标 (r,θ,φ)(r 是极径,θ 是极角,φ 是方位角)可以方便地求解方程式(24.1.2). 球坐标 (r,θ,φ) 与直角坐标 (x,y,z) 的关系为

$$x = r\sin\theta\cos\varphi, \quad y = r\sin\theta\sin\varphi, \quad z = r\cos\theta$$

用球坐标表示的拉普拉斯算符为

$$\boldsymbol{\nabla}^2 = \frac{1}{r^2}\frac{\partial}{\partial r}\left(r^2\frac{\partial}{\partial r}\right) + \frac{1}{r^2\sin\theta}\frac{\partial}{\partial\theta}\left(\sin\theta\frac{\partial}{\partial\theta}\right) + \frac{1}{r^2\sin^2\theta}\frac{\partial^2}{\partial\varphi^2}$$

这样,就得到了球坐标系中的定态薛定谔方程:

$$\frac{1}{r^2}\frac{\partial}{\partial r}\left(r^2\frac{\partial\psi}{\partial r}\right) + \frac{1}{r^2\sin\theta}\frac{\partial}{\partial\theta}\left(\sin\theta\frac{\partial\psi}{\partial\theta}\right) + \frac{1}{r^2\sin^2\theta}\frac{\partial^2\psi}{\partial\varphi^2}$$

$$+ \frac{2m_e}{\hbar^2}\left(E + \frac{e^2}{4\pi\varepsilon_0 r}\right)\psi = 0 \qquad (24.1.3)$$

对于具有球对称性的上述定态薛定谔方程,常用分离变量法求解. 设方程的解可表示为径向波函数 $R(r)$、极角波函数 $\Theta(\theta)$、方位角波函数 $\Phi(\varphi)$ 的乘积,即

$$\psi(r,\theta,\varphi) = R(r)\Theta(\theta)\Phi(\varphi)$$

将上式代入薛定谔方程式(24.1.3),经整理得到电子波函数 $\psi(r,\theta,\varphi)$ 的三个组成部分 $R(r)$、$\Theta(\theta)$、$\Phi(\varphi)$ 分别满足的本征值方程为

$$\frac{\mathrm{d}^2\Phi}{\mathrm{d}\varphi^2} + m_l^2\Phi = 0 \qquad (24.1.4)$$

$$\frac{1}{\sin\theta}\frac{\mathrm{d}}{\mathrm{d}\theta}\left(\sin\theta\frac{\mathrm{d}\Theta}{\mathrm{d}\theta}\right) + \left[l(l+1) - \frac{m_l^2}{\sin^2\theta}\right]\Theta = 0 \qquad (24.1.5)$$

$$\frac{1}{r^2}\frac{\mathrm{d}}{\mathrm{d}r}\left(r^2\frac{\mathrm{d}R}{\mathrm{d}r}\right) + \left[\frac{2m_e}{\hbar^2}\left(E + \frac{e^2}{4\pi\varepsilon_0 r}\right) - \frac{l(l+1)}{r^2}\right]R = 0 \qquad (24.1.6)$$

式中,常量 l、m_l 是在分离方程时引入的常量,其物理意义将在下面说明.

24.1.2　本征值和本征函数

氢原子中电子的运动存在一系列定态,在这些定态上,电子能量 E、角动量大小 L 和角动量在 z 轴方向的分量 L_z 都具有确定值. 为使波函数满足有限、单值和连续的标准条件,电子的能量、角动量大小及其分量都必须是量子化的.

求解式(24.1.4)的方位角波函数较为简单,但求解式(24.1.5)的极角波函数 $\Theta(\theta)$、式(24.1.6)的径向波函数 $R(r)$ 则相对复杂,这里不介绍详细求解过程,仅给出这些定态方程的求解结果,并说明它们的物理图像.

1. 能量量子化和主量子数

解式(24.1.6),可得到电子的能量只能是下列本征值:

$$E_n = -\frac{m_e e^4}{8\varepsilon_0^2 h^2}\frac{1}{n^2} = -\frac{13.6\ \mathrm{eV}}{n^2} \qquad (24.1.7)$$

式中,$n = 1,2,3,\cdots$ 称为**主量子数**(principal quantum number). 氢原子的能量是量子

化的,呈现为分立的能级. $n=1$ 时原子的能量最低,这个状态称为氢原子的基态,由上式得到基态的能量 $E_1=-13.6$ eV. 由式(24.1.7)给出的一系列能量 E_n 就是氢原子的能级. 由量子力学得到的氢原子能级公式同玻尔理论完全一致.

能量小于零的状态是束缚态,如果氢原子的能量大于零,表示电子已脱离原子核的吸引,氢原子已电离.

2. 轨道角动量量子化及角量子数

解式(24.1.4)和式(24.1.5),为了使方程有确定的解,对于一个给定的主量子数 n(即给定能量),电子的轨道角动量 L 的大小有 n 个可能的本征值:

$$L=\sqrt{l(l+1)}\,\hbar \qquad (24.1.8)$$

整数 l 称为**轨道角量子数**,简称角量子数(angular quantum number). 对于指定的 n 值,整数 l 可取以下 n 个允许值:

$$l=0,1,2,\cdots,n-1 \qquad (24.1.9)$$

上式表明轨道角动量大小也是量子化的. 特别地,对于 $n=1$ 所对应的最低能量状态,l 的取值为零,因而轨道角动量为零.

注意,这里根据量子力学得到的轨道角动量量子化结果[式(24.1.8)]与玻尔理论所假设的角动量量子化条件($L=n\hbar,n=1,2,3$)是不同的.

3. 轨道角动量空间量子化和磁量子数

量子力学的分析指出,电子轨道角动量 L 的方向不能是任意的. 如果考虑 L 在空间某一参考方向 z 轴方向上的投影,那么 L 在 z 轴方向上的分量 L_z 是量子化的,只能取下列本征值:

$$L_z=m_l\hbar, \qquad m_l=0,\pm1,\pm2,\cdots,\pm l \qquad (24.1.10)$$

m_l 称为**磁量子数**(magnetic quantum mumber),共有 $(2l+1)$ 个允许值. 如果将电子放在外磁场中,将磁场的方向取作 z 轴方向,m_l 就决定了分量 L_z,这就是 m_l 被称为磁量子数的原因. 电子轨道角动量 L 的方向对 z 轴的夹角不能连续变化,这一特性又称为**空间量子化**(space quantization).

量子力学理论表明了原子中电子的轨道角动量量子化和轨道角动量空间量子化,塞曼(P. Zeeman)效应是上述量子化的一个直接实验证据. 荷兰物理学家塞曼在1896 年就发现把产生光谱的光源置于足够强的磁场中,磁场作用于发光体使光谱发生变化,一条谱线即会分裂成几条偏振化的谱线,这种现象称为塞曼效应. 光谱线的分裂表明原子的能级在外磁场中也有相应的分裂,塞曼效应可以用电子轨道角动量的空间量子化加以解释.

在理解电子的轨道角动量时必须注意,由于电子的位置和动量之间存在不确定关系以及电子的波动性,在量子力学中不能再认为电子在确定的轨道上绕核转动,所以轨道角动量也就不能被理解为电子绕某个闭合轨道运动的角动量,"轨道"一词只是沿用,为的是与下一节所叙述的自旋角动量加以区别. 我们可以将轨道角动量理解为"与电子位置的变化"相联系的角动量,是原子中电子运动的一种基本属性.

例题 24.1　用图示法分别求出 $l = 0, 1, 2, 3$ 时的轨道角动量的各个可能方向.

解　根据 $L = \sqrt{l(l+1)}\,\hbar$，算出 $l = 0, 1, 2, 3$ 时轨道角动量的大小分别为 0，$\sqrt{2}\,\hbar$，$\sqrt{6}\,\hbar$，$\sqrt{12}\,\hbar$. L_z 的数值为 $m_l\hbar$，有从 $l\hbar$ 到 $-l\hbar$ 的 $(2l+1)$ 个允许值. 根据这些分析，可以画出相应的各个轨道角动量的可能方向（只画出了角动量 $\boldsymbol{L}$ 在纸面上的二维图像），如图所示.

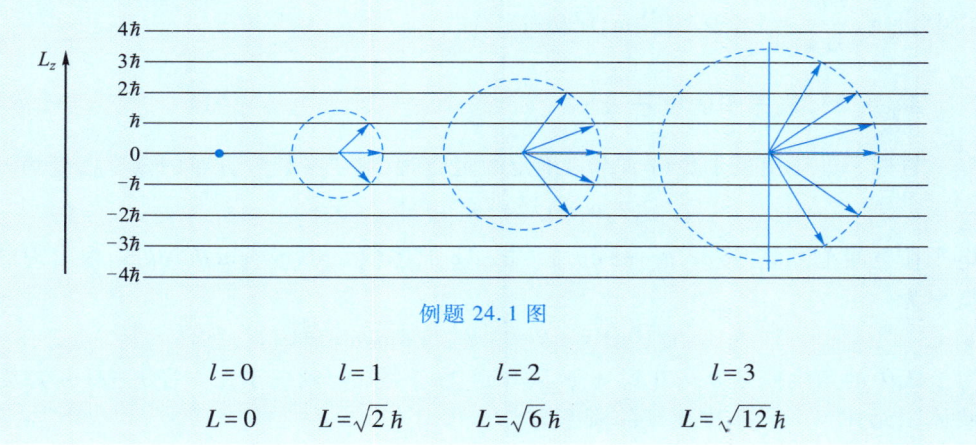

例题 24.1 图

$l = 0$	$l = 1$	$l = 2$	$l = 3$
$L = 0$	$L = \sqrt{2}\,\hbar$	$L = \sqrt{6}\,\hbar$	$L = \sqrt{12}\,\hbar$

4. 本征波函数

氢原子中电子的定态波函数可写成下述形式：

$$\psi_{nlm_l}(r, \theta, \varphi) = R_{nl}(r)\,\Theta_{lm_l}(\theta)\,\Phi_{m_l}(\varphi) \tag{24.1.11}$$

它是与本征能量 E_n、本征角动量 L 和角动量分量 L_z 相应的本征函数. 因此处于定态的氢原子中的电子状态可由一组量子数 n、l、m_l 来表示.

径向波函数 $R_{nl}(r)$ 仅与 r 有关，我们把波函数中与角度有关的部分记为 $Y_{lm_l}(\theta, \varphi) = \Theta_{lm_l}(\theta)\,\Phi_{m_l}(\varphi)$，$Y_{lm_l}(\theta, \varphi)$ 称为球谐函数. 下面列出几个低量子数的归一化径向波函数和球谐函数：

$$R_{10}(r) = \frac{2}{\sqrt{a_0^3}} \exp\left(-\frac{r}{a_0}\right)$$

$$R_{20}(r) = \frac{1}{\sqrt{8a_0^3}}\left(2 - \frac{r}{a_0}\right)\exp\left(-\frac{r}{2a_0}\right)$$

$$R_{21}(r) = \frac{1}{\sqrt{24a_0^3}}\left(\frac{r}{a_0}\right)\exp\left(-\frac{r}{2a_0}\right)$$

$$R_{30}(r) = \frac{1}{\sqrt{27a_0^3}}\left[2 - \frac{4r}{3a_0} + \frac{4}{27}\left(\frac{r}{a_0}\right)^2\right]\exp\left(-\frac{r}{3a_0}\right)$$

$$Y_{00}(\theta, \varphi) = \frac{1}{\sqrt{4\pi}}$$

$$Y_{10}(\theta,\varphi) = \sqrt{\frac{3}{4\pi}}\cos\theta$$

$$Y_{1\pm1}(\theta,\varphi) = \mp\sqrt{\frac{3}{8\pi}}\sin\theta e^{\pm i\varphi}$$

$$Y_{20}(\theta,\varphi) = \sqrt{\frac{5}{16\pi}}(3\cos^2\theta - 1)$$

式中，$a_0 = \dfrac{\varepsilon_0 h^2}{\pi m_e e^2} = 5.29\times10^{-11}$ m 为玻尔半径.

24.1.3 氢原子的电子云

氢原子处于由量子数(n,l,m_l)确定的定态时，电子在核外分布的概率密度为

$$|\psi_{nlm_l}(r,\theta,\varphi)|^2 = |R_{nl}(r)Y_{lm_l}(\theta,\varphi)|^2$$

电子在空间范围$r\to r+dr$，$\theta\to\theta+d\theta$，$\varphi\to\varphi+d\varphi$ 的体积元 $dV = r^2\sin\theta dr d\theta d\varphi$ 内出现的概率为

$$|\psi|^2 dV = |R|^2|Y|^2 r^2\sin\theta dr d\theta d\varphi$$

对上式中的角度变量 θ 从 0 到 π，φ 从 0 到 2π 积分，得到电子在半径 $r\to r+dr$ 球壳状体积元 $dV = 4\pi r^2 dr$ 中出现的概率为

$$w(r)dr = |R_{nl}(r)|^2 r^2 dr$$

这样就得到电子径向概率密度

$$w(r) = |R_{nl}(r)|^2 r^2 \tag{24.1.12}$$

$w(r)$ 与 m_l 无关，只与 n、l 有关.

根据式(24.1.12)，可以证明：基态 $n=1$ 的电子径向概率密度最大值出现在玻尔半径 $r=a_0$ 处；当 $n=2$、$l=1$ 时，电子径向概率密度极大值出现在 $r=4a_0$ 处. 而 a_0 和 $4a_0$ 正是在 $n=1$ 和 $n=2$ 时玻尔氢原子理论中的电子运动轨道半径. 因此根据量子力学，电子只是在玻尔原子理论中的各个定态轨道半径处出现的概率密度有极大值. 实际上，经典力学中的轨道运动概念，在量子力学中是没有意义的.

从球谐函数 $Y_{lm_l}(\theta,\varphi)$ 的性质可以看出，电子的概率密度 $|\psi_{nlm_l}(r,\theta,\varphi)|^2$ 与 φ 无关，也就是说概率角向分布对于 z 轴具有旋转对称性. 因此电子在某一立体角 $d\Omega = \sin\theta d\theta d\varphi$ 内出现的概率可写为

$$w(\theta)d\Omega = |Y_{lm_l}(\theta,\varphi)|^2 d\Omega$$

这样就得到电子角向概率密度

$$w(\theta) = |Y_{lm_l}(\theta,\varphi)|^2 \tag{24.1.13}$$

$w(\theta)$ 与主量子数 n 无关，仅取决于 l 和 m_l. 根据前面列出的球谐函数 $Y_{lm_l}(\theta,\varphi)$ 的表达式可以看到，$l=0$ 的态的电子角向概率密度是球对称分布的，$l\neq0$ 的各个态的电子角向概率密度则和 θ 角有关.

将 $w(r)$、$w(\theta)$ 结合起来，可以得到电子在原子核周围出现的概率密度分布. 为了形象地描绘电子的三维概率密度分布，通常将概率密度大的区域用浓影、将概率

📺 演示动画：
氢原子中电子概率的角度分布

密度小的区域用淡影表示出来,称为电子云图.电子云图并不表示电子像一团云雾罩在原子核周围,而是电子概率密度分布的一种形象化描述.

　　图 24.2 是依据式(24.1.12)和式(24.1.13)计算出的 $n=3$、$l=1$、$m_l=1$ 时的电子角向概率密度(左)、径向分布概率密度(中)以及在包含 z 轴的任一截面上的电子云图(右).

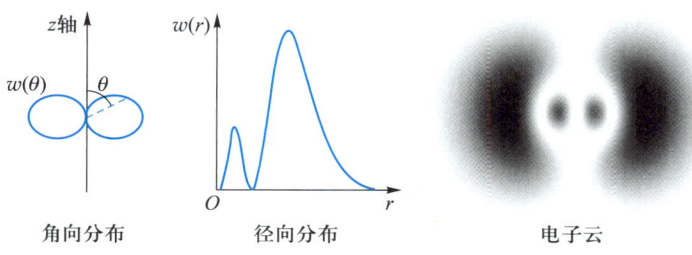

角向分布　　　　径向分布　　　　　电子云

图 24.2　氢原子中电子的概率分布

　　例题 24.2　假设氢原子处于基态,试计算电子在以核为球心、以玻尔半径为半径的球体内出现的概率.

　　解　氢原子处于基态时,主量子数 $n=1$,因此电子的径向波函数为

$$R_{10}(r)=\frac{2}{\sqrt{a_0^3}}\exp\left(-\frac{r}{a_0}\right)$$

此状态下电子的径向概率密度为

$$w(r)=|R(r)|^2 r^2=\frac{4r^2}{a_0^3}\mathrm{e}^{-\frac{2r}{a_0}}$$

因 $n=1$,故 $l=0$,电子的角向概率密度是球对称分布的,因此电子在以玻尔半径 a_0 为半径的球体内出现的概率为

$$P=\int_0^{a_0} w(r)\,\mathrm{d}r=\int_0^{a_0}\frac{4r^2}{a_0^3}\mathrm{e}^{-\frac{2r}{a_0}}\,\mathrm{d}r$$

$$=\left[-\mathrm{e}^{-\frac{2r}{a_0}}\left(1+\frac{2r}{a_0}+\frac{2r^2}{a_0^2}\right)\right]\Bigg|_{r=0}^{r=a_0}$$

$$=1-5\mathrm{e}^{-2}=0.32$$

　　计算结果表明,电子在以核为球心、以玻尔半径为半径的球体内出现的概率为 32%.

24.2　电子的自旋

　　到目前为止,已经介绍的量子力学原理解释了很多原子光谱的特征和相关现

象,但是一些观测事实表明需要进一步发展量子力学理论. 例如在一些光谱中发现了相距很近的双线精细结构,而薛定谔方程预言的只是单线,最典型的是钠原子光谱中有一条最亮的黄色谱线(D 线,波长约为 589.3 nm),原来是由波长分别为 589.0 nm(D$_1$ 线)和 589.6 nm(D$_2$ 线)两条谱线组成. 另一个重要的观测事实是 1921 年施特恩(O. Stern)和格拉赫(W. Gerlach)开始做的实验,他们在测量原子磁矩时,发现了用电子轨道角动量量子化无法解释的现象. 对新发现的原子结构和光谱的实验事实的解释,导致了电子自旋概念的提出.

24.2.1　施特恩-格拉赫实验

图 24.3 是施特恩和格拉赫所做实验的示意图,A 是银原子射线源,K 是一个有狭缝的屏,N、S 是产生不均匀磁场的磁极,使磁场在垂直于原子束的入射方向有较大的梯度,P 是照相底板. 银原子射线束流经过狭缝穿过磁场,最后射到照相底板上.

▶ 演示动画:
施特恩-格拉赫
实验

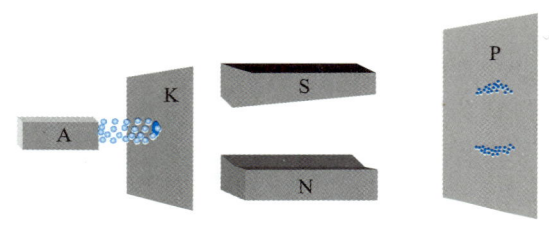

图 24.3　施特恩-格拉赫实验

我们知道,一个磁矩在均匀磁场中只受到力矩作用而不会受到偏移力,在不均匀磁场的作用下,磁矩将受到一个不为零的磁力,其方向指向强磁场区域(参阅11.8.2 节). 因此,不均匀磁场将使原子束流中存在的任何磁矩产生一个与原子运动方向垂直的指向磁极的偏移力,这个力与磁矩在磁场方向(z 轴)的分量 μ_{Lz} 成正比. 显然,没有外加磁场时原子束流不受磁场力作用,在照相底板上将形成一条细纹.

根据经典物理学理论,原子中的电子绕原子核沿圆轨道转动,因而具有一定的轨道角动量;而电子的圆周运动相当于一个圆电流,因而也就具有一定的轨道磁矩. 同经典理论一样,量子力学中的轨道角动量 L 也有相应的轨道磁矩 $\boldsymbol{\mu}_L$. 可以证明,$\boldsymbol{\mu}_L$ 和 L 之间同样具有关系(参见 12.1.2 节):

$$\boldsymbol{\mu}_L = -\frac{e}{2m_e}L \tag{24.2.1}$$

因此同轨道角动量 L 一样,轨道磁矩 $\boldsymbol{\mu}_L$ 在磁场方向上也有 $(2l+1)$ 个可能的分量 μ_{Lz},则原子磁矩受到的磁场偏移力也应有 $(2l+1)$ 种可能性,所以在照相底板上就会出现 $(2l+1)$ 条细纹.

施特恩-格拉赫实验中的银原子处于基态,其最外面的唯一价电子的角量子数 $l=0$ 即轨道角动量为零,因而没有轨道磁矩,因此它们通过不均匀外磁场时应该不发生任何偏转,在照相底板上应显示出一条细纹.

然而实验发现,当银原子束到达照相底板时,分成上下对称的两束,相对于无磁场时的位置,各有一半的原子分别向上或向下偏转,在照相底板上形成分裂的两条细纹,如图 24.3 所示.因此,原子束在不均匀磁场中的分裂现象不能用电子的轨道角动量来解释.

在施特恩-格拉赫实验中还用处于基态的氢原子替代银原子,实验表明氢原子束流到达照相底板时,也分裂成上下对称的两束.

24.2.2　电子的自旋

为了解释施特恩-格拉赫实验的结果,乌伦贝克(G. E. Uhlenbeck)和古兹密特(S. A. Goudsmit)在 1925 年提出电子存在自旋和自旋角动量的假设:电子不仅有轨道角动量,还有**自旋角动量**(spin angular momentum).电子和许多微观粒子都具有自旋角动量的事实,已被近代很多实验所证实.同电子的静质量及电荷量一样,电子的自旋是电子固有的、"内禀"的属性,这种属性具有角动量的一切特征,例如可以进行角动量矢量合成运算、参与角动量守恒等.因此电子的自旋也被称为自旋角动量,或简称为自旋.

电子自旋角动量用 S 表示,它的分量用 S_z 表示.同轨道角动量一样,自旋角动量 S 及其分量 S_z 也是量子化的.与轨道角动量类似,电子自旋大小可写成

$$S = \sqrt{s(s+1)}\,\hbar \tag{24.2.2}$$

式中,s 表示**自旋量子数**(spin quantum number).电子自旋在空间任一方向(例如外磁场方向)上的分量为

$$S_z = m_s \hbar \tag{24.2.3}$$

式中,m_s 表示**自旋磁量子数**,m_s 取从 $-s$ 到 s 相隔整数 1 的 $(2s+1)$ 个值.

电子具有与电子自旋角动量相应的自旋磁矩,实验指出,自旋磁矩 $\boldsymbol{\mu}_s$ 与电子自旋角动量 S 的关系为

$$\boldsymbol{\mu}_s = -\frac{e}{m_e} S \tag{24.2.4}$$

根据上式,自旋磁矩 $\boldsymbol{\mu}_s$ 在磁场方向上的分量 μ_{Sz} 也有 $(2s+1)$ 个可能值.

在施特恩-格拉赫实验中,基态原子的轨道角动量为零,只有电子的自旋角动量,因此原子磁矩也就是电子的自旋磁矩.由于原子束流分裂为上下两束,所以 $2s+1=2$,则有

$$s = \frac{1}{2}, \quad m_s = \pm\frac{1}{2} \tag{24.2.5}$$

所以

$$S = \sqrt{\frac{1}{2}\left(\frac{1}{2}+1\right)}\,\hbar = \sqrt{\frac{3}{4}}\,\hbar \tag{24.2.6}$$

$$S_z = \pm\frac{1}{2}\hbar \tag{24.2.7}$$

自旋角动量及其量子化的图像如图 24.4 所示,电子自旋在空间任意方向上有平行和反平行两个不同的取向.

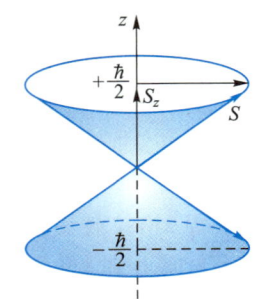

磁场中一些处于 $l=0$ 态的原子射线束,虽然轨道角动量为零,但价电子具有固有的自旋角动量,自旋磁矩在磁场方向上有两个分量,它与磁场的相互作用使原子射线束流分成两条斑线,这就解释了施特恩–格拉赫实验.引入电子自旋概念后,对电子量子状态的描述就增加了

图 24.4 自旋角动量的空间量子化

一个自由度,现在需用四个量子数 (n, l, m_l, m_s) 来描述量子态,这样就使长期得不到解释的光谱精细结构等难题迎刃而解.

前面已指出,自旋具有角动量的一切特征,可以进行角动量矢量合成运算.电子既具有轨道角动量 L,又具有自旋角动量 S,因此根据矢量合成模型,电子的总角动量 J 为

$$J = L + S \qquad (24.2.8)$$

在量子力学中,上面的角动量矢量合成称为**自旋–轨道耦合**.总角动量 J 也是量子化的.J 的大小可写成

$$J = \sqrt{j(j+1)}\,\hbar \qquad (24.2.9)$$

式中,j 是总角动量量子数.在 $l=0$ 时,$J = S$,$j = s = \dfrac{1}{2}$;在 $l \neq 0$ 时,$j = l + s = l + \dfrac{1}{2}$ 或 $j = l - s = l - \dfrac{1}{2}$.考虑到自旋及自旋–轨道耦合,氢原子的能级将不仅由主量子数 n 决定,还与总角动量量子数 j 有关,故原来的单一能级实际上是由多个间隔很小的能级组成,因此氢原子光谱上必有附加线,使用高分辨率的分光计可以观察到谱线的这些精细结构.

有必要指出,在经典力学中有一个典型的模型:地球在围绕太阳作椭圆轨道运动的同时,还绕自己的对称轴自转.电子的自旋并非意味着电子就是一个自转着的小球,如果电子围绕自身轴旋转,其表面速度将达到光速的十倍,这个结果当然是荒唐的,所以不能将自旋所表征的运动视为电子的自转.实际上,由于我们至今对电子内部的结构还不了解,所以还不清楚使电子具有自旋的内禀运动机制.

在非相对论量子力学中,自旋是作为一个假设而引入理论体系的,本身没有任何基本原理的基础.在不久后狄拉克(P. A. M. Driac)所建立的相对论量子力学理论中,可以自然地得出电子具有内禀的自旋角动量这个重要结论,因此自旋本质上是相对论量子效应.

例题 24.3 分别计算量子数 $n=2$、$l=1$ 和 $n=2$ 的电子的可能状态数.

解 对 $n=2$、$l=1$ 的电子,可取 $m_l = 0, \pm 1$,共 3 种状态,对每一种 m_l,又可取 $m_s = \pm \dfrac{1}{2}$,故共有 $3 \times 2 = 6$ 种状态.

对处于 $n=2$ 的电子,可取 $l=0$ 和 1,$l=0$ 时,$m_l=0$,$m_s=\pm\dfrac{1}{2}$,有 2 种状态;$l=1$ 时,如上述所述有 6 种状态,所以处于 $n=2$ 的电子的可能状态数为 $6+2=8$,即 $2n^2=8$.

24.3　原子的电子壳层结构

氢原子是最简单的原子,可以根据薛定谔方程精确求解,氢原子中电子的量子态用量子数 n、l、m_l 来描述,再考虑到电子具有两种自旋态,则一个电子的运动状态可由四个量子数 n、l、m_l、m_s 完全确定.对于包含多个电子的原子,每个电子不仅与原子核发生作用,还与其他的电子发生作用,因此某个电子的薛定谔方程较为复杂,难以精确求解,但可以进行一些半定性半定量的描述.

近似地,可以将其他电子对某个电子的排斥作用视为对该电场存在的一种平均的屏蔽作用,因此这个电子在核和其他电子所产生的平均势场中独立运动,其薛定谔方程与氢原子中电子的薛定谔方程相同,只是势函数是一个近似的平均场.所以,多电子原子内的某个电子的状态仍由四个量子数 n、l、m_l、m_s 来描述,不同的是,原子中电子的能量与 n、l 均有关.

下面将多电子原子中电子状态的四个量子数所表征的意义概述如下:(1) 主量子数 $n=1,2,3,\cdots,n$ 大体上决定原子中电子的能量;(2) 角量子数 $l=0,1,2,\cdots,n-1$,l 决定电子的轨道角动量大小,并对能量也稍有影响;(3) 磁量子数 $m_l=0,\pm1,\pm2,\cdots,\pm l$,$m_l$ 决定轨道角动量在外磁场方向上的分量;(4) 自旋磁量子数 $m_s=\pm\dfrac{1}{2}$,m_s 决定电子自旋角动量在外磁场方向上的分量.

原子处于基态时,原子中各个电子分别处于一定的状态,而每个电子的状态都用上述四个量子数来表示,这就是原子的**电子组态**(electron configuration),电子组态决定了原子的内层结构.显然,不同的原子,其电子组态是不同的.元素的原子是按照什么规则构成其电子组态的呢?本节将按照物理学家在 1925 年前后探索复杂原子的内层结构时所采用的原理,来确定多电子原子的电子组态,从而说明原子的电子壳层结构.

24.3.1　原子中电子的分布原则

原子中电子在状态上的分布遵循两个原理,分别是泡利不相容原理和能量最低原理.

1925 年泡利为了解释多电子原子的光谱规律,提出**泡利不相容原理**(Pauli exclusion principle),简称泡利原理:在一个原子系统内,不可能有两个或两个以上的电子具有相同的状态,亦即原子内的各个电子不可能具有完全相同的四个量子数

n、l、m_l、m_s.

后来发现,凡是自旋为 $\frac{1}{2}$ 或其他半整数的粒子都遵循泡利不相容原理,这类粒子称为**费米子**(fermion),例如电子、质子和中子都是费米子. 还有一些粒子的自旋为整数,则不受泡利不相容原理的约束,这一类粒子称为**玻色子**(boson),例如光子、π 介子等.

对于原子的基态,每个电子趋向占有最低的能量状态,这就是**能量最低原理**(principle of least energy). 在多电子原子中,电子不可能都处于能量最低的状态,因此在遵循泡利不相容原理的前提下,电子总是尽可能占据能量低的状态,以使整个原子的能量最低,亦即使原子处于基态. 能量最低原理是物理学中的普遍原理.

24.3.2 原子的电子壳层结构

为了便于研究多电子原子内的电子结构,按照主量子数的取值将单电子的可能定态划分为不同主壳层,主量子数相同的电子处于同一主壳层中. 对应于 $n = 1$,$2,3,4,\cdots$ 的主壳层分别用 K,L,M,N,$\cdots$ 来表示. 在同一主壳层中,又按照轨道角量子数 l 的取值划分为不同的子壳层,常用 s,p,d,f,$\cdots$ 表示 $l = 0,1,2,3,\cdots$ 的各种态.

下面根据泡利不相容原理和能量最低原理计算每个主壳层中最多可容纳的电子数目. 对于一个确定的 n,l 可取 $0,1,2,\cdots,n-1$ 共 n 个值,对于一个确定的 l 可以有 $(2l+1)$ 个不同的 m_l,对每个 m_l,又有两个 m_s. 根据泡利不相容原理,可以算出原子中具有相同主量子数 n 的电子数目最多为

$$Z_n = \sum_{l=0}^{n-1} 2(2l+1) = 2n^2 \qquad (24.3.1)$$

例如,当 $n = 1$,$l = 0$ 时(K 壳层,s 子壳层)可能有 2 个电子,这个组态用 $1s^2$ 表示,$1s^2$ 是光谱学符号;当 $n = 2$,$l = 0$ 时(L 壳层,s 子壳层),可能有 2 个电子,组态以 $2s^2$ 表示;当 $n = 2$,$l = 1$ 时(L 壳层,p 子壳层),可能有 6 个电子,组态以 $2p^6$ 表示. 表 24.1 列出了原子内各主壳层和子壳层上最多可容纳的电子数.

表 24.1 原子内各主壳层和子壳层上最多可容纳的电子数

n	l							Z_n
	0(s)	1(p)	2(d)	3(f)	4(g)	5(h)	6(i)	
1(K)	2(1s)						2	
2(L)	2(2s)	6(2p)						8
3(M)	2(3s)	6(3p)	10(3d)					18
4(N)	2(4s)	6(4p)	10(4d)	14(4f)				32
5(O)	2(5s)	6(5p)	10(5d)	14(5f)	18(5g)			50

续表

n	l							Z_n
	0(s)	1(p)	2(d)	3(f)	4(g)	5(h)	6(i)	
6(P)	2(6s)	6(6p)	10(6d)	14(6f)	18(6g)	22(6h)		72
7(Q)	2(7s)	6(7p)	10(7d)	14(7f)	18(7g)	22(7h)	26(7i)	98

1869 年门捷列夫根据元素的物理性质和化学性质创立了元素周期表,元素按原子序数排列后,其物理性质和化学性质出现周期性的相似. 元素周期表中一百多种元素排成 7 个周期,每个周期的元素个数依次为 2、8、8、18、13、32、32,这与表 24.1 中每个主壳层可容纳的最多电子数并不完全吻合. 出现差别的原因是,原子的能级不完全由主量子数 n 决定,与角量子数 l 也有关. 按照能量最低原理,电子按能级的高低从低到高占据原子中的各个能级.

对于原子外层电子的能级高低与 n、l 的关系,我国学者徐光宪总结出一条规律:**能级高低以 $(n+0.7l)$ 的值来确定**,该值越大,能级越高. 例如 4s 和 3d 两个状态,4s 的 $n+0.7l=4$,3d 的 $n+0.7l=4.4$,所以 4s 能级低于 3d 能级,这样,4s 态应比 3d 态先被电子占有. 图 24.5 画出了 n 值较小的几个能级的高低.

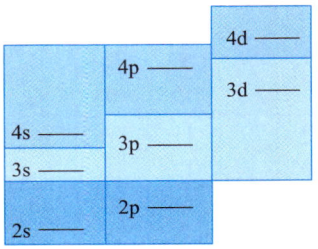

图 24.5 电子能级

根据以上原则可得到所有元素的电子组态,即电子的壳层结构,它能很好地说明元素周期表中各个周期的形成,如图 24.6 所示. 表 24.2 列出了元素周期表中前 4 个周期的原子内电子按壳层排布. 例如,基态铁原子(Fe,Z=26)的电子排布是:$1s^2 2s^2 2p^6 3s^2 3p^6 3d^6 4s^2$,在这个排布中,从 $1s^2$ 到 $3p^2$ 为止的 18 个电子排布是按正常顺序进行的,然而 3d 上虽然可以容纳 10 个电子,但实际上只有 6 个电子,有 2 个电子进入了 4s,这是因为 $3d^6 4s^2$ 的排布比 $3d^8$ 的排布能量更低.

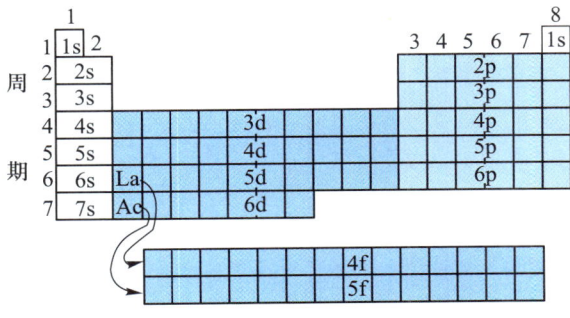

图 24.6 元素的电子组态与周期性

表 24.2 部分元素原子中电子按壳层排布表

▶ 演示动画：原子的电子壳层结构

周期	原子序数和元素名称		化学符号	各电子壳层上的电子数									
				K	L		M			N			
				1s	2s	2p	3s	3p	3d	4s	4p	4d	4f
I	1	氢	H	1									
	2	氦	He	2									
II	3	锂	Li	2	1								
	4	铍	Be	2	2								
	5	硼	B	2	2	1							
	6	碳	C	2	2	2							
	7	氮	N	2	2	3							
	8	氧	O	2	2	4							
	9	氟	F	2	2	5							
	10	氖	Ne	2	2	6							
III	11	钠	Na	2	2	6	1						
	12	镁	Mg	2	2	6	2						
	13	铝	Al	2	2	6	2	1					
	14	硅	Si	2	2	6	2	2					
	15	磷	P	2	2	6	2	3					
	16	硫	S	2	2	6	2	4					
	17	氯	Cl	2	2	6	2	5					
	18	氩	Ar	2	2	6	2	6					
IV	19	钾	K	2	2	6	2	6		1			
	20	钙	Ca	2	2	6	2	6		2			
	21	钪	Sc	2	2	6	2	6	1	2			
	22	钛	Ti	2	2	6	2	6	2	2			
	23	钒	V	2	2	6	2	6	3	2			
	24	铬	Cr	2	2	6	2	6	5	1			
	25	锰	Mn	2	2	6	2	6	5	2			
	26	铁	Fe	2	2	6	2	6	6	2			
	27	钴	Co	2	2	6	2	6	7	2			
	28	镍	Ni	2	2	6	2	6	8	2			
	29	铜	Cu	2	2	6	2	6	10	1			
	30	锌	Zn	2	2	6	2	6	10	2			
	31	镓	Ga	2	2	6	2	6	10	2	1		
	32	锗	Ge	2	2	6	2	6	10	2	2		
	33	砷	As	2	2	6	2	6	10	2	3		
	34	硒	Se	2	2	6	2	6	10	2	4		
	35	溴	Br	2	2	6	2	6	10	2	5		
	36	氪	Kr	2	2	6	2	6	10	2	6		

例题 24.4　试确定处于基态的氦原子中电子的量子数.

解　氦原子中有 2 个电子. 按题意,这两个电子处于 1s 态,即 $n=1$, $l=0$. 因而 $m_l=0$,根据泡利不相容原理,这两个电子的量子数不能完全相同,所以它们的自旋磁量子数分别为 $\dfrac{1}{2}$ 和 $-\dfrac{1}{2}$. 因此,处于基态的氦原子中的两个电子的四个量子数分别为 $\left(1,0,0,\dfrac{1}{2}\right)$ 和 $\left(1,0,0,-\dfrac{1}{2}\right)$.

24.4　激光

激光(laser)是基于受激辐射放大原理产生的一种相干光辐射. 激光就是"受激辐射的光放大"的简称. 激光的理论基础早在 1916 年就已经由爱因斯坦奠定了,他以深刻的洞察力首先提出了受激辐射的概念. 自 1960 年第一台红宝石激光器研制成功后,激光理论的研究、激光器的研制和激光技术的应用都得到了突飞猛进的发展. 它不仅引起现代光学应用技术的变革,还促进了物理学和其他学科的发展. 这里简要介绍激光的产生和它的特性.

24.4.1　受激辐射

我们已在 17.1 节中简要地介绍了原子的发光机制. 原子能级之间的跃迁常伴随着辐射和吸收. 原子的跃迁和光的吸收、辐射的关系为

$$h\nu = |E_2 - E_1| \tag{24.4.1}$$

光和原子的相互作用可能引起受激吸收、自发辐射和受激辐射三种跃迁过程. 原来处于低能级 E_1 的原子可以吸收一个频率为 ν 的光子跃迁到高能级 E_2,这种过程称为受激吸收,或称为原子的光激发. 处于高能级 E_2 的原子是不稳定的,在没有外界作用时,激发态原子会自发地向低能级跃迁,并发出一个光子,这称为自发辐射. 由于普通光源中各个原子自发地独立地进行辐射,所以所发出的光为非相干光.

处于高能级 E_2 的原子,如果在自发辐射前受到满足式(24.4.1)的频率为 ν 的外来光子的诱发作用,就有可能从高能级 E_2 跃迁到低能级 E_1,同时发出一个与外来光子频率、相位和偏振态完全相同的光子,这一过程称为受激辐射(stimulated radiation). 如果现在的两个光子再引起其他两个原子的受激辐射,且这样的过程继续下去,就能得到大量特征相同的光子,光就可以像雪崩一样得到放大和加强,这就实现了光放大. 在连续诱发的受激辐射中,各原子发出的光是互相联系的,因此由受激辐射发出的光是相干的. 激光就是由受激辐射所产生的光.

24.4.2　产生激光的基本条件

1. 粒子数反转分布

在光和原子系统相互作用时,总是同时存在着自发辐射、受激辐射和受激吸收

三种跃迁过程. 受激吸收与受激辐射在减少和增加光子方面来说是相互矛盾的,光通过物质时,光子数是增加还是减少,取决于哪个过程占优势,这又取决于处于高、低能级的原子数. 统计物理指出,在热平衡状态下原子在各能级上的分布服从玻耳兹曼定律,即在温度为 T 时,处于能级 E_i 上的原子数为

$$n_i = Ae^{-\frac{E_i}{kT}} \tag{24.4.2}$$

式中,k 为玻耳兹曼常量. 因此处于能级 E_1 和 E_2 的原子数 n_1 和 n_2 的比值为

$$n_2 : n_1 = e^{-\frac{E_2 - E_1}{kT}}$$

在正常状态下,由上式可以算出处于高能级上的原子数远远低于低能级上的原子数,这种分布称为正常分布. 例如,氢原子基态能量为 $E_1 = -13.6 \text{ eV}$,第一激发态能量为 $E_2 = -3.4 \text{ eV}$,在 20 ℃时,$kT \approx 0.025 \text{ eV}$,则

$$\frac{n_2}{n_1} \propto \exp(-400) \approx 0$$

可见在室温下几乎所有的氢原子都处于基态.

爱因斯坦指出,光子和一个处于 E_1 状态的原子作用使其产生受激吸收的概率与光子和一个处于 E_2 状态的原子作用使其产生受激辐射的概率相同. 这样,当光通过正常分布的原子系统时,被吸收掉的光子数就远远大于受激辐射放出的光子数,不可能实现光放大. 要使光放大,就要使处于激发态的原子数大于低能级上的原子数,这种分布与正常分布相反,称为粒子数的反转分布,简称**粒子数反转**(population inversion),这是产生激光的必要条件.

为了使工作物质实现粒子数反转,我们可以从外界输入能量,把低能级上的原子激发到高能级上去,这个过程称为激励(又叫泵浦或抽运),激励的方法有光照(光泵)、放电(电泵)、化学反应(化学泵)等. 但并不是所有的原子系统都能实现粒子数反转分布,只有具有亚稳态能级的工作物质,才能实现粒子数反转. 下面分三能级系统和四能级系统加以说明.

(1)三能级系统

三能级系统的能级结构如图 24.7 所示,E_1 为基态能级,E_3 为激发态能级(寿命约 10^{-8} s),E_2 为亚稳态能级(寿命为 $10^{-3} \sim 1$ s). 通过激励把 E_1 上的原子抽运到 E_3 上去,这些原子通过碰撞将能量转移给晶格,而无辐射地跃迁到 E_2 上. 由于 E_2 态的寿命较长,E_2 态上的原子数会不断增加,而 E_1 上原子数不断减少,于是可以在 E_2 和 E_1 两能级间实现粒子数反转,这时如果有一频率满足式(24.4.1)的外来光子射入,就会产生光放大作用. 典型的三能级系统是红宝石,它是在人工制造的刚玉(Al_2O_3)中,掺入少量的铬离子(Cr^{3+})而构成的晶体. 产生激光要依靠铬离子,所产生的激光为波长为 694.3 nm 的红光. 世界上第一台激光器就是红宝石激光器,其结构如图 24.8 所示.

(2)四能级系统

四能级系统的能级结构如图 24.9 所示. 与三能级系统相比,四能级系统多了一个激发态能级 E_2,且 $E_2 - E_1 \gg kT$,因此受热激发而到达 E_2 能级的原子数很少,由于

演示动画:
三能级系统中
的粒子数反转

E_2 能级基本上是空着的,所以很容易在 E_3 与 E_2 能级之间实现粒子反转分布. 掺钕（Nd^{3+}）的钇铝石榴石晶体（简称 YAG）就是一个典型的四能级系统.

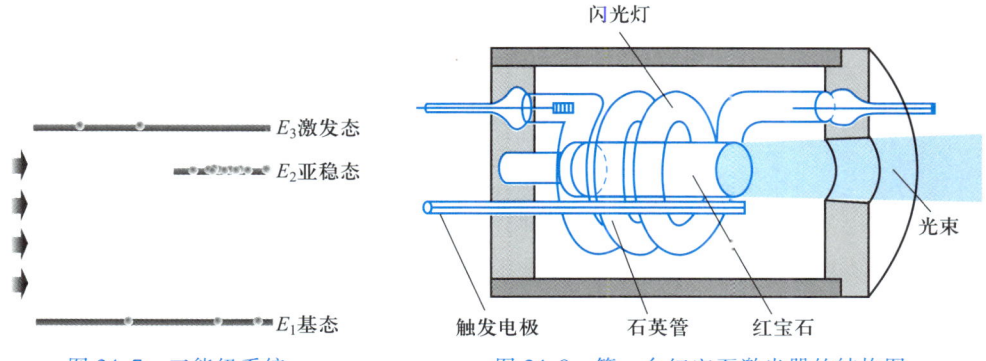

图 24.7 三能级系统　　　　　图 24.8 第一台红宝石激光器的结构图

在三能级系统中,粒子数反转是在 E_2 和 E_1 两能级间实现的,但 E_1 是基态,总是聚集着大量的粒子,不利于实现反转. 而四能级系统在 E_3 与 E_2 之间实现粒子数反转,因此四能级系统比三能级系统容易产生激光.

实验室中常见的激光器有 He-Ne 激光器,它的粒子数反转的机制类似于四能级系统. 在 He-Ne 激光器密封的玻璃管中间的一根毛细管中,按 5:1~10:1 的比例,充入稀薄的氦、氖两种气体. 产生激光靠氖原子,氦原子只起传递能量的作用. 如图 24.10 所示,氦原子有两个亚稳态能级,氖原子有两个与氦原子的这两个亚稳态十分相近的亚稳态能级 1 和 2,并存在极短寿命的能级 3 和 4. 被加速的电子把氦原子激发到它的亚稳态上,这些氦原子并不立即回到基态,而是与氖原子发生碰撞,将氖原子激发到 1、2 两能级,处于这两个能级的氖原子自发辐射概率较小,这就实现了能级 1 与 3、1 与 4、2 与 4 间的粒子数反转分布. 这三对能级之间的受激跃迁,能发出波长为 632.8 nm（红光）、1 152 nm 和 3 391 nm（红外线）的三条谱线.

▶ 演示动画:
四能级系统中的粒子数反转

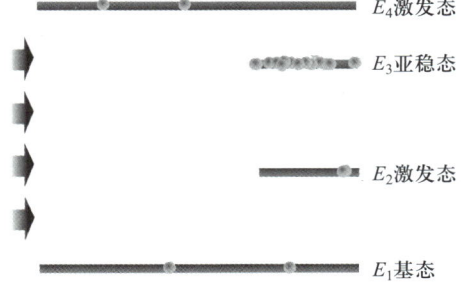

图 24.9 四能级系统

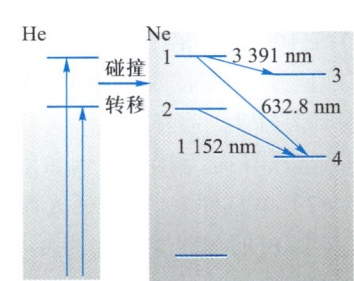

图 24.10 He-Ne 能级图

2. 光学谐振腔

激光器中的工作物质被激活后虽能产生光放大,但所得到的光的方向性和单色性都很差,强度也很微弱,没有实用价值. 为了获得一定强度的激光,还必须加上一个光学谐振腔（optical resonant cavity）,如图 24.11 所示,最简单的光学谐振腔

▶ 演示动画:
光学谐振腔

是由两个放置在工作物质两边的反射镜组成,两镜严格平行,其中一个是全反镜,另一个是部分透光的半反镜,激光从此处输出.

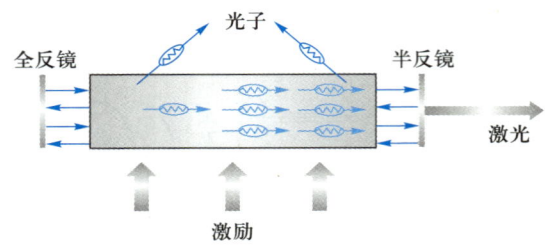

图 24.11   光学谐振腔

谐振腔的作用主要是产生和维持光振荡.由于初始诱发,受激辐射的光子来源于自发辐射,而原子自发辐射是随机的,所辐射的光的相位、偏振态、频率和传播方向都是随机的,有了光学谐振腔后,凡是不沿谐振腔轴线的光都将从腔内逸出.只有沿轴线传播的光,才能在激活介质中往返传播,使谐振腔内的光子数不断增加,得到光放大,从而获得方向性很好、强度很大的光.

光在谐振腔内传播时,形成以反射镜为节点的驻波,由驻波条件可得,加强的光必须满足驻波条件:

$$L = n\frac{\lambda}{2}$$

式中,L 是谐振腔的长度,λ 是光的波长,n 是正整数.因此,谐振腔又起到了选频的作用,使激光器输出的激光频宽很窄,即激光的单色性很好.

24.4.3   激光的特性、应用及发展

激光能在短时期内获得巨大的发展,是与它的特性分不开的.激光的主要特性如下:

(1)方向性好.激光束的发散角很小,一般为 $10^{-8} \sim 10^{-5}$ sr(立体角),比普通探照灯好 100 多万倍.若把激光束投射到月球上,光束扩散的直径还不到 2 000 m,而具有抛物面反射的探照灯,它的光束在几千米之外,就扩散到直径几十米,若将其投射到月球上,光束扩散的直径将达到 1 000 km 以上.激光方向性好的特性,可以用于定位、导向、测距等.例如用激光测定地月距离,其误差仅为几十厘米.

(2)单色性好.从普通光源得到的单色光的谱线宽约为 10^{-2} nm,单色性最好的氪灯(^{86}Kr)的谱线宽度约为 4.7×10^{-3} nm,而 He-Ne 激光器发射的 632.8 nm 的谱线宽度只有 10^{-9} nm.采用稳频技术,还可以进一步提高激光的单色性.利用激光单色性好的特性,可为计量工作提供标准光源.还可进行激光通信,等离子体测试等.

(3)能量集中.光源的亮度是指单位发光表面在单位时间内沿给定方向上单位立体角内发射的能量.太阳光的亮度约为 10^{3} W·cm^{-2}·sr^{-1} 数量级,而目前大功率激光器输出的亮度可达 $10^{10} \sim 10^{17}$ W·cm^{-2}·sr^{-1} 数量级.激光的高亮度是靠空间和时间上的高度集中实现的.由于激光方向性好,可以使激光会聚于很小的一

点;应用调 Q 技术,可以使激光脉冲限制在很短的时间内.高度集中的能量能在直径很小的范围内产生几百万摄氏度的高温,足以使各种材料熔化或汽化,可用于打孔、焊接、切割等.在医学上,激光可用作手术刀,也可用于止血、光纤探视.

（4）相干性好.从激光产生的原理,我们知道激光具有很好的相干性.利用激光进行有关的相干光学实验具有速度快、精度高等优点.用激光进行全息照相具有独特的优点,在商业上激光可用于广告、条形码、防伪等.

激光作为 20 世纪人类最重要的科技发明之一,直接推动了一批新兴学科与高新技术的发展,如非线性光学、激光光谱学、强场物理、光通信、光计算、光信息存储、激光化学、激光医学、激光生物学、激光核聚变、激光分离同位素、激光全息术、激光加工等.同时,激光技术也已经走进了人们的日常生活,如随处可见的 CD 机、DVD 机、超市收银机的条形码扫描仪、激光打印机等,无不采用先进的激光技术.激光技术也广泛应用到军事上.激光制导的精度高、抗干扰能力强、操作简便;激光通信的信息容量大、通信距离远、传输损耗低、保密性强;激光测距快速、准确、无盲区;激光侦察可识别伪装目标.利用强大的定向发射的激光束还可以制成各种激光武器,使目标直接毁伤或使之失效.

内容提要

1. 氢原子

氢原子中电子的定态薛定谔方程为 $\nabla^2\psi + \dfrac{2m_e}{\hbar^2}\left(E + \dfrac{e^2}{4\pi\varepsilon_0 r}\right)\psi = 0$,解这个方程,得到:

（1）量子化的能量 $E_n = -\dfrac{m_e e^4}{8\varepsilon_0^2 h^2}\dfrac{1}{n^2} = -\dfrac{13.6\text{ eV}}{n^2}$, $n = 1,2,3,\cdots$ 称为主量子数.

（2）轨道角动量 $\boldsymbol{L}$ 的大小有 n 个可能值 $L = \sqrt{l(l+1)}\,\hbar$,角量子数 $l = 0,1,2,\cdots,n-1$.

（3）$\boldsymbol{L}$ 在 z 轴方向上的分量 L_z 是量子化的,$L_z = m_l\hbar$,$m_l = 0,\pm1,\pm2,\cdots,\pm l$,$m_l$ 称为磁量子数.

（4）氢原子中电子的定态波函数是 $\psi_{nlm_l}(r,\theta,\varphi) = R_{nl}(r)\Theta_{lm_l}(\theta)\Phi_{m_l}(\varphi)$.电子在原子核周围出现的概率分布用电子云图表示.

2. 电子的自旋

电子存在自旋角动量或自旋,自旋是电子的固有属性.电子自旋角动量用 $\boldsymbol{S}$ 表示,它的分量用 S_z 表示.$S = \sqrt{s(s+1)}\,\hbar$,$S_z = m_s\hbar$,其中自旋量子数 $s = \dfrac{1}{2}$,自旋磁量子数 $m_s = \pm\dfrac{1}{2}$.

3. 原子中电子的分布原则

泡利不相容原理:在一个原子系统内,不可能有两个或两个以上的电子具有相同的状态.

能量最低原理:电子总是尽可能占据能量低的状态.

4. 原子的电子壳层结构

原子处于基态时,原子中各个电子状态用四个量子数 n、l、m_l、m_s 来表示,n 相同的电子处于同一个主壳层,可容纳 $2n^2$ 个电子;l 相同的状态组成一个子壳层,可容纳 $2(2l+1)$ 个电子.

5. 激光

激光由受激辐射产生.产生激光的基本条件是原子系统出现粒子数反转分布,并利用光学谐振腔产生和维持光振荡.

习题

一、选择题

1. 下列关于电子轨道角动量量子化的表述,错误的是　　　　　　　　　　（　　）

A. 电子轨道角动量 L 的方向在空间是量子化的

B. 电子轨道平面的位置在空间是量子化的

C. 电子轨道角动量在空间任意方向的分量是量子化的

D. 电子轨道角动量在 z 轴上的投影是量子化的

2. 设氢原子处于基态,则下列表述中正确的是　　　　　　　　　　　　（　　）

A. 电子以玻尔半径为半径作圆周运动

B. 电子只可能在以玻尔半径为半径的球体内出现

C. 电子在以玻尔半径为半径的球面附近的概率密度最大

D. 电子在以玻尔半径为半径的球体内各点的概率密度相同

3. 在施特恩-格拉赫实验中,如果银原子的角动量不是量子化的,在照相底板上会出现怎样的银迹?　　　　　　　　　　　　　　　　　　　　　　（　　）

A. 一片银迹　　　　　　　　　　　　　B. 一条细纹

C. 两条细纹　　　　　　　　　　　　　D. 不能确定

4. 氩（Ar,$Z=18$）原子基态的电子排布是　　　　　　　　　　　　　（　　）

A. $1s^2 2s^8 3p^8$　　　　　　　　　　B. $1s^2 2s^2 2p^6 3d^8$

C. $1s^2 2s^2 2p^6 3s^2 3p^6$　　　　　　D. $1s^2 2s^2 2p^6 3s^2 3p^4 3d^2$

5. 在激光器中利用光学谐振腔　　　　　　　　　　　　　　　　　　　（　　）

A. 可提高激光束的方向性,而不能提高激光束的单色性

B. 可提高激光束的单色性,而不能提高激光束的方向性

C. 可同时提高激光束的方向性和单色性

D. 既不能提高激光束的方向性也不能提高其单色性

6. 世界上第一台激光器是　　　　　　　　　　　　　　　　　　　　　（　　）

A. 氦-氖激光器　　　　　　　　　　　B. 二氧化碳激光器

C. 钕玻璃激光器　　　　　　　　　　　D. 红宝石激光器

二、填空题

1. 在解氢原子的定态薛定谔方程时,通常在_____坐标系中将方程的解表示为_____、_____、_____的乘积.

2. 1921年施特恩和格拉赫在实验中发现:一束处于基态的原子射线在非均匀磁场中分裂为两束.对于这种分裂无法用_____来解释,只能用_____来解释.

3. 电子的轨道磁矩与轨道角动量的关系为_____;电子的自旋磁矩与自旋角动量的关系为_____.

4. 氢原子核外电子的状态,可由四个量子数来确定,其中主量子数 n 可取的值为_____,它可决定_____.

5. $l = 3$ 时轨道角动量有_____个可能取向.

6. 原子内电子的量子态由 n、l、m_l 及 m_s 四个量子数表征.当 n、l、m_l 一定时,不同的量子态数目为____;当 n、l 一定时,不同的量子态数目为____;当 n 一定时,不同的量子态数目为_____.

7. $n = 3$ 的主壳层内有____个子壳层;分别是____子壳层、____子壳层、____子壳层.

8. 原子中 l 相同而 m_l、m_s 不同的电子处于同一子壳层中,$l = 3$ 的子壳层可容纳_____个电子.

9. 产生激光的必要条件是_____,激光的四个主要特性是_____.

10. 激光器中光学谐振腔的作用是(1)_____;(2)_____;(3)_____.

三、计算题

1. 假设氢原子处于 $n = 3$、$l = 1$ 的激发态,则原子的轨道角动量在空间有几种可能取向?计算各可能取向的角动量与 z 轴之间的夹角.

2. 氢原子在 $n = 2$、$l = 1$ 状态的径向波函数为

$$R_{21}(r) = \frac{1}{\sqrt{24a_0^3}}\left(\frac{r}{a_0}\right)\exp\left(-\frac{r}{2a_0}\right)$$

试计算在此状态下,距核多远处电子出现的概率密度最大.

3. 试证明:对于氢原子的基态来说,电子的径向概率密度对 r 从0到∞的积分等于1.这一结果具有什么物理意义?

4. 试描绘氢原子中 $l = 3$ 时电子角动量在磁场中空间量子化的示意图,并求出 L 在磁场方向上分量 L_z 的可能值.

5. CO_2 激光器发出的激光波长为 $10.6\ \mu m$.试问:(1)与此波长相应的 CO_2 的能级差是多少?(2)温度为 $300\ K$ 时,处于热平衡的 CO_2 气体中在相应的高能级上的分子数是低能级上的分子数的百分之几?

习题参考答案

第二十五章

... 固体中的电子

在前面两章所研究的问题中,我们考虑的是一个原子中电子的运动状态及其描述,本章进一步讨论固体(多原子系统)中电子的运动状态及其对固体性质的影响.固体中每立方厘米内约有 10^{22} 个原子,它们靠电磁相互作用联系起来.粒子之间各具特点的耦合方式,导致原子具有特定的集体运动形式和个体运动形式,造成不同的固体有千差万别的物理性质.固体中电子的状态和行为是了解固体的物理、化学性质的基础.本章以量子力学的观点,先介绍金属中电子的能量状态和分布规律,以及热平衡下电子气的某些物理性质,然后介绍固体能带理论的基本内容,并在此基础上说明固体的导电机制和半导体的基本电学性质.最后简单介绍超导电性及超导技术的应用.

你知道吗?

尽管人们对量子理论的意义还不完全清楚,但是关于用量子理论来解释原子如何结合成分子,分子如何结合为物质、表现出各种各样的性质,并制造出具有特殊性质的器件,已经在实践中取得了令人吃惊的成就.量子理论很好地解释了导电性上处于导体和绝缘体之间的半导体的性质,为晶体管的发明奠定了基础,开创了信息时代.目前人们已经可以在比微米小得多的尺度上通过控制少数几个电子来改变电信号,这将对电子工业产生重大影响.量子理论还可以对宏观上表现出来的超导电性作出解释.通过本章的学习,你将对这些现在和未来不断发生的激动人心的科技成就形成一个基本的物理学图像.

25.1 金属中的电子

25.1.1 经典金属电子论

20 世纪初,在实验事实和经典物理学理论的基础上,人们对金属导电、导热等现象已形成了一个系统的微观理论,此理论认为:(1) 金属的导电、导热作用主要是通过电子的定向运动进行的;(2) 电子在金属中的运动是完全自由的,类似于理想气体分子,金属中大量自由电子的统计规律也遵从麦克斯韦分布律;(3) 在无外电场作用时,大量电子热运动的平均速度为零,加外电场时电子被加速作匀加速直线运动,只是在它与金属离子点阵或缺陷碰撞时才改变速度的大小和方向,并通过这种碰撞将电场的能量交予离子点阵,然后又重新被电场加速、重新与离子点阵碰撞.平均来说,就形成了定向运动,形成电流.这个理论成功地说明了欧姆定律、焦耳-楞次定律等基本规律.

但是根据这一理论,当金属温度升高时,金属离子点阵的振动动能和电子的平均动能都将增大,因此离子点阵的振动和电子的自由运动对金属的热容都有贡献.根据计算,这两部分能量的数量级相同,且后者是前者的一半,然而热容的实测值却仅与离子点阵振动的贡献相当.金属的摩尔热容的实验值都约为 $25\ \mathrm{J\cdot mol^{-1}\cdot K^{-1}}$,例如银和铜的摩尔热容分别是 $25.2\ \mathrm{J\cdot mol^{-1}\cdot K^{-1}}$、$24.7\ \mathrm{J\cdot mol^{-1}\cdot K^{-1}}$. 用电子气的经典统计理论来解释, 离子点阵的振动有 6 个自由度, 按照能量均分定理, 振动自由度对摩尔热容的贡献为 $6\times\dfrac{R}{2}=3R=24.9\ \mathrm{J\cdot mol^{-1}\cdot K^{-1}}$. 而金属中自由电子数目同离子数目相当, 电子的自由运动有 3 个自由度, 对金属摩尔热容理应产生 $3\times\dfrac{R}{2}=12.5\ \mathrm{J\cdot mol^{-1}\cdot K^{-1}}$ 的贡献, 但实验上金属的电子摩尔热容只有这个数值的 1% 左右. 经典金属电子论无法说明金属电子气对热容贡献甚小的原因, 这说明它有很大的局限性.

25.1.2　自由电子按能量的分布

在简单金属晶体中, 起导电和导热作用的是原子中的价电子. 在金属中原子的价电子已脱离母原子而成为自由电子, 自由电子为整个晶体所共有, 所以金属是由原子的离子实和共有化的自由电子组成的. 在金属中, 各离子实对每个价电子的作用近乎相互抵消, 只有在表面附近由于来自各方面的作用力不对称, 才表现出对电子的势垒作用. 所以在金属内部, 电子可以视为在等势能区域 (因而电子不受力) 自由运动, 它们除了相互碰撞时外, 彼此间的作用力可以忽略不计, 这和理想气体分子运动的情况相似.

根据经典统计理论, 热平衡态下金属中电子按能量的分布服从玻耳兹曼分布律, 即具有某一能量 E 的电子数 n 与 $\mathrm{e}^{-E/kT}$ 成正比 (参见 6.5.2 节):

$$n=A\mathrm{e}^{-\frac{E}{kT}}$$

但是根据量子力学理论, 电子是费米子 (参见 24.3.1 节), 遵守泡利不相容原理, 即每一个状态上只能容纳两个自旋方向相反的电子. 因此金属中的电子应视为处于势阱中、相互作用可以忽略、只是在碰撞时才相互作用的费米子, 这就是金属中电子的**费米气体模型** (Fermi gas model).

显然这样的 "费米气体" 不能用经典统计理论来解释, 而需要用量子统计理论. 量子统计理论表明: 在热平衡状态下, 金属中的电子在能级中的分布, 遵从**费米-狄拉克分布** (Fermi-Dirac distribution), 即在温度 T 时, 金属中某一能级 E 被电子填充的概率为

$$f(E)=\cfrac{1}{\mathrm{e}^{\frac{E-E_F}{kT}}+1} \qquad\qquad (25.1.1)$$

式中, E_F 称为电子的**化学势** (chemical potential) 或**费米能级** (Fermi level), 例如, 铜的费米能级约为 $7.1\ \mathrm{eV}$. 考察 $T\to0\ \mathrm{K}$ 时的情形, 就可以看出 E_F 的物理意义. 根据式 (25.1.1), 在 $T\to0\ \mathrm{K}$ 的极限温度下, 若 $E>E_F$, 则 $f(E)=0$; 若 $E<E_F$, 则 $f(E)=1$. 即在绝对零度时, 凡是 $E>E_F$ 的能级, 电子填充的概率都为零, 而在 $E<E_F$ 的能级上电子填充的概率都是 1. 换言之, 当 $T\to0\ \mathrm{K}$ 时, 所有 $E<E_F$ 的能级均被填满, 即电子

将完全占据费米能级 E_F 以下直到最低能量为零的所有能级,而费米能级以上的能级则完全是空的. 因此,费米能级就是 $T = 0\,\text{K}$ 时电子具有的最高能量.

在温度为 T 时,离子实的热运动能量为 kT 数量级,这也就是电子通过碰撞从离子点阵那里获得的最大能量,因此热运动使电子有可能占据较高的能级. 但常温下 E_F 以下的能级几乎都被完全占据,故电子只能跃迁到 E_F 以上的空能级. 在 $T = 300\,\text{K}$ 时,$kT \approx 0.04\,\text{eV}$,这个能量远小于 E_F,所以常温下绝大多数电子都不能够借助这个能量跃迁到 E_F 以上的空能级,只有那些在 E_F 以下并在 E_F 附近、厚度为 kT 的能量薄层内的电子,才有可能吸收热运动的能量被激发到 E_F 以上的空能级上.

图 25.1 所示的是在 0 K、500 K 和 5 000 K 几种温度下相应于 $E_F = 5\,\text{eV}$ 的费米–狄拉克分布函数. 可以看出,在常温下电子按能量的分布概率与 0 K 时的分布没有太大的差别,电子只是在 E_F 上下厚度各为 kT 的能量薄层内的分布发生变化. 当温度很高时,E_F 以下区域的电子被激发到 E_F 以上的能级的概率较大,因此温度越高分布函数的差别越大. 由式(25.1.1)

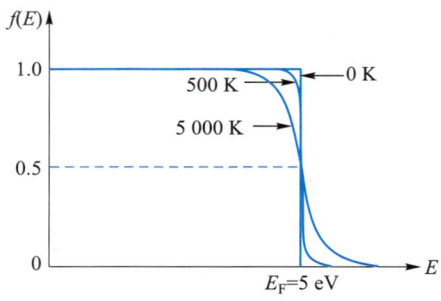

图 25.1　电子的费米–狄拉克能级分布

可知,当 $T \neq 0\,\text{K}$ 时,电子占据费米能级的概率 $f(E_F) = \dfrac{1}{2}$,即温度不为零时费米能级基本上一半被电子占据、一半空着,而电子在离费米能级较远的那些能级上的分布基本上没有变化.

25.1.3　金属电子热容的量子论解释

金属中电子的费米–狄拉克能级分布不仅能解释经典金属电子论所能解释的金属导电和导热规律,还能定性说明在正常温度下,经典金属电子论不能解释的金属电子气对热容贡献非常小的特性.

在正常温度下,绝大多数电子的能量都处于费米能级以下,它们中间除了那些在 E_F 附近、厚度为 kT 的能量薄层内的电子有机会吸收热运动的能量而参与导热外,其余自由电子都被"冻结"在费米能级以下的能量状态而不能改变能量,因而不能够吸收热运动的能量,即对金属热容没有贡献. 而那些有机会吸收热运动的能量、参与导热的电子对金属的热容有贡献,它们的数目占电子总数的比例可以按 $\dfrac{kT}{E_F}$ 来估算,因而对热容的贡献约为 $\left(3 \times \dfrac{R}{2}\right) \times \dfrac{kT}{E_F}$. 常温下金属的 $\dfrac{kT}{E_F}$ 值一般不超过 1%,因此这部分热容的贡献不超过经典预计值的 1%,所以在实验中也就反映不出来了. 这就是金属中虽有大量自由电子但对金属热容贡献很小的原因.

25.2　固体的能带

在上一节我们采用了费米气体模型来描述金属中的电子,并通过电子的量子统计分布函数来研究金属的一些宏观性质,在费米气体模型中电子都被视为在势阱中(势阱中势能为零)的自由粒子.但实际上金属晶体中的离子是有规则地排列的,价电子不再专属于某个原子,而是在周期性的势场中运动.用量子力学理论对周期性势场中单个电子运动的基本特点的研究,奠定了固体电子能带理论的基础.固体的能带结构不仅能阐明固体的许多性质,而且还为人们寻找新材料和研制新的固体元件提供理论依据.

25.2.1　周期性势场

对于只有一个价电子的简单情况,如果只考虑一个原子,电子在正离子电场中运动,电子在原子中的势能曲线如图 25.2(a)所示.如果考虑两个靠得很近的原子,每个价电子将同时受到两个离子电场的作用,这时电子的势能曲线如图 25.2(b)的实线所示.当大量原子规则排列形成晶体时,晶体内形成了如图 25.2(c)所示的周期性势场,电子在周期性势场的势能曲线具有和晶格相同的周期性,即在 N 个离子的范围内,U 是以晶格间距 d 为周期的函数.实际的晶体是三维点阵,势场也具有三维周期性.

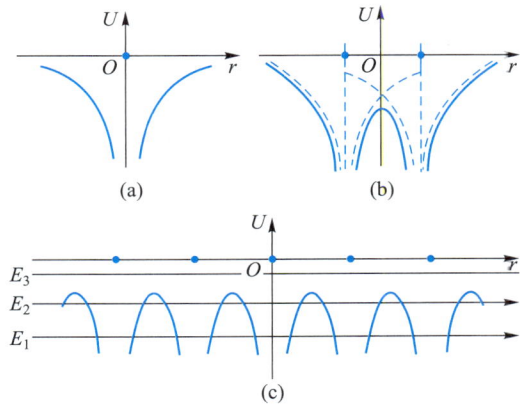

图 25.2　电子在原子和晶体中的势场

如图 25.2(c)所示,对于能量为 E_1 的电子,由于 E_1 较小,势能曲线对电子是一种势垒.因势垒较宽,因此电子穿透势垒的概率很微小,基本上仍可看成是束缚态的电子,在各自的原子核周围运动.对于那些能量为 E_2 的电子,因 E_2 接近势垒高度,故电子将会因隧道效应而穿越势垒进入另一个原子中.对于具有较大能量 E_3 的电子,由于其能量超过了势垒高度,电子可以在晶体中自由运动.根据以上分析,在晶体内部有一批被整个晶体原子所共有的电子,这称为**电子共有化**.价电子受原子核的束缚最弱,共有化程度最为显著.芯电子的共有化程度小,与孤立原子的情况相近.

25.2.2 能带的形成

晶体中电子的共有化使得晶体内电子的能量状态不同于孤立原子中的电子,晶体内电子的能量可以处于一些允许的范围之内,这些允许的范围称为**能带**(energy band),电子的能量不能处于两个能带之间,两能带之间的区域称为**禁带**(forbidden band).

关于能带的形成,可以通过晶体中各个原子的能级的相互影响来说明.晶体是由大量原子规则排列组成的,原子之间相互靠得很近,以硅为例,每立方厘米的体积内有 $5×10^{22}$ 个原子,原子之间的最短距离为 0.235 nm.若考虑两个紧密靠近的原子,它们的电子波函数将发生重叠即处于共有化状态.如果每个原子中的电子都保持该原子在单独存在时的能级,那么就会有两个电子占据同一个量子态.而作为一个系统,泡利不相容原理不允许一个量子态上有两个电子存在.于是原先单独存在时的每个能级就要分裂为两个能级.而分裂出的两个能级间的宽度与两个原子原来的能级分布状况以及它们的波函数重叠程度有关.

如果晶体内含有 N 个相同的原子,则原子单独存在时的每个能级就要分裂为 N 个和原能级相近的新能级.由于 N 很大,新能级中相邻两能级的能量差仅为 10^{-22} eV,几乎可以看成是连续的,N 个新能级具有一定的能量范围,通常称为能带.如图 25.3 所示,原子独立存在时电子具有分离的能级如 1s、2s、2p 等,在晶体中将分裂为相应的能带,通常采用与原子能级相同的符号来表示能带,如 1s 带、2p 带等.

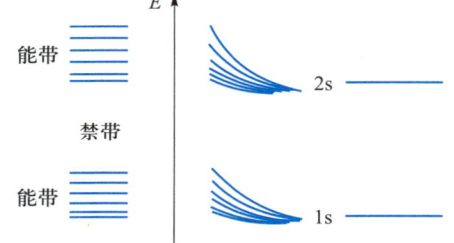

图 25.3 能级分裂成能带

以上是对能带形成的定性分析.通过求解单个电子在周期性势场中运动的薛定谔方程,可以定量地得到:晶体中电子的能级,既不是孤立原子中分立的能级,也不是无限自由空间中自由电子具有的连续能级,而是由一定能量范围内准连续分布的能级组成的能带,且相邻能带之间的能量是电子不可能具有的能量,即构成禁带.

25.3 固体的导电机制

不同的晶体有不同的导电性,这与晶体内的电子在能带中的填充和运动情况有关.

25.3.1 满带、价带、导带、空带和禁带

能带中的能级数取决于组成晶体的原子数 N,每个能带上可容纳的电子数受泡

利不相容原理限制. 例如 1s、2s 等 s 能带,最多只能容纳 $2N$ 个电子(每个新能级均可容纳自旋相反的两个电子). 同理可知,2p、3p 等 p 能带可容纳 $6N$ 个电子,d 能带可容纳 $10N$ 个电子等.

　　晶体中的电子在能带中各个能级的填充方式,服从前一节中所述的费米–狄拉克分布,还要受到泡利不相容原理、最低能量原理的制约. 电子从能量较低的能级开始填充,依次到达较高的能级. 按照电子填充的不同情况,能带可以分成满带、价带、导带、空带和禁带.

　　若能带的各个能级都被电子填满,这样的能带称为**满带**(filled band). 当满带中的电子受到外电场的作用从它原来占据的能级转移到同一能带中其他能级时,因受泡利不相容原理的限制,必有另一个电子作相反转移,总效果与没有电子转移一样. 即外电场不能改变电子在满带中的分布,所以满带中的电子不能起导电作用. 图 25.4(a)是满带中电子转移的示意图.

　　由价电子所占据的能带称为**价带**(valence band),它有可能没有被电子完全填满. 在外电场的作用下,价带中的电子可以进入同一能带中未被填充的稍高的能级,这个转移过程没有反向的电子转移与之抵消. 所以价带中的电子具有导电作用. 图 25.4(b)是价带中电子转移的示意图.

演示动画:
满带和导带中
电子的移动

　　价带上面的一个能带称为**导带**(conduction band),导带基本上是空的,但是由于热激发、光照射或掺入施主杂质(向半导体提供一个自由电子,而本身成为带正电的离子,这种杂质称为施主杂质)原子等原因,导带中往往有少量电子,从而产生电子导电性.

（图）

(a)　　　(b)

图 25.4　满带(a)和价带
(b)中电子的移动

　　若一个能带中所有的能级都没有被电子填入,这样的能带称为**空带**(empty band). 与各原子的激发态能级相对应的能带,在未被激发的正常情况下就是空带. 空带中若有被激发的电子进入,则空带就变成了导带.

　　两个相邻能带间的间隔为**禁带**,禁带中不存在电子的定态. 禁带的宽度对晶体的导电性起着重要的作用.

25.3.2　导体、半导体和绝缘体

　　利用能带的特征以及泡利不相容原理,威耳孙(A. H. Wilson)在 1931 年提出金属和绝缘体相区别的能带模型,并预言介于两者之间存在半导体,为之后的半导体的发展提供了理论基础.

　　通常将电阻率为 10^{-8} $\Omega \cdot m$ 以下的物体称为导体,将电阻率为 10^{8} $\Omega \cdot m$ 以上的物体称为绝缘体,将电阻率介乎上面两者之间的称为半导体. 下面从晶体能带结构和电子填充情况来说明各种物体的导电性,如图 25.5 所示.

　　绝缘体具有充满电子的价带和很宽的禁带,禁带宽度 ΔE_g 为 3~6 eV[图 25.5(a)]. 在一般温度下,满带中的电子在外电场作用下很难被激发(越过禁带)到空带参与导电. 大多数离子晶体是绝缘体,例如 NaCl 晶体,它的能带是由 Na^+ 和 Cl^- 离子

的能级构成的,Na^+的最外壳层 2p 和 Cl^- 的最外壳层 3p,都已被电子填满,且这个最高满带与空带之间存在着很宽的禁带,所以 NaCl 是绝缘体.

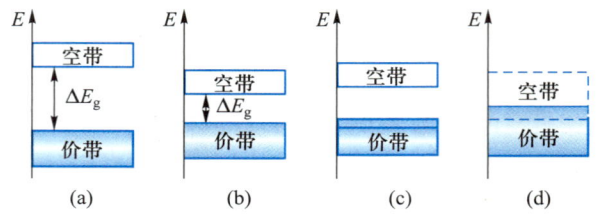

图 25.5　晶体能带简图

半导体的能带结构与绝缘体相似,它的价带也是满带,只是禁带宽度 ΔE_g 很窄,为 0.1~1.5 eV[图 25.5(b)]. 在常温下,电子受到热激发就能从满带跃迁到空带,使空带成为导带,同时在满带中产生空穴. 外加电场后,电子和空穴从低能级跃迁到高能级,而形成电流,因此半导体具有导电性. 例如硅、硒、锗、硼等元素,硒、碲、硫的化合物,各种金属氧化物等物质都是半导体.

导体的情况就完全不同,有的导体如 Na、K、Cu、Al、Ag 等,它们的价带不是满带[图 25.5(c)],另一类导体如 Mg、Be、Zn 等二阶金属,它们的价带虽然是满带,但同上面的空带交叠在一起形成一个统一的不满的宽能带[图 25.5(d)]. 当有外电场时,电子得到加速,动能增加,电子很容易从同一能带中较低的能级跃迁到较高的空能级,并形成电子流,显示出很强的导电性. 例如当 Na 原子结合成晶体时,3s 能带只填充了一半电子,而 3p 能带及以上的能带并没有电子分布,都是空着的. 这样在被电子填满的能级上面有很多空着的能级,电场很容易将价电子激发到较高的能级上,因此 Na 是良导体.

*25.4　半导体

美国贝尔实验室的科学家对晶体的能带进行了系统的实验和理论的基础研究,同时掌握了高质量半导体单晶生长和掺杂技术,这些工作使巴丁(J. Bardeen)、布拉顿(W. Brattain)、肖克利(W. Shockley)于 1948 年发明了晶体管,从而在电子学领域激起了一场革命. 特别是 20 世纪 60 年代初期发展起来的半导体集成电路,实现了元件、电路和系统的有机结合,促进了当代电子技术的微型化和超微型化. 半导体技术在当今的计算机、电子技术、自动控制等现代科技中有着极其广泛的应用,而半导体物理学也已发展成为物理学的一个重要分支.

25.4.1　本征半导体与杂质半导体

1. 本征半导体

本征半导体(intrinsic semiconductor)是不含任何杂质、没有缺陷的半导体,因而也称为纯净半导体. 半导体的价带是满带,它与上面邻近的空带之间的禁带较窄,当价带中的部分电子获得一定的能量而被激发到上面邻近的空带后,也同时在满带上留下了空穴,这种激发称为**本征激发**(intrinsic excitation),如图 25.6 所示. 在外电场作用下,进入空带的电子及在价带中留下的空穴都要参与导电,这种导电称为本征导电,参与导电的电子和空穴称为本征载流子.

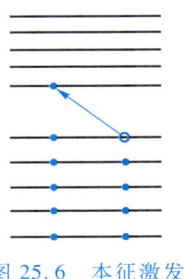

图 25.6　本征激发

2. 杂质半导体

在纯净半导体中用扩散的方法掺入少量其他元素的原子(杂质),就构成了杂质半导体(impurity semiconductor). 杂质半导体的性质与本征半导体有很大差异,杂质在半导体内起着重要作用. 杂质半导体分成 n 型和 p 型两和.

n 型半导体的结构和能带如图 25.7 所示,若在 4 价元素半导体(如硅)中掺入 5 价元素杂质(如砷),砷原子有 5 个价电子,当砷原子代替硅原子时,就多出一个电子,由于这个电子受砷原子的束缚较弱,能在晶格原子间游动而成为自由电子. 从能态上看,这个电子形成了一个杂质能级,这个杂质能级在禁带中,且靠近空带,当受到热激发时,杂质价电子极易向空带跃迁,向空带供给自由电子,而在杂质能级上留下空穴,故这种杂质能级又称为**施主能级**(donor level). 由于施主能级上的空穴不能定向移动,故常温下能导电的空穴数远小于电子数,所以这种半导体的导电作用主要依赖进入空带的电子,为电子型半导体,又称 n 型半导体.

p 型半导体的结构和能带如图 25.8 所示,若将 3 价元素硼杂质掺入硅中,杂质原子带来了一个空穴. 这时形成的杂质能级离满带很近,满带的电子只要很小的能量就可以被激发到这个杂质能级上,使满带中产生空穴,由于这种杂质能级是接受电子的,所以称为**受主能级**(acceptor level). 由于受主能级上的电子不能作定向移动,故在常温下导电电子数远小于空穴数,所以空穴是多数载流子,电子是少数载流子,这种杂质半导体称为空穴型半导体或 p 型半导体.

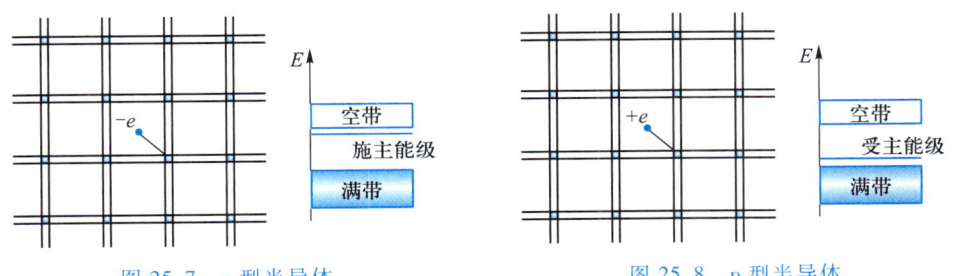

图 25.7　n 型半导体　　　　　　　图 25.8　p 型半导体

可以利用霍耳效应来判别杂质半导体是 n 型或 p 型. 将一通电的薄片半导体放在均匀磁场中,由于运动的电荷(电子或空穴)受到洛伦兹力作用,就会在半导体薄片的两侧面间形成霍耳电势差. 根据霍耳电势差的极性,便可知道杂质半导体是 n 型还是 p 型.

25.4.2　pn 结

　　如果用不同掺杂工艺在一块硅片上一边形成 n 型半导体,另一边形成 p 型半导体,在两种半导体交界面的区域中,就形成了 pn 结. 由于电子和空穴在 pn 结接触面两边的粒子数密度不同,p 型半导体中空穴多,n 型半导体中自由电子多,所以电子将向 p 区扩散,空穴将向 n 区扩散,如图 25.9 所示. 扩散到 p 区的电子因与空穴复合而消失,使 p 区一侧出现负离子区;扩散到 n 区的空穴与电子复合而消失,使在 n 区一侧出现正离子区. 于是,在 pn 结处出现了由正、负离子组成的电偶层或阻挡层,这样就出现由 n 区指向 p 区的电场,这个电场将遏止电子和空穴继续扩散. 当扩散迁移和电场的阻碍作用最后达到动态平衡状态时,电偶层的厚度不再增加,处于稳定状态,此时电偶层的厚度即 pn 结厚度,约为 10^{-7} m. 在结的两端,n 区相对 p 区有一电势差 U_0,称为接触电势差. 由于存在接触电势差,将使 n 区一侧的电势高于 p 区一侧.

图 25.9　pn 结及其电偶层

　　如果在 pn 结上加上电压,接触电势差将发生变化. 若将电源正极与 p 区这一边连接(正向偏置)时[图 25.10(a)],外电场与电偶层中的电场方向相反,外加电压使接触电势差降低,即电偶层变薄. 于是电偶层中的动态平衡被打破,n 型半导体中的电子和 p 型半导体中的空穴的扩散加剧,形成由 p 区到 n 区的正向宏观电流. 外电压增加,正向电流增大.

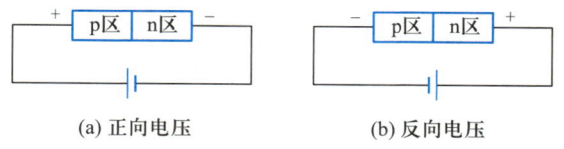

(a) 正向电压　　　　　　　　(b) 反向电压

图 25.10　pn 结的整流效应

　　如果将电源负极与 p 区这一边连接(反向偏置)[图 25.10(b)],外电场与电偶层的电场方向相同,外加电压使接触电势差增加,即电偶层加厚. 于是 n 型半导体中的电子和 p 型半导体中的空穴就更难以穿越电偶层. 但是 p 区中的少数载流子(电子)一旦进入 pn 结,就立即被电场拉到 n 区中,而 n 区中的少数载流子(空穴)一旦进入 pn 结,就立即被电场拉到 p 区中,这两种电流之和构成了很小的反向电流. 当少数载流子全部参与导电时,反向电流就达到饱和. 如果反向电压过大,反向电流会突然很快增加,这种现象称为 pn 结的击穿.

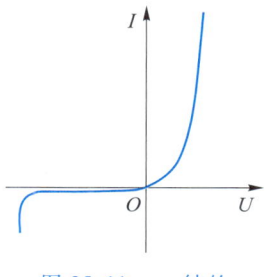

图 25.11　pn 结的
伏安特性曲线

综上所述,当 pn 结两端加上正向电压时,电流容易通过,所以由 p 区向 n 区的方向称为通流方向,由 n 区向 p 区的方向称为阻流方向.因此 pn 结具有的最重要特性之一就是它的单向导电性.pn 结的伏安特性如图 25.11 所示.

在 pn 结两端连上导线,就形成了半导体二极管(diode).由于二极管单向导电性,所以二极管可以用来整流、检波(截断反向电流)。二极管反向电阻大,还可以用来在电路中发挥隔离作用.

如图 25.12 所示,由两个 pn 结所构成的半导体器件是半导体三极管(triode).如果两边是 p 型半导体,中间夹着 n 型半导体,则称为 pnp 型半导体三极管;如果中间是 p 型半导体,则称为 npn 型半导体三极管.

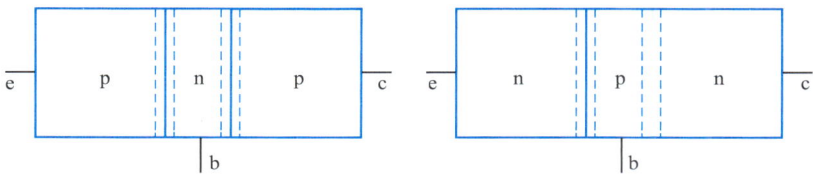

图 25.12　pnp 型(左)和 npn 型(右)半导体三极管

半导体三极管的中间部分称为基区,由此引出基极 b(base),两头分别为集电极 c(collector)和发射极 e(emitter).半导体三极管具有电流放大作用,在电路中常被作为放大器.

25.4.3　半导体的光敏与热敏特性

半导体硒在光照下,它的电阻急剧地减小,即导电性增加了.这是**光电导**现象.在光的照射下,半导体中的电子吸收了光子的能量,可能产生从满带向导带的跃迁,也可能引起电子从施主能级向导带的跃迁或者电子从满带向受主能级的跃迁.所有这些都会造成载流子数量的增加,从而减小电阻.这种光激发的自由载流子称为光生载流子.由于光生载流子并没有逸出半导体外,所以光电导现象又称为内光电效应.半导体在光照下载流子迅速增加,其电阻随光通量的增加减小得很灵敏,因此可以制成光敏电阻.

太阳能电池的原理是 pn 结的内光电效应.将半导体硅切成薄片,一面掺入硼制成 p 型半导体作为正极;另一面掺入砷制成 n 型半导体作为负极.用光照射 pn 结,半导体中原子的价电子受到光激发,产生光生电子空穴对,自由电子达到 pn 结附近,被 pn 结内的电场所吸引,向 n 型半导体范围移动,而空穴则向 p 型半导体范围移动.这样就在硅半导体两端产生电势差,如果用导线连接,就会出现电流.如此形成的一个太阳能电池元件,把它们串联、并联起来,就能产生一定的电压和电流,输出人们所需要的功率.

1954 年，美国贝尔实验室首次制成实用型单晶硅太阳能电池.随后，1958 年就被用作"先锋一号"人造地球卫星电源升上了天.这种电池可以使人造地球卫星安全工作达 20 年之久.目前，包括宇宙飞船、人造地球卫星、空间站、宇宙探测器和航天飞机等在内的航天器，几乎都采用太阳能电池.硅太阳能电池有单晶硅、多晶硅和非晶硅太阳能电池三种，它们的光电转换效率目前分别可达到 22%、16% 和12%.

导体的电阻率随温度的升高而增大，半导体的电阻率却随温度的升高而急剧地下降，这是半导体的**热电导**现象.这是由于杂质半导体很容易受到热激发，随着温度的微小的变化，受激进入导带的电子数（或满带中产生的空穴数）的变化十分灵敏，故其电阻率随温度的变化也十分灵敏.利用半导体的这种性质人们可以制成热敏电阻.热敏电阻与光敏电阻在遥测、遥控、自动控制、无线电技术中都有很重要的应用.

*25.5　超导体

25.5.1　超导现象

在温度不太低时，金属导体的电阻温度系数 α 是一个常量，其电阻率随温度的变化呈线性关系，这种状态的导体称为正常导体.

1908 年，荷兰物理学家昂内斯（H. K. Onnes）成功地将氦液化，从而得到了一个新的低温区（4.2 K 以下）.他在这个低温区内测量各种纯金属的电阻，并在 1911 年发现，当温度降到 4.2 K 附近时，汞样品的电阻突然降到零，如图 25.13 所示.这种零电阻特性称为超导电性，具有超导电性的材料称为超导体.超导体电阻变为零的温度称为转变温度（transition temperature）或临界温度，通常用 T_c 表示.当 $T<T_c$ 时，超导材料处于零电阻状态，称为超导态.昂内斯由于实现了氦的液化并发现了超导态，于 1913 年获得了诺贝尔物理学奖.

从 1911 年发现超导现象起，人们已发现（在正常压强下）有近 30 种元素、约 8 000 种合金和化合物具有超导电性，表 25.1 列举了一些超导材料和它们的临

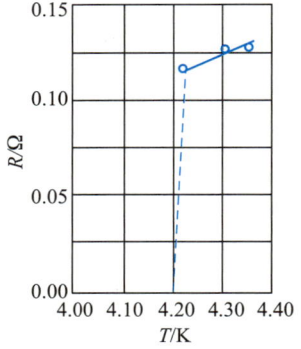

图 25.13　汞的零电阻特性

界温度、临界磁场.从 1911—1973 年临界温度平均每 4 年提高 1 K，1973—1985 年几乎无新进展，然而从 1986 年开始，在钡-镧-铜-氧（Ba-La-Cu-O）多相化合物制成的陶瓷材料中发现了 $T_c=35$ K 的超导体，它改变了人们从金属和合金中寻找超导材料的传统思路，开辟了超导研究的新领域.不久人们又研制出了 Y-Ba-Cu-O系列的高临界温度的超导材料，进一步将临界温度提高到 90 K 以上.

表 25.1　一些超导材料的临界温度和临界磁场

材料	临界温度 T_c/K	临界磁场 H_c/Oe	发现年代
钨（W）	0.012	99	
铝（Al）	1.174	293	
铟（In）	3.416	412	
汞（Hg）	4.15	803	1911
铅（Pb）	7.2	1 950	1913
铌（Nb）	9.26		1930
钒三硅（V_3Si）	17.0	24 500	1953
铌铝锗（$Nb_3Al_{0.75}Ge_{0.35}$）	21.0	420 000	1967
铌三锗（Nb_3Ge）	23.2		1973

$1A \cdot m^{-1} = 4\pi \times 10^{-3}$ Oe（奥斯特）.

25.5.2　超导体的特性

1. 零电阻

零电阻是超导体的一个重要特性. 超导体处于超导态时, 电阻完全消失, 若用它组成闭合回路, 一旦在回路中有电流, 则回路中没有电能的消耗, 不需要任何电源补充能量, 电流就可以持续存在下去, 形成所谓的持久电流.

2. 临界磁场与临界电流密度

1913 年昂内斯发现, 当超导铅线中的电流密度超过某一临界值 j_c 时, 铅线就转变为正常态. 1914 年他从实验中发现, 材料的超导态可以被外加磁场破坏而转入正常态, 这种破坏超导态所需的最小磁场强度称为临界磁场（critical magnetic field）, 以 H_c 表示. 一般说来, 临界磁场与温度关系如下:

$$H_c(T) = H_c(0)\left[1 - \left(\frac{T}{T_c}\right)^2\right], \quad T < T_c \qquad (25.5.1)$$

而临界电流密度与温度关系为

$$j_c(T) = j_c(0)\left[1 - \left(\frac{T}{T_c}\right)^2\right], \quad T < T_c \qquad (25.5.2)$$

式中, $H_c(0)$、$j_c(0)$ 分别为 $T = 0$ K 时的临界磁场与临界电流密度.

因此超导态有三个临界条件: 临界温度 T_c、临界磁场 H_c 和临界电流密度 j_c, 它们之间密切相关, 如图 25.14 所示.

3. 迈纳斯效应——完全抗磁性

零电阻是超导体的一个基本特性, 而超导体的完全抗磁性为另一个基本特征. 是否转变为超导态, 必须综合这两种测量结果, 才能予以确定.

如果将一超导样品放入磁场中, 由于样品的磁通量发生了变化, 样品的表面产生感生电流, 该电流将在样品内部产生磁场, 完全抵消掉内部的外磁场, 使超导体内部的磁场为零. 根据公式 $H = \dfrac{B}{\mu_0} - M$ 和 $M = \chi_m H$,由于超导体内部 $B = 0$,故 $\chi_m = -1$,所以超导体具有完全抗磁性.

若在临界温度以上把超导样品放入磁场中,这时样品处于正常态,样品中有磁场存在. 当维持磁场不变而降低温度,使其处于超导态时,在超导体表面也产生电流,这个电流在样品内部产生的磁场抵消了原来的磁场,使导体内部的磁感应强度为零. 超导体内部的磁场总为零,这一现象称为迈斯纳效应(Meissner effect).

超导体的抗磁性如图 25.15 所示,小球是用超导态的材料制成的,由于小球的抗磁性,小球悬浮于空中,这就是磁悬浮(magnetic levitation)现象.

▶ 演示动画:
磁悬浮

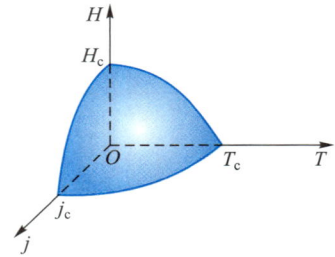
图 25.14　超导态的临界参量

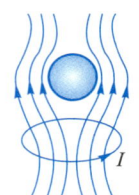
图 25.15　磁悬浮

25.5.3　BCS 理论简介

自从 1911 年发现超导现象以来,人们一直在探寻超导电性的微观机理,直到 1957 年才由巴丁(J. Bardeen)、库珀(L. V. Cooper)和施里弗(J. R. Schrieffer)提出了一个超导电性的量子理论,简称 BCS 理论,比较令人满意地解释了超导电性的微观机理,他们三人同获 1972 年诺贝尔物理学奖. 在 BCS 理论中,最重要的是库珀提出的电子对(库珀对)概念.

当温度 $T < T_c$ 时,超导体内存在大量的库珀对,库珀对中的两个电子动量与自旋均等值相反,每一库珀对的动量之和为零. 在外电场作用下,所有这些库珀对都获得相同的动量,朝同一方向运动,不会受到晶格(点阵)的任何阻碍,形成几乎没有电阻的超导电流. 当 $T > T_c$ 时,热运动使库珀对分散为正常电子,超导态转变为正常态.

库珀对的形成可简单说明如下:当电子 A 在晶格间运动时(如图 25.16 所示),它以库仑力吸引邻近的晶格离子,使晶格离子稍稍靠拢过来,并形成一个正电荷相对集中的小区域. 由于这些离子偏离平衡位置而产生振动,以波的形式在晶格中传播,这种波称为格波,格波也是量子化的,其量子称为声子,形成格波的过程相当于发出一个声子. 同时这个以 A 为中心的正电荷区又可以吸引另一个运动着的电子(比如图中的 B),将动量和能量传递给这个

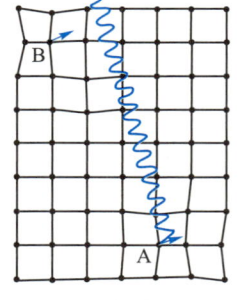
图 25.16　库珀对的形成

电子,这相当于 B 电子吸引了声子.上述过程的净效应是两个电子交换了一个声子,使两个电子间产生了间接的吸引力,形成一个电子对.这个过程表示如下:

电子 A⇔声子⇔电子 B

组成库珀对的两电子平均距离约为 10^{-6} m,而晶格间距约为 10^{-10} m,即库珀对在晶格中要伸展到几千个原子的范围.

25.5.4　超导电性的应用前景

拓展阅读:
超导技术的军
事应用

超导的应用主要是利用超导的零电阻特性、完全抗磁性和约瑟夫森效应.下面介绍超导体的几个应用方面.

由超导线圈做成的电铁体可以产生磁感应强度为 10 T 的强磁场,其重量比普通电磁铁小 100 多倍.强磁场在粒子加速器、核磁共振波谱仪、磁流体发电、受控热核反应、选矿、水的净化等方面都是必不可少的.此外,若用超导材料制成超导电机,将大大提高发电机和电动机的功率,载流能力可达 10^4 A $\cdot$ cm^{-2},功率可达 10^6 kW.

由高温超导带材做成的输电电缆,其电阻几乎为 0,输电损耗极小.而现在一般的输电电缆在长距离输送电力时损耗达 20%.相比之下,使用超导输电线路可以极大降低输电成本,因此若普及超导材料制成的输电线路用于长距离直流输电,可以节省大量的能源,前景极为可观.

超导材料的零电阻特性和高载流能力,使超导储能线圈能长时间、大容量地储存能量.这种储存的能量可以以多种形式发射出来.如果将储存的能量在瞬间释放出来,将产生强大的脉冲电流.其强大的推力能把炮弹加到极高的速度,可制成超高速、高质量、高重复频率的轨道炮,可以用来拦截包括洲际导弹在内的太空军事目标.

超导磁悬浮列车是一种速度高、载量大、安全舒适、噪声低的新型陆上交通工具.根据超导体的完全抗磁性,利用电磁悬浮技术使列车从轨道上悬浮起来,再利用超导直线同步电机推动列车高速前进,日本的电动悬浮(EDL)式低温超导磁浮列车于 1999 年 4 月在山梨试验段 18.4 km 示范线上速度已达 552 km $\cdot$ h^{-1}.

内容提要

1. 金属中自由电子按能量的分布

在热平衡状态下,金属中的电子在能级中的分布遵从费米-狄拉克分布:

$$f(E) = \frac{1}{e^{\frac{E-E_F}{kT}} + 1}$$

$T \to 0$ K 时,所有满足 $E < E_F$ 的能级均被填满,而费米能级以上的能级则完全是空的.费米能级 E_F 就是 $T = 0$ K 时电子具有的最高能量.

2. 能带

单个电子在周期性势场中运动,其许可的能量形成能带结构.能带可以分成满带、价带、导带、空带和禁带. 导体、半导体和绝缘体具有不同的能带结构. 晶体的导电性与晶体内的电子在能带中的填充和运动情况有关.

3. 本征半导体与杂质半导体

不含任何杂质、没有缺陷的半导体是本征半导体, 在纯净半导体中掺入少量其他元素的原子(杂质), 构成杂质半导体.

杂质半导体分成 n 型和 p 型两种. 在 4 价元素半导体中掺入 5 价元素杂质形成 n 型半导体, 杂质提供施主能级; 在 4 价元素半导体中掺入 3 价元素杂质形成 p 型半导体, 杂质提供受主能级.

4. pn 结

一块硅片上一边是 n 型半导体, 另一边是 p 型半导体, 其交界处的结构就是 pn 结. 在结的两端, n 区相对 p 区有接触电势差 U_0. pn 结具有单向导电性.

5. 超导体

当降到临界温度时, 一些材料的电阻突然降到零, 这种特性称为超导电性. 具有超导电性的材料称为超导体.

超导体具有零电阻、临界磁场与临界电流密度等特性. BCS 理论是解释超导电性的微观机理的一种理论.

习题

一、选择题

1. 下图是导体、半导体、绝缘体在热力学温度 $T = 0$ K 时的能带结构图, 其中属于绝缘体的能带结构是 　　　　　　　　　　　　　　　　　　　　　(　　)

A. (1)　　　B. (1)、(3)　　　　C. (4)　　　　D. (2)　　　　E. (3)

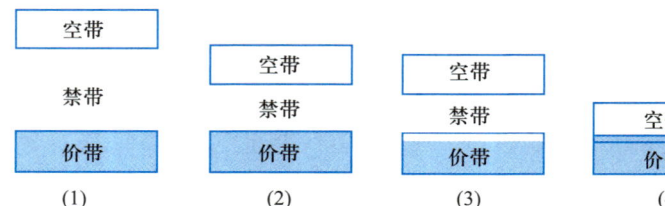

选择题 1 图

2. 与绝缘体相比较, 半导体能带结构的特点是 　　　　　　　　　　　　(　　)

A. 导带也是空带　　　　　　　　　　　　B. 满带与导带重合

C. 满带中总是有空穴, 导带中总是有电子　　D. 禁带宽度较窄

3. 下述说法中, 正确的是 　　　　　　　　　　　　　　　　　　　　　(　　)

A. 本征半导体是电子与空穴两种载流子同时参与导电, 而杂质半导体(n 型或 p 型)只有一种载流子(电子或空穴)参与导电, 所以本征半导体导电性能比杂质半导体好

B. n 型半导体的导电性能优于 p 型半导体, 因为 n 型半导体是负电子导电, p

型半导体是正离子导电

C. n 型半导体中杂质原子所形成的杂质能级靠近导带的底部,使杂质能级中
多余的电子容易被激发跃迁到导带中去,大大提高了半导体导电性能

D. p 型半导体的导电机制完全取决于满带中空穴的运动

4. 如果(1)锗用锑(5 价元素)掺杂,(2)硅用铝(3 价元素)掺杂,则获得的半
导体分别属于下述类型　　　　　　　　　　　　　　　　　　　　(　　)

A. (1)、(2)均为 n 型半导体

B. (1)为 n 型半导体,(2)为 p 型半导体

C. (1)为 p 型半导体,(2)为 n 型半导体

D. (1)、(2)均为 p 型半导体

二、填空题

1. 已知 $T = 0$ K 时锗的禁带宽度为 0.78 eV,则锗能吸收的辐射的最大波长是
_____ μm.

2. 纯硅在 $T = 0$ K 时能吸收的辐射最大的波长是 1.09 μm,故硅的禁带宽度为
_____ eV.

三、计算题

1. 硅和金刚石的能带结构很相似,只是禁带宽度不同.硅和金刚石的禁带宽度
分别为 1.14 eV、5.33 eV,试计算它们能吸收辐射的最大波长.

2. 硅晶体的禁带宽度为 1.2 eV.适量掺入磷后,施主能级和硅的空带底部的能
级差为 0.045 eV.试计算能被此掺杂半导体吸收的光子的最小频率.

3. 某种半导体材料的禁带宽度为 1.9 eV,用其制成的发光二极管能发出的光
的最大波长是多少? 要使其发光,必须施加的最低电势差是多大?

习题参考答案

··· 常用基本物理常量
(CODATA 2018年
推荐值)

物理量	符号	数值	单位	相对标准 不确定度
真空中的光速	c	299 792 458	$m \cdot s^{-1}$	精确
普朗克常量	h	$6.626\ 070\ 15 \times 10^{-34}$	$J \cdot s$	精确
约化普朗克常量	$h/2\pi$	$1.054\ 571\ 817\cdots \times 10^{-34}$	$J \cdot s$	精确
元电荷	e	$1.602\ 176\ 634 \times 10^{-19}$	C	精确
阿伏伽德罗常量	N_A	$6.022\ 140\ 76 \times 10^{23}$	mol^{-1}	精确
玻耳兹曼常量	k	$1.380\ 649 \times 10^{-23}$	$J \cdot K^{-1}$	精确
摩尔气体常量	R	$8.314\ 462\ 618\cdots$	$J \cdot mol^{-1} \cdot K^{-1}$	精确
理想气体的摩尔 体积(标准状况下)	V_m	$22.413\ 969\ 54\cdots \times 10^{-3}$	$m^3 \cdot mol^{-1}$	精确
斯特藩-玻耳兹曼 常量	σ	$5.670\ 374\ 419\cdots \times 10^{-8}$	$W \cdot m^{-2} \cdot K^{-4}$	精确
维恩位移定律常量	b	$2.897\ 771\ 955 \times 10^{-3}$	$m \cdot K$	精确
引力常量	G	$6.674\ 30(15) \times 10^{-11}$	$m^3 \cdot kg^{-1} \cdot s^{-2}$	2.2×10^{-5}
真空磁导率	μ_0	$1.256\ 637\ 062\ 12(19) \times 10^{-6}$	$N \cdot A^{-2}$	1.5×10^{-10}
真空电容率	ε_0	$8.854\ 187\ 812\ 8(13) \times 10^{-12}$	$F \cdot m^{-1}$	1.5×10^{-10}
电子质量	m_e	$9.109\ 383\ 701\ 5(28) \times 10^{-31}$	kg	3.0×10^{-10}
电子荷质比	$-\dfrac{e}{m_e}$	$-1.758\ 820\ 010\ 76(53) \times 10^{11}$	$C \cdot kg^{-1}$	3.0×10^{-10}
质子质量	m_p	$1.672\ 621\ 923\ 69(51) \times 10^{-27}$	kg	3.1×10^{-10}
中子质量	m_n	$1.674\ 927\ 498\ 04(95) \times 10^{-27}$	kg	5.7×10^{-10}
氘核质量	m_d	$3.343\ 583\ 772\ 4(10) \times 10^{-27}$	kg	3.0×10^{-10}
氚核质量	m_t	$5.007\ 356\ 744\ 6(15) \times 10^{-27}$	kg	3.0×10^{-10}
里德伯常量	R_∞	$1.097\ 373\ 156\ 816\ 0(21) \times 10^7$	m^{-1}	1.9×10^{-12}
精细结构常数	α	$7.297\ 352\ 569\ 3(11) \times 10^{-3}$		1.5×10^{-10}
玻尔磁子	μ_B	$9.274\ 010\ 078\ 3(28) \times 10^{-24}$	$J \cdot T^{-1}$	3.0×10^{-10}
核磁子	μ_N	$5.050\ 783\ 746\ 1(15) \times 10^{-27}$	$J \cdot T^{-1}$	3.1×10^{-10}
玻尔半径	a_0	$5.291\ 772\ 109\ 03(80) \times 10^{-11}$	m	1.5×10^{-10}
康普顿波长	λ_C	$2.426\ 310\ 238\ 67(73) \times 10^{-12}$	m	3.0×10^{-10}
原子质量常量	m_u	$1.660\ 539\ 066\ 60(50) \times 10^{-27}$	kg	3.0×10^{-10}

注:① 表中数据为国际科学理事会(ISC)国际数据委员会(CODATA)2018 年的国际推荐值.

② 标准状况是指 $T = 273.15\ K, p = 101\ 325\ Pa$.

>>> 附录2

国际单位制与我国
法定计量单位

　　1948 年召开的第 9 届国际计量大会作出了决定,要求国际计量委员会创立一种简单而科学的、供所有米制公约组织成员国均能使用的实用单位制.1954 年第 10 届国际计量大会决定,采用米(m)、千克(kg)、秒(s)、安培(A)、开尔文(K)和坎德拉(cd)作为基本单位.1960 年第 11 届国际计量大会决定,将以这六个单位为基本单位的实用计量单位制命名为"国际单位制",并规定其国际简称为"SI".1974 年第 14 届国际计量大会又决定,增加一个基本单位——"物质的量"的单位摩尔(mol).因此,目前国际单位制共有七个基本单位(见表 1).SI 导出单位是由 SI 基本单位按定义式导出的,以 SI 基本单位代数形式表示的单位,其数量很多,有些单位具有专门名称(见表 2).SI 单位的倍数单位包括十进倍数单位与十进分数单位,它们由 SI 词头(表 3)加上 SI 单位构成.

　　1985 年 9 月 6 日,我国第六届全国人民代表大会常务委员会第十二次会议通过了《中华人民共和国计量法》.这一法律明确规定国家实行法定计量单位制度.国际单位制计量单位和国家选定的其他计量单位(见表 4)为国家法定计量单位,国家法定计量单位的名称、符号由国务院公布.

　　2018 年第 26 届国际计量大会通过的"关于修订国际单位制的 1 号决议"将国际单位制的七个基本单位全部改为由常数定义.此决议自 2019 年 5 月 20 日(世界计量日)起生效.这是改变国际单位制采用实物基准的历史性变革,是人类科技发展进步中的一座里程碑.对国际单位制七个基本单位的中文定义的修订是我国科学技术研究中的一个重要活动,对于促进科技交流、支撑科技创新具有重要意义.

表 1　SI 基本单位及其定义

量的名称	单位名称	单位符号	单位定义
时间	秒	s	当铯频率 $\Delta\nu_{Cs}$,也就是铯-133 原子不受干扰的基态超精细跃迁频率,以单位 Hz 即 s^{-1} 表示时,将其固定数值取为 9 192 631 770 来定义秒.
长度	米	m	当真空中光速 c 以单位 $m\cdot s^{-1}$ 表示时,将其固定数值取为 299 792 458 来定义米,其中秒用 $\Delta\nu_{Cs}$ 定义.
质量	千克(公斤)	kg	当普朗克常量 h 以单位 J·s 即 $kg\cdot m^2\cdot s^{-1}$ 表示时,将其固定数值取为 $6.626\ 070\ 15\times10^{-34}$ 来定义千克,其中米和秒分别用 c 和 $\Delta\nu_{Cs}$ 定义.
电流	安[培]	A	当元电荷 e 以单位 C 即 A·s 表示时,将其固定数值取为 $1.602\ 176\ 634\times10^{-19}$ 来定义安培,其中秒用 $\Delta\nu_{Cs}$ 定义.
热力学温度	开[尔文]	K	当玻耳兹曼常量 k 以单位 $J\cdot K^{-1}$ 即 $kg\cdot m^2\cdot s^{-2}\cdot K^{-1}$ 表示时,将其固定数值取为 $1.380\ 649\times10^{-23}$ 来定义开尔文,其中千克、米和秒分别用 h,c 和 $\Delta\nu_{Cs}$ 定义.

续表

量的名称	单位名称	单位符号	单位定义
物质的量	摩[尔]	mol	1 mol 精确包含 $6.022\,140\,76\times10^{23}$ 个基本单元.该数称为阿伏伽德罗数,为以单位 mol^{-1} 表示的阿伏伽德罗常量 N_A 的固定数值.一个系统的物质的量,符号为 n,是该系统包含的特定基本单元数的量度.基本单元可以是原子、分子、离子、电子及其他任意粒子或粒子的特定组合.
发光强度	坎[德拉]	cd	当频率为 540×10^{12} Hz 的单色辐射的光视效能 K_{cd} 以单位 $lm\cdot W^{-1}$ 即 $cd\cdot sr\cdot W^{-1}$ 或 $cd\cdot sr\cdot kg^{-1}\cdot m^{-2}\cdot s^3$ 表示时,将其固定数值取为 683 来定义坎德拉,其中千克、米和秒分别用 h、c 和 $\Delta\nu_{Cs}$ 定义.

表 2　包括 SI 辅助单位在内的具有专门名称的 SI 导出单位

量的名称	单位名称	单位符号	用 SI 基本单位和 SI 导出单位表示
[平面]角	弧度	rad	$1\ rad = 1\ m/m = 1$
立体角	球面度	sr	$1\ sr = 1\ m^2/m^2 = 1$
频率	赫[兹]	Hz	$1\ Hz = 1\ s^{-1}$
力	牛[顿]	N	$1\ N = 1\ kg\cdot m/s^2$
压强,应力	帕[斯卡]	Pa	$1\ Pa = 1\ N/m^2$
能[量],功,热量	焦[耳]	J	$1\ J = 1\ N\cdot m$
功率,辐[射能]通量	瓦[特]	W	$1\ W = 1\ J/s$
电荷[量]	库[仑]	C	$1\ C = 1\ A\cdot s$
电压,电动势,电势(电位)	伏[特]	V	$1\ V = 1\ W/A$
电容	法[拉]	F	$1\ F = 1\ C/V$
电阻	欧[姆]	Ω	$1\ \Omega = 1\ V/A$
电导	西[门子]	S	$1\ S = 1\ \Omega^{-1}$
磁通[量]	韦[伯]	Wb	$1\ Wb = 1\ V\cdot s$
磁感应强度,磁通[量]密度	特[斯拉]	T	$1\ T = 1\ Wb/m^2$
电感	亨[利]	H	$1\ H = 1\ Wb/A$
摄氏温度	摄氏度	℃	$1\ ℃ = 1\ K$

续表

量的名称	单位名称	单位符号	用 SI 基本单位和 SI 导出单位表示
光通量	流[明]	lm	1 lm = 1 cd · sr
[光]照度	勒[克斯]	lx	1 lx = 1 lm/m^2
[放射性]活度	贝可[勒尔]	Bq	1 Bq = 1 s^{-1}
吸收剂量	戈[瑞]	Gy	1 Gy = 1 J/kg
剂量当量	希[沃特]	Sv	1 Sv = 1 J/kg

表 3　SI 词头

因数	词头名称 英文	词头名称 中文	符号	因数	词头名称 英文	词头名称 中文	符号
10^1	deca	十	da	10^{-1}	deci	分	d
10^2	hecto	百	h	10^{-2}	centi	厘	c
10^3	kilo	千	k	10^{-3}	milli	毫	m
10^6	mega	兆	M	10^{-6}	micro	微	μ
10^9	giga	吉[咖]	G	10^{-9}	nano	纳[诺]	n
10^{12}	tera	太[拉]	T	10^{-12}	pico	皮[可]	p
10^{15}	peta	拍[它]	P	10^{-15}	femto	飞[母托]	f
10^{18}	exa	艾[可萨]	E	10^{-18}	atto	阿[托]	a
10^{21}	zetta	泽[它]	Z	10^{-21}	zepto	仄[普托]	z
10^{24}	yotta	尧[它]	Y	10^{-24}	yocto	幺[科托]	y
10^{27}	ronna	容[那]	R	10^{-27}	ronto	柔[托]	r
10^{30}	quetta	昆[它]	Q	10^{-30}	quecto	亏[科托]	q

表 4　国际单位制单位以外的我国法定计量单位

量的名称	单位名称	单位符号	与 SI 单位的关系
时间	分	min	1 min = 60 s
	[小]时	h	1 h = 60 min = 3 600 s
	日(天)	d	1 d = 24 h = 86 400 s
[平面]角	度	°	1° = (π/180) rad
	[角]分	′	1′ = (1/60)° = (π/10 800) rad
	[角]秒	″	1″ = (1/60)′ = (π/648 000) rad

续表

量的名称	单位名称	单位符号	与 SI 单位的关系
体积	升	L(l)	$1\ L = 1\ dm^3 = 10^{-3}\ m^3$
质量	吨	t	$1\ t = 10^3\ kg$
	原子质量单位	u	$1\ u \approx 1.660\ 539 \times 10^{-27}\ kg$
旋转速度	转每分	r/min	$1\ r/min = (1/60)\ r/s$
长度	海里	n mile	$1\ n\ mile = 1\ 852\ m$（只用于航行）
速度	节	kn	$1\ kn = 1\ n\ mile/h = (1\ 852/3\ 600)\ m/s$ （只用于航行）
能［量］	电子伏	eV	$1\ eV \approx 1.602\ 177 \times 10^{-19}\ J$
级差	分贝	dB	
线密度	特［克斯］	tex	$1\ tex = 10^{-6}\ kg/m$
面积	公顷	hm^2	$1\ hm^2 = 10^4\ m^2$

数字资源一览

资源名称	资源类型	所在章节	资源名称	资源类型	所在章节
振动和波动单元测验	单元检测	第四篇	运动波源产生的波	演示程序	16.7.1
弹簧振子的振动	演示实验	15.1.1	冲击波	演示程序	16.7.2
简谐振动的位移、速度和加速度	演示程序	15.1.2	多普勒效应演示	演示程序	16.7.2
简谐振动的特征量	演示程序	15.1.3	宇宙大爆炸理论简介	拓展阅读	*16.7.3
例题 15.2 精讲	例题精讲	15.1.3	振荡电偶极子激发的电场	演示动画	16.8.3
用能量法建立简谐振动方程	拓展阅读	15.1.4	赫兹实验原理	演示动画	16.8.3
旋转矢量表示法	演示程序	15.2.1	平面电磁波的场矢量	演示程序	16.8.4
两个同方向同频率简谐振动的合成	演示程序	15.3.1	波动光学单元测验	单元测验	第五篇
多个同方向同频率简谐振动的合成	演示程序	15.3.1	光在不同介质中的波长	演示程序	17.1.2
两个同方向不同频率简谐振动的合成	演示程序	15.3.2	处理干涉问题的基本方法	拓展阅读	17.1.2
拍	演示程序	15.3.2	两束光的强度叠加	演示程序	17.1.3
拍现象	演示实验	15.3.2	杨氏双缝干涉	演示程序	17.2.1
方向垂直同频率的两个简谐振动的合成	演示程序	15.3.3	例题 17.2 精讲	例题精讲	17.2.1
方向垂直不同频率的两个简谐振动的合成	演示程序	15.3.4	菲涅耳双棱镜实验	演示程序	17.2.2
阻尼振动	演示程序	15.4	劳埃德镜实验	演示程序	17.2.2
共振现象	演示实验	15.5.2	薄膜的等倾干涉	演示动画	17.3
共振摆	演示实验	15.5.2	单条光线的等倾干涉光路	演示动画	17.3.2
共振的危害及预防	拓展阅读	15.5.2	圆锥面光线的等倾干涉光路	演示动画	17.3.2
横波的产生	演示程序	16.1.1	从点光源发出光线的等倾干涉光路	演示动画	17.3.2
纵波的产生	演示程序	16.1.1	劈尖干涉	演示动画	17.4.1
波是振动状态的传播	演示程序	16.2.1	牛顿环	演示动画	17.4.2
平面简谐波的波形	演示程序	16.2.2	迈克耳孙干涉仪光路	演示动画	17.5.1
平面简谐波的相位	演示程序	16.2.2	迈克耳孙等倾干涉	演示动画	17.5.1
例题 16.2 精讲	例题精讲	16.2.3	迈克耳孙等厚干涉	演示动画	17.5.1
波的叠加原理	演示程序	16.4.1	迈克耳孙等倾干涉条纹	演示动画	17.5.2
两列简谐波的叠加	演示程序	16.4.1	泊松亮斑	拓展阅读	18.1.2
两个同相位波源相干波的干涉	演示程序	16.4.2	夫琅禾费单缝衍射	演示程序	18.2.1
弦线和圆环上的驻波	演示实验	16.5.1	白光单缝衍射	演示程序	18.2.3
驻波的形成	演示程序	16.5.1	夫琅禾费单缝衍射光强	演示程序	18.2.3
驻波的波腹和波节	演示程序	16.5.2	圆孔衍射	演示程序	18.3.1
驻波的相位	演示程序	16.5.2	光学仪器的分辨本领	演示程序	18.3.2
驻波的能量	演示程序	16.5.2	高空侦察卫星的地面分辨率	拓展阅读	18.3.2
弦线上的音律	拓展阅读	16.5.4	光栅衍射的光强分布	演示程序	18.4.2
弦振动的简正模式	演示程序	16.5.4	例题 18.3 精讲	例题精讲	18.4.2
波的衍射	演示程序	16.6.2	平行晶面间反射波的干涉	演示程序	18.5.2

续表

资源名称	资源类型	所在章节	资源名称	资源类型	所在章节
偏振光的光矢量振动	演示程序	19.1.3	光电效应	演示程序	21.2.1
左旋光和右旋光	演示动画	19.1.4	例题 21.6 精讲	例题精讲	21.2.3
起偏和检偏	演示实验	19.2.1	物理学理论与实验	拓展阅读	21.2.4
马吕斯定律	演示程序	19.2.2	光电倍增管	演示动画	21.2.5
"天极"伽马暴偏振探测仪	拓展阅读	19.2.2	康普顿散射演示	演示程序	21.3.2
例题 19.1 精讲	例题精讲	19.2.2	氢原子能级和跃迁	演示程序	21.4.1
玻璃片堆	演示动画	19.3.2	德布罗意和微观粒子的波粒二象性	拓展阅读	22.1.1
双折射现象	演示实验	19.4.1	玻尔的互补原理	拓展阅读	22.2.1
正入射时的惠更斯作图法	演示程序	19.4.3	例题 22.6 精讲	例题精讲	22.3.3
斜入射时的惠更斯作图法	演示程序	19.4.3	薛定谔和量子力学	拓展阅读	23
尼科耳棱镜	演示动画	19.4.4	一维无限深势阱的波函数和概率密度	演示程序	23.2.1
波片与椭圆偏振光	演示程序	19.5.1	一维有限深势阱的波函数和概率密度	演示程序	23.2.2
偏振光的干涉	演示程序	19.5.2	隧道效应	演示程序	23.3.2
近代物理学基础单元测验	单元测验	第六篇	STM 工作原理	演示动画	23.3.4
例题 20.1 精讲	例题精讲	20.2.3	一维谐振子的波函数和概率密度	演示动画	23.4
例题 20.3 精讲	例题精讲	20.2.4	氢原子电子概率密度的角度分布	演示动画	24.1.3
爱因斯坦	拓展阅读	20	电子云图	演示程序	24.1.3
两朵乌云与经典物理学理论的问题	拓展阅读	20	电子自旋概念的提出	拓展阅读	24.2
理想实验方法	拓展阅读	20.1.1	施特恩-格拉赫实验	演示动画	24.2.1
同时性的相对性	演示程序	20.3.1	原子的电子壳层结构	演示动画	24.3.2
时间延缓	演示程序	20.3.2	三能级系统中的粒子数反转	演示动画	24.4.2
长度收缩	演示动画	20.3.3	四能级系统中的粒子数反转	演示动画	24.4.2
中国的核弹发展历程	拓展阅读	20.4.4	光学谐振腔	演示动画	24.4.2
核弹工作原理简介	拓展阅读	20.4.4	满带和导带中电子的移动	演示动画	25.3.1
普朗克和量子论	拓展阅读	21.1	pn 结的形成	演示动画	25.4.2
黑体辐射模型	演示动画	21.1.1	磁悬浮	演示动画	25.5.2
黑体辐射规律	演示程序	21.1.2	超导技术的军事应用	拓展阅读	25.5.4

参考文献

参考文献

郑重声明

高等教育出版社依法对本书享有专有出版权。任何未经许可的复制、销售行为均违反《中华人民共和国著作权法》,其行为人将承担相应的民事责任和行政责任;构成犯罪的,将被依法追究刑事责任。为了维护市场秩序,保护读者的合法权益,避免读者误用盗版书造成不良后果,我社将配合行政执法部门和司法机关对违法犯罪的单位和个人进行严厉打击。社会各界人士如发现上述侵权行为,希望及时举报,我社将奖励举报有功人员。

反盗版举报电话　　(010)58581999　58582371

反盗版举报邮箱　　dd@ hep. com. cn

通信地址　　北京市西城区德外大街 4 号
　　　　　　高等教育出版社知识产权与法律事务部

邮政编码　　100120

读者意见反馈

为收集对教材的意见建议,进一步完善教材编写并做好服务工作,读者可将对本教材的意见建议通过如下渠道反馈至我社。

咨询电话　　400-810-0598

反馈邮箱　　hepsci@ pub. hep. cn

通信地址　　北京市朝阳区惠新东街 4 号富盛大厦 1 座
　　　　　　高等教育出版社理科事业部

邮政编码　　100029

防伪查询说明

用户购书后刮开封底防伪涂层,利用手机微信等软件扫描二维码,会跳转至防伪查询网页,获得所购图书详细信息。

防伪客服电话　　(010)58582300